U0180337

普通高等教育计算智能系列教材

智能优化理论

主 编 吴正言
副主编 余文成
参 编 李 乔 陈 强 李世忠
主 审 陈富坚

机 械 工 业 出 版 社

本书分为6篇：第1篇智能优化的理论基础，内容包括优化理论和智能优化方法概述；第2篇进化算法，内容包括遗传算法、DNA算法、Memetic算法和文化算法；第3篇仿人智能优化算法，内容包括神经网络算法、模糊逻辑算法、思维进化算法；第4篇群智能优化算法，内容包括蚁群优化算法、粒子群优化算法、混合蛙跳算法、猴群算法、自由搜索算法；第5篇仿自然优化算法，内容包括模拟退火算法、混沌优化算法、量子遗传算法、水波优化算法、自然云与气象云搜索优化算法；第6篇智能优化方法的统一框架与共性理论，内容包括智能优化方法的统一框架、智能优化方法的收敛性分析、搜索空间的探索-开发权衡。通过阐述这些算法的基本原理，构建这些算法的数学模型和计算步骤，为进一步的实践应用奠定算法的理论基础。

本书可作为高等院校理工科各专业的教材，也可供从事优化算法的技术人员参考。

图书在版编目（CIP）数据

智能优化理论/吴正言主编. —北京：机械工业出版社，2023.11
普通高等教育计算智能系列教材
ISBN 978-7-111-74491-7

Ⅰ.①智… Ⅱ.①吴… Ⅲ.①最优化算法-高等学校-教材
Ⅳ.①O242.23

中国国家版本馆CIP数据核字（2023）第242877号

机械工业出版社（北京市百万庄大街22号 邮政编码100037）
策划编辑：冯春生 责任编辑：冯春生 赵晓峰
责任校对：贾海霞 陈 越 封面设计：张 静
责任印制：郜 敏
三河市航远印刷有限公司印刷
2024年1月第1版第1次印刷
184mm×260mm · 17.5印张 · 432千字
标准书号：ISBN 978-7-111-74491-7
定价：59.00元

电话服务 网络服务
客服电话：010-88361066 机 工 官 网：www.cmpbook.com
010-88379833 机 工 官 博：weibo.com/cmp1952
010-68326294 金 书 网：www.golden-book.com
 机工教育服务网：www.cmpedu.com

前　言

智能正飞速地融入科学、工程、经济、国防及人类社会生活的方方面面：智能科学、智能材料、智能机器人、智能生产线、智能控制、智能预测、智能决策、智能制导、智能手机、智能家电、智能家居、智能楼宇……这正是人类社会迈入智能时代的一个重要标志，智能水平的高低，在很大程度上已经成为衡量一个国家综合国力、科技水平的重要标志。

优化问题一直以来都是国内外学术研究的重点和热点之一，在生产生活中的诸多领域都得到了广泛的应用。优化方法主要包括传统优化方法、随机优化方法、机器学习优化方法等。其中以梯度为基础的传统优化方法具有较高的计算效率、较强的可靠性和较成熟等优点，是一类最重要的、应用最广泛的优化方法。但是，传统优化方法在应用于复杂、困难的优化问题时有较大的局限性。一个复杂的优化问题通常具有下列特征之一：①目标函数没有明确的解析表达；②目标函数虽有明确表达，但不可能恰好估值；③目标函数为多峰函数；④目标函数有多个，即多目标优化。一个困难的优化问题通常是指：目标函数或约束条件不连续、不可微、高度非线性，或者问题本身是困难的组合问题。传统优化方法是以给出优化问题的精确数学模型为基础的，而且要求目标函数是凸的、连续可微的，可行域是凸集等条件，处理非确定性信息的能力较差。这些弱点使传统优化方法在解决许多实际问题时受到了限制。然而，科学、工程、经济等领域提出的优化问题越来越复杂，有的难以建立精确的数学模型，有的问题变量维数大、阶次高、目标函数多、约束条件复杂，即使建立复杂的数学模型也难以求解。因此，面对日益复杂且困难的优化问题，基于精确模型的传统优化方法面临着极大的挑战。而许多智能优化方法为许多复杂困难问题的求解提供了可行有效的策略，已经受到越来越多的关注。

智能优化方法一般都是建立在生物智能或物理现象基础上的随机搜索算法，目前在理论上还远不如传统优化方法完善，往往也不能确保解的最优性，因而常常被视为只是一些“元启发式方法”。但从实际应用的观点看，这类新方法一般不要求目标函数和约束的连续性与凸性，甚至有时连有没有解析表达式都不要求，对计算中数据的不确定性也有很强的适应能力。近年来，智能优化方法得到了快速发展和广泛应用，出现了许多有代表性的方法和思想，如遗传算法、模糊逻辑算法、神经网络算法、人工免疫算法、蚁群优化算法、粒子群优化算法及模拟退火算法等。这些算法为许多复杂困难问题的求解提供了可行有效的策略，已经受到越来越多的关注。此外，大数据和人工智能的兴起，也掀起了智能优化方法的研究热潮。但是，目前国内的智能优化方法书籍大多偏向于介绍智能优化方法的理论基础、基本原理及算法模型，缺少算法整体的优缺点分析，缺少算法间优势互补的融合，缺少算法改进方法的研究，难以满足高校本科教学的实际需要。

为了进一步满足高校本科生对智能优化方法的实际需要，编者在全面细致分析的基础上，参考了国内外具有代表性的研究成果，并秉承理论基础扎实、实用效果明显且通用性良好的原则，精选出了16种基本的智能优化方法。通过阐述这些方法的基本原理，构建这些方法的数学模型和计算步骤，为算法的进一步实践应用奠定理论基础。

应该指出的是，有关智能优化方法的分类还没有统一的标准，因此从不同的角度会有不同的分类方法，如自然计算、仿生计算、进化计算、计算智能等。本书之所以统称为智能优化理论，是因为这些优化方法都凸显出智能性的特点，它们通过确定性算法加启发式随机搜索的反复迭代获取优化问题的最优数值解。从优化理论和复杂适应系统理论的高度上认识、理解这些智能优化方法的原理及其本质特征，从中受到启迪，并进一步探索和归纳智能优化方法的统一框架和共性理论，为设计、创造出更多更好的智能优化方法奠定理论基础，以满足解决科学、工程、经济、管理、国防等领域中各种复杂优化问题的需要。

本书的写作特色如下：①聚焦社会产业的现实需求，紧紧抓住智能优化理论基础这一关键加以系统介绍和讲解，为有效提高解决复杂产业问题的实践能力和创新能力奠定理论基础。②针对每一种智能优化方法，在系统介绍算法的基本原理和算法模型基础上，更加强调算法的实现，强调算法的优缺点分析及算法的改进应用，力争实现不同智能优化方法的优势互补、融合改进和整体突破。阅读本书，不仅有助于整体把握算法的基本原理，而且有助于优势互补，增强对算法融合应用的能力。

本书第1、2、4、6、8、17、18章由李乔、吴正言撰写，第9、10、11、14、15、19、20、21章由吴正言撰写，第3、5章由余文成撰写，第7、13章由陈强撰写，第12、16章由李世忠撰写，全书由吴正言统稿。本书的编写除参考了原创算法的文献外，还参考了国内外相关研究的主要文献及有价值的博士、硕士学位论文等。在此，对这些文献的作者表示衷心感谢！

本书的编写得到了广西自然科学基金项目（2015GXNSFAA139274）以及桂林理工大学智能建造专业建设项目的大力支持，在此一并表示感谢。

本书内容涉及的专业知识面较广，由于编者水平及知识面所限，书中内容难免存在不足，恳请读者批评指正。

编　者

目　录

第4篇 群智能优化算法

第5篇 仿自然优化算法

第 6 篇　智能优化方法的统一框架与共性理论

第1篇

智能优化的理论基础

优化问题是国内外学术研究的重点和热点，不同的优化问题需要采用不同的优化方法，最理想的情况是以最快的速度得到全局的最优解。传统的最优化方法在应用于复杂、困难的优化问题时有较大的局限性，尤其是在面对复杂的大规模问题时，需要遍历整个搜索空间，一旦形成了搜索的组合爆炸，就无法在多项式时间内完成。那么，在复杂、广阔的搜索空间中寻找最优解，就成为科学工作者研究的重要课题。

智能优化方法在可接受的时间内对复杂的大规模优化问题进行求解取得了惊人的优秀成绩。智能优化方法一般具有自组织性、自适应性和并行性，直接把目标函数值作为搜索信息，具有正反馈机制，可以有效地完成优化任务。

本篇从优化理论和复杂适应系统理论的高度上认识、理解智能优化理论及其本质特征，在系统介绍优化问题的基本概念、分类与求解方法运用原则的基础上，进一步介绍智能优化方法的基本概念，并从实质上探讨了智能优化方法的复杂自适应系统特性，最后介绍了智能优化方法的分类，以期为后面各章节学习智能优化方法奠定理论基础。

Chapter 1

第1章 优化理论概述

1.1 优化问题的基本概念

优化问题一直以来都是国内外学术研究的重点之一，在生产生活中的诸多领域都得到了广泛的应用，如生产调度、系统控制、经济预测等。所谓最优化（optimization），就是在满足一定的约束条件下寻找一组参数值，使得系统达到最大值或最小值，满足最优性度量，使问题的目标最佳化的方法和过程。它需要根据选定的性能指标去评价和分析不同方案的有效性、成本、效益和效率等，同时还要考虑方案是否满足给定的要求和各种现实条件。最优化问题（optimization problems）是从众多候选解中确定某种意义下的精确最优解的数学问题。在很多复杂的实际问题的求解中，由于问题本身的复杂度和计算代价的限制，往往很难找到理论意义上的最优解，因此实际中通常会关注某种意义下的近似最优解或满意解。确定精确最优解、近似最优解或满意解的问题统称为优化问题。

优化问题可以归结为 3 个要素：解、目标和约束。

1）解（solution）。即问题的解决方案，包括解决问题的步骤、操作和（或）设计实现的相关参数设置。在不同情形下，又称为决策方案、规划方案或设计方案等。为了便于分析和求解，在进行问题求解之前需要先根据问题的性质建立解的适当表达。例如，函数优化问题通常以连续变量的向量形式表达解，而很多组合优化问题则以符号的排列顺序（permutation）来表达解。从几何角度看，可以把一个解抽象为问题解空间中的一个点。

2）目标（objective）。指用于定量评价解的质量（优劣）的指标，通常采用函数形式，故又称为目标函数（objective function）或指标函数（index function）。根据目标的性质和优化问题的特定背景，可以形成不同类型的目标，例如利润函数（profit function）、收益函数（payoff function）、代价函数（cost function）和能量函数（energy function）等。其中，利润函数是经济学中刻画企业利润的目标函数，收益函数是博弈论中用于刻画博弈方获得收益的目标函数，代价函数普遍用于度量某种解决方案带来的各种成本（例如时间、费用等），能量函数则常见于物理学、化学、分子生物学甚至图像处理等领域。

3）约束（constraint）。指限定解的可行性的条件，通常以关于解或解分量的不等式或等式的形式表示。根据约束是否必须满足，可以分为硬约束和软约束；根据约束满足的难易程度，可以分为强约束和弱约束。

优化问题研究的目标是确定能够使目标函数达到最佳值的可行解。根据优化问题的性质，最佳目标函数值意味着目标函数的最小化或最大化。但从优化问题的表达形式角度看，最大化问题和最小化问题可以相互转换，因为 $\min f=\max\{-f\}$。因此，通常采用以下形式建立优化问题的数学表达：

$$\min F(x),\ \text{s.t.}\ G(x)\leqslant 0, H(x)=0$$

式中，x 为优化问题的解；$F(x)$ 为目标函数；$\min F(x)$ 为最小化目标函数（min 是 minimum 的缩写，表示“使……最小化”）；s.t. 为 subject to 的缩写，表示“受限于……”；$G(x)$ 为不等式约束函数；$H(x)$ 为等式约束函数。$F(x)$、$G(x)$ 和 $H(x)$ 可以是标量函数，也可以是向量函数。

在连续变量优化研究中，下面的单目标无约束优化问题是研究各种复杂优化问题的基础：

$$\min f(\boldsymbol{x}),\text{s.t.}\quad \boldsymbol{x}\in X$$

式中，$\boldsymbol{x}=[x_1,\ x_2,\ \cdots,\ x_n]\ \in X\subset \mathbf{R}^n$：$X$ 为 $\mathbf{R}^n$ 上的开集，通常 $X=\mathbf{R}^n$。

最简单的优化问题就是评价指标唯一且计算方法正确可靠的情况下少数方案的选择（决策）问题，可以根据计算出的指标值直接评价出方案的优劣，进而做出最终选择，这类问题普遍存在于现实生活中。当候选方案（问题的解）数量巨大，难以在可接受时间内对所有解实现穷举，而同时又无法通过与问题相关的知识来确定最优解时，就不得不考虑对解空间的搜索策略，这是一般意义下的优化问题求解，即通过迭代搜索寻找最优解。但是，在数学意义上有可能存在没有最优解的情况，例如函数 $\min f(x)=-x^2$ 在开区间（-1，1）上没有最优解。另外，也存在最优解对应于无穷值的情况，例如函数 $\min f(x)=-1/x^2$ 在闭区间 $[-1,\ 1]$ 上的最优解为 $x^*=0$，对应的最优值为 $f(x^*)=-\infty$。根据魏尔斯特拉斯（Weierstrass）函数定理，连续函数在有界闭区域内必有最大值和最小值。对于不连续函数，如果其在闭区域内有下确界（上确界），且下确界（上确界）等于某个点处的函数值，那么该函数就有最小值（最大值）。而在实际优化问题中，由于建模误差和各种不确定性等因素，某种数学意义下的最优解未必是实际问题的最优解，因此在工程优化中通常并不严格地追求数学意义上的最优解。关于最优解的存在性问题，通常假设实际优化问题都存在最优解。

从一般意义上讲，优化研究（optimization research）是一个由“问题”（problem）、“方法”（method）和“人”（human）构成的三元体系。该领域内的研究存在“问题驱动”（problem-driven）和“方法驱动”（Method-driven）两种典型范式，前者以具体问题求解为出发点，侧重具体问题的高效求解，而后者以方法设计为出发点，侧重方法的通用性和高效性。虽然问题和方法这两个层面的研究更加客观，但“人”的主观因素对优化研究的影响也是不可忽略的。其重要性至少反映在以下 3 个方面：

（1）优化问题的建模依赖于人的领域知识

建模是优化问题研究的前提，甚至在很多情况下需要把建模与优化过程作为一个整体来统一考虑。在优化问题的模型（包括目标、约束，甚至解的定义、表达和计算方法等）难以精确建立的情况下，经常利用人的知识和经验来构建近似的优化问题模型（例如基于规则的推理模型），甚至直接由人来对解做出评价和选择（例如在很多与人类的审美或感性相关的设计优化中)。另外，在某些情况下，即使优化问题的模型已知，但为了便于问题的求解，往往需要通过近似或转换的方法对优化问题的模型进行处理，而这种方法也明显依赖于人对优化问题的分析和理解。因此，人的知识和经验将直接影响优化问题模型的合理性和准确性。由于优化研究的根本目标是为决策者制定决策提供定量的参考依据，因此人对优化问题建模过程的影响也必然会对最终优化结果的可信度产生影响。

(2) 优化方法的设计依赖于人的智慧和经验

在一般意义上很难对“什么样的优化问题的最优求解方法是什么”这一问题做出准确的回答。而且，对于复杂优化问题的求解，知识的运用是提高优化方法效率的关键，因此在算法设计时往往需要依赖人的精妙思维和灵活设计才能实现优化问题的高效求解。目前，在优化问题的分类谱系里，人类只对数量有限的几类特殊优化问题建立了理论相对完善的高效算法，例如求解线性规划问题的单纯形法、求解凸优化（convex optimization）问题的内点方法（interior-point method）等。而对于很多困难的优化问题，至今也没有找到完善的方法。很多优化算法的控制参数、停止准则都需人为设定。

(3) 多目标优化涉及人的偏好

实际中的很多优化问题涉及多种评价指标，例如成本和收益，因此一般属于多目标优化问题。在这种情况下，多个目标之间往往存在矛盾，不能同时实现最优。因此，多目标优化问题的“最优解”最终需要通过决策者对多个指标做出权衡来确定，这种情况下的最优解被称为“最佳偏好解”(most preferred solution)。由于最后的决策过程涉及决策者的主观偏好，因此属于决策科学和认知科学的范畴。在交互式多目标优化研究中，决策者的偏好表达与利用是算法设计的关键问题之一。

1.2 优化问题的分类

根据优化问题的 3 要素（“解”“目标”和“约束”）的不同特征，可以建立优化问题的分类谱系。分类谱系有助于以问题为导向把握优化研究的脉络，抓住优化研究的难点。

1.2.1 解的分类

对于优化问题的解，通常按照解分量（变量）的类型分为连续型、离散型、函数型和混合型。

1）连续型变量。通常在实数域上连续取值或分段连续取值，函数优化问题的解通常是连续型。

2）离散型变量。与连续型变量相比，离散型变量的形式更加多样化，例如在实数域上离散取值的变量（包括整数型变量和非整数型变量）、符号顺序型变量（简称序变量、排列变量或置换变量，即多个符号的排序）。在整数型变量中，取值为 0 或 1 的 0-1 型变量是最常见的类型，这主要是因为 0-1 型变量适合表示“是-否”“开-关”“连-断”等常见的二元决策变量，例如对于用体积有限的背包选装多个物品使所获价值最大化的背包问题（knapsack problem)，可以用 1 和 0 分别表示相应物品是否装包。非整数型离散变量在工业设计与生产中也很常见，例如受加工工艺和制造标准等条件限制，很多部件和元器件的参数只能取数量有限的离散值，而且很多值都不是整数。序变量也是实际中常见的优化变量类型，例如对于旅行商问题（Traveling Salesman Problem，TSP），可以用多个待访问城市的顺序作为优化变量，形式上可以表示为 A-D-E-C-B（5 个字母代表 5 个城市）。在生产调度问题中，优化变量经常表示为工件的加工顺序，因此也属于序变量类型。

3）函数型变量。以函数作为优化变量的问题称为泛函优化问题，这类问题常见于最优控制研究中，目的是确定使得某种控制目标达到最优的控制律 $u(t)$，其中 $u(t)$ 是时间的函数。函数型变量的典型特征是无穷维，在理论层面可以采用变分法对泛函优化问题进行分析，而在解决工程实际中的很多泛函优化问题时（例如空间飞行器的飞行轨迹规划与控制问题），则经常通过参数化方法把无穷维的泛函优化问题转换为只包含有限个参数的连续变量优化问题来进行处理。

4）混合型变量。同时包含连续型变量和离散型变量，而且通常两种变量存在耦合关系，即优化问题本身不能按照变量类型直接分解为连续型变量优化和离散型变量优化两部分。例如，在曲率约束运动体（如高速飞行的无人机）遍历多点的最短航路规划问题中，运动体的路径上任何一点处都存在最小转弯半径约束，其在任何一点处的朝向限定了可行的运动方向和到下一个点的最短距离，因此多点航路规划问题的解既依赖于对各个点的访问顺序，又依赖于运动体在各点处的朝向。通常把连续型变量和离散型变量各自对应的优化问题分别称为函数优化问题和组合优化问题，而第三种情况称为混合变量优化问题。

1.2.2　目标的分类

根据目标函数的不同属性可以建立不同的分类。根据目标数量的多少，可以分为单目标和多目标，相应的问题分别称为“单目标优化问题（Single-Objective Optimization Problem，SOOP）”和“多目标优化问题（Multi-Objective Optimization Problem，MOOP）”，后者至少包含两个目标。从形式上看，SOOP 和 MOOP 分别对应于一般优化模型中的 $F(x)$ 为标量和向量的情况。

当目标数量很多时（通常目标数量不少于 4 个），相应的问题在进化计算研究领域中被称为“超多目标优化问题”（Many-Objective Optimization Problem，MaOOP），在这种情况下，超多目标空间（维度大于 3）的可视化、不同解之间的支配关系（dominance relation）严重弱化等问题给算法的设计带来了挑战。

根据目标函数是否包含不确定性，可以分为不确定性目标和确定性目标。不确定性可以表现为各种不同的类型，例如模糊性、随机性以及二者的各种复合形式等。根据目标函数是否随时间变化，可以分为动态目标函数和静态目标函数。目标函数的动态变化可能引起解的最优性变化，因为这种情况下不是单纯地搜索某一时刻的最优解，还要对最优解进行跟踪。

对于连续变量优化问题，根据目标函数在可行域内包含的局部极值解的数量，可以把目标函数分为单模态目标函数和多模态目标函数。单模态目标函数有唯一的局部极值解，而多模态目标函数则包含多个局部极值解。对于多模态目标函数，如果目标函数包含多个全局最优解，则称其为多最优目标函数（multi-optima objective function）。对于这类问题，有时候不仅需要找到最优值，还要得到所有能够实现最优值的解。对于这种需要找到所有最优解的优化问题，我们称之为多最优解优化（multi-optima optimization）。

1.2.3 约束的分类

最简单的约束是各个变量的固定取值范围的约束，实际中绝大多数问题都包含此类约束。但是，由于在解的生成过程中通过采样范围控制，这类约束很容易得到满足，所以一般意义下的约束优化不是指这类约束。

如果添加约束后与不加该约束相比改变了问题的最优可行解，则称该约束为有效约束，也就是说，该约束是有效的。根据约束在实际中是否必须满足，可以将约束分为硬约束和软约束。根据约束满足的难易程度可以分为强约束和弱约束，但二者的界限往往比较模糊。通常情况下，等式约束比不等式约束更难满足。根据约束中是否包含不确定性因素，可以将约束分为不确定性约束和确定性约束，由于不确定性参数的取值呈多样性，不确定性约束往往可以表示为由不确定性参数形成的一组约束。根据约束是否随时间变化，可以将约束分为动态约束和静态约束，约束的动态变化有可能引起解的可行性变化，从而增加了约束满足的难度，在这种情况下不仅要搜索最优可行解，还要对其进行预测跟踪。

1.2.4 优化问题的分类谱系

根据对优化问题三要素的上述分析，可以对优化问题做出以下分类，见表 1.1。

表 1.1 优化问题的分类谱系

分类要素	分类			
变量 X	连续变量优化问题	离散变量优化问题	泛函优化问题	混合变量优化问题
目标函数 F	单目标优化问题		多目标优化问题	
约束 G,H	无约束优化问题		约束优化问题	
X,F,G,H	确定性优化问题		不确定性优化问题	
F,G,H	静态优化问题		动态优化问题	
F,G,H	单模态优化问题		多模态优化问题	

1. 按优化问题性质分类

（1）连续变量优化问题与离散变量优化问题的比较

连续变量优化（continuous variable optimization）问题与离散变量优化（discrete variable optimization）问题的差异在于，前者有梯度或次梯度信息可用，而后者没有。在连续变量优化问题中，通常用欧氏距离来度量解之间的距离。在组合优化问题中，解之间的距离明显依赖于采用的具体算法或算子。泛函优化问题以函数作为解，可视为无穷维的连续变量优化问题。混合变量优化问题同时包含连续变量优化问题和离散变量优化问题。由于连续变量优化问题和离散变量优化问题的特征与求解方法有明显不同，所以很难从优化问题难度方面区分两类问题。

（2）单目标优化问题与多目标优化问题的比较

与单目标优化问题相比，多目标优化问题需要考虑相互冲突的多个目标，因此对解进行评价时产生的计算量会更大，解之间的优劣关系比较也变得更加复杂，故多目标优化问题在难度上高于单目标优化问题。对于一般的决策问题，通常关注多种决策准则，例如成本和收益，因此决策在一般意义上与优化的区别主要体现在相互矛盾的多个准则的权衡上，这个过程涉及决策者的主观偏好，属于决策科学和认知科学的范畴。

根据决策者的偏好在多目标优化过程中的加入位置，可以把多目标优化问题分为前决策多目标优化问题、交互式决策多目标优化问题和后决策多目标优化问题。对应于这 3 种决策方式，决策者偏好分别在优化前、优化过程中和优化完成后表达。前决策多目标优化方法直接把决策者偏好融入多个目标中，将多目标优化问题转换为单目标优化问题进行求解，其特点是求解方法简单，但对决策者偏好表达的准确性要求较高。后决策多目标优化方法先直接求解具有代表性的多个 Pareto 最优解，然后由决策者根据偏好做出最终选择，求解目的是得到能够充分代表多个目标的不同权衡情形的多个 Pareto 最优解，这是一般意义下的多目标优化。与前决策方式相比，后决策方式涉及多个目标的同时优化，明显具有较高的代价，但后决策方式能够更全面地展现多个目标的不同权衡方案。在交互式决策多目标优化问题中，决策者的偏好表达与多目标优化问题的求解交互进行，决策者的偏好可以引导算法去集中搜索决策者感兴趣的解，以减少不必要的搜索代价，而算法反馈给决策者的求解结果则可以帮助决策者更准确地表达偏好。

（3）无约束优化问题与约束优化问题的比较

约束的存在从形式上使优化问题复杂化，但约束未必导致优化问题难度增加。例如，如果约束不是有效约束，那么约束的存在可以有效减小解空间的范围，这有利于建立高效的搜索寻优算法。另外，某些约束经过特殊处理可以实现解空间的降维，从而降低问题的求解难度。

对于一般的约束优化（constrained optimization）问题，某个约束是否为有效约束往往难以直接判断。对于形式上较为复杂、无法进行转换处理的约束，通常可以用随机采样生成的解中针对该约束的部分可行解的比例来度量约束满足的难度，比例越小，难度越高。通常情况下，可行区域的相对测度越小，约束的满足难度越高，且当可行区域被分散成大量彼此隔离的子区域时也会进一步增大约束处理难度。

（4）确定性优化问题与不确定性优化问题的比较

当优化的要素中包含不确定性因素时，相应的优化问题即不确定性优化（uncertain optimization）问题。根据性质的不同，不确定性可以分为随机性、模糊性和模糊随机性等不同类型，由此形成具有不同性质的不确定性优化问题。由于不确定性问题通常可以表示或近似表示为有限个确定性问题，其中每个确定性问题对应于不确定性问题的一个具体情形（scenario），因此在对每个解进行评价时，需要考虑解在各种情形下的质量，并做出综合评价。所以，可以把不确定性优化问题视为基于情形的优化（scenarios-based optimization）问题。不同的综合评价方法形成不同的不确定性优化模型，例如鲁棒优化模型、期望值优化模型和机会约束规划模型等。

按照不确定性在优化问题三要素中的产生来源，可以把不确定性优化问题分为以下 3 种典型情况：

1）不确定性源于优化问题的解。当优化问题的最优解确定后，如果最优解中包含的设计变量（例如某个产品的加工尺寸）在实现过程中因为实现条件（如生产加工水平）等因素而发生变化，那么最优解的质量可能因此发生严重的退化。在此意义上，优化问题的解本身包含了不确定性。优化得到的解应该能够在这种不确定性条件下依然保持某种良好的性能。以目标函数最小化为例，在鲁棒优化的意义下，可以定义如下优化问题：

$$\min_{x} \max_{x' \in U(x)} f(x'),\ \text{s.t.}\ x \in X$$

式中，$U(x)$ 表示由解的不确定性蕴含的解 x 的邻域范围，即 x 在实现过程中可能产生的实际解的集合。

2）不确定性源于优化问题的目标。当优化问题的目标里蕴含不确定性或难以精确计算甚至缺乏计算模型时，需要对不确定性的目标进行处理，从而得到某种意义下的最优解。例如，鲁棒最优解（robust optimal solution）定义为能够使目标函数在各种可能的情形下的最差值实现最佳化的解。在这种情况下，以目标函数最小化为例，优化问题可以描述为

$$\min_{x} \max_{\xi} f(x,\xi),\ \text{s. t. } x \in X$$

式中，ξ 是不确定性参数向量。

目标函数蕴含的不确定性可能以不确定的参变量（例如外部环境参数）、目标函数的不确定性逼近误差等形式体现。

3）不确定性源于优化问题的约束。蕴含不确定性的约束可能给解的可行性带来不确定性。与不确定性目标函数的处理类似，可以定义鲁棒可行解（robust feasible solution），即不确定性约束蕴含的所有可能情形下都能满足约束的解。但是，由于不同情形下的可行域可能无交集，因此鲁棒可行解不一定存在。此时可以定义约束违反程度或约束违反比例等可行性评价指标，通过这些指标的最小化来对解进行优选，其中约束违反程度可定义为所有约束的归一化违反量之和，约束违反比例可定义为违反的约束数量占所有约束的数量比例。

实际的不确定性优化问题可能在多个要素上包含不确定性，无论不确定性以何种性质或来源产生，由于情形的多样性，在进行解的评价时往往会产生大量的运算，这是不确定性优化问题求解的一个难点。一般的不确定性优化问题可以表示为如下形式：

$$\min F(x,\xi),\ \text{s. t. } G(x,\xi) \leqslant 0,\ H(x,\xi) = 0$$

上述模型只是不确定性优化问题的一般描述，不能直接用于优化求解。在实际问题求解中，需要先按照鲁棒优化、期望值优化或机会约束规划等模型进行转换才能进行优化求解。

（5）静态优化问题与动态优化问题的比较

当优化的要素随时间变化时，相应的优化问题即动态优化（dynamic optimization）问题，其一般化描述如下：

$$\min F(x,t),\ \text{s. t. } G(x,t) \leqslant 0,\ H(x,t) = 0$$

与不确定性优化问题相似，优化问题要素的动态变化也会改变解的性质，从最优解变为次优解甚至较差解，从不可行解变为可行解，或者刚好相反。从目标函数的角度看，目标函数可能由单模态函数变为多模态函数（或者相反），不同目标函数的重要程度也可能发生变化。从约束的角度看，约束的满足难度可能随时间变化，也可能从有效约束变为非有效约束（或者相反）。动态优化的目的不是找到固定的最优解，而是随时间变化动态地跟踪最优解。如何检测问题的变化并对搜索策略做出快速的适应性调整，是动态优化问题求解的关键。

（6）单模态优化问题与多模态优化问题的比较

由于单模态优化问题在可行域内只有一个局部极值解，因此从可行域内任意一点出发，必定存在一条可以使目标函数连续改进的路径能够到达局部极值解。在此意义上，采用沿负梯度方向搜索的最速下降法很容易实现单模态优化问题的求解，而求解方法成熟的凸优化问题正是单模态优化问题的一个特例。对于单模态优化问题，如何确定最快的搜索路径来加快收敛是算法设计的核心问题。与单模态优化问题相比，多模态优化（multimodal optimization）问题存在多个局部极值解，所以从解空间中的任意点出发执行梯度搜索有可能收敛到

不同的局部极值解。而大多数优化算法在求解复杂的多模态优化问题时很容易陷入局部极值解，故无法保证收敛到全局最优解。

与连续变量优化问题相比，离散优化问题中不存在梯度，不同解之间的距离关系明显依赖于采用的具体算子，两个不同的解对于不同的算子而言可能存在明显不同的远近关系。例如对于长度为 100 的两个排列编码 x_1 = “1-2-3-····-100” 和 x_2 = “2-3-4-5-····-100-1”，采用向左循环位移算子时，x_1 到 x_2 的距离为 1，因为一步操作即可实现移动，而采用向右循环位移算子时，x_1 到 x_2 的距离为 99，采用两两换位操作时（即任选两个元素交换位置），x_1 到 x_2 的距离为不确定值，其最小值为 99。因此，对于离散优化问题而言，模态的概念依赖于算子以及与算子对应的邻域。对于某个优化问题，如果以任意解为起点，连续运用某个算子都可以到达唯一的全局最优解，则称该优化问题对于该算子而言是单模态的，否则为多模态的。由此可以看出，算子与问题是否匹配会影响优化问题的求解难度，选择或设计适当的搜索算子对提高优化问题求解效率而言是一个重要问题。

综合上述分类结果，最简单的优化问题类型是无约束（unconstrained）、单目标（single-objective）、确定性（deterministic）、单模态的（unimodal）静态优化问题（static optimization problem）（简称 USDUSOP）。最复杂的优化问题类型是强约束（strongly-constrained）、多目标（multi-objective）、不确定性（uncertain）、多模态的（multimodal）动态优化问题（dynamic optimization problem），简称 SCMUMDOP。对于前者，很容易建立有效的迭代求解算法实现全局优化，而后者则聚集了各种难度因素，因此其求解最具挑战性。而全局优化（global optimization）研究关注的基本问题类型为无约束（unconstrained）、单目标（single-objective）、确定性（deterministic）、多模态的（multimodal）静态优化问题（static optimization problem），简称 USDMSOP。其中多模态性（multimodality）是全局优化研究中处理的一类主要问题难度。

2. 按优化问题求解性能要求分类

（1）在线优化与离线优化

二者的区别主要体现在快速性方面的性能要求上。在线优化（online optimization）要求算法必须在严格的限定时间内得到可行解，这个解将被直接用于实现系统的操作、控制、运行等环节，并根据系统的状态变化适时地做出动态优化。因此，在线优化是限时优化，甚至是实时优化，其实现明显依赖于硬件的计算能力。离线优化（offline optimization）对计算时间没有严格的限制，在可接受的时间内完成优化即可，得到的解不必直接实现，通常只作为参考方案。特别地，如果限定时间也不确定，那么算法必须具备任意时间内的问题求解性能，相应的算法被称为任意时间算法（anytime algorithm）。这种算法即使在未结束前被中断，也能产生问题的有效解，并且算法得到的解会随着允许计算时间的增加而改进。

（2）全局优化与局部优化

二者的区别主要体现在对解的质量的性能要求上。全局优化的目标是找到全局最优解，而局部优化只要求通过快速的局部搜索算法找到局部最优解。虽然全局最优解比局部最优解更有价值，但有时候因为计算代价或计算实时性等因素限制，得到高精度的局部最优解比得到全局最优解更加可行，实现上也比较容易，且所得结果的数值稳定性较好。从对整个解空间的采样角度看，全局优化需要在解空间的广度搜索和深度搜索上做出适当的平衡才能更好地定位全局最优解，而局部优化只强调深度搜索。

3. 按优化问题透明程度分类

按优化问题的透明程度，优化问题可以分为白箱优化问题、灰箱优化问题和黑箱优化问题 3 类。

在求解优化问题之前，如果问题的所有信息都已知，则称相应的问题为白箱优化问题；当问题的所有信息都未知时，则称相应的问题为黑箱优化问题；当只有部分信息已知时，则称相应的问题为灰箱优化问题。对于一个给定的优化问题，如果在求解之前关于它的所有解都已得到它们的目标函数值和约束函数值，或者所获知的信息足以确定它的最优解，那么该问题就是白箱优化问题，此时只需要根据最优解的判定标准直接选出最优解即可。对于黑箱优化问题，由于缺乏问题信息，只能通过对解空间进行采样来获取信息，同时还需要有效地利用已获取信息来指导后续的搜索，由此才能实现问题的高效求解。对于灰箱优化问题，如何利用已知信息是算法设计的关键问题，在对解空间进行搜索之前可以利用已知信息压缩搜索范围，减小不必要的搜索代价，也可以在搜索过程中利用已知信息指导搜索过程更快地趋向最优解。

1.3 求解方法的运用原则与搜索优化算法的一般流程

1.3.1 优化问题的求解方法运用原则

在人类的学科体系中有两个专业领域主要从事优化研究，分别是“数学规划”（mathematical programming）和“进化计算”（evolutionary computation），前者属于运筹学，后者属于人工智能（计算智能）。两个领域在优化问题的求解方法研究方面体现出不同的特点：数学规划领域强调问题的性质分析与理论方法的完备性，目前关于优化研究的多数严格理论（例如各种最优性条件）和成熟方法（例如分支定界法、各种凸规划方法、求解线性规划方法的单纯形法等）都产生于数学规划领域，数学规划研究对问题的分类更加细致，在方法的设计上与问题的特征和性质结合紧密，因此明显体现出“问题驱动”的特征；进化计算领域强调方法的通用性和复杂问题的适应性求解，在优化方法上普遍采用“模拟自然界机理”的思想，侧重问题的启发式求解，与数学规划研究相比更多地体现出“方法驱动”的特征。

无论哪个优化研究领域，无论采用何种优化方法，人们都希望设计的算法能够“又快又好”地解决实际优化问题。但是，快速性和求解质量这两个目标之间的矛盾经常使得人们难以找到使二者同时达到最优的算法，而且随着问题难度和复杂性的增加以及快速性要求的限制，甚至难以找到满足要求的算法。

关于优化问题的基本求解方法，可以做出如下分类：

1）分析方法：通过对问题的性质分析直接得出问题的解析解。

2）构造方法：利用问题的特定知识构造出具有较高质量的可行解。

3）转换方法：通过变换或近似方法把原始问题转换成运用现有的成熟方法易于处理的问题，例如把非线性规划问题近似为分段的线性规划问题。

4）搜索方法：对解空间进行迭代采样，并不断更新搜索到的最优解。

前 3 种方法都是从问题的角度出发，分析方法通过对问题的理论分析直接得出解析解，不仅能保证解的最优性，而且计算代价很低，但往往只对极少数特殊问题有效；构造方法利用问题的不完整、不精确知识快速生成可行解，但是只在特殊情况下才能保证解的最优性；转换方法把较难处理的复杂问题简化，将其转换成可以通过成熟算法高效求解的问题，但转换过程需要很强的技巧性来保证转换后的问题与原始问题最优解的相似性。

搜索方法通过解空间中的迭代采样来寻找最优解，搜索策略的有效性与计算代价依赖于问题的性质。与分析方法和构造方法相比，搜索方法通常会产生更高的计算代价，但是在对相关问题的信息和知识缺乏的情况下（例如黑箱优化），只能通过搜索方法一边获取信息，一边利用信息来寻找最优解。对于低维的离散优化问题，如果计算代价可以接受，甚至可以通过穷举法直接找出最优解。特别地，对于一维或二维的多模态连续变量优化问题，还可以通过绘图观察来大致确定最优解的位置，然后把问题的搜索范围缩小到可应用梯度搜索或二分法等传统优化方法的范围内，从而实现快速的高精度优化。

在用转换方法实现问题的转换后，可以利用分析方法、构造方法及搜索方法来实现问题的求解。

以下是优化问题求解策略和方法的基本运用原则：

1）优先原则。“问题分析优先，知识运用优先。”为了实现特定问题的高效求解，应当坚持“具体问题具体分析”的原则，尽可能挖掘问题的特定知识，降低问题难度。在某些特定情形下，为了实现求解的快速性要求，甚至需要牺牲解的最优性，对问题做出近似变换，以便于采用快速高效的方法得到满意解或可行解。

按照上述原则，应当优先采用分析方法进行问题求解，如果无法找到有效的分析方法，则应再根据问题求解的快速性和求解质量要求，适当选择构造方法、转换方法、搜索方法或这些方法的组合对问题进行求解，在算法设计中应当尽可能充分地利用问题特定的知识来提高求解效率。

2）转换原则。“复杂问题简化处理。”例如，大规模问题转化为多个小规模问题、约束优化问题转化为无约束优化问题、多目标优化问题转换为单个或多个单目标优化问题、不确定性优化问题转换为单个或多个确定性优化问题、动态优化问题转换为多阶段静态优化问题。

3）平衡原则。在搜索过程中，探索与开发的权衡是实现全局优化的关键，也是实现黑箱优化问题全局优化求解的核心问题。探索与开发分别对应于广度搜索和深度搜索。二者的平衡从不同层面反映为全局搜索与局部搜索的平衡、算法的收敛速度与收敛质量的平衡、信息获取与利用的平衡、群搜索算法的种群多样性与收敛速度的平衡等。其实质是有限的采用代价在不同层面上适应问题求解的均衡分配问题。

算法设计中常见的矛盾因素还包括最优性（求解质量）与快速性、通用性与专用性等。对算法的快速性要求通常体现为一种约束，求解质量则作为算法设计的评价指标，即在允许的计算时间内得到质量尽可能高的解。另外，理想的算法应具有较好的通用性，能够有效解决广泛范围内的不同问题。但是为了提高具体问题的求解效率，往往必须充分利用问题特定的知识，而对问题特定知识的依赖会降低算法的通用性。

1.3.2　搜索优化算法的一般流程

搜索优化算法又称迭代寻优算法，其一般流程可以描述为如下步骤。

步骤 1：优化问题建模，完成三要素的数学表达，确定目标函数和约束函数的计算方法。

步骤 2：确定解的编/解码方法。

步骤 3：确定解的评价方法。

步骤 4：建立记忆信息的数据结构。

步骤 5：生成一个或多个初始解并对解进行评价，更新记忆信息。

步骤 6：为搜索算子选择作用对象。

步骤 7：运用搜索算子迭代生成新的解，并对新解进行评价，更新记忆信息。

步骤 8：判断是否满足算法终止条件，满足则结束，并输出当前找到的最优解；否则转至步骤 5。

（1）优化问题的建模

建模是优化问题求解的基础，模型的不准确可能使优化求解的结果失去意义。同一问题可以采用不同的建模方式或方法形成不同的模型，而不同模型在求解难度方面的差异会对求解方法和效果产生显著的影响。另一方面，为了便于算法的运用，有时候需要对问题的模型做转换或近似处理，在优化问题求解策略和方法的基本运用原则中，转换原则正是体现了问题与求解方法的这一关系。另外，对于高代价优化，还常用近似的目标函数来对解做出评价，这也体现了算法对模型的影响。因此，对于问题求解而言，建模与优化这两个过程是紧密耦合在一起的，应当统筹考虑。

（2）编/解码方法

编/解码方法是算法运用的基础，也是算法设计的基础环节，对问题的求解效率有显著的影响。编码过程是把解表示为适合算法操作的形式，而解码过程则是把解的编码“翻译”成真实解，以便对解做出评价。虽然并不是所有方法都需要编/解码过程，但对于很多复杂优化问题的求解而言，适当的编/解码方法有利于简化问题的表达和处理。同一问题可以采用不同的编/解码方法，甚至同时采用多种编/解码方法。

（3）解的评价方法

解的评价方法主要关注解之间的优劣关系，而不是其具体取值，而且解的评价往往涉及多种因素，不同评价方法的差异性主要体现在多种因素的权衡方法上。在约束优化中，解的约束满足情况和目标值的优劣都是对解进行评价时需要考虑的因素，例如，Deb 针对进化算法提出的可行性规则包含 3 条规则：可行解优于不可行解；可行解之间按照目标值的优劣进行比较；不可行解之间按照约束违反程度比较。而在 Runarsson 和 Yao 提出的随机排序方法中，前两条规则相同，但不可行解之间是按一定概率根据目标值的优劣或约束违反程序进行比较的。在不确定性优化中，解的评价与决策者对不确定性的承受能力有关，对于不可承受风险的情形往往选择鲁棒优化的方式评价解，即用最差情况下的目标值来评价解，而在更一般的情形下可采用目标函数的期望值来评价解。在多目标优化中，除了根据 Pareto 支配关系评价解的优劣外，还需考虑解对均匀覆盖 Pareto 前沿的贡献。

（4）记忆信息

记忆信息是指用于维持算法运行而定义的各种变量，包含算法的控制参数和解空间的相关信息。算法的控制参数包括迭代次数、终止条件中涉及的参数、搜索算子或调节机制引入的参数等。解空间的信息包括解空间的范围、当前解、历史最优解以及对应的评价信息等。

对于不同的算法，记忆信息的内容往往不同。例如，模拟退火算法记忆当前解的信息、当前最优解的信息以及当前温度信息，遗传算法需要记忆当前种群的信息和历史最优解的信息，粒子群优化算法为了维持迭代操作，则需要记忆种群的拓扑结构、每个个体的速度信息、当前位置信息、历史最优信息、邻域最优信息和种群的最优信息等。

按照信息是否变化，可以将记忆信息分为静态信息和动态信息。静态信息是指固定不变的信息，例如设为固定值的算子参数或算法控制参数等；动态信息是指随迭代次数增加而变化的信息，例如累计的函数评价次数、当前解信息、历史最优解信息等。按照变量的存储期限，可以将记忆的变量分为短期变量和长期变量。短期变量只用于存储那些随迭代次数增加而不断更新的临时数据，例如累计的函数评价次数；长期变量则用于存储那些可能长期保持不变的数据，例如历史最优解和最优值。根据记忆信息的性质设计适当的数据结构来支撑算法的运行是提高算法执行效率的一个重要问题。

（5）搜索算子

搜索算子是寻优算法在迭代过程中产生新解的方法，是搜索优化算法的核心，也是区分不同算法的主要因素。例如，遗传算法采用交叉和变异作为搜索算子，而差分进化算法同样也采用交叉和变异算子，但二者的主要区别体现在变异算子上，后者采用的是差分变异，明显不同于遗传算法的各种常见变异操作。

（6）搜索算子的作用对象

大多数搜索算子在产生新解的过程中需要利用采样过程中产生的已知解，因此选择哪些已知解作为产生新解的基础是运用搜索算子时必须明确的一个重要设计问题。这一问题可以归结为选择算子的设计问题。例如，遗传算法维持一个由多个解（个体）构成的种群来对解空间进行搜索，其中交叉和变异算子先后作用在父代种群上来产生子代个体，而选择算子确定哪些个体能够进入下一代继续参与交叉和变异。因此，选择算子实质上是为交叉和变异算子确定作用对象。

（7）算法的终止条件

典型的算法终止条件包括以下两种基本类型：

1）由计算代价决定的算法终止条件。

① 最大迭代次数（即最大的函数评价次数）：当累计的函数评价次数达到最大迭代次数时终止算法。

② 最大进化代数：适用于基于种群的搜索算法（如遗传算法、粒子群优化算法），当算法的进化代数达到允许的最大值时终止算法。

③ 允许的最长计算时间（以实际计算平台上的算法运行时间为准）：当累计的运行时间达到允许的最长计算时间时终止算法，常见于实时优化问题的算法设计中。

2）由目标函数值的改进状况决定的算法终止条件。

① 历史最优解连续无改进的最大次数：当历史最优解连续无改进的次数超过该值时终止算法。

② 历史最优解连续无更新的最大次数：当历史最优解连续无更新的次数超过该值时终止算法。与历史最优解连续无改进最大次数终止条件相比，这种终止条件适用于按“不劣于”规则更新最优解的算法，这种情况下可能出现“最优值无更新但最优解有更新”的状况。

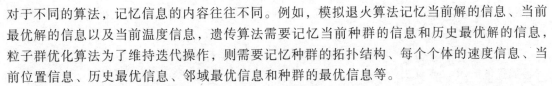

③ 前后两次迭代的目标函数值之差小于某个阈值：适用于目标函数连续改进的情形，常作为局部梯度搜索的终止条件。

④ 目标函数值小于某个阈值：通常要求已知目标函数的最优值（此时只需要找到能够满足最优值的解）或者决策者确定了可接受的目标函数值但不要求得到严格的全局最优解。

终止条件也可以按“与（AND）”“或（OR）”关系取为上述不同条件的组合形式。

复习思考题

1. 生活中有哪些常见的优化问题？
2. 优化问题的含义是什么？
3. 优化问题的三要素是什么？
4. 什么是最优性条件？你知道哪些最优性条件？
5. 优化问题有哪些基本解法？
6. 优化问题有哪些求解原则？
7. 请描述搜索优化算法的一般流程。
8. 搜索优化算法有哪些终止准则？
9. 连续变量优化与离散变量优化有何区别？

Chapter 2

第2章 智能优化方法概述

2.1 智能优化的概念

优化方法有很多，主要包括传统优化方法、随机优化方法、机器学习优化方法等。

以梯度为基础的传统优化方法具有较高的计算效率、较强的可靠性和较成熟等优点，它是一类非常重要的、应用相当广泛的优化算法。但是，传统的最优化方法在应用于复杂、困难的优化问题时有较大的局限性。一个复杂的优化问题通常具有下列特征之一：①目标函数没有明确的解析表达；②目标函数虽有明确表达，但不可能恰好估值；③目标函数为多峰函数；④目标函数有多个，即多目标优化。一个困难的优化问题通常是指：目标函数或约束条件不连续、不可微、高度非线性，或者问题本身是困难的组合问题。传统优化方法往往要求目标函数是凸的、连续可微的，可行域是凸集等条件，而且处理非确定性信息的能力较差。这些弱点使传统优化方法在解决许多实际问题时受到了限制。任何迭代寻优方法实质上都是一种对解空间进行迭代采样的方法，不同方法的主要区别体现在采样方式上（即解的生成方式）。如果优化方法在采样方式上采用“向大自然学习”的思想，通过拟物或仿生等手段使算法的搜索优化行为呈现出一定的自适应、自组织、自学习等“智能”特征，则称这种算法为智能优化方法。

智能优化方法是建立在生物智能或物理现象基础上的随机搜索算法，目前在理论上还远不如传统优化算法完善，往往也不能确保解的最优性，因而常常被视为只是一些“元启发式方法”（meta-heuristic）。但从实际应用的观点看，这类新算法一般不要求目标函数和约束的连续性与凸性，甚至有时连有没有解析表达式都不要求，对计算中数据的不确定性也有很强的适应能力。例如，遗传算法通过模拟生物进化过程的宏观和微观规律来实现优化问题的求解，其中选择算子体现了达尔文进化论的“优胜劣汰、适者生存”的思想，交叉和变异算子则模拟了微观层面的基因操作。与遗传算法这种具有仿生思想的优化算法（biologically-inspired optimizers）相比，模拟退火算法是模拟固体退火过程中的粒子能量与状态变化规律，尤其是温度对状态变化的调节机制，属于典型的拟物型优化算法。无论仿生还是拟物，都是“向大自然学习”思想的具体体现，这种算法设计方式又被称为“自然计算”（nature-inspired computation）。智能优化方法正是“向大自然学习”思想在解决优化问题时的实际体现，这类方法具有以下典型特征：

1）借鉴自然规律建立启发式的解空间采样策略。

2）通过迭代搜索实现优化问题求解。

3）以随机搜索算法为主，具有一定程度的全局搜索能力。

4）不依赖梯度信息，对问题的性质几乎无任何要求。

5）是一种解决复杂困难优化问题的通用求解方法。

大多数智能优化方法具有“随机性”。例如，遗传算法的交叉和变异算子都是具有随机性的算子，因为交叉与变异对解的编码的作用位置都是随机选择的，而且经典遗传算法采用的轮盘赌选择采用种群中所有个体的适应值来划分轮盘，并根据轮盘刻度对个体做出随机选择。在粒子群优化算法中，粒子的速度调节直接采用随机数，进而增加了粒子速度和位置的多样性。在蚁群优化算法中，每只蚂蚁根据节点转移概率选择它的下一个路径节点，而分布估计算法正是一种利用样本建立概率模型并根据概率模型对解空间进行采样的方法。

由于不依赖问题的梯度信息，对问题性质几乎没有任何特殊要求，因此智能优化方法是解决复杂困难优化问题的一类通用求解方法。

2.2 智能优化方法的实质——人工复杂适应性系统

进入 21 世纪，智能优化方法呈现出爆发式的发展趋势，其种类和数量都得到迅速增长，应用也广泛拓展到科学研究的各种领域。从智能优化方法的相关研究来看，算法设计方法呈现出多种典型范式，包括革新性设计和改进性设计两种基本范式。革新性设计以“观察自然现象”“思考与类比”“转换与实现”“确认与检验”的步骤和模式设计新概念算法，而改进性设计通常采用“参数/算子调节”“多种群策略”“问题特定策略”“混合设计”等典型方式对某种经典算法进行改进设计，使之适应特定问题求解或在一般意义上获得更好的优化性能。

从智能优化研究的当前发展趋势来看，不同的设计思想还会继续催生大量新的智能优化方法，对于任何一种搜索优化算法而言，无论它是传统方法还是现代方法，也无论它产生于数学规划领域还是计算智能领域，其本质上都是一种解空间的采样方法。什么样的问题适合采用什么样的采样方法？这一问题的答案显然是依问题而定的，而且无免费午餐定理（no free lunch theorem）表明没有算法能够在所有可能的优化问题上保持最佳性能。那么，对于给定的一种优化算法，它在解决哪些问题时能够保持最佳性能？对于哪些问题又会出现较差性能？关于智能优化方法，目前这些问题都没有明确的答案。因为绝大部分智能优化方法都有个体、群体，都存在个体与个体、个体与群体、群体与群体间的相互作用、相互影响等，这种相互作用都存在着非线性、随机性、适应性，以及存在着仿生的智能性等特点，因此，智能优化方法是一个智能优化计算系统，属于人工复杂适应性系统。

人工复杂适应性系统的目的在于，使系统中的个体及由个体组成的群体系统具有一种主动性和适应性，这种主动性和适应性使该系统在不断演化中得以进化，而又在不断进化中逐渐提高以达到优化的目的。从而，使这样的系统能够以足够的精度去逼近任意待优化复杂问题的解。因此，具有智能模拟求解和智能逼近的特点是智能优化方法的本质特征，而体现其本质特征的正是“适应性造就了复杂性”这一复杂适应系统理论的精髓。

2.2.1 人工智能优化方法需解决的共性问题

为了更好地研究、设计和应用各种智能优化方法求解工程优化问题，通常需要解决好的共性问题如下：

1）把待优化的工程问题通过适当的变换，转化为适合某种具体智能优化方法的模型，以便应用具体优化算法进行求解。

2）设计优化算法中的个体、群体的描述，建立个体与个体、个体与群体、群体与群体之间相互作用的关系，确定描述个体行为在演化过程中适应性的性能指标。由于各种优化算法存在差异，因此这里所指的个体和群体的概念是泛指的、广义的。从系统科学的角度就是系统的三要素：一是个体；二是由许多个体构成相互作用的群体；三是不断相互作用的群体在一定条件下涌现出整体的优化功能。

3）在智能优化方法的设计中，要解决好全局搜索（探索）与局部搜索（开发）的辩证关系。如果注重局部搜索而轻视全局搜索，易使算法陷于局部极值而得不到全局最优解；如果注重全局搜索而轻视局部搜索，易导致长时间、大范围搜索而接近不了全局最优解。为此，需要处理好确定性搜索与概率搜索之间的关系。在一定的意义上，可以认为确定性搜索有利于全局搜索，而概率搜索有利于局部搜索。这二者之间是相互利用、相互影响的，因此，必须处理好这二者之间的辩证关系。

4）目前设计的智能优化方法多半存在算法参数偏多，因此如何选择合理的算法参数本身就是一个优化问题。如果在优化过程中对参数在线寻优，往往存在寻优时间是否允许的问题。一般是通过在仿真实验中比较优化效果来确定某个算法参数，或者根据设计者的经验选取。也有采用自适应调整参数的设计方法。但总体来说，在目前已有的自适应调整参数的公式中，还是存在人为给定的常数，缺乏利用优化过程中动态的有用信息作为反馈去自动地调整算法的参数。控制论的创始人维纳曾指出：目的性行为可以用反馈来代替。如何在智能优化方法中利用优化过程中的动态信息反馈来自动设定或自动调整算法参数是值得深入研究的课题。智能优化方法的理论研究和一些根本性问题（例如问题难度分析与算法的适用范围等）仍然没有得到解决，虽然这一缺陷并没有给算法的应用带来明显的影响，但缺乏理论支撑和指导使得智能优化方法难以成为一种严谨的科学方法。因此，在智能优化方法的设计与应用之外，算法理论方面更加需要深入的研究。

复杂适应系统理论把系统中的个体（成员）称为具有适应性的主体（adaptive agent），简称为主体或智能体。这里的适应性指主体与其他主体之间、环境之间能够进行“信息”交流，并在这种不断反复地交流过程中逐渐“学习”或“积累经验”，又根据学到的经验改变自身的结构和行为方式，提高主体自身和其他主体的协调性及对环境的适应性。从而推动系统的不断演化，并能在不断的演化过程中使系统的整体性能得以进化，最终使系统整体涌现出新的功能。

2.2.2 复杂适应性系统的运行机制

霍兰提出了建立主体适应和学习行为的基本模型分为以下 3 个步骤。

（1）建立描述系统行为特征的规则模型

基于规则对适应性主体进行行为描述是最基本的形式。最简单的一类规则为

IF（条件为真），THEN（执行动作）

即刺激-反应模型。如果将每个规则想象成某种微主体，就可以把基于规则的对信息输入输出作用扩展到主体间的相互作用上去。如果主体被描述为一组信息处理规则的形式：

IF（有合适信息），THEN（发出指定的信息）

那么，使用 IF-THEN 规则描述主体有关的信息输入和输出就能处理主体规则间的相互作用。

通常情况下，主体通过探测器（观察-信息）对刺激的分类来感知环境，可以通过使用一组二进制探测器来描述主体感知和选定的信息，并使用一组效应器（信息-行动）作为输出反映主体行为的信息。探测器是对来自环境的刺激信息进行编码以形成标准化信息，而效应器与探测器相反，它是对标准化的信息进行解码。综上所述，使用规则描述适应性主体的行为特征，使用探测器描述主体过滤环境信息的方式，再用效应器作为适应性主体输出的描述工具。这 3 个部分构成了执行系统的模型。

（2）建立适应度确认和修改机制

上述描述系统行为特征的规则模型给出了主体在某个时刻的性能，但还没有表现出主体的适应能力，因此必须考察主体获得经验时改变系统的行为方式。为此，对每一个规则的适应程度要确定一个数值，称为适应度，用来表征该规则适应环境的能力。这一过程实际上是向系统提供评价和比较规则的机制。每次应用规则后，个体将根据应用的结果修改适应度，这实际上就是“学习”或“积累经验”。

（3）提供发现或产生新规则的机制

为了发现新规则，最直接的方法就是找到新规则的积木，利用规则串中选定位置上的值作为潜在的积木。这种方法类似于用传统的手段评价染色体上单个基因的作用，就是要确定不同位置上的各种可选择基因的作用，通过确定每种基因和等位基因（每个基因有几种可选择的形式）的贡献来评价它们。通常要为染色体赋一个数值，称为适应度，用来表示其繁衍后代的能力。从规则发现的观点看，等位基因集合的重组更有意义。

产生新规则采用如下 3 个步骤。

1）选择：从现存的群体中选择字符串适应度大的作为父母。

2）重组：对父母串配对、交换和突变易产生后代串。

3）取代：后代串随机取代现存群体中的选定串。

循环重复多次，连续产生许多后代，随着后代的增加，群体和个体都在不断进化。上述的遗传算法利用交换和突变可以进一步创造出新规则，在微观层次上遗传算法是复杂适应系统理论的基础。

2.2.3 复杂适应性系统理论的特点

复杂适应性系统理论具有以下特点。

1）复杂适应性系统中的主体是具有主动性的、适应性的、“活的”实体。这个特点特别适合经济系统、社会系统、生物系统、生态系统等复杂系统建模。这里的“活的”主体并非是生物意义上活的主体，它是对主体的主动性和适应性这一泛指的、抽象概念的升华，这样就把主体的主动性、适应性提高到了系统进化的基本动因的位置，从而有利于考察和研究系统的演化、进化，同时也有利于主体的生存和发展。

2）复杂适应性系统理论认为主体之间、主体与环境之间的相互作用和相互影响是系统演化和进化的主要动力。一方面，在复杂适应性系统中的主体属性差异可能很大，它完全不同于物理系统中微观粒子的同质性。正因为这一点使得复杂适应性系统中主体之间的相互作用关系变得更加复杂。另一方面，复杂适应性系统中的一些主体能够聚集成更大的聚集体，这样使得复杂适应性系统的结构多样化。“整体作用大于部分之和”的含义指的正是这种主体和（或）聚集体之间相互作用的“增值”，这种相互作用越强，越增值，就导致系统的演化过程越复杂多变，进化过程越丰富多彩。

3）复杂适应性系统理论给主体赋予了聚集特性，能使简单主体形成具有高度适应性的聚集体。主体的聚集效应隐含着一种正反馈机制，极大地加速了演化的进程。因此，可以说没有主体的聚集，就不会有自组织，也就没有系统的演化和进化，更不会出现系统整体功能的涌现。从主体间的相互作用到形成聚集体，再到系统整体功能的涌现，这是一个从量变到质变的飞跃。

4）复杂适应性系统理论把宏观和微观有机地联系起来，这一思想体现在主体和环境的相互作用中，即把主体的适应性变化融入整个系统的演化中统一加以考察。微观上大量主体不断相互作用、相互影响，导致系统宏观的演化和进化，直到系统整体功能的涌现，反映了大量主体相互作用的结果。复杂适应系统理论很好地体现了微观和宏观的二者之间的对立统一关系。

5）在复杂适应性系统理论中引进了竞争机制和随机机制，从而增加了复杂适应性系统中主体的主动性和适应能力。

2.3 智能优化方法的分类

由于思想来源的多样性和众多学者的深入研究，智能优化方法目前已发展成门类非常庞大的优化方法。

根据算法运行过程中维持的解的数量，智能优化方法可以分为单点搜索方法和多点搜索方法。单点搜索方法又称为轨迹搜索方法，根据替换规则不断从一个解转移至另一个解，直至搜索过程结束，经典的模拟退火算法和禁忌搜索算法都属于单点搜索方法。多点搜索方法包括单点搜索方法的多点并行化（又称为多轨迹并行搜索方法）和群搜索方法两种类型，二者的共同特点是同时维持多个解来对解空间进行搜索，但前者侧重算法的并行实现，在不同点之间没有交互，而后者通过种群内部的信息交互来实现对解空间的协同搜索。并行模拟退火算法属于多轨迹并行搜索方法，而遗传算法、蚁群优化算法、粒子群优化算法则属于群搜索方法。

根据算法设计思想的来源不同，可以把智能优化方法分为仿生型算法和拟物型算法。仿生型算法以模拟生物的进化规律或智能行为为主，包括各种进化算法、群智能算法、野草扩张算法和声搜索算法等，还可以进一步分为模拟生物个体行为的算法和模拟社会性生物群体行为的算法。拟物型算法以模拟自然界中各种物质变化规律为主，例如模拟退火算法、电磁力算法等。

除各种具有独立思想来源的算法之外，还有大量集成了不同算法特征的混合型智能优化算法。根据构成混合型智能优化算法的母体算法的性质差异，可以把混合型智能优化算法分为非智能优化方法与智能优化方法的混合算法、不同智能优化方法的混合算法，其中非智能优化方法包括各种未受自然机制启发的优化方法（例如各种数学规划方法、邻域遍历搜索方法、变邻域搜索方法等）。

复习思考题

1. 什么是智能优化方法？
2. 智能优化方法具有哪些典型特征？
3. 智能优化方法具有哪些分类？
4. 智能优化方法的实质是什么？
5. 什么是适应性主体？
6. 霍兰提出的建立主体适应和学习行为的基本模型分为哪 3 个步骤？
7. 复杂适应性系统理论具有哪些特点？

第2篇

进化算法

自然界的生物处在不断生殖繁衍过程中，通过遗传和变异，以及“优胜劣汰”的自然选择法则，优良品种得以保存，并且比上一代的性状有所进化。本书的进化算法是模拟生物进化过程与机制求解优化问题的一类优化算法的总称，而进化算法则是进化计算的基础。本书选择以下4种进化算法。

1. 遗传算法

模拟生物进化与遗传机理并用字符串作为染色体表达问题，通过选择、交叉和变异对字符串进行操作，逐步实现遗传进化对复杂问题的优化求解。差分进化算法是具有特殊的“变异”“交叉”和“选择”方式且采用实编码的遗传算法。“变异”是把种群中两个个体之间的加权差向量加到第三个个体上产生新参数向量；“交叉”是将变异向量的参数与另外预先决定的目标向量的参数按一定规则混合产生子个体；“选择”是只有当新的子个体比种群中的目标个体优良时才对其进行替换。

2. DNA 算法

利用 DNA 特殊的双螺旋结构和碱基互补配对规律进行信息编码，把要运算的对象映射成 DNA 分子链，在生物酶作用下生成各种数据池。按一定规则将原始问题的数据运算高度并行映射成 DNA 分子链的可控生化过程，再用分子生物技术检测出求解的结果。

3. Memetic 算法和文化算法

Memetic 算法是将生物层次进化与社会层次进化相结合，应用基因与模因分别作为这两种进化信息编码的单元，可将它视为具有全局搜索的遗传算法和局部搜索相结合的进化算法。基于模因理论的局部搜索有利于改善群体结构，及早剔除不良种群，进而减少迭代次数，增强局部搜索能力，提高求解速度及求解精度。

文化算法是一种基于知识的双层进化系统，包含两个进化空间：一是进化过程中获取的经验和知识组成的信念空间；二是由个体组成的种群空间，通过进化操作和性能评价进行自身的迭代实现对问题的求解。

Chapter 3

第3章 遗传算法

遗传算法（Genetic Algorithm，GA）作为一种重要的现代优化算法，构成了各种进化计算方法的基础。从 20 世纪 60 年代开始，美国密西根大学的 Hollstien、Bagley 和 Rosenloerg 等的博士论文就已涉及遗传算法的思想。而 John H. Holland 教授于 1975 年出版的 *Adaptation in Natural and Ariificial Systems* 一书通常认为是遗传算法的经典之作，因为该书给出了遗传算法的基本定理，并给出了大量的数学理论证明。David E. Goldberg 教授于 1989 年出版的 *Genetic Algorithms* 一书是对遗传算法的方法、理论及应用的全面、系统的总结。从 1985 年起，国际上开始定期举行遗传算法的国际会议，以后则更名为进化计算的国际会议，参加的人数及收录文章的数量逐次增多、文章的广度和深度逐次提高。遗传算法已经成为人们用来解决高度复杂问题的一个新思路和新方法。目前遗传算法已被广泛应用于许多领域中的实际问题，如函数优化、自动控制、图像识别、机器学习、人工神经网络、计算生物学、优化调度等。

3.1 遗传算法寻优的基本思路

遗传算法是基于自然选择和基因遗传学原理的搜索算法。它将“适者生存”这一基本的达尔文进化原理引入串结构，并且在串之间进行有组织但又随机的信息交换。伴随着算法的运行，优良的品质被逐渐保留并加以组合，从而不断产生出更佳的个体。此过程就如生物进化一样，好的特征被不断地继承下来，坏的特征被逐渐淘汰。新一代个体中包含着上一代个体的大量信息，新一代的个体不断地在总体特性上胜过旧的一代，从而使整个群体向前进化发展。对于遗传算法，也就是不断地接近于最优解。研究遗传算法的目的主要有两个：一是通过它的研究来进一步解释自然界的适应过程；二是为了将自然生物系统的重要机理运用到人工系统的设计中。

遗传算法的中心问题是鲁棒性（robustness），所谓鲁棒性是指能在许多不同的环境中通过效率及功能之间的协调平衡以求生存的能力。人工系统很难达到生物系统那样的鲁棒性。遗传算法正是吸取了自然生物系统“适者生存”的进化原理，从而使它能够提供一个在复杂空间中进行鲁棒搜索的方法。遗传算法具有计算简单及功能强的特点，它对于搜索空间基本上不需要什么限制性的假设（如连续、导数存在及单峰等）。

常规的寻优方法主要有 3 种类型：解析法、枚举法和随机法。下面分别来讨论它们的鲁棒性能。

解析法寻优是研究最多的一种，它一般又可分为间接法和直接法。间接法是通过让目标函数的梯度为零，进而求解一组非线性方程来寻求局部极值。直接法是按照梯度信息最陡的方向逐次运动来寻求局部极值，即通常所称的爬山法。上述两种方法的主要特点是：一是它们只能寻找局部极值而非全局的极值；二是它们要求目标函数是连续光滑的，并且需要导数信息。这两个特点（也是缺点）使得解析寻优方法的鲁棒性能较差。

枚举法可以克服上述解析法的两个缺点，即它可以寻找到全局的极值，而且也不需要目标函数是连续光滑的。它的最大缺点是计算效率太低，对于一个实际问题，常常由于太大的搜索空间而不可能将所有的情况都搜索到。即使很著名的动态规划方法（它本质上也属于枚举法）也遇到“指数爆炸”的问题，它对于中等规模和适度复杂性的问题，也常常无能为力。

鉴于上述两种寻优方法有严重缺陷，随机搜索算法便受到人们的青睐。随机搜索通过在搜索空间中随机地漫游并随时记录所取得的最好结果。出于效率的考虑，随机搜索搜索到一定程度便终止。然而所得结果一般不是最优值。本质上随机搜索仍然是一种枚举法。

遗传算法虽然也用到了随机技术，但它不同于上述的随机搜索。它通过对参数空间编码并用随机选择作为工具来引导搜索过程向着更高效的方向发展。目前流行的“模拟退火”算法也具有类似的特点，它也借助于随机技术来帮助引导搜索过程至能量的极小状态。因此，随机的搜索并不一定意味着是一种无序的搜索。

总的来说，遗传算法的优点是比其他寻优算法的鲁棒性能好。其主要的本质差别可以归纳为以下几点：

1）遗传算法是对参数的编码进行操作，而不是对参数本身。

2）遗传算法是从许多初始点开始并行操作，而不是从一个点开始，因而可以有效地防止搜索过程收敛于局部最优解，而且有较大的可能取得全部最优解。

3）遗传算法通过目标函数来计算适应度值，而不需要其他的推导和附属信息，从而对问题的依赖性较小。

4）遗传算法使用概率的转变规则，而不是确定性的规则。

5）遗传算法在解空间内不是盲目地穷举或完全随机测试，而是一种启发式搜索，其搜索效率往往优于其他方法。

6）遗传算法对于待寻优的函数基本无限制，它既不要求函数连续，更不要求可微；遗传算法可以是数学解析式所表达的显函数，又可以是映射矩阵甚至是神经网络等隐函数，因而应用范围较广。

7）遗传算法具有并行计算的特点，因而可通过大规模并行计算来提高计算速度。

8）遗传算法更适合大规模复杂问题的优化。

在详细讨论遗传算法的机理和功能之前，必须首先明确，当谈到优化一个函数或一个过程时，目标到底是什么？传统的优化定义包括两个方面的含义：一是寻求性能的改进；二是最终寻求到优化点（或极值点）。实际上这两个方面的含义一个是过程方面的，另一个是目的方面的。然而，人们通常只注意一个算法是否能收敛（即能否达到极值），而忽视了中间过程。这实际上是受到了微积分中优化概念的影响。对于实际问题，往往事先并不知道其优化点，在此情况下，用是否收敛至极值点来判断一个优化算法显然是不可行的。这时只能通过与其他方法的比较来判断某一优化算法的性能。因此，对于更广泛的优化问题来说，定义优化问题应更强调性能改进，也就是能否更快地达到令人满意的性能，而获得最优值比寻求性能改进要次要一些。这一点对于复杂系统更为明显。

3.2 遗传算法的理论基础

3.2.1 遗传算法的基本概念

1）基因（gene）：基因也称作遗传因子，它是一个 DNA 分子片段，上面拥有大量的遗传信息，是用来控制生物体性状的基本遗传单位。在遗传算法中，一般使用一个二进制位、一个整数或者一个字符等来代表一个基因，基因也是遗传算法操作对象的最小单位，生物个体的全部基因组合称为“基因型”（genotype）。用计算机可以很好地模拟对基因的操作过程。

2）染色体（chromosome）：染色体中包含一定数目的基因，是基因的物质载体，因而染色体也是细胞中遗传信息的物质载体，是生物体中拥有遗传特性的物质。在遗传算法中，为了模仿生物体细胞中的染色体，必须对染色体进行编码，编码得到的编码串即染色体。实际上，每个染色体都是现实问题的一个可能的解，而且染色体也是遗传算法操作的基本对象。

3）表现型（phenotype）：生物个体表现出来的性状，即具有特定基因型的个体在一定环境条件下表现出来的性状特征的总和。表现型体现了生物的行为响应、组织生理和形态等。表现型由底层的基因型决定。在遗传算法中，表现型对应于对遗传编码进行译码后产生的实际解。

4）种群（population）：每一个物种都是由一定数量的个体组成的，组成这个物种的所有个体的总和就称作种群。前面讲到每个染色体是实际问题的一个可能解，而每个染色体实际上就是单个的个体，那么在遗传进化过程的某一代中所有染色体的总和就被称作种群。在遗传算法中，一个种群包含实际问题在某一代的解的空间，也是可能的解的集合。种群为遗传算法提供了搜索解的遗传进化搜索空间。

5）适应度（fitness）：适应度用来衡量种群中每一个个体的优劣程度，是度量每个个体对其生存环境的适应能力的标准。在遗传算法中，适应度函数一般根据目标函数设定，它的大小直接影响到种群中每个个体的生存概率，对遗传算法的收敛速度和其他性能也有很大影响。

3.2.2 遗传算法的基本操作

本节通过一个简单的例子详细描述遗传算法的基本操作过程，目的在于清晰地展现遗传算法的理论基础。

设需要求解的优化问题为寻找当自变量 x 在 0~31 之间取整数值时函数 $f(x)=x^2$ 的最大值。枚举的方法是将 x 取尽所有可能值，观察是否得到最高的目标函数值。尽管对如此简单的问题该法是可靠的，但这是一种效率很低的方法。下面运用遗传算法来求解这个问题。

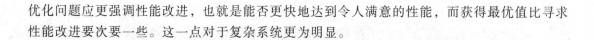

遗传算法的第一步是将 x 编码为有限长度的串。编码的方法很多，这里仅举一种简单易行的方法。针对本例中自变量的定义域，可以考虑采用二进制数来对其编码，这里恰好可用 5 位数来表示，如 01010 对应 $x=10$，11111 对应 $x=31$，许多其他的优化方法是从定义域空间的某个单点出发来求解问题，并且根据某些规则，它相当于按照一定的路线，进行点到点

的顺序搜索，这对于多峰值问题的求解很容易陷入局部极值。而遗传算法则是从一个种群（由若干个串组成，每个串对应一个自变量值）开始，不断地产生和测试新一代的种群。这种方法一开始便扩大了搜索的范围，因而可期望较快地完成问题的求解。初始种群的生成往往是随机产生的。对于本例，若设种群大小为 4，即含有 4 个个体，则需按位随机生成 4 个 5 位二进制串，如可以通过掷硬币的方法来生成随机的串。若用计算机，可考虑首先产生 0~1 之间均匀分布的随机数，然后规定产生的随机数在 0~0.5 之间代表 0，0.5~1 之间的随机数代表 1。若用上述方法，随机生成以下 4 个位串：01101，11000，01000，10011。位串 1~位串 4 可分别解码为如下十进制的数：

位串 1：$0\times2^4+1\times2^3+1\times2^2+0\times2^1+0\times2^0=12$

位串 2：$1\times2^4+1\times2^3+0\times2^2+0\times2^1+0\times2^0=24$

位串 3：$0\times2^4+1\times2^3+0\times2^2+0\times2^1+0\times2^0=8$

位串 4：$1\times2^4+0\times2^3+0\times2^2+1\times2^1+1\times2^0=19$

这样便完成了遗传算法的准备工作。

下面来介绍遗传算法的 3 个基本操作步骤：选择、交叉和变异。

1. 选择

在遗传算法中，以适应度为指标，把当前种群中适应度较高的个体（即生存能力较强的个体）选择出来，从而为下一步遗传操作做准备。适应度越大，被选中的概率就越大，从而遗传到下一代的概率越大。这意味着优良个体在种群中具有较强的繁殖能力，而适应度较差的个体会受到排挤，甚至被淘汰。在选择算子的作用下，种群的整体质量得到逐步提高。但是，选择操作不会改变个体的染色体或者基因。

选择过程是个体串按照它们的适应度值进行选择复制。本例中目标函数值即可用作适应度值。直观地看，可以将目标函数考虑为利润、功效等的量度。其值越大，越符合需要。按照适应度值进行位串选择的含义是值越大的位串，在下一代中将有更多的机会提供一个或多个子孙。这个操作步骤主要是模仿自然选择现象，将达尔文的适者生存理论运用于位串的选择。此时，适应度值相当于自然界中的一个生物为了生存所具备的各项能力的大小，它决定了该位串是被选择还是被淘汰。

选择操作可以通过随机方法来实现。若用计算机程序来实现，可考虑首先产生 0~1 之间均匀分布的随机数，若某位串的选择概率为 40%，则当产生的随机数在 0~0.4 之间时该位串被选择，否则该位串被淘汰。另一种直观的方法是使用轮盘赌的转盘。群体中的每个当前位串按照其适应度值的比例占据盘面上成比例的一块区域。对应于本例，依照表 3.1 可以绘制出轮盘赌转盘，如图 3.1 所示。

表 3.1　种群的初始位串及对应的适应度值

标号	初始位串	适应度值	占整体的百分比
1	01101	169	14.40%
2	11000	576	49.20%
3	01000	64	5.50%
4	10011	361	30.90%
总计（初始种群整体）		1170	100%

选择过程即是4次旋转这个经划分的轮盘，从而产生4个下一代的种群。例如，对于该例，位串1所占轮盘的比例为14.4%。因此每转动一次轮盘，结果落入位串1所占区域的概率就是0.144。可见对应大的适应度值的位串在下一代中将有较多的子孙。旋转4次轮盘即产生出4个位串。这4个位串是上一代种群的选择复制，有的位串可能被选择一次或多次，有的可能被淘汰。本例中，经选择复制后的新种群为：01101；11000；11000；10011。

可见这里位串1被选择了一次，位串2被选择了两次，位串3被淘汰了，位串4也被选择了一次。表3.2给出了选择操作之前的各项数据。

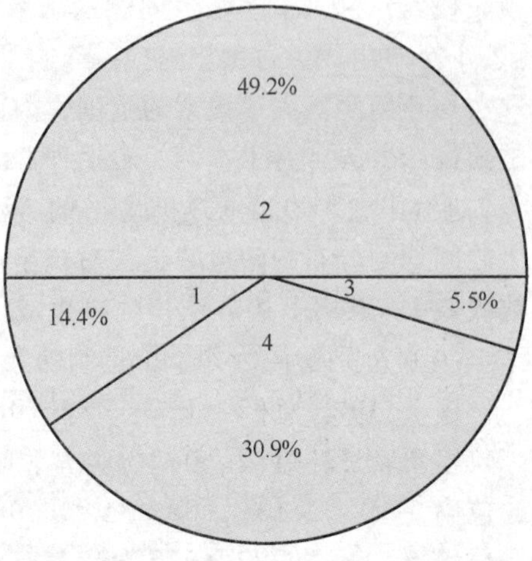

图3.1 按适应度值所占比例划分的轮盘

表3.2 选择操作之前的各项数据

位串号	随机生成的初始种群	x 值	$f(x)=x^2$	选择的概率 $f_i/\Sigma f_i$	期望的选择数 $f_i/\bar{f_i}$	实际得到的选择数
1	01101	13	169	0.14	0.58	1
2	11000	24	576	0.49	1.97	2
3	01000	8	64	0.06	0.22	0
4	10011	19	361	0.31	1.23	1
总计			1170	1.00	4.00	4
平均			293	0.25	1.00	1
最大值			576	0.49	1.97	2

2. 交叉

交叉操作是遗传算法中最重要的遗传操作，也是最基本的遗传操作之一。对于两个被选择出来进行交叉的个体（染色体），首先确定它们进行交叉互换的交叉点，然后以这两个个体为父代个体，在交叉点进行交叉互换，因而在重组后生成两个新的子代个体（染色体），这两个新的子代个体的染色体由它们的父代个体的基因组合而成。交叉的过程中，父代把基因传递给后代，实现了个体之间的信息交流。个体（染色体）是否发生交叉还要通过交叉概率进行控制，因而交叉概率是遗传算法的一个重要控制参数。

交叉操作可以分为以下两个步骤：第一步是将选择产生的匹配池中的成员随机两两匹配；第二步是进行交叉繁殖。具体过程如下：

设位串的长度为 l，则位串的 l 个数字位之间的空隙标记为1，2，…，$l-1$。随机地从[1，$l-1$]中选取一整数位置 k，则将两个父母位串中从位置 k 到串末尾的子位串互相交换，从而形成两个新位串。例如，本例中初始种群的两个个体为

$$A_1=0110|1$$

$$A_2=1100|0$$

假定从1~4间选取随机数，得到 $k=4$，那么经过交叉操作之后得到以下两个新位

串，即

$$A_1' = 01100$$
$$A_2' = 11001$$

式中，新位串 A_1' 和 A_2' 是由老位串 A_1 和 A_2 将第 5 位进行交换得到的结果。

下面举一个现实中的例子来说明上述选择和交叉的过程如何能获得性能的改进。假设一个工厂为生产某种产品需要经过好几道工序，厂方向职工征集各道工序的方案。这相当于征求待优化问题的解，而每一道工序则相当于待优化问题的一个参数。每名职工都提出各自的整体生产方案，其中包括各道具体工序的设想。这样便形成了种群的初始代。全体职工在商讨会上互相交流，总体效果好的方案受到较多关注，效果差的方案可能被当场否定。各个方案之间互相取长补短，从而使全体职工提出的方案从整体上达到一个更高的水平。遗传算法中的选择过程类似于将好的方案不断推广，以供更多职工参考借鉴，同时也淘汰较差的方案。交叉过程则类似于职工们互相取长补短，以期望找出最佳的生产方案。

表 3.3 归纳了该例进行选择操作之后的结果。从表中可以看出交叉操作的具体步骤。首先随机地将匹配池中的个体配对，结果位串 1 和位串 2 配对，位串 3 和位串 4 配对。此外，随机选取的交叉点的位置见表 3.3。结果位串 1（01101）和位串 2（11000）的交叉点为 4，二者只交换最后一位，从而生成两个新位串 01100 和 11001。剩下的两个位串在位置 2 交叉，结果生成两个新位串 11011 和 10000。

表 3.3　选择操作之后的各项数据

新位串号	选择操作后的匹配池	匹配对象（随机选取）	交叉点（随机选取）	新种群	x 值	$f(x)=x^2$
1	01101	2	4	01100	12	144
2	11000	1	4	11001	25	625
3	11000	4	2	11011	27	729
4	10011	3	2	10000	16	256
总计						1754
平均						439
最大值						729

3. 变异

生物在自然进化过程中，其性状并不是一成不变的，而是会随着生存环境的变化逐渐发生一些细微变化。在遗传算法中也有模仿生物这种特性的手段，即变异操作。变异的一般过程是：从种群中任意选取某个个体（染色体），然后以某个概率对该个体的染色体编码的某一个位置上的字符进行改变，由此可以得到变异后的个体（染色体）。变异操作赋予遗传算法一定的随机搜索能力，在一定程度上使得遗传算法的性能更加完善。变异的过程体现了个体基因在遗传过程中的不稳定变化。个体（染色体）是否发生变异由变异概率进行控制，变异概率是遗传算法的另一个重要控制参数。

变异是以很小的概率随机改变一个串位的值。例如，对于二进制串，即是将随机选取的串位由 1 变为 0 或由 0 变为 1。变异的概率通常是很小的，一般只有千分之几。这个操作相对于选择和交叉操作而言，是处于相对次要的地位，其目的是为了防止丢失一些有用的遗传因子，特别是当种群中的个体经遗传运算可能使某些串位的值失去多样性，从而将失去检验有用遗传因子的机会时，变异操作可以起到恢复串位多样性的作用。假定种群的个体数为20，设变异概率为0.001，则对于该种群总共有20×0.001=0.02个串位的变异可能性，所以本例中无串位值的改变。

从表3.2和表3.3可以看出，在经过一次选择、交叉和变异操作后，最优的目标函数值和平均的目标函数值均有所提高。种群的平均适应度值从293增至439，最大的适应度值从576增至729。可见每经过这样的一次遗传算法步骤，问题的解便朝着最优解方向前进了一步。可见，只要这个过程一直进行下去，它将最终走向全局最优解，而每一步的操作是非常简单的，并且对问题的依赖性很小。

3.2.3 遗传个体编码

在遗传算法的运行过程中，它不对所求解问题的实际决策变量直接进行操作，而是对表示解的个体编码施加选择、交叉、变异等遗传运算，通过这种遗传操作来达到目的，这是遗传算法的特点之一。在遗传算法中如何描述问题的解，即把一个问题的解从其解空间转换到遗传算法所能处理的搜索空间的转换方法称为编码。遗传算法通过这种对个体编码的操作，不断搜索出适应度较高的个体，并在种群中逐渐增加其数量，最终寻找出问题的最优解或近似最优解。

编码是应用遗传算法时要解决的首要问题，也是设计遗传算法时的一个关键步骤。编码方法除了决定个体的染色体排列形式之外，它还决定了个体从搜索空间的基因型变化到解空间的表现型时的解码方法，编码方法也影响到交叉算子、变异算子等遗传算子的运算方法。由此可见，编码方法在很大程度上决定了如何进行种群的遗传进化运算以及遗传进化运算的效率。一个好的编码方法，有可能会使交叉运算、变异运算等遗传操作可以简单地实现和执行。而一个差的编码方法，却有可能会使交叉运算、变异运算等遗传操作难以实现。针对一个具体的应用问题，如何设计一种完美的编码方案一直是遗传算法的应用难点之一，也是遗传算法的一个重要研究方向。

由于遗传算法应用的广泛性，迄今为止人们已经提出了许多种不同的编码方法。下面以具体实现的角度出发介绍其中两种编码方法，即二进制编码方法和浮点数编码方法。

1. 二进制编码方法

二进制编码方法是遗传算法中最常用的一种编码方法，它使用的编码符号集是由二进制符号0和1所组成的二值符号集{0，1}，它所构成的个体基因型是一个二进制编码符号串。

二进制编码符号串的长度与问题所要求的求解精度有关。假设某一参数的取值范围是$[U_{\min}, U_{\max}]$，用长度为l的二进制编码符号串来表示该参数，则它总共能够产生2^l种不同的编码，若参数编码时的对应关系如下：

$$
\begin{array}{ccccccc}
000 & \cdots & 000 & = & 0 & \rightarrow & U_{\min} \\
000 & \cdots & 001 & = & 1 & \rightarrow & U_{\min}+\delta \\
\vdots & & \vdots & & & & \vdots \\
111 & \cdots & 111 & = & 2^l-1 & \rightarrow & U_{\max}
\end{array}
$$

则二进制编码的精度为

$$\delta=\frac{U_{\max}-U_{\min}}{2^{l}-1}$$

假设某一个体的编码是

$$X: b_{l} b_{l-1} b_{l-2} \cdots b_{2} b_{1}$$

则对应的解码公式为

$$x=U_{\min}+\left(\sum_{i=1}^{l} b_{i} 2^{i-1}\right) \frac{U_{\max}-U_{\min}}{2^{l}-1}$$

二进制编码方法有下述一些优点：

1）编码、解码操作简单易行。

2）交叉、变异等遗传操作便于实现。

3）符合最小字符集编码原则。

4）便于利用模式定理对算法进行理论分析。

2. 浮点数编码方法

对于一些多目标、高精度要求的连续函数优化问题，使用二进制编码来表示个体将会有一些不利之处。首先是存在与某些字符串（比如位串 01111 和位串 10000）相关的海明悬崖，即从该字符串表示的解到一个邻近解（在变量空间）的转变需要改变多个位的字符。在二进制编码中出现的海明悬崖人为地妨碍了在连续搜索空间的局部搜索。其次是最优解不能达到任意的精度。二进制编码字符串的长度与问题所要求的求解精度有关。要求的精度越高，需要的字符串就越长，因此增加了遗传算法计算的复杂性。另外，二进制编码不便于反映所求问题的特定知识，这样也就不便于开发针对问题专门知识的遗传运算算子，人们在一些经典优化算法的研究中所总结出的一些宝贵经验也就无法加以利用，也不便于处理复杂的约束条件。

为克服二进制编码方法的这些缺点，人们提出了个体的浮点数编码方法。所谓浮点数编码方法，是指个体的每个基因值用某一范围内的一个浮点数来表示，个体的编码长度等于其决策变量的个数。因为这种编码方法使用的是决策变量的真实值，所以浮点数编码方法也叫作真值编码方法（实参编码方法）。

在浮点数编码方法中，必须保证基因值在给定的区间限制范围内，遗传算法中所使用的交叉、变异等遗传算子也必须保证其运算结果在给定的区间限制范围内。再者，当用多个字节来表示一个基因值时，交叉运算必须在两个基因的分界字节处进行，而不能在某个基因的中间字节分隔处进行。

浮点数编码方法有下面几个优点：

1）适合于在遗传算法中表示范围较大的数。

2）适合于精度要求较高的遗传算法。

3）便于较大空间的遗传搜索。

4）改善了遗传算法的计算复杂性，提高了运算效率。

5）便于遗传算法与经典优化方法的混合使用。

6）便于设计针对问题专门知识的知识型遗传算子。

7）便于处理复杂的决策变量约束条件。

Holland 提出的遗传算法是采用二进制编码来表示个体的遗传基因型的，它使用的编码符号由二进制符号 0 和 1 组成，因此实际的遗传基因型是一个二进制符号串。其优点在于编码、解码操作简单，交叉、变异等遗传操作便于实现，而且便于利用模式定理进行理论分析等。其缺点在于，不便于反映所求问题的特定知识，对于一些连续函数的优化问题等，也由于遗传算法的随机特性而使得其局部搜索能力较差；对于一些多维、高精度要求的连续函数优化，二进制编码存在着连续函数离散化时的映射误差，个体编码串较短时，可能达不到精度要求，而个体编码串的长度较长时，虽然提高了精度，但却会使算法的性能降低。后来许多学者对遗传算法的编码进行了多种改进。例如，为提高遗传算法局部搜索能力，提出了格雷码（grey code）编码；为改善遗传算法的计算复杂性、提高运算效率，提出了浮点数编码、符号编码方法等；为便于利用求解问题的专门知识，便于相关近似算法之间的混合使用，提出了符号编码法；此外，还有多参数级联编码和交叉编码方法。近年来，随着生物计算理论研究的兴起，有人提出 DNA 编码法，并在模糊控制器优化中的应用中取得了较好的效果。理论上，编码应该适合要解决的问题，而不是简单地描述问题。

3.2.4 适应度函数及其尺度变换

遗传算法在进化搜索中基本不利用外部信息，仅以适应度函数（fitness function）为依据，利用种群中每个个体的适应度值来进行搜索。因此适应度函数的选取至关重要，直接影响到遗传算法的收敛速度以及能否找到最优解。一般而言，适应度函数是由目标函数转换而成的。对目标函数值域的某种映射变换称为适应度的尺度变换。

1. 几种常见的适应度函数

适应度函数基本上有以下三种：

1）直接以待求解的目标函数转化为适应度函数，即

若目标函数为最大化问题，则

$$\mathrm{Fit}(f(x))=f(x)$$

若目标函数为最小化问题，则

$$\mathrm{Fit}(f(x))=-f(x)$$

这种适应度函数简单直观，但存在两个问题：其一是可能不满足常用的赌轮选择中概率非负的要求；其二是某些待求解的函数在函数值分布上相差很大，由此得到的平均适应度可能不利于体现种群的平均性能，进而影响算法的性能。

2）目标函数为最小值问题，则

$$\mathrm{Fit}(f(x))=\begin{cases}c_{\max}-f(x), & f(x)<c_{\max}\\0, & \text{其他}\end{cases}$$

式中，$c_{\max}$ 为 $f(x)$ 的最大值估计。

若目标函数为最大值问题，则

$$\mathrm{Fit}(f(x))=\begin{cases}f(x)-c_{\min}, & f(x)>c_{\min}\\0, & \text{其他}\end{cases}$$

式中，$c_{\min}$ 为 $f(x)$ 的最小值估计。

这种方法是对第一种方法的改进，可称为“界限构造法”，但有时存在界限值预先估计

困难和不可能精确的问题。

3）若目标函数为最小值问题，则

$$\mathrm{Fit}(f(x))=\frac{1}{1+c+f(x)},\ c\geqslant 0, c+f(x)\geqslant 0$$

若目标函数为最大值问题，则

$$\mathrm{Fit}(f(x))=\frac{1}{1+c-f(x)},\ c\geqslant 0,\ c-f(x)\geqslant 0$$

这种方法与第二种方法类似，f 为目标函数界限的保守估计值。

2. 适应度函数的作用

在选择操作时会出现以下问题：

1）在遗传进化的初期，通常会产生一些超常的个体，若按照比例选择法，这些异常个体因竞争力太突出而控制了选择过程，影响算法的全局优化性能。

2）在遗传进化的后期，即算法接近收敛时，由于种群中个体适应度差异较小，继续的优化潜能降低，可能获得某个局部最优解。

上面两种情况下，适应度函数值的分布对遗传搜索而言是极不合理的，所以适应度函数的设计是遗传算法设计的一个重要方面。

3. 适应度函数的设计

通常，适应度函数设计主要满足以下条件：

1）单值、连续、非负和最大化。这个条件是很容易理解和实现的。

2）合理性和一致性。要求适应度值反映对应解的优劣程度，这个条件的表达往往比较难以衡量。

3）计算量小。适应度函数设计应尽可能简单，这样可以减少计算时间和空间上的复杂性，降低计算成本。

4）通用性强。适应度对某类具体问题，应尽可能通用，最好无须使用者改变适应度函数中的参数。目前而言，这个条件应该不属于强制要求。

4. 适应度函数的尺度变换

常用的尺度变换方法有以下几种。

（1）线性变换法

假设原适应度函数为 f，变换后的适应度函数为 f'，则线性变换可表示为

$$f'=\alpha f+\beta$$

式中的系数确定方法有多种，但要满足以下条件：

1）原适应度的平均值要等于定标后的适应度平均值，以保证适应度为平均值的个体在下一代的期望复制数为 1，即

$$f'_{\mathrm{avg}}=f_{\mathrm{avg}}$$

2）变换后的适应度最大值应等于原适应度平均值的指定倍数，以控制适应度最大的个体在下一代中的复制数。试验表明，指定倍数 c_{mult} 可在 1.0~2.0 范围内。即根据上述条件可确定线性比例的系数为

$$f'_{\max}=c_{\mathrm{mult}}f_{\mathrm{avg}}$$

$$\alpha=\frac{(c_{\mathrm{mult}}-1)f_{\mathrm{avg}}}{f_{\max}-f_{\mathrm{avg}}},\ \beta=\frac{(f_{\max}-c_{\mathrm{mult}}f_{\mathrm{avg}})f_{\mathrm{avg}}}{f_{\max}-f_{\mathrm{avg}}}$$

（2）幂函数变换法

变换公式为

$$f'=f^k$$

式中的幂指数 k 与所求的最优化问题有关，结合一些试验进行一定程度的精细变换才能获得较好的结果。

（3）指数变换法

变换公式为

$$f'=\mathrm{e}^{-af}$$

这种变换方法的基本思想来源于模拟退火过程，其中的系数决定了复制的强制性，其值越小，复制的强制性就越趋向于那些具有最大适应度的个体。

3.3 遗传算法的实现及改进算法

3.3.1 遗传算法的实现

遗传算法中有 4 个控制参数（N、P_c、P_m 和终止条件）需要提前设定，且在实际应用中需要多次测试之后才能确定这些参数的合理取值。

1）N：称为种群大小（又称“种群规模”）。算法的效率明显受到这一参数的影响，种群规模太小会降低种群的多样性，太大会降低算法的收敛速度。对于不同的问题，种群规模应采用不同的设置。

2）P_c：称为交叉概率。并不是所有被选择的个体（染色体）都要进行交叉或变异操作，而是以一定的概率进行的，一般建议的取值范围是 0.400~0.990。

3）P_m：称为变异概率。在遗传算法中，变异的主要作用是保持种群多样性，过大的变异概率容易导致种群进化的不稳定，一般建议的变异概率取值范围是 0.001~0.100。

4）终止条件：遗传算法的终止条件通常可以从两方面进行控制，一是根据预先设定的最大的函数评价次数（Number of Function Evaluations，NFE）来终止算法；二是若算法在规定的代数内还没有找到最优解，则终止算法。

总的来说，遗传算法的作用对象是种群，种群中的每个个体对应于所要求解的问题的一个解。个体在微观层次通常称作染色体，染色体按一定形式（如二进制位串或符号的排列形式）编码来表示一个解。遗传算法通过对所有个体施加选择（selection）、交叉（crossover）和变异（mutation）等进化操作，使个体和种群的适值不断改进，从而趋向最优的目的。交叉操作借鉴了生物进化中两性繁殖的作用方式，从上一代种群中选择两个个体作为产生下一代个体的父代样本。然后对这两个样本的染色体进行基因对换操作来产生新的个体。变异操作通过对染色体的某些基因位点（gene locus）进行突变来产生新的个体，变异的主要作用在于保持种群的多样性。在种群中多数个体趋同的情况下，交叉操作能够产生的不同于父代个体的数量非常有限，甚至重复产生相同的解，而变异操作可以较为有效地异化种群中的个体，增加多样性，从而在一定程度上避免算法陷入早熟收敛。选择操作对经过交叉和变异操作产生的子代个体及其父代个体进行比较，通常选择适值较高的个体保留到下一代。交叉、变异和选择操作的循环执行构成了遗传算法的主要流程。

1. 问题的表示

对于一个实际的优化问题，首先需要将其表示为适于遗传算法进行操作的二进制字串，它一般包括以下几个步骤：

1）根据具体问题确定待寻优的参数。

2）对每一个参数确定它的变化范围，并用一个二进制数来表示。例如，若参数 a 的变化范围为 $[a_{\min}, a_{\max}]$，用 m 位二进制数 b 来表示，则二者之间满足

$$a=a_{\min}+\frac{b}{2^m-1}(a_{\max}-a_{\min})$$

这时参数范围的确定应覆盖全部的寻优空间，字长 m 的确定应在满足精度要求的情况下，尽量取小的 m，以减小遗传算法计算的复杂性。

3）将所有表示参数的二进制字串接起来组成一个长的二进制字串。该字串的每一位只有 0 或 1 两种取值。该字串即为遗传算法可以操作的对象。

借用生物学术语，上述二进制字串也称为染色体，每个串位称为基因。

2. 初始种群的产生

产生初始种群的方法通常有两种。一种是完全随机的方法产生，如可用掷硬币或用随机数发生器来产生。设要操作的二进制字串总共 p 位，则最多可以有 2^p 种选择，设初始种群取 n 个样本（$n \ll 2^p$）。若用掷硬币的方法可这样进行：连续掷 p 次硬币，若出现正面表示 1，出现背面表示 0，则得到一个 p 位的二进制字串，即得到一个样本。如此重复 n 次即得到 n 个样本。若用随机数发生器来产生，可在 $0 \sim 2^p$ 之间随机地产生 n 个整数，则该 n 个整数所对应的二进制表示即为要求的 n 个初始样本。

上述随机产生样本的方法适于对问题的解无任何先验知识的情况。对于具有某些先验知识的情况，可首先将这些先验知识转变为必须满足的一组要求，然后在满足这些要求的解中再随机地选取样本。这样选择初始种群可使遗传算法更快地达到最优解。

3. 遗传算法的操作

图 3.2 给出了标准遗传算法的操作流程图。

计算适应度值可以看成遗传算法与优化问题之间的一个接口。遗传算法评价一个解的好坏，不是取决于它的解的结构，而是取决于相应于该解的适应度值。适应度值的计算可能很复杂也可能很简单，它完全取决于实际问题本身。对于有些问题，适应度值可以通过一个数学解析公式计算出来；而对于有些问题，则可能不存在这样的数学解析式，它可能要通过一系列基于规则的步骤才能求得，或者在某些情况是上述两种方法的结合。当某些限制条件非常重要时，可在设计问题表示时预先排除这些情况，也可以在适应度值

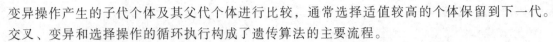

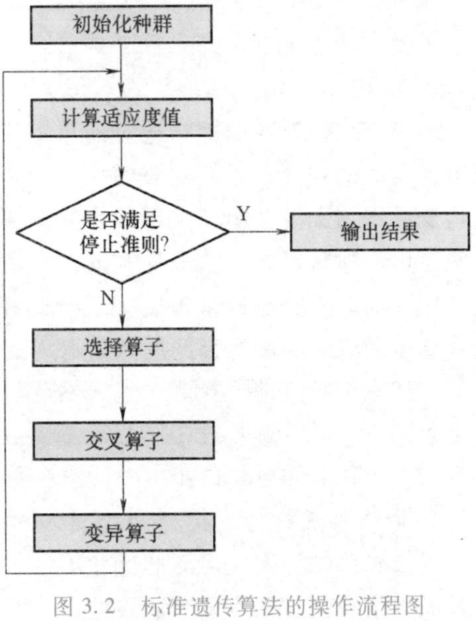

图 3.2 标准遗传算法的操作流程图

中对它们赋予特定的罚函数。

选择操作的目的是产生更多的高适应度值的个体，它对尽快收敛到优化解具有很大的影响。但是为了到达全局的最优解，必须防止过早的收敛。因此在选择过程中也要尽量保持样本的多样性。前面所介绍的转轮盘的选择方法是选择复制概率正比于目标函数值（这时目标函数值等于适应度值），因此也称之为比例选择法或随机选择法，这种方法可使收敛比较快；但当个体适应度值相差很大时，有可能损失样本的多样性而出现过早收敛的问题。针对此问题，提出了另外一种方法，该方法按目标函数值的大小排序，重新计算适应度值，再按适应度值的大小比例选择复制概率，因此它又称基于排序的选择法。例如，若算得 n 个样本的目标函数值 J_i，并将它们按大小排序：$J_1<J_2<\cdots<J_n$。然后按下式计算适应度值，即

$$f_i=kr_i/n,\ i=1,2,\cdots,n$$

式中，r_i 是次序号；k 是用来控制适应度值之间差别的常数。若 J_i 表示代价函数，即 J_i 越小性能越好，则可取适应度值

$$f_i=k(n-r_i)/n,\ i=1,2,\cdots,n$$

以上的选取使适应度值按序号数线性变化。若要求按某种非线性关系变化，也可取某适应度值为序号数的某种非线性关系，如 $f_i=\exp(kr_i/n)$ 或 $f_i=\exp[k(n-r_i)/n]$。可见，第二种选择方法基于目标函数的排序而不是目标函数本身的大小，因而避免了适应度值差别太大而导致的样本多样性损失太多。

对于交叉操作，前面介绍了最简单的一种方法即单点交叉，交叉点是随机选取的。此外，也还有其他一些交叉的方法。下面介绍一种掩码交叉的方法。这里掩码是指长度与被操作的个体串相等的二进制位串，其每一位的 0 或 1 代表着特殊的含义。若某位为 0，则进行交叉的父母串的对应位的值不变，即不进行交换。而当某位为 1 时，则父母串的对应位进行交换。如下面的例子：

父母 1：001111

父母 2：111100

掩码：010101

子女 1：011110

子女 2：101101

不难看出，对于前面描述过的单点交叉操作，相当于掩码为 0…01…1。类似地，可以很容易定义两点交叉，其对应的掩码为 0…01…10…0。

变异作用于单个串，它以很小的概率随机地改变一个串位的值，其目的是为了防止丢失一些有用的遗传模式，增加样本的多样性。

标准的遗传算法通常包含上述 3 个基本操作：选择、交叉和变异。但对于某些优化问题，如布局问题、旅行商问题等，有时还引入附加的反转（inversion）操作。它也作用于单个串，在串中随机地选择两个点，然后将这两个点之间子串加以反转，如下例：

老串：10 | 1100 | 11101

新串：10 | 0011 | 11101

4. 遗传算法的优缺点

遗传算法作为应用广泛的优化工具，在多个领域的复杂问题求解中有着重要的作用。其主要优点是算法实现简单，通用性强，易于与其他算法结合，具有并行性和强鲁棒性。然而

遗传算法也有很多不足之处，主要体现在以下几个方面：

1）遗传算法的理论基础尚不完善。

2）在进化参数选择方面缺乏理论依据。目前，采用不断重复试验或者基于一些先验知识的方法来调整参数组合，随意性较大，没有明确的理论指导应当如何选择参数。

3）局部搜索能力较差，容易陷入局部最优，且一旦陷入便很难从中跳出。虽然遗传算法的全局搜索能力很强，在搜索初期能够迅速定位全局最优解的范围，但是遗传算法的搜索方式单一，局部搜索能力差，难以避开局部最优陷阱，而且陷入之后缺乏有效的机制指导算法从其中跳出。

4）种群个体多样性丧失快，易发生早熟收敛。遗传进化过程实际上就是“优胜劣汰”的筛选，选择算子在其中起着关键的作用，它导致“劣者”遭到淘汰，而“优者”得到增殖，充斥种群内部。进化若干代后，个体之间的差异急剧减小，进化后期种群个体几乎趋于一致，使得算法过早地收敛到问题的局部最优解，从而失去了继续寻找全局最优解的动力。

遗传算法存在过早收敛、局部搜索能力较弱等问题，从而导致求解效率低和求解精度不高。以上缺陷和不足限制了遗传算法的优化效率和求解结果。因此，对遗传算法出现的这些问题进行改进具有十分重要的意义。

自从遗传算法产生以来，研究人员从未停止过对遗传算法进行改进的探索，下面除介绍一些典型的改进思路外，还重点介绍一种改进的遗传算法。

3.3.2 遗传算法的改进研究

1. 编码策略

在许多问题求解中，编码是遗传算法首先需要解决的问题，它对算法的性能有非常重要的影响。实际工程优化问题中的变量往往不能直接被遗传算法作用，这时需要采用编码策略将实际变量转化为可以被遗传算法直接操作的对象。从数学角度来看，编码过程实质上是一种“映射”过程，即在优化问题与算法涉及的操作对象之间建立一个一一对应法则。编码是遗传算法的基础工作之一，在其基础上，才可能进行交叉、变异等遗传算法的其他基本操作。针对不同的问题，人们提出了不同的编码方式。

1）二进制编码：Holland 提出的二进制编码是遗传算法中最常用的一种编码方法，它符合最小字符编码原理，编/解码操作简单易行，便于实现交叉、变异操作，便于利用模式定理对算法进行理论分析。但是，在二进制编码中，一个基因位的改变可能引起参数值的很大变化，造成遗传算法的局部搜索能力不强；用于多维、高精度数值优化问题时，不能很好地克服连续函数离散化的映射误差；不能直接反映问题的固有结构，精度不高；染色体编码串长度长，占用内存多，降低了遗传算法的运行效率。

2）格雷编码：为了克服二进制编码在连续函数离散化时存在的不足，人们提出了用格雷码进行编码的方法，它是二进制编码的一种变形。在格雷码中，连续的两个整数对应的编码之间仅有一个码位是不同的，其余码位完全相同。假设有一个二进制编码为 $X=x_m x_{m-1}\cdots x_2 x_1$，其对应的格雷码为 $Y=y_m y_{m-1}\cdots y_2 y_1$，则有

$$\begin{cases} y_m = x_m \\ y_i = x_{i+1} \oplus x_i, \ i=m-1, m-2, \cdots, 1 \end{cases}$$

格雷码有一个重要特点：任意两个整数的差是这两个整数所对应的格雷码之间的汉明距

离（hamming distance）。这一特点是遗传算法在解决连续变量优化问题时广泛使用格雷码来进行个体编码的主要原因。格雷码除了具有二进制编码的优点外，还能提高遗传算法的局部搜索能力。

3）实数编码：对于一些多维、高精度要求的连续变量优化问题，采用二进制编码来表示个体将会带来一些不利，为此人们提出实数编码方法，即个体的每个基因值用实数表示。实数编码方法适用于表示范围较大的数，使遗传算法更接近问题空间，避免了编码和解码的过程；便于较大空间的遗传搜索，提高了遗传算法的精度要求；便于设计专门问题的遗传算子；便于算法与经典优化方法的混合作用，改善了遗传算法的计算复杂性，提高了运算效率。在实数编码方法中，无论是在染色体的初始化阶段还是在遗传算子的操作过程中，都要保证基因值处在约束范围内，这样才能确保其取值具有意义。

4）符号编码：是指染色体编码串中的基因值取自一个无数值含义，而只有代码含义的符号集。这些符号可以是字符，也可以是数字。例如，对于旅行商问题，可以用 C_1-C_2-…-C_n 表示一个可行的路线。符号编码的主要优点是便于在遗传算法中利用所求问题的专门知识，在对要解决的问题充分理解的基础上，设计一种合理的编码方案，使得遗传算子的操作便于实现，提高遗传算法的运行效率。在此编码方法中，染色体的编码方法要考虑染色体的可行性和映射的唯一性。

5）其他编码方式：除了上面几种常见的编码方式外，为了克服搜索效率和表示精度之间的矛盾，Schraudolph 提出了动态参数编码（Dynamic Parameter Encoding，DPE）方法。另外，还有将复数编码的思想应用到遗传算法中，利用复数的模与实自变量对应，以实部和虚部两个变量来表示一个自变量，挖掘个体的多样性，避免局部收敛。

2. 选择算子

选择算子的任务就是按某种方法从父代种群中选取一些个体，遗传到下一代，以此来实现对种群中个体的优胜劣汰。一般来说，适应度高的个体被遗传到下一代群体中的概率大，适应度低的个体被遗传到下一代群体中的概率小。选择算子是遗传算法中非常重要的遗传算子之一。一方面，选择算子在一定程度上可以确定遗传算法的收敛性与收敛速度；另一方面，利用选择算子的选择作用可以保持种群中个体的多样性。因此，必须设计一个有效的选择算子，以便遗传算法能很好地收敛并具有较快的收敛速度。常见的选择操作主要有以下几种：

1）轮盘赌选择（也称为“比例选择”）。轮盘赌选择方式是传统遗传算法中经常采用的选择方法。其基本思想是：每个个体被选中的概率与其适应度大小成正比。基于适应度比例的选择策略，个体 i 被选中的概率为：个体适应度函数值/所有个体适应度函数值总和，即

$$p_i = \frac{f_i}{\sum_{j=1}^{n} f_j}$$

此方法是基于概率选择的，存在统计误差，因此可以结合最优个体保留策略以保证当前适应度最优的个体能够进化到下一代而不被遗传操作的随机性破坏，从而保证算法的收敛性。

2）排序选择。该方法的基本思想是：对群体中的所有个体按其适应度大小进行排序，基于这个排序来分配各个个体被选中的概率。排序选择方法主要考虑个体适应度之间的大小

关系，对个体适应度之间的数值差异程度无特别要求。

3）锦标赛选择。该方法的基本思想是：每次选取 n 个个体中适应度最高的个体遗传到下一代群体中。具体操作如下：从种群中随机选取 n 个个体进行适应度大小比较，将其中适应度最高的个体遗传到下一代群体中；将上述过程重复执行 N（种群大小）次，则可得到下一代种群，n 的常见取值为2。

4）最优个体保留。它的基本思想是：当前群体中适应度最高的个体不参与交叉和变异运算，而是用它来替换本代群体中经过交叉、变异后所产生的适应度最低的个体。该方法可保证迄今为止所得到的最优个体不会被交叉、变异操作所破坏，它是遗传算法收敛性的一个重要保证条件。同时它也容易使局部最优个体不易被淘汰，从而削弱算法的全局搜索能力。因此，该方法一般与其他选择操作配合使用。

5）其他选择算子。除了上面几种常见的选择算子外，近年来不同的选择策略相继被提出，例如在最优个体保留的基础上，添加一个与最优个体相异因子较大，而适应度值适中的个体。这样既利用了最优保留策略的全局收敛性，又通过新添加的个体来保持种群的多样性，以防止早熟现象的出现。另外，基于竞争指数的模拟退火排序选择算子，该算子能够在有效避免早熟收敛的同时显著提高群体的搜索效率和稳定性。

3. 交叉算子（又称“基因重组算子”）

交叉算子是指对两个相互配对的染色体按某种方式相互交换其部分基因，从而形成两个新的个体，在一般意义上也包括利用更多染色体进行基因重组来获得新个体的方式。交叉产生的新个体的所有部分虽然都来自它的双亲，但又与它的双亲的性状有所不同。交叉算子是遗传算法区别于其他进化算法的重要特征，它在遗传算法中起关键作用，是产生新个体的主要方法，决定了遗传算法的全局搜索能力。交叉算子的设计包括两个方面：首先，如何确定交叉点的位置？其次，如何进行部分基因的交换？目前常用的配对策略是随机配对，几种常用的适用于二进制编码或实数编码方式的交叉算子如下：

1）单点交叉（又称“简单交叉”）。单点交叉是指在个体编码串中随机选择一个交叉点，然后在该点相互交换两个配对个体的部分基因。

2）两点交叉。两点交叉是指在相互配对的两个个体编码串中随机设置两个交叉点，并交换两个交叉点之间的部分基因。

3）多点交叉（又称“广义交叉”）。多点交叉是前两种的推广，交叉点包含多个点。多点交叉较少采用，因为较多的交叉点会使算法产生类似于随机搜索的行为，影响遗传算法的性能，多点交叉不能有效地保存重要的模式。

4）均匀交叉。均匀交叉是指两个配对个体的每一位基因都以0.5的概率进行交换，从而形成两个新个体。

5）算术交叉。算术交叉是指由两个个体线性组合而产生出新的个体。设在两个个体 A、B 之间进行算术交叉，则交叉运算后生成的两个新个体 X、Y 为

$$\begin{cases} X=\alpha A+(1-\alpha)B \\ Y=\alpha B+(1-\alpha)A \end{cases}$$

6）其他交叉算子。除了上面几种常见的交叉算子外，很多学者还提出了多种改进的交叉算子，例如：

① 从解空间的角度分析了交叉算子的作用，提出一种有向交叉遗传算子，通过优化控

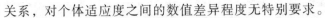

制交叉子代的落点位置，使交叉产生的子代以较大概率朝着最优解方向进化。

② 利用相似度的概念对交叉算子进行改进，从而以较大的可能性保护亲代个体中的优良基因模式，使其遗传到下一代中，提高遗传算法的性能。

③ 将聚类融合引入交叉算子中，通过扩展遗传算法中的两个个体交叉操作，提出了基于聚类融合的多个体交叉算子。

④ 为解决多模态连续函数优化问题，通过运用高斯分布的概率分布函数，有效地调整实数编码交叉算子，进而生成不同的字符串。

4. 变异算子

变异算子是指将个体编码串中的某些基因值用其他基因值来替换，从而形成一个新的个体。它是产生新个体的辅助方法，决定了遗传算法的局部搜索能力，主要用于维持种群多样性，防止出现早熟现象。交叉算子和变异算子相互配合，共同完成对搜索空间的全局搜索和局部搜索，从而使得遗传算法以良好的搜索性能完成针对最优化问题的寻优过程。与交叉算子相似，变异算子的设计也包括两方面：首先，如何确定变异点的位置？其次，如何进行基因值替换？几种常用的适用于二进制编码或实数编码方式的变异算子如下：

1）基本位变异。它是指对个体编码串以变异概率随机地指定某一位或某几位进行变异操作。

2）均匀变异（又称“一致变异”）。它是指分别用符合某一范围内均匀分布的随机数，以某一较小的概率来替换个体中的每个基因。均匀变异操作特别适合应用于遗传算法的初期运行阶段，它使得搜索点可以在整个搜索空间内自由移动，从而增加种群多样性，使得算法能够处理更多的模式。

3）高斯变异。它是指进行变异操作时，利用均值为μ、方差为σ^2的正态分布的一个随机数来替换原有基因值。具体操作过程与均匀变异类似。广泛用于求解连续变量优化问题的实数编码遗传算法。

4）二元变异。它的操作需要两条染色体参与，两条染色体通过二元变异操作后生成两个新个体。新个体中的各个基因分别取原染色体对应基因值的同或（XNOR）/异或（XOR）。二元变异算子改进了传统的变异方式，有利于克服早熟收敛，提高遗传算法的优化速度。

5）其他变异算子。除了上面几种常见的变异算子外，很多学者提出各种改进的变异算子，例如，①为车辆路径问题提出的均匀排序变异。②针对连续变量优化问题，以实数编码为例提出一种有向变异算子。③针对旅行商问题，在传统遗传算法的基础上引入贪婪算法，在新算子中采用倒位变异和交换变异两种不同的贪婪搜索方法。

3.3.3 遗传算法的经典变体

自 Holland 教授首次提出遗传算法后，众多学者一直致力于推动遗传算法的发展，对控制参数的确定、遗传算子（选择、交叉和变异算子）的选择等进行了深入的探究，引入了动态策略和自适应策略来改善遗传算法的性能，提出了各种变形的遗传算法。

1. 自适应遗传算法

遗传算法的参数中交叉概率和变异概率的选择是影响遗传算法行为和性能的关键所在，直接影响算法的收敛性。交叉概率越大，新个体产生的速度就越快。然而，当交叉概率过大时，遗传模式被破坏的可能性也会变大，这会使具有高适应度的个体结构很快被破坏；当交叉概率过小时，会使搜索过程变得缓慢，甚至停滞不前。对于变异概率，如果变异概率过小，就不易产生新的个体结构；如果变异概率取值过大，那么遗传算法就变成纯粹的随机搜索算法。Srinivas 等首次提出一种自适应遗传算法（Adaptive Genetic Algorithm，AGA），其中交叉概率与变异概率能够随着适应度的大小而改变。当群体中各个个体的适应度值趋于一致或者趋于局部最优时，增加交叉概率和变异概率；而当群体适应度值比较分散时，减小交叉概率和变异概率。同时，对适应度值高于群体平均适应度值的个体，给予较低的交叉概率和变异概率，使该个体得以保护进入下一代；而低于平均适应度值的个体，基于较高的交叉概率和变异概率，使该个体被淘汰。然而，在这种自适应策略中，种群中具有最大适应值的个体的交叉概率和变异概率为零，这增大了进化趋向局部最优解的可能性。进而，有学者提出一种改进的自适应遗传算法，使种群中具有最大适应值的个体的交叉概率和变异概率不为零。同时，又有学者提出一个刻画种群多样性的函数，在此基础上提出交叉算子和变异算子的点数随种群多样性而变化。

2. 混合遗传算法

混合遗传算法的实质是将不同算法的优点有机结合，改善单纯遗传算法的性能。

1）基于量子位的混沌特性和相干特性，提出一种实数编码混沌量子遗传算法。通过将量子位染色体转换成可变界线编码的染色体，提出一种新的量子遗传算法。

2）在标准遗传算法的基础上，通过改进选择概率提出另一种自适应退火遗传算法。结合模糊推理、模拟退火算法和自适应机制，提出一种模糊自适应模拟退火遗传算法。

3）通过借鉴遗传算法的思想，利用云模型中云滴的随机性和稳定倾向性特点提出云遗传算法。

3. 多目标遗传算法

遗传算法除了用来解决传统的单目标优化问题以外，还可以通过改进它来求解多目标优化问题。例如，Srinivas 和 Deb 将遗传算法作为搜索引擎，基于个体的多层次分类，提出了新的构造非支配解集的方法，即非支配排序遗传算法（NSGA）。随后，Deb 等对原始的 NSGA 进行改进，提出改进型非支配排序遗传算法（NSGA-Ⅱ）。它采用新的选择策略，在包含父种群和子种群的整体中，依照适应度和分布度选择最好的一些个体，从而使种群形成较好的分布。另外，改进型非支配排序遗传算法采用了快速排序的方法来构造非支配解集，降低了时间复杂度。在非劣分层遗传算法的基础上，提出加入局部搜索的多目标遗传算法及适用于多目标优化的模拟退火局部搜索算法和跳转准则，弥补了遗传算法的局部搜索能力差、易早熟的缺点。通过在不同准则之间引入偏好来解决一些算法不能有效处理目标数目较多时的优化问题，提出一种多目标调和遗传算法（MOCGA）。将随机逼近算法的快速局部优化方法与遗传算法的整体搜索策略结合起来，提出一种解决多目标优化问题的随机梯度遗传算法。

3.3.4 改进的遗传算法举例

前面介绍了许多关于遗传算法的改进思路，下面具体介绍一个改进的遗传算法。它在两个高低不同的层次上都使用了遗传算法。

1. 生物模型

首先来考察该改进的遗传算法的生物模型。遗传算法是对一个群体进行操作，该群体相当于自然界中的一群人。第一步的选择是以现实世界中的优胜劣汰现象为背景的。第二步的交叉则相当于人类的结婚和生育。第三步的变异则与自然界中偶然发生的变异是一致的，人类偶尔出现的返祖现象便是一种变异。由于包含对模式的操作，遗传算法不断地产生更加优良的个体，正如人类不断向前进化一样。

上面分析了标准遗传算法中的几个典型操作均可与生物（尤其是人类）的进化过程相对应。如果再仔细研究遗传算法的操作对象（种群），就会发现它实际上对应的是一群人，而不是整个人类。一群人随着时间的推移而不断地进化，并具备越来越多的优良品质。然而由于他们的生长、演变、环境和原始祖先的局限性，经过相当长一段时间后，他们将逐渐进化到某些特征相对优势的状态（如中国人都是黄皮肤、黑眼睛以及特有的文化和社会传统习惯等），定义这种状态为平衡态。当一个种群进化到这种状态，这个种群的特性便不再有很大的变化。一个标准的遗传算法，从某一初始代开始，并且各项参数都设定（如采用什么样的选择和交叉操作，以及采用多大的交叉概率和变异概率等），也会达到平衡态。此时，结果群体中的优良个体仅包含某些类的优良模式，因为该遗传算法的设置特性（它包括初始种群的特性及遗传参数）使得这些优良模式的各个串位未能得到平等的竞争机会。

现实世界中有许多民族，每个民族都有各自的优缺点。为了能产生各方面都十分杰出的人，应该使各民族之间定期地大量移民和通婚，这样就可以打破各个民族的平衡态而推动他们达到更高层的平衡态，也即使整个人类向前进化。现实生活中的例子可在生物学家的实验室中找到，他们为了改良动植物的品种，常常采用杂交、嫁接等措施。人类完全可以有目的地通过和平的方式来进行各民族的移民和通婚，从而达到人类进化的目的。

2. 改进的遗传算法

依照上述的生物模型，可构造以下的改进遗传算法。对于一个问题，首先随机地生成 $N\times n$ 个样本（$N\geqslant 2$，$n\geqslant 2$）。然后将它们分成 N 个子种群，每个子种群包含 n 个样本。对每个子种群独立运行各自的遗传算法，记它们为 GA_i（$i=1, 2, \cdots, N$）。这 N 个遗传算法最好在设置特性方面有较大的差异，这样可以为将来的高层遗传算法产生更多种类的优良模式。

在每个子种群的遗传算法运行到一定次数后，将 N 个遗传算法的结果种群记录到二维数组 $R[1, 2, \cdots, N; 1, 2, \cdots, n]$ 中，则 $R[i, j](i\in 1, 2, \cdots, N, j\in 1, 2, \cdots, n)$ 表示 GA_i 的结果种群的第 j 个个体。同时，将 N 个结果种群的平均适应度值记录到数组 $A[1, 2, \cdots, N]$ 中，则 $A[i]$（$i\in 1, 2, \cdots, N$）表示 GA_i 的结果种群的平均适应度值。

高层遗传算法与普通的遗传算法操作相类似，也分成以下 3 个步骤。

1）选择。基于数组 $A[1, 2, \cdots, N]$，即 N 个遗传算法的平均适应度值，对数组 R 进行选择操作，结果一些 $R[p; 1, 2, \cdots, n]$（$1\leqslant p\leqslant N$）被选择，而一些 $R[q; 1, 2, \cdots, n]$（$1\leqslant q\leqslant N$）被淘汰。也就是说，由于一些结果种群（GA_p）的种群平均适应度值高而被选择，甚至选择多次，另一些结果种群（GA_q）则可能由于其平均适应度值低而被淘汰。

2）交叉。如果 $R[\theta; 1, 2, \cdots, n]$ 和 $R[\phi; 1, 2, \cdots, n]$ 被随机地匹配到一起，而且从位置 x 进行交叉（$1\leqslant \theta, \phi\leqslant N$，$1\leqslant x\leqslant n-1$），则 $R[\theta; x+1, x+2, \cdots, n]$ 和 $R[\phi; x+1, x+2, \cdots, n]$ 互相交换相应的部分。这一步骤相当于交换 GA_θ 和 GA_ϕ 中的结果种群的 $n-x$ 个个体。

3）变异。以很小的概率将少量的随机生成的新个体替换 $R[1, 2, \cdots, N; 1, 2, \cdots,$

n] 中随机抽取的个体。

至此，高层遗传算法的第一轮运行结束。N 个遗传算法 GA_i（$i=1, 2, \cdots, N$）现在可以从更新后的 $R[1, 2, \cdots, N; 1, 2, \cdots, n]$ 的种群继续各自的操作。

在 N 个 GA_i 再次各自运算到一定次数后，再次更新数组 $R[1, 2, \cdots, N; 1, 2, \cdots, n]$ 和 $A[1, 2, \cdots, N]$，并开始高层遗传算法的第二轮运行。如此继续循环操作，直至得到满意的结果。

在改进的遗传算法中，N 个遗传算法中的每一个在经过一段时间后均可以获得位于个体串上一些特定位置的优良模式。通过高层遗传算法的操作，GA_i（$i=1, 2, \cdots, N$）可以获得包含不同种类的优良模式的新个体，从而为它们提供了更加平等的竞争机会。该改进的遗传算法与并行分布式遗传算法相比，在上一层的个体交换是一个突破，它不需要人为控制应交流什么样的个体，也不需要人为指定处理器将传送出的个体送往哪一个处理器，或者从哪一个处理器接收个体。这样，改进的遗传算法不但在每个处理器上运行着遗传算法，同时对各处理器不断生成的新种群进行着高一层的遗传算法的运算和控制。改进的遗传算法的操作流程图如图 3.3 所示。

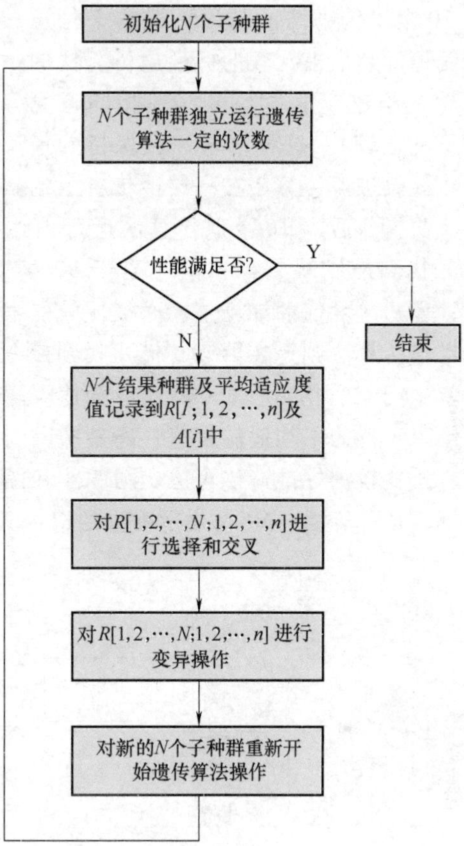

图 3.3 改进的遗传算法的操作流程图

3. 试验举例

下面通过一个具体的例子来将该改进的遗传算法与标准遗传算法进行比较。由于遗传算法对问题的依赖性很小，所以为使描述简便起见，这里给出一个函数优化的简单例子。

设待求解的问题是找到函数 $y=x^{30}(x\in[0,1])$ 的最大值。自变量 x 的作用域被转化成 28 位的二进制串。$x=0$ 表示为“0000000000000000000000000000”，$x=1$ 表示为“1111111111111111111111111111”。被比较的标准遗传算法的初始种群包含 100 个随机生成的个体，取交叉概率 $p_c=0.3$，变异概率 $p_m=0.005$。

下面将 100 个个体分为 10 组，每组各自独立运行遗传算法。它们除了种群大小与被比较的标准遗传算法不同外，p_c 和 p_m 的设置也略有不同。表 3.4 给出了具体的设置参数，其中 SGA 表示操作对象为 100 个个体的标准遗传算法，GA_i($i=1, 2, \cdots, 10$) 表示操作对象均为 10 个个体的遗传算法。

表 3.4 举例问题的参数设置

	SGA	GA_1	GA_2	GA_3	GA_4	GA_5	GA_6	GA_7	GA_8	GA_9	GA_{10}
p_c	0.3	0.1	0.2	0.3	0.4	0.5	0.6	0.7	0.8	0.3	0.9
p_m	0.005	0.005	0.002	0.005	0.004	0.005	0.006	0.005	0.008	0.005	0.01

10个子种群的遗传算法每运行10次，进行一次高层遗传算法的操作，结果高层遗传算法仅运行2次或3次后，这10个遗传算法的结果种群的平均适应度值即超出被比较的标准遗传算法的结果平均适应度值很多（在相同运算量下的比较）。这种结果一直保持到最后。此改进遗传算法在高层遗传算法的第8次操作后的10个遗传算法运行10次后找到最优解 $x=1$，这相当于9000次计算适应度值的计算量。而被比较的标准遗传算法则是在第250代才找到最优解 $x=1$，它相当于25000次计算适应度值的计算量。此外，在相同的运算量下，无论从整个结果种群的平均适应度值，还是从得到的最优个体的适应度值来看，改进的遗传算法始终优于被比较的标准遗传算法。图3.4和图3.5形象地给出了两者比较的结果。其中SGA表示标准遗传算法，MGA表示改进的遗传算法。

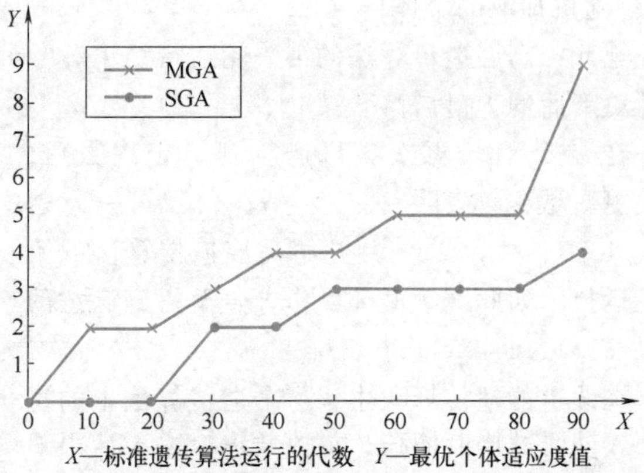

图3.4 改进遗传算法与标准遗传算法个体适应度值的比较

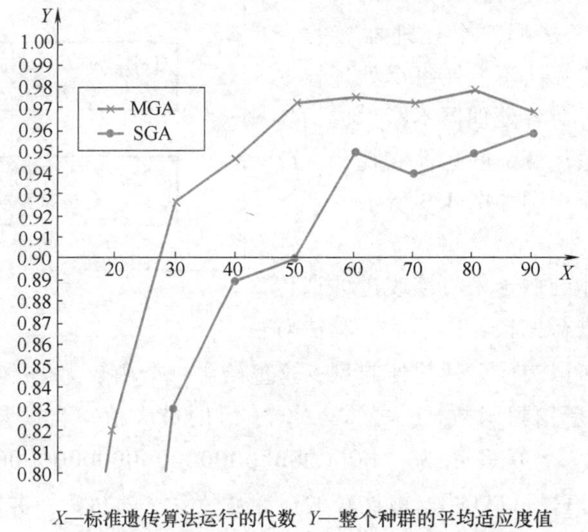

图3.5 改进的遗传算法与标准的遗传算法平均适应度值的比较

3.4 差分进化算法

差分进化（Differential Evolution，DE）算法是一种具有特殊变异、交叉和选择方式且采用实编码的遗传算法。变异操作通过从种群中随机选择一个个体作为基向量和另外两个不同个体的差分向量加权和的线性组合产生变异向量；交叉操作通过变异向量和目标向量各维分量随机组合完成；选择操作是以“贪婪”方式选择比目标向量个体适应度值更好的新向量个体进入种群。差分进化算法也是一种基于种群的进化算法，它的最大特色体现在变异算子的设计上。遗传算法的变异算子作用在单个个体上，而差分进化算法的变异算子包含多个个体，先从种群中选择一个个体或多个个体的组合形式作为基向量，并选择不同个体的差分来构成差分向量，最后以基向量和差分向量的组合来产生变异向量。变异产生的个体与父代个体进行交叉操作，交叉产生的新个体与父代进行竞争，较优者保留到下一代。大量应用实践和性能测试比较表明，差分进化算法是一种性能非常优异的数值优化算法。

3.4.1 差分进化算法的原理

差分进化算法维持 NP 个 D 维参数向量在搜索空间进行并行搜索（NP 为种群规模，D 为问题的维数）。其主要特点是使用不同个体间的差分信息实现变异操作，保持了种群的多样性，同时利用群体在搜索空间的分布信息，提高了算法的全局搜索能力。差分进化算法的工作原理与遗传算法相似，主要包括变异、交叉和选择 3 个操作步骤。与遗传算法相比，差分进化算法变异方式多样化，能够有效减小自身陷入局部最优的概率。差分进化算法的交叉操作与遗传算法类似，变异向量与目标向量进行参数混合，生成试验向量。差分进化算法通常采用贪婪竞争机制作为选择策略，在目标向量和试验向量之间选择适应度值更优的向量，形成下一代。

差分进化算法的基本思想源于遗传算法，差分进化算法利用实数参数向量作为每一代的种群，它的自参考种群繁殖方案与其他优化算法不同。差分进化算法是通过把种群中两个个体之间的加权差向量加到第三个个体上来产生新参数向量，这一操作称为“变异”；然后将变异向量的参数与另外预先决定的目标向量的参数按照一定的规则混合起来产生子个体，这一操作称为“交叉”；新产生的子个体只有当它比种群中的目标个体优良时才对其进行替换，这一操作称为“选择”。差分进化算法的选择操作是在完成变异、交叉之后由父代个体与新产生的候选个体一一对应地进行竞争，优胜劣汰，使得子代个体总是等于或优于父代个体。而且，差分进化算法给予父代所有个体以平等的机会进入下一代，不歧视劣质个体。

差分进化算法把一定比例的多个个体的差分信息作为个体的扰动量，使得算法在跳跃距离和搜索方向上具有自适应性。在进化的早期，因为种群中个体的差异性较大，使得扰动量较大，从而使得算法能够在较大范围内搜索，具有较强的探索能力；到了进化的后期，当算法趋向于收敛时，种群中个体的差异性较小，算法在个体附近搜索，这使得算法具有较强的局部开发能力。正是由于差分进化算法具有向种群个体学习的能力，使得其拥有其他进化算法无法比拟的性能。

3.4.2 差分进化算法的基本操作

1. 个体编码方式

差分进化算法的种群由 NP 个 D 维向量个体组成。记 $\boldsymbol{X}_{i,G}$ 为一个 D 维变量，则一个种群可表示为 $Pop=\{\boldsymbol{x}_{1,G}, \boldsymbol{x}_{2,G}, \cdots, \boldsymbol{x}_{NP}\}$。其中，$NP$ 是种群的规模大小，一般在进化过程中保持不变。差分进化算法采用实数编码方式，直接将优化问题的解 x_1，x_2，…，x_D 组成个体 $\boldsymbol{x}_{i,G}=(x_1, x_2, \cdots, x_D)$，$i=1, 2, \cdots, NP$。每个个体都是解空间中的一个候选解，个体的变量维数为 D。种群大小 NP 直接影响算法的收敛速度，种群规模与个体的维数 D 有关，一般 NP 设在区间 $[5D, 10D]$。

2. 种群初始化

种群的初始化应在符合边界约束的条件下尽可能均匀覆盖全部区域，假设个体第 j 维的

上下边界分别为 x_j^{U} 和 x_j^{L}。初始种群用随机方法产生为

$$x_{j,i,0}=x_j^{\mathrm{L}}+\mathrm{rand}_j(0,1)(x_j^{\mathrm{U}}-x_j^{\mathrm{L}}),\ j=1,2,\cdots,D,\ i=1,2,\cdots,NP$$

式中，$\mathrm{rand}_j(0,1)$ 为 $[0,1]$ 之间的服从均匀分布的随机数。

3. 变异操作

种群初始化后，执行差分变异操作产生变异向量。差分进化算法和其他进化算法的主要区别是变异操作，变异操作也是产生新个体的主要步骤。变异操作后得到的中间个体 $\boldsymbol{v}_{i,G+1}$，表示为

$$\boldsymbol{v}_{i,G+1}=\boldsymbol{x}_{r_1,G}+F(\boldsymbol{x}_{r_2,G}-\boldsymbol{x}_{r_3,G})$$

式中，$r_1,r_2,r_3\in\{1,2,\cdots,NP\}$ 且 $r_1\neq r_2\neq r_3\neq i$；$F\in[0,1]$ 为变异因子，它是差分进化算法控制差分向量的幅度，又称为缩放因子，F 过小会降低收敛速度，F 过大会造成种群不收敛。通常 F 取值为 0.3~0.7，初始值可取 $F=0.6$；$\boldsymbol{x}_{r_1,G}$ 为基点向量。

差分进化的中间个体是通过把种群中两个个体之间的加权差向量加到基点向量上来产生的，相当于在基点向量上加了一个随机偏差扰动。而且由于 3 个个体都是从种群中随机选取的，个体之间的组合方式有很多种，这使差分进化算法的种群多样性很好。由于进化早期群体的差异较大，使得差分进化前期探索能力较强而开发能力较弱；而随着进化代数增加，群体的差异度减小，使得差分进化后期探索能力变差，开发能力增加，从而获得一个具有非常好的全局收敛性质的自适应程序。变异因子 F 是变异操作中添加到被扰动向量上差异值的比率，其作用是控制差分向量的幅值。

对于有边界约束的优化问题，差分进化算法的变异操作可能产生超出边界的向量，这时需要进行新的操作确保产生的个体向量的每一维都在边界内。一种方法是将超出边界的新个体用在边界约束范围内随机生成的新向量代替；另一种方法是继续进行下一次变异操作，直到产生符合边界约束条件的向量为止，但这种方法效率很低。

根据生成差分向量的方法来实现变异操作的形式不同，Storn 和 Price 提出了多种微分进化算法差分策略的改进形式。为了方便，改进策略采用符号 DE/X/Y/Z 来表示，其中 X 表示确定将要变化的向量，当 X 是 rand 或 best 分别表示随机在群体选择个体或选择当前群体中的最优个体；Y 表示需要使用差向量的个数；Z 表示交叉模式，Z 是 bin 表示交叉操作的概率分布满足二项式形式，Z 是 exp 表示交叉操作的概率分布满足指数形式。Price 和 Storn 对差分进化算法共提出 10 种策略：DE/best/1/exp、DE/rand/1/exp、DE/rand-to-best/1/exp、DE/best/2/exp、DE/rand/2/exp、DE/best/1/bin、DE/rand/1/bin、DE/rand-to-best/1/bin、DE/best/2/bin、DE/rand/2/bin。

显然，由于差向量的个数不同，差分进化算法的差向量有如下两种形式。

1）一个微分差向量时：$F(\boldsymbol{x}_{r_2}-\boldsymbol{x}_{r_3})$。

2）两个微分差向量时：$F_1(\boldsymbol{x}_{r_2}-\boldsymbol{x}_{r_3})+F_2(\boldsymbol{x}_{r_4}-\boldsymbol{x}_{r_5})$。

考虑到交叉操作的概率分布为二项式形式，微分进化算法的变异操作有如下形式。

1）DE/rand/1/bin：$\boldsymbol{v}_i=\boldsymbol{x}_{r_1}+F(\boldsymbol{x}_{r_2}-\boldsymbol{x}_{r_3})$。

2）DE/best/1/bin：$\boldsymbol{v}_i=\boldsymbol{x}_{\mathrm{best}}+F(\boldsymbol{x}_{r_2}-\boldsymbol{x}_{r_3})$。

3）DE/rand-to-best/2/bin：$\boldsymbol{v}_i=\boldsymbol{x}_i+F_1(\boldsymbol{x}_{\mathrm{best}}-\boldsymbol{x}_{r_1})+F_2(\boldsymbol{x}_{r_1}-\boldsymbol{x}_{r_2})$。

4）DE/rand/2/bin：$\boldsymbol{v}_i=\boldsymbol{x}_{r_1}+F_1(\boldsymbol{x}_{r_2}-\boldsymbol{x}_{r_3})+F_2(\boldsymbol{x}_{r_4}-\boldsymbol{x}_{r_5})$。

5）DE/best/2/bin：$\boldsymbol{v}_i=\boldsymbol{x}_{\mathrm{best}}+F_1(\boldsymbol{x}_{r_1}-\boldsymbol{x}_{r_2})+F_2(\boldsymbol{x}_{r_3}-\boldsymbol{x}_{r_4})$。

4. 交叉操作

交叉操作采用将变异得到的中间个体 $\boldsymbol{v}_{i,G+1}=(v_{1i,G+1}, v_{2i,G+1}, \cdots, v_{Di,G+1})$ 和目标个体 $\boldsymbol{x}_{i,G}=(x_{1i,G}, x_{2i,G}, \cdots, x_{Di,G})$ 进行杂交。如式

$$\mu_{ji,G+1}=\begin{cases} v_{ji,G+1}, & (\text{randb}(j)\leqslant \text{CR})\text{或} j=\text{rnbr}(i) \\ x_{ji,G}, & \text{其他} \end{cases}$$

所示。经过杂交后得到目标个体的候选个体 $\boldsymbol{u}_{i,G+1}=(\mu_{1i,G+1}, \mu_{2i,G+1}, \cdots, \mu_{Di,G+1})$。其中，$i=1, 2, \cdots, NP$，$j=1, 2, \cdots, D$；$\text{rnbr}(i)$ 为 $[1, D]$ 范围内的随机整数，用来保证候选个体 $\boldsymbol{u}_{i,G+1}$ 至少从 $\boldsymbol{v}_{i,G+1}$ 中取到某一维变量；$\text{randb}(j)\in[0,1]$ 为均匀分布的随机数；交叉因子 $\text{CR}\in[0, 1]$ 为差分进化算法的重要参数，它决定了中间个体分量值代替目标个体分量值的概率，较大的 CR 值表示中间个体分量值代替目标个体分量值的概率较大，个体更新速度较快。交叉因子 CR 一般选择范围为 [0.3, 0.9]，通常 CR 初始值取 0.5 较好。

5. 选择操作

对候选个体 $\boldsymbol{u}_{i,G+1}$ 进行适应度评价，然后根据式

$$\boldsymbol{x}_{i,G+1}=\begin{cases} \boldsymbol{u}_{i,G+1}, & f(\boldsymbol{u}_{i,G+1})\leqslant f(\boldsymbol{x}_{i,G+1}) \\ \boldsymbol{x}_{i,G+1}, & \text{其他} \end{cases}$$

决定是否在下一代中用候选个体替换当前目标个体。

6. 适应度函数

适应度函数用来评估一个个体相对于整个群体的优劣相对值的大小。差分进化算法选择适应度函数有以下两种方法。

1）直接将待求解优化问题的目标函数作为适应度函数。

若目标函数为最大优化问题，则适应度函数选为

$$\text{Fit}(f(\boldsymbol{x}))=f(\boldsymbol{x})$$

若目标函数为最小化问题，则适应度函数选为

$$\text{Fit}(f(\boldsymbol{x}))=\frac{1}{f(\boldsymbol{x})}$$

2）当采用问题的目标函数作为个体适应度时，必须将目标函数转换为求最大值的形式，而且保证目标函数值为非负数。转换可以采用以下的方法进行。

假如目标函数为最小化问题，则

$$\text{Fit}(f(\boldsymbol{x}))=\begin{cases} C_{\max}-f(\boldsymbol{x}), & f(\boldsymbol{x})<C_{\max} \\ 0, & \text{其他} \end{cases}$$

式中，$C_{\max}$ 为 $f(\boldsymbol{x})$ 的最大估计值，可以是一个适合的输入值，也可以采用迄今为止过程中 $f(\boldsymbol{x})$ 的最大值或当前群体中的最大值，当然 $C_{\max}$ 也可以是前 K 代中 $f(\boldsymbol{x})$ 的最大值。显然，存在多种方式来选择系数 $C_{\max}$，但最好与群体本身无关。

假如目标函数为最大化问题，则

$$\text{Fit}(f(\boldsymbol{x}))=\begin{cases} f(\boldsymbol{x})-C_{\min}, & f(\boldsymbol{x})>C_{\min} \\ 0, & \text{其他} \end{cases}$$

式中，$C_{\min}$ 为 $f(\boldsymbol{x})$ 的最小估计值。$C_{\min}$ 可以是一个适合的输入值，或者是当前一代或 K 代中 $f(\boldsymbol{x})$ 的最小值，也可以是群体方差的函数。

3.4.3 差分进化算法的实现步骤及流程

下面通过求解函数 $f(x_1, x_2, \cdots, x_n)$ 的最小值问题来叙述差分进化算法的求解步骤及算法流程。其中 $(x_1, x_2, \cdots, x_n) \in \mathbf{R}^n$ 是 n 维连续变量且满足 $x_j^{\mathrm{L}} \leqslant x_j \leqslant x_j^{\mathrm{U}}$，$j=1, 2, \cdots, n$，$x_j^{\mathrm{L}}$ 和 x_j^{U} 分别代表第 j 维变量的下界和上界。目标函数 f：$\mathbf{R}^n \to \mathbf{R}^1$ 可以是不可微函数。

假设差分进化算法种群规模为 NP，每个个体有 D 维变量，则第 G 代的个体可表示为 $\boldsymbol{x}_{i,G}$，$i=1, 2, \cdots, NP$。

差分进化算法的主要步骤如下：

1）随机产生初始种群，进化代数 $G=0$。

2）计算初始种群适应度，差分进化算法一般直接将目标函数值作为适应度值。

3）判断是否达到终止条件。若进化终止，将此时的最佳个体作为解输出，否则继续。

终止条件一般有两种：一种是进化代数达到最大进化代数 $G_{\max}$ 时算法终止；另一种是在已知全局最优值的情况下，设定一个最优值误差（如 10^{-6}），当种群中最佳个体的适应度值与最优值的误差在该范围内时算法终止。

4）进行变异和交叉操作，得到临时种群。

5）对临时种群进行评价，计算适应度值。

6）进行选择操作，得到新种群。

7）进化代数 $G=G+1$，用新种群替换旧种群，转步骤 3)。

差分进化算法的流程如图 3.6 所示。

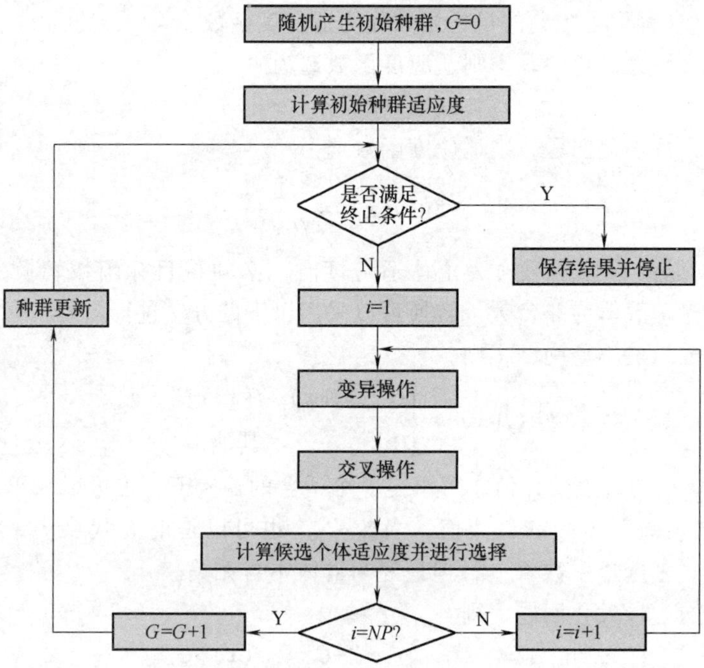

图 3.6　差分进化算法的流程图

差分进化算法采用下述两个收敛准则。

1）计算当前代全体个体与最优个体之间目标函数值的差值，若在误差范围内，则算法收敛，否则继续生成新的种群。

2）计算当前代和父代种群中最优个体之间目标函数值的差值，若在误差范围内，则算法收敛，否则继续生成新的种群。

复习思考题

1. 遗传算法的基本思路是什么？
2. 遗传算法的三个操作步骤是什么？
3. 遗传算法的本质特点是什么？
4. 遗传算法的主要编码方式主要包括哪几种？
5. 讨论题：遗传算法的优缺点是什么？从哪些方面对其进行改进研究？
6. 差分进化算法的基本原理是什么？
7. 差分进化算法的实现步骤是什么？
8. 讨论题：差分进化算法主要有哪些优缺点？针对其缺点，需要采取哪些措施进行补充和完善？

Chapter 4

第4章 DNA算法

DNA 是自然界唯一能够自我复制的分子，是重要的遗传物质。DNA 计算是利用 DNA 特殊的双螺旋结构和碱基互补配对规律进行信息编码，把要运算的对象映射成 DNA 分子链，在生物酶的作用下，生成各种数据池，再按照一定的规则将原始问题的数据运算高等并行地映射成 DNA 分子链的可控的生化过程，最后利用分子生物技术检测出所需要的运算结果。

4.1 概　　述

计算机技术被认为是 20 世纪三大科学革命之一，电子计算机为社会的发展起到了巨大的促进作用。计算机科学家们也将计算的问题划分为容易、困难和不可计算三类。处理容易类的计算，目前的电子计算机能完全胜任，但处理困难类的问题，如通常被称为 NP-完全问题（Non-deterministic Polynomial 的问题）时，随着问题规模的增大，电子计算机计算所需的时间以指数级增长，而量子物理学已经成功地预测出芯片微处理器能力的增长不能长期地保持下去。因此，计算机的小型化在技术上存在明显的限制。在技术革新方面，很早以前就有人提出计算机的基本组成部分应该是分子，这样的计算机比用现代技术制造的计算机都要小。近几年，全球的科学家们正在努力寻找其他全新的计算机结构，试图有效地解决这些困难的问题。一些有效的计划已被提出，比如人工神经网络计算机、量子计算机、光学计算机及 DNA 计算机模型等。量子计算（quantum computing）与 DNA 计算（DNA computing）就是这种思想的两种最新的形式，其中 DNA 计算机在近十年备受科学界的关注。

分子水平上进行计算的概念最早是在 20 世纪 60 年代早期由 Feynman 提出的。但是由于当时缺乏合适的材料、工具与方法，Feynman 的“超微型计算机”想法只能是一种超前的、美好的愿望。此时，在生物学领域分子生物学正逐渐出现并成熟，使生物学的研究深入到了分子水平。到了 80 年代，随着人们对分子生物学理论的了解日益加深，现代生物化学、生物工程技术的日益完善，分子计算的条件事实上已基本具备。1994 年，美国南加州大学的 Leonard M. Adleman 博士用 DNA 计算的方法解决了有向哈密顿（Hamilton）路问题，并成功地利用现代分子生物技术在 DNA 溶液的试管中进行了实验。这一研究成果很快引起了计算机、数学、分子生物学等领域的科学家们的极大兴趣。它的重要意义不仅在于算法和速度，而且在于采用了一种全新的介质作为计算要件，以生物技术来解决电子计算机无法解决的困难问题，并且开发了 DNA 计算潜在的并行性。其后，威斯康星（Wisconsin）大学、普林斯顿（Princeton）大学、斯坦福（Stanford）大学、加州理工学院（CIT）等相继开展了这方面的研究工作，并得到了美国国家科学基金会和五角大楼国防高级研究项目局的支持。在日本，DNA 计算得到了科学促进委员会的支持。1995 年，召开了第一届国际 DNA 计算会议，来自许多国家及地区的 200 多名科技界人士共同探讨并肯定了 DNA 计算机的可行性。该领域的专家普遍认为，一旦 DNA 计算机研制成功，其运算量是传统计算机所望尘莫及的。这无疑是一个极具开发价值的研究领域。每年举行一次关于 DNA 计算机的国际会议，另外还有小型研讨会定期举行。1998 年第一本关于 DNA 计算机的学术专著 *DNA Computing-New Computing Paradigms* 一书由德国的 Springer 出版社出版。2002 年 10 月，第一本系统论述 DNA 计算机的中文学术专著《DNA 计算与软计算》由科学出版社出版。由此足见国际国内对 DNA 计算机研制的重视与感兴趣的程度。也正因为如此，关于 DNA 计算与 DNA 计算机的研究发展迅速，如 DNA 计算应用于一些 NP 完全问题解法、DNA 计算的运算问题。DNA 计算在生物实验方面的研究，DNA 计算机的语言系统、联想记忆问题，DNA 计算在密码学上的应用等方面都取得了巨大的进展。

DNA 计算机具有如下优点：DNA 分子生物算法具有高度的并行性，运算速度快；DNA 作为信息的载体其储存的容量非常大；DNA 分子生物计算耗能少；DNA 分子资源丰富。

正因为 DNA 计算机的上述优点，极大地吸引了不同学科、不同领域的众多的科学家，特别是计算机、分子生物、数学、物理、化学以及信息等领域内的科学家们。DNA 计算机有望成为人类科学史上的一个新的里程碑，因为 DNA 计算机有望解决当今在电子计算机上许多无法解决的问题，如密码破译、困难的 NP-完全问题以及当今工程领域中的最大的难题——局部极小值问题等。

4.2 DNA 的结构

DNA 中有 4 种碱基，即腺嘌呤（Adenine，A）、鸟嘌呤（Guanine，G）、胞嘧啶（Cytosine，C）和胸腺嘧啶（Thymine，T），各种碱基间的不同组合就构成了异常丰富的遗传信息。科学家们指出，DNA 含有大量的遗传密码，通过生化反应传递遗传信息。这一过程是生命现象的基本特征之一。DNA 链主要是由一个脱氧核苷酸上的 5′-磷酸基和另一个脱氧核苷酸上的 3′-羟基共价键连接而成。DNA 由两条极长的核苷酸链利用碱基之间的氢键结合在一起，形成一条双股的螺旋结构，且一股的碱基序列与另一股的碱基序列互补。A 和 T 配对，C 和 G 配对。碱基的上述配对关系称为 Watson-Crick（WC）配对。DNA 双螺旋结构如图 4.1 所示。

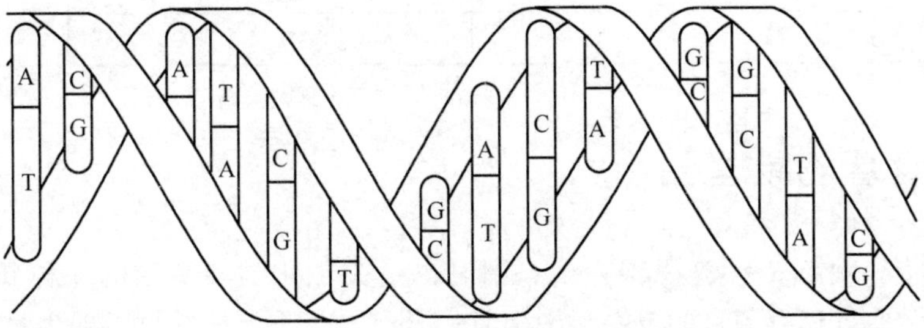

图 4.1　DNA 双螺旋结构

DNA 有两个最主要的功能：第一个功能是 DNA 携带遗传信息，能转录成 RNA，RNA 再转译成蛋白质；第二个功能是自我复制，DNA 以本身作为模板，复制出另一个相同的 DNA。

DNA 一般为长而无分支的双股线形分子，但有些为环形，也有少些为单股环形。每个染色体是一段双股螺旋的 DNA。遗传信息以 A、T、C 和 G 在核苷酸中的排列顺序而体现，其排列顺序的多样性体现了丰富的遗传信息。

从生物 DNA 到蛋白质的形成过程。首先，通过转录作用将 DNA 中携带的遗传信息转录到信使 RNA（mRNA）中。在从 DNA 到蛋白质的形成过程中，大多数碱基并没有用来合成蛋白质，它们首先从 DNA 上转录，将没有用的部分拼接，拼接后就形成了 mRNA。在 mRNA 中排列着由三个连续的碱基组成的密码子，这些密码子是合成蛋白质的密码。64 种密码子对应 20 种氨基酸。密码子对应于氨基酸的遗传密码表见表 4.1。然后，通过翻译作用，将 mRNA 中携带的遗传信息转译成含特定氨基酸序列的蛋白质，蛋白质则构成了细胞。在生物 DNA 中，基因是储存遗传信息的基本单位，一个基因开始于起始密码子 ATG，终止于终止密码子 TAA、TAG 或 TGG。

表 4.1 遗传密码表

第一个核苷酸	第二个核苷酸				第三个核苷酸
	T(U)	C	A	G	
T(U)	Phe	Ser	Tyr	Cys	T(U)
	Phe	Ser	Tyr	Cys	C
	Leu	Ser	终止	终止	G
	Leu	Ser	终止	Trp	A
C	Leu	Pro	His	Arg	T(U)
	Leu	Pro	His	Arg	C
	Leu	Pro	Glu	Arg	G
	Leu	Pro	Glu	Arg	A
A	Ile	Thr	Asp	Ser	T(U)
	Ile	Thr	Asp	Ser	C
	Ile(Met)	Thr	Lys	Arg	G
	Met	Thr	Lys	Arg	A
G	Val	Ala	Asp	Gly	T(U)
	Val	Ala	Asp	Gly	C
	Val	Ala	Glu	Gly	G
	Val	Ala	Glu	Gly	A

4.3 DNA 计算的原理

DNA 计算是一种新的计算思维方式，同时也是关于化学和生物的一种新的思维方式。尽管生物与数学的过程有各自的复杂性，但它们具有一个重要的共性，即生物所具有的复杂结构实际上是结构的编码在 DNA 序列中的原始信息经过一些简单的生化处理后得到的，而求一个含有变量的可计算函数的值也可以通过求一系列含变量的简单函数的值来实现。所以两者之间具有一定的相似性。DNA 计算的本质就是利用大量不同的核酸分子杂交，产生类似于某种数学过程的一种组合的结果，并根据限定条件对其进行筛选。根据 DNA 分子之间的 Watson-Crick 互补原理，不同的 DNA 分子根据其不同的末端，从而具有不同的方向性，当大量随机的 DNA 相互杂交后，每个 DNA 链所携带的原始信息就会与其他 DNA 链所携带的信息重新组合，形成一种类似数学组合的结果，对一种特定的运算而言，这种结果的获得是通过对 DNA 进行一系列的连续操作来实现的。

因此，DNA 计算就是利用不同形式的 DNA 链编码信息，然后将携有编码信息的 DNA 链进行互补杂交，最后，利用分子生物技术，如聚合酶链式反应（Polymeras Chain Reaction，PCR），并行重叠组装技术（Parallel Overlap Assembly，POA）、超声波降解、亲和层析、克隆、诱变、分子纯化、凝胶电泳、磁珠分离等，捕获运算结果。

经典的计算科学理论是建立在一系列重要操作上的，大部分自动机语言理论模型都是这样的。相同的是，DNA 计算也是建立在一系列连续的分子操作上的，这些用于计算目的的分子生物操作在形式上具有多样性：切割、粘贴、分离、连接、插入和删除等。从理论上来讲，合理地使用这些分子生物操作可以建立与图灵机一样强大的新的计算模型。

从 DNA 的原理和一些生物操作工具来看，DNA 计算与数学操作非常相似。DNA 单链可看作由四个不同符号 A、G、C 和 T 组成的链。它在数学上就像计算机中的编码“0”和“1”一样，可表示成四个字母的集合 $\Sigma=\{A, G, C, T\}$ 来编码信息。DNA 链可以作为含有编码信息的载体，通过在 DNA 链上执行一些简单的生化操作，来实现信息的传递和转换，从而完成计算目的。有学者认为，可以将生物酶看作在 DNA 序列上进行简单计算的算子，不同的生物酶起着不同的作用，通过控制各种生物化学反应来完成序列的延伸和删减。也有学者认为，生物酶，尤其是各种限制酶的种类和数量很有限，用其作为算子，将会受到很大的制约，因而设计了一种不需要酶参与的计算模型——粘贴模型。

4.4 DNA 计算与遗传算法的集成

生物进化中采用的许多信息处理模式已被人们用于智能系统，如遗传算法、神经网络等软计算方法。基于 DNA 编码的信息模型将会加深对软计算中智能技术的理论研究，并拓宽其应用范畴。以下讨论 DNA 计算与软计算中遗传算法的集成。

一般来说，位串编码由于其简单性和易处理性，是遗传算法研究者最常用的经典方法。对于复杂的优化问题，这种简单的编码方法在表达问题时花费的代价很大，实际实现时效率也不高，尤其是许多基于基因级的操作难以在常规遗传算法中得到模拟实现。为了进一步模拟生物的遗传机理和基因调控机理，在基于 DNA 编码的染色体表达机制的基础上发展了一种新颖的 DNA-GA。

1. 基本概念和术语

1）DNA 链（染色体）：遗传物质的主要载体，是多个遗传因子的集合，由 A、T、C、G 编码集合组成。

2）遗传子座：DNA 链上遗传因子的位置，各个位置决定所遗传的信息。

3）基因型：遗传因子组合的模型，是形成 DNA 链的内部表现。

4）表现型：由 DNA 链决定形状的外部表现，或者说是根据基因型形成的个体。

5）DNA 汤（群体）：DNA 链带有特征的个体的集合，该集合内的 DNA 链的多少为

DNA 汤的大小。

6）倒位：在 DNA 链中两个随机选择位置之间的某些碱基序列的位置颠倒 180°。它可以使在父代中离得很远的位在后代中靠在一起，相当于重新定义基因块。

2. DNA 遗传算法的关系和假设

由于遗传算法本身是受到自然界中的生物进化现象的启发而产生的，因此它在观念上与 DNA 计算有许多相似之处。例如，它们都是对使用特定符号集编码的符号串进行操作，都具有很高的并行性等。只不过一个是用试管在分子生物学实验室里实施运算，一个是用程序语言实现运算，图 4.2 给出了它们基本运算框架的异同。

从这个类比角度出发，启发人们从两个不同的领域相互借鉴，利用分子生物学新理论、新技术进行遗传算法的扩展。一些学者提出了基于 DNA 机理的改进的遗传算法，如带有双链 DNA 的遗传算法用于促进 DNA 复制的非对换变异。另外还提出了基于生物学 DNA 编码方法的遗传算法，这种方法具有 DNA 染色体中的重复性和基因表达的重叠性，并使交叉和变异操作变得容易。

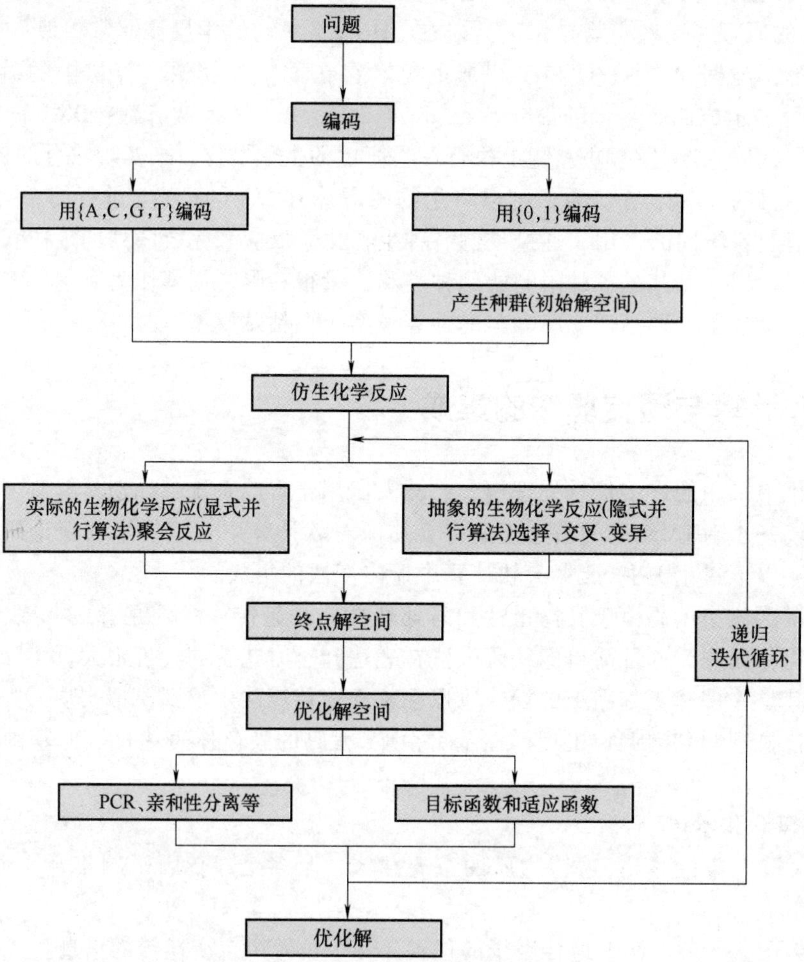

图 4.2 DNA 计算与遗传算法的比较

同样，为了避免在 DNA 计算中，由于核酸碱基之间化学反应带来的误差，一些研究者提出了用于 DNA 进化计算中的 DNA 译码算法。不仅如此，遗传算法还可以直接使用 DNA

计算方法来实现。Junghuei Chen 等人已经成功地使用对 DNA 分子进行操作的遗传算法解决了一个最大数问题。

尽管目前有关遗传算法和 DNA 计算两者交叉领域的研究成果并不多见，由于遗传算法已取得的巨大成功和 DNA 计算具有的极大潜力，因此有理由相信，将来二者的结合会对生物计算技术以及相关领域产生革命性的推进作用。

DNA-GA 是在基于 DNA 编码的遗传模型基础上进行遗传操作的。与遗传算法类似，对该模型提出以下假设：

1）DNA 链是由 A、T、C 和 G 组成的一个固定（或可变）长度的字符串，其中每一位都具有有限数目的等位基因。

2）DNA 汤（群体）中有有限条 DNA 链。

3）对 DNA 链可施加不同的遗传操作。

4）每一条 DNA 链有一个相应的适应度，表示该 DNA 链生存与复制的能力。适应度越大，表示其生存能力越强。

3. DNA 遗传算法的实现

DNA-GA 的流程与常规遗传算法的类似（见图 4.3）。

1）初始化及 DNA 链编码：使用 n 个具有任意 DNA 链的个体组成初始代群体（DNA 汤）$P(t)$。一条 DNA 链由 4 种碱基 A、T、C、G 的结合体构成，可以表示多个基因。DNA-GA 初始化时，待解决的设计参数是通过 4 字符集 $\Sigma=\{A, G, C, T\}$ 来编码形成染色体，即 DNA 链。DNA 编码是一个关键的环节，DNA 链的长短将直接影响问题求解的精度和收敛速度。DNA-GA 的任务是从 DNA 汤出发，模拟进化过程，最后选择出优秀的群体和个体，满足求解问题的优化要求。

2）适应度的评价：按编码规则，将 DNA 汤 $P(t)$ 中每一个 DNA 链的密码子按表 4.2（或表 4.3）转化成所对应的参数值用于求解问题，并按某一标准计算其评价函数。若其评价函数值高，表示该 DNA 链有较高的适应度。由于将 DNA 的 4 个碱基中的 3 个组合成密码子的情况有 64 种，在翻译参数时可将这 64 种组合对应于［0，63］区间上的任意一个数，用于问题的求解。这里考虑的翻译关系与生物 DNA 的遗传密码表不同，即不同的密码子对应于不同的参数。而在生物 DNA 中，允许不同的密码子对应相同的氨基酸（见表 4.2）。

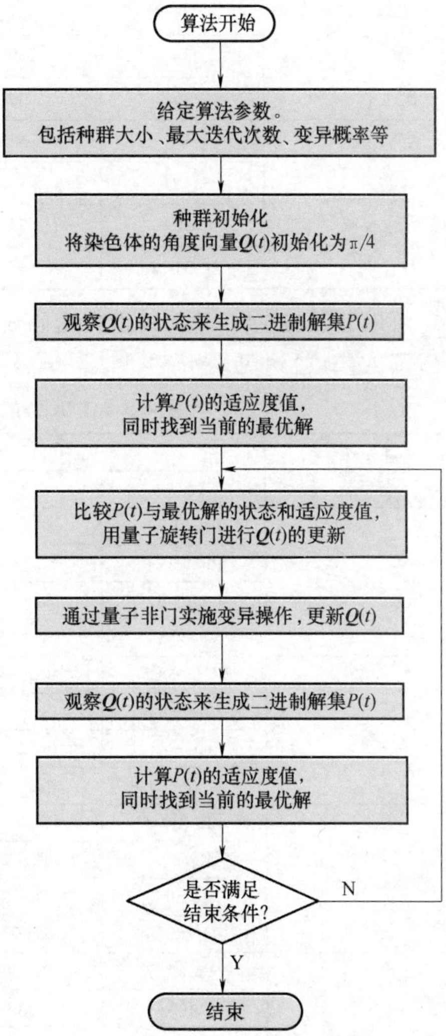

图 4.3　DNA 遗传算法的流程

表 4.2 DNA 链的密码子所对应的参数值

第一个核苷酸	第二个核苷酸				第三个核苷酸
	T	C	A	G	
T	0	4	8	12	T
	1	5	9	13	C
	2	6	10	14	G
	3	7	11	15	A
C	16	20	24	28	T
	17	21	25	29	C
	18	22	26	30	G
	19	23	27	31	A
A	32	36	40	44	T
	33	37	41	45	C
	34	38	42	46	G
	35	39	43	47	A
G	48	52	56	60	T
	49	53	57	61	C
	50	54	58	62	G
	51	55	59	63	A

可以考虑与生物 DNA 的遗传密码表相同的转移过程，即不同的密码子对应于相同的氨基酸（或参数）（见表 4.3）。

表 4.3 DNA 链的密码子转译成参数值的基本框架

第一个核苷酸	第二个核苷酸				第三个核苷酸
	T(U)	C	A	G	
T	Phe(-9)	Ser(-7)	Tyr(-6)	Cys(-5)	T
	Phe(-9)	Ser(-7)	Tyr(-6)	Cys(-5)	C
	Leu(-8)	Ser(-7)	Stop(0)	Stop(0)	G
	Leu(-8)	Ser(-7)	Stop(0)	Trp(0)	A
C	Leu(-8)	Pro(-4)	His(-3)	Arg(-1)	T
	Leu(-8)	Pro(-4)	His(-3)	Arg(-1)	C
	Leu(-8)	Pro(-4)	Glu(-2)	Arg(-1)	G
	Leu(-8)	Pro(-4)	Glu(-2)	Arg(-1)	A
A	Ile(1)	Thr(2)	Asp(3)	Ser(-7)	T
	Ile(1)	Thr(2)	Asp(3)	Ser(-7)	C
	Met(0)	Thr(2)	Lys(4)	Arg(-1)	G
	Met(0)	Thr(2)	Lys(4)	Arg(-1)	A
G	Val(5)	Ala(6)	Asp(7)	Gly(9)	T
	Val(5)	Ala(6)	Asp(7)	Gly(9)	C
	Val(5)	Ala(6)	Glu(8)	Gly(9)	G
	Val(5)	Ala(6)	Glu(8)	Gly(9)	A

需要说明的是，表 4.3 是模拟从生物 DNA 到蛋白质形成的转译过程，即先从 DNA 上转录拼接成 mRNA，再将 mRNA 中由 3 个连续碱基组成的密码子对应为氨基酸，64 种密码子对应 20 种氨基酸，20 种氨基酸对应［-9，9］区间的某一个数。表 4.3 只是给出了参数译码的基本框架，具体应用时可根据不同的问题将密码子对应的参数范围［-9，9］转换到实际问题参数变化的合理范围。如待优化问题中的某一参数 a_i，若其值在预定的范围［$a_{i,\min}$，$a_{i,\max}$］内变化，那么密码子的参数和实际参数值之间的转换关系为

$$a_i=a_{i,\min}+\frac{x}{18}(a_{i,\max}-a_{i,\min})$$

式中，$x\in[-9,\ 9]$。

3）选择：按一定的概率 P_S 从 DNA 汤 $P(t)$ 中选出 m 个 DNA 链个体，作为双亲用于繁殖后代，产生新的个体加入到下一代 $P(t+1)$。选择的目的是使适应度大的 DNA 链有更多繁殖后代的机会，从而使优良特性得以遗传，体现了自然界适者生存的思想。与常规遗传算法类似，DNA-GA 常见的选择实现方法有下列 4 种。

① 适应度比例法：某条 DNA 链被选取的概率 P_S，为

$$P_S=\frac{f_i}{\sum f_i}$$

式中，f_i 为 DNA 链 i 的适应度。对 DNA 链 i，根据 P_S 产生一个随机数 k_i，再由 k_i 决定是否选择。适应度大的 DNA 链被选择的概率较大，能多次参加交配，它的遗传因子也会在 DNA 汤中扩大。

② 期望值法：当个体不是很多时，随机数的摆动有可能不能正确地反映适应度，此时可采用期望值法。在期望值法中，首先计算各条 DNA 链的期望值，然后在被选择的个体期望值上减去 0.5。因此，即使在最坏的情况下，也可能将比期望值小 0.5 的偏差遗留给后代。

③ 排位次法：排位次法是根据适应度把各条 DNA 链排序，然后根据预先被确定的各位次的概率决定遗留后代。

④ 精华保存法：复制过程中，将适应度高的 DNA 链直接遗传给下一代。前面几种方法都是基于概率的选择，其优点在于对适应度低的个体也给予选择的机会，能够维持群体的多样性，但适应度高的个体也有被淘汰的可能。为了弥补这一缺点，可将适应度大的个体无条件地留给下一代，通过 DNA 链的复制而保留遗传信息。

4）交叉：交叉是对于选中的用于繁殖的每一对 DNA 链个体，将其中部分内容进行互换。交叉位置是随机产生的。通过交叉这种方法，凭借交叉点，产生了新的 DNA 链，基因得到了极大的改变。交叉是 DNA-GA 的核心，是最重要的遗传算子，对搜索过程起决定作用，体现了自然界信息交换的思想。只有不断地交叉，才能不断地产生新的个体，从而得到优秀个体。交叉有单点交叉和多点交叉等多种方式。而多点交叉又有两种方式，即单点交叉和标准交叉。图 4.4 给出了一个单点交叉的例子。

TGAGG | CCGT
AGTAT| G A AC
↓
TGAGG | GAAC
AGTAT| CCGT

图 4.4　单点交叉操作

标准交叉中，其后代个体是基于一个随机产生的交叉特征码对父代进行操作而得到的。如图 4.5 所示，若某一位置上交叉特征码为 0，则其后代的碱基不变；反之，其后代的碱基由双亲互换得到，也就是说所产生的后代个体是父代个体碱基序列的混合。

T G A G G T C C G T
A G T A T A G A A C
0 1 1 0 1 0 0 1 1 0
⇓ 交叉特征码
T G T G T T C A A T
A G A A G A G C G C

图 4.5 标准交叉

5）变异：以一定的概率 P_m 从 DNA 汤 $P(t+1)$ 中随机选择若干个 DNA 链个体，对于选中的 DNA 链个体，随机地选取某一位进行 DNA 链中碱基序列的变化。DNA 链中的变化有碱基的替换、丢失和嵌入。这里的变异操作只考虑碱基的替换，即染色体中某个碱基或多个碱基从一种状态跳变到另一种状态。碱基的取代有两种：一种是同类型碱基转换变异，嘌呤替代嘧啶或嘧啶替代嘌呤，如 T 变为 C；另一种是异类型碱基颠换变异，嘌呤替代嘧啶或嘧啶替代嘌呤，如 T 变为 A 或 G，C 变为 G 或 A。图 4.6 是一个染色体中的一个碱基由 T→A 的变异例子。

6）倒位：以一定的概率 P_i 从 DNA 汤 $P(t+1)$ 中随机选取若干个 DNA 链个体，对于选中的 DNA 链个体，随机地选取某两个位置，将它们之间的碱基顺序进行倒序排列（图 4.7）。倒位的目的是试图找到好的进化特性的基因顺序。倒位操作是可选的，根据问题的需要而定。

T G T G T C A A T
↓ 变异
T G T G A C A A T

图 4.6 点变异（T→A）

T |G T G T C A A| G
⇓ 倒位
T |A A C T G T G| G

图 4.7 倒位

对产生的新一代 DNA 汤返回到第 2）步，再进行评价、选择、交叉、变异和倒位，如此循环往复使群体中个体的适应度和平均适应度不断提高，直到最优个体的适应度达到某一限值或最优个体的适应度和群体的平均适应度不再提高，则迭代过程收敛，算法结束。

需要说明的是，DNA-GA 的整体结构与常规遗传算法相类似，只是其采用 DNA 编码方法，且在这种编码方法的基础上进行遗传操作来得到问题的解，故 DNA-GA 的收敛性同样能得到保证。在 DNA-GA 中，DNA 编码方法有下述特征：①知识表达方式的灵活性及译码的多样性；②编码的丰富性，且其长度大大缩短；③染色体的长度可变，可插入和删除部分碱基序列；④算子操作点没有限制；⑤便于引入基因级操作，丰富了遗传操作算子。

4. DNA 遗传算法在函数寻优中的应用

为了说明 DNA-GA 的有效性，下面以一个函数寻优的例子来加以验证。例如，函数

$$f(x)=10+\{1/[(x-0.16)^2+0.1]\}\sin(1/x)$$

有许多局部极值点（见图 4.8），其最大值在 $x=0.126$ 附近。

在采用 DNA-GA 对此函数寻优的计算机仿真中，采用 6 位 DNA 编码，交叉率和变异率分别选取为 0.9 和 0 1，每代个体为 30 个。DNA-GA 收敛后，对此函数寻优得到的结果在 $x=0.125$ 处取最大值。以上结果是比较满意且合理的，同时也说明了 DNA-GA 在函数寻优中是有效的。

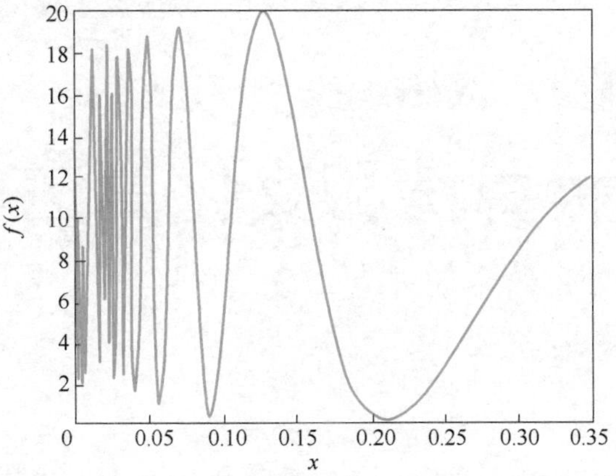

图 4.8　函数 $f(x)$ 图像

4.5　DNA 遗传算法与常规遗传算法的比较

DNA-GA 的结构与常见遗传算法的类似，是常规遗传算法的发展，包含着常规遗传算法所固有的优点：对参数编码群体进行优化，而不是参数本身；对参数编码进行操作，不受函数约束条件的限制（如连续性、导数存在、单极值等），故可以解决常规优化方法难以解决的问题；利用适应度进行搜索，无须导数等其他信息；利用随机操作向最优化方向搜索；具有智能化，即具有自组织、自适应和自学习性等；具有隐性并行性，使相对少的编码对应范围极大的解区域。

除此之外，DNA-GA 还有许多较常规遗传算法改进的优点：比传统的二进制编码方法有很大的改进，更适合复杂知识的表达方式且比较灵活，长度也大大缩短；由于编码的丰富性及译码的多样性，即使在变异概率低的情况下，也能保持一定水平的多样性；更便于引入基因级操作，发展遗传操作算子，如倒位、分离、异位、多倍体结构等，能大大地丰富进化手段。例如，倒位可以使在父代中离得很远的位在后代中靠在一起，相当于重新定义基因块，使其更加紧凑而不易被交换所分裂；DNA 染色体长度的可变性使插入和删除碱基序列的操作更易实现，适合于复杂知识的优化。

复习思考题

1. DNA 计算的基本原理是什么？

2. DNA 计算与遗传算法如何有效集成？

3. DNA 遗传算法是如何实现的？

4. 讨论题：DNA 遗传算法主要有哪些优缺点？针对其缺点，需要采取哪些措施进行补充和完善？

Chapter 5

第5章 Memetic算法和文化算法

Memetic算法将生物层次进化与社会层次进化相结合，应用基因与模因分别作为这两种进化信息编码的单元，被视为遗传算法和局部搜索相结合的仿生智能算法。

人类通过文化交流传播使得社会进化比单纯依靠基因遗传的生物进化速度更快、更广、更有效。基于人类社会文化进化思想的文化算法是一个双层进化系统，能够提供在进化过程获取经验和知识的信念空间与由个体组成的种群空间的两个不同进化层次上的交互协作。

5.1 Memetic算法

Memetic算法包括染色体编码及初始种群产生、遗传进化操作、局部搜索、群体更新，反复迭代直至满足终止条件。基于模因的局部搜索有利于改善群体结构，及早剔除不良种群，增强局部搜索能力，提高求解速度及求解精度。

5.1.1 Memetic算法的提出

Memetic算法（Memetic Algorithm，MA）是1992年由澳大利亚学者Moscato和Norman提出的一种全局搜索算法和局部启发式搜索混合的仿生智能算法。

早在1976年，英国的生态学家Dawkins在学术著作*The Selfish Gene*中首次提出新概念“meme”。“meme”（模因）的构词类似于“gene”（基因），模因是与基因相对应的术语，它是文化资讯传承的单位，一般译为模仿因子、文化基因。文化基因是一个模仿的概念，通过模仿的方法实现自我复制，在Memetic算法中作为信息编码的单元。

1989年，Moscato在撰写的技术报告中首次提出了Memetic算法的概念，并把它作为一种基于群体优化的混合式搜索算法。1992年，Moscato和Norman在他们发表的论文中正式确立了Memetic算法，并成功应用于求解TSP问题。目前Memetic算法已用于解决函数优化、组合优化、车间生产调度、物流与供应链、神经网络训练、模糊系统控制、图像处理等问题。

5.1.2 Memetic算法的原理

基于达尔文的自然选择、生物进化论而创立的遗传算法只限于生物进化的层次。然而在19世纪，达尔文的理论受到了拉马克的挑战。拉马克的理论认为生物体可以将其在生命过程中获得的知识和经验在进化中传递给后代。虽然从本质来说，生物进化和社会发展是不同的，但这两个过程具有某些共同的特征，而且生物进化与社会进化是相互作用、相辅相成的。社会的发展主要通过知识进行传递，而传递方式主要通过结构化的语言、思想和文化，而承载这些知识的器官是生物进化的结果。美国细胞生物学家威尔逊认为，从本质来说，基因进化主要发生在生物世界中，依赖于几个世代的基因频率的改变，因此是缓慢的；而文化的发展总是以拉马克理论为特征的，依赖于获得性状的传递，相对来说传递速度比较快。

在 Memetic 算法中有类似于遗传算法中的基因库，也有一个供模因进行繁殖的模因库，模因库在复制过程中有的模因会比其他模因表现出更大的优势。Dawkins 认为模因和基因常常相互加强，自然选择也有利于那些能够为其自身利益而利用其文化环境的模因。模因在传播中往往会因个人的思想和理解而改变，因此父代传递给子代时信息可以改变，表现在算法上就有了局部搜索的过程。

Dawkins 的模因理论认为，模因与基因类似，它是一代接一代往下传递的文化单位，如语言、观念、信仰、行为方式等文化的传递过程中与基因在生物进化过程中起到类似的作用。在模因的影响下，个体都具有自我学习的倾向，即个体进行自我调整，提高自身竞争力，并由此影响下一代新产生的个体。所以在这个过程中，因为模因的引入，代与代之间的个体竞争力在不断提高。

Memetic 算法也可以看成遗传算法与局部搜索算法的结合，在遗传算法过程中，所有通过进化生成的新的个体在被放入种群之前均要执行局部搜索，以实现个体在局部领域内的学习。在 Memetic 算法中，基因对应着问题的解，而模因对应着解的局部搜索策略。每一个解不但在进化过程中由基因的交叉、变异与选择不断提高自身适应度，以产生出一代比一代更优秀的解，而且由于模因，即局部搜索策略的干预，每个个体经过自我的学习，同样可以提高自身的竞争力，即搜索到更优的解。

5.1.3　Memetic 算法的描述

Memetic 算法的描述包括以下几个阶段。

1. 染色体编码及初始种群产生

首先要确定染色体的编码方式，编码方式的选择需要根据问题的类型而确定。在确定染色体编码方式之后，则随机产生种群大小的染色体，生成初始种群。在产生初始种群时一般有两种方法：一种是完全随机的方法，它适用于没有任何先验知识的求解；另一种是结合先验知识产生的初始群体，这样将会使算法更快地达到最优解。

2. 进化阶段

进化阶段是产生新种群的遗传操作，它是通过选择、交叉、变异 3 个遗传算子来实现的。

1）选择。选择算子作用于现有的种群，根据适应度值函数来评价每个染色体的质量，那些适应度值较好的个体将以更大的概率被选择进入下一操作。在遗传算法中，有很多种选择方式，如轮盘赌、排序法、锦标赛、最优个体保留方法等。在一代循环中，经过选择操作，产生新一代的种群。

2）交叉。交叉也是模仿生物体的繁殖过程，通过对完成选择操作后的种群中的个体进行两两交叉，将会生成同等数量的新的个体。如何进行部分基因的交换，常用的交叉算子有以下几种。

① 单点交叉：在个体编码串中随机设置一个交叉点，然后在该点相互交换两个配对个体的部分基因。

② 多点交叉：首先在相互配对的两个个体编码串中随机设置几个交叉点，然后交换每个交叉点之间的部分基因。

③ 均匀交叉：两个配对个体的每一位基因都以相同的概率进行交换，从而形成两个新的个体。具体操作过程为：首先随机产生一个与个体编码长度相同的二进制屏蔽字 $W=\omega_1\omega_2\cdots\omega_n$；其次按下列规则从 A、B 两个父代个体中产生两个新个体 X、Y。若 $\omega_i=0$，则 X 的第 i 个基因继承 A 的对应基因，Y 的第 i 个基因继承 B 的对应基因；若 $\omega_i=1$，则 A、B 的第 i 个基因相互交换，从而生成 X、Y 的第 i 个基因。

④ 算术交叉：由两个个体的线性组合产生出新的个体。设在两个个体 A、B 之间进行算术交叉，则交叉运算后生成的两个新个体 X、Y 为

$$\begin{cases} X=\alpha A+(1-\alpha)B \\ Y=\alpha B+(1-\alpha)A \end{cases}$$

3）变异。变异操作是指将个体编码串中的某些基因值用其他基因值来替换，从而形成一个新的个体。在 Memetic 算法中，变异运算是产生新个体的辅助方法，但它是必不可少的一个运算步骤，它可以提高算法的局部搜索能力。交叉运算和变异运算的相互配合，共同完成对搜索空间的全局搜索和局部搜索。变异运算的设计包括两方面：一是确定变异点的位置；二是进行基因值替换。常用的变异操作方法有以下几种。

① 基本位变异：对个体编码以变异概率 p 随机指定某一位或某几位基因做变异运算。

② 均匀变异：分别用符合某一范围内均匀分布的随机数，以某一较小的概率来替换个体中的每个基因。

③ 高斯变异：进行变异操作时，用均值为 μ、方差为 σ^2 的正态分布的一个随机数来替换原有基因值，具体操作过程与均匀变异类似。

④ 二元变异：它的操作需要两条染色体参与，两条染色体通过二元变异操作后生成两个新个体，新个体中的各个基因分别取原染色体对应基因值的同或/异或。

3. 局部搜索阶段

局部搜索是 Memetic 算法对遗传算法改进的主要方面，通过局部搜索，选出局部区域的最优个体以替换种群中原有的个体，其关键问题如下：

1）邻域的选择。局部搜索中，如何选择邻域是一个关键问题，局部搜索将在选择的邻域内搜索潜在的最优解，这样将会在原有进化过程的基础上进行再次优化，从而提高算法的效率。而邻域的选择是局部搜索的关键问题，因为局部最优解是在这个邻域中搜索得到的。对于连续系统，可以选取以当前个体为中心，以 ε 为距离的欧氏空间；对于离散系统，可以选择一个空间结构作为个体的邻域空间。邻域空间越大，整体算法的优化效率越高，但算法的时间也会越长。

2）局部搜索策略。在 Memetic 算法中，具体的局部搜索策略与特定的求解问题有关，如针对 TSP，问题比较常用的局部搜索策略有 X-opt、LK、EAX 和 RAI 等方法。该类方法主要是借助图论知识，充分考虑到 TSP 问题的邻域结构，因此各类算法的效果还是比较理想的。针对车间调度问题，比较常用的局部搜索策略有爬山法、禁忌搜索和拉格朗日松弛法等。

3）局部搜索与进化计算的结合方式的选择。因为 Memetic 算法是进化算法与局部搜索算法的结合，所以如何将这两种算法进行结合也是 Memetic 算法的一个关键问题。因为在遗传算法的过程中将有两次机会获得新的种群：一是在交叉后，二是在变异后。不同的计算过程有不同的考虑，有些算法是在一次迭代完成后，而有些算法是在交叉和变异后分别进行局部搜索，形成两次局部优化。

4. 对群体进行更新

经过一个循环的进化操作（交叉和变异）和局部搜索后，会产生一些新的个体，这些个体与原来的个体将组成一个大的种群，为了保持种群的大小，将采用如轮盘赌、锦标赛等方法进行选择，从而生成一个新的种群。在选择的过程中，为了保持种群的多样性，也可以将模拟退火的相关准则应用到算法中。

5. 算法的终止

类似于所有其他进化算法，当进化过程达到一定的迭代步数，或者解的适应度值收敛，算法将会终止。

5.1.4　Memetic 算法的流程

Memetic 算法的实现，首先初始化种群，随机生成一组空间分布的染色体（解），其次通过迭代搜索最优解。在每一次迭代中，染色体通过交叉、变异和局部搜索进行更新。该算法的一般流程如图 5.1 所示。

从图中可以看出，Memetic 算法流程和 GA 有很多相似之处，其关键区别是，Memetic 算法在交叉和变异后多了一个局部搜索优化的过程。虽然 Memetic 算法采用与遗传算法相似的框架，但它不局限于简单遗传算法，该算法充分吸收了遗传算法和局部搜索算法的优点。它不仅具有很强的全局寻优能力，同时每次交叉和变异后均进行局部搜索，通过优化种群分布，及早剔除不良种群，进而减少迭代次数，加快算法的求解速度，保证了算法解的质量。因此，在 Memetic 算法中，局部搜索策略非常关键，它直接影响到算法的效率。

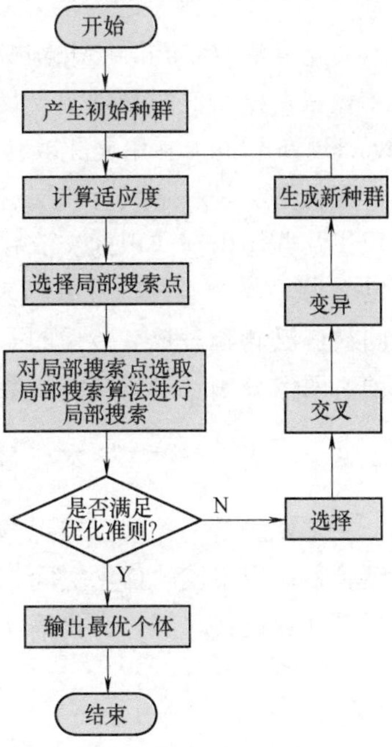

图 5.1　Memetic 算法流程图

5.1.5　Memetic 算法的特点及其意义

Memetic 算法具有以下几个优点。

1）具有并行性，表现在两方面：一是内在并行性，适合于大规模运算，让多台机器各自独立运行种群进化运算，适合并行机或分布系统并行处理；二是内含并行性，可以同时搜索种群的不同方向，提高了搜索最优解的概率。

2）仅需要适应度函数来评估个体，不受函数约束条件的限制，不需要目标函数的导数，尤其适合很难求导的复杂优化问题，扩大了算法的应用领域。

3）采用群体搜索策略，扩大了解的搜索空间，提高了算法的全局搜索能力与求解质量。

4）算法采用局部搜索策略，改善了种群结构，提高了算法局部搜索能力。

5）具有很强的容错能力，算法的初始种群可能包含与最优解相差很远的个体，但算法能通过遗传操作与局部搜索等策略过滤掉适应度很差的个体。

Memetic 算法提供了一种解决优化问题的新方法，对于不同领域的优化问题，可以通过改变交叉、变异和局部搜索策略来求解，扩大了算法的应用领域。因此，基于模因的 Memetic 算法对于推动智能优化算法的研究与发展具有重要意义。

5.2 文化算法

文化算法从种群演化过程中获得待解决问题的知识，在信念空间中存储和更新。种群空间与信念空间通过一组由接受函数和影响函数组成的通信协议提供了在不同空间发生双层进化的机制。

5.2.1 文化算法的提出

文化算法（Cultural Algorithm，CA）是 1994 年美国学者 Reynolds 在对进化计算系统的经验积累建模研究的基础上，最早提出的文化系统演化模型，并定义为文化算法。1995 年，Reynolds 和 Chung 利用文化算法求解全局优化问题，并取得了较好结果。

文化算法是一个具有双层进化空间的文化演化计算模型。种群在进化过程中，个体知识的积累及群体内部知识的交流在另外一个层面上促进群体的进化，这种知识称为文化。文化被定义为“一个通过符号编码表示众多概念的系统，而这些概念是在群体内部及不同群体之间被广泛和相对长久传播的”。文化算法已用于解决约束单目标优化、多目标优化、作业调度、图像分割、语义网络、数据挖掘、航迹规划等问题。

5.2.2 文化算法的基本结构与原理

文化算法是一种基于知识的双层进化系统，包含两个进化空间：一个是进化过程中获取的经验和知识组成的信念空间；另一个是由个体组成的种群空间，通过进化操作和性能评价进行自身的迭代求解。文化算法的基本结构如图 5.2 所示。

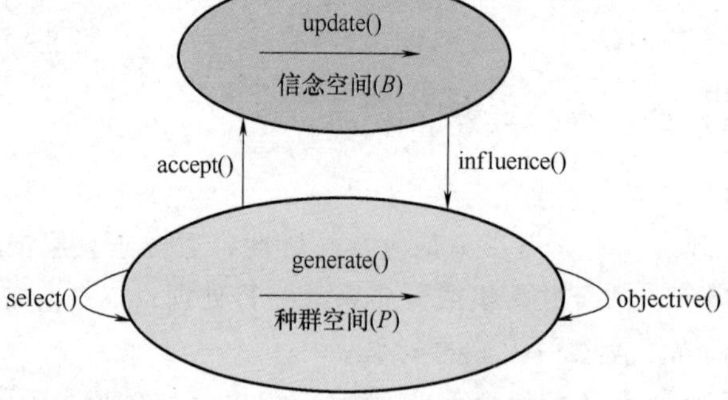

图 5.2 文化算法的基本结构

文化算法基本结构包括三大部分：种群空间、信念空间和接口函数。接口函数又包括接收函数、更新函数、影响函数。种群空间从微观的角度模拟个体根据一定的行为准则进化的过程，而信念空间则从宏观的角度模拟文化的形成、传递、比较和更新等进化过程。种群空间和信念空间是各自保存自己群体的两个相对独立的进化过程，并各自独立演化。下层空间定期贡献精英个体给上层空间，上层空间不断进化自己的精英群体来影响或控制下层空间群体，这两个空间通过特定的协议进行信息交流，最终形成“双演化、双促进”的进化机制。

文化算法的基本原理：初始化种群空间、信念空间及接口函数后，通过性能函数评价种群空间的个体适应度。将种群空间个体在进化过程中所形成的个体经验，通过接收函数传递给信念空间，信念空间将得到的个体经验按一定的规则进行比较优化，形成群体经验，并根据新获取的个体经验通过更新函数更新现有的信念空间。信念空间再用更新后的群体经验通过影响函数来对种群空间中个体的行为规则进行修改，进而高效地指引种群空间的进化。选择函数从现有种群中选择一部分个体作为下一代个体的父辈，进行下一轮的迭代，直至满足终止条件。

文化算法提供了一种多进化过程的计算模型，因此从计算模型的角度来看，任何一种符合文化算法要求的进化算法都可以嵌入文化算法框架中作为种群空间的一个进化过程。所以根据不同的进化算法，就会有不同的文化算法。

5.2.3 文化算法求解约束优化问题的描述写设计

文化算法的设计过程包括：种群空间和信念空间设计；接收函数、更新函数和影响函数设计。文化算法中存在着多种类型的知识，即约束知识、规范知识、地形知识、环境知识等。

下面重点介绍种群空间设计、约束知识、规范知识、地形知识、接收函数、信念空间和种群空间信息交互过程。

1. 种群空间设计

种群空间设计是指对个体进行编码。如果以浮点数编码为例，编码长度等于问题定义的解的变量个数，编码中的每一个基因等于解的每一维变量。若待求解问题中的一个有效解为 $x_i=(x_i^1, x_i^2, \cdots, x_i^{D-1}, x_i^D)$，$D$ 为解的变量维数，则 $(x_i^1, x_i^2, \cdots, x_i^{D-1}, x_i^D)$ 即为解对应的编码。

2. 约束知识

（1）信念元

约束知识（区域知识）用于表达和处理约束条件（边界）。约束条件将搜索空间划分为可行域（满足所有约束条件的个体集合）和非可行域（不满足全部约束条件的个体集合）。进一步将搜索空间划分为较小的子空间，称为“元”。这些元，位于可行域的是可行的，位于非可行域的是不可行的，还有一些是半可行的，它们位于可行域与非可行域的交界处。这样的元称为“信念元”，分别称为不可行信念元、可行信念元和半可行信念元。

每个信念元都包含若干属性，信念元的数据结构可以表示为

$$C_i=(\text{Class}_i, \text{Cnt1}_i, \text{Cnt2}_i, \text{Deep}_i, d[\,], \boldsymbol{l}\textbf{Node}[\,], \boldsymbol{u}\textbf{Node}[\,], \text{Parent}_i, \text{Children}_i)$$

式中，Class_i 是第 i 信念元的约束性质（可行、非可行、半可行或未知）；Cnt1_i、Cnt2_i 是内置于信念元的计数器，分别表示该区域中可行候选解和非可行候选解的个数，初始化为零；Cnt1_i 与 Cnt2_i 结合起来还可提供该区域内可行候选解与非可行候选解的相对比例；Deep_i 用来表示第 i 信念元所处的信念树（在“地形知识”部分介绍）的深度；d［ ］用来记录第 i

信念元在哪些维度上进行划分，生成子树；**lNode**[ ]、**uNode**[ ] 均为 $1\times n$ 的向量，分别表示第 i 信念元各维度上的最小值（信念元 i 的左边界）和最大值（信念元 i 的右边界）；**lNode**[ ] 与 **uNode**[ ] 结合起来，定义了信念元 i 的边界范围；Parent_i 表示信念树中该信念元的父节点：$\mathrm{Children}_i$ 表示信念树中该信念元的子节点列表。

随着信念空间的更新，尤其是地形知识的更新，信念元的约束范围、约束性质也会随之变化，这就要根据地形知识信念树的建立来更新信念元的各个属性。

问题的约束边界以信念元的形式被保存下来，作为约束知识。把信念元能够与目标函数的形态特征联系起来，利用这些知识来指导搜索过程在可行域和半可行域内产生更多的个体，在非可行域内抑制个体的产生。

（2）约束知识的更新

约束知识可以通过信念元内的每个个体的信息来更新，对于一个信念元 i，用 $\mathrm{Cnt1}_i$ 记录该信念元中可行个体的数目，而用 $\mathrm{Cnt2}_i$ 记录非可行个体的数目。信念元的约束性质域 Class_i 的更新如下：

$$
\mathrm{Class}_i=\begin{cases}\text{unknow}, & \mathrm{Cnt1}_i=0\ \text{且}\ \mathrm{Cnt2}_i=0\\ \text{feasible}, & \mathrm{Cnt1}_i>t_1\ \text{且}\ \mathrm{Cnt2}_i=0\\ \text{unfeasible}, & \mathrm{Cnt1}_i=0\ \text{且}\ \mathrm{Cnt2}_i>t_2\\ \text{semi-feasible}, & \text{其他}\end{cases}
$$

式中，t_1 和 t_2 为指定的非负整数，一般可以设置为 1，适当增大可以提高分类的可靠性，为简单起见，可以令 t_1 和 t_2 均为 0。

信念元的约束条件、约束性质的属性并不是一成不变的。对于半可行信念元，在根据地形知识建立信念树的过程中，需要进一步划分。

3. 规范知识

规范知识（标准知识）用来表示最优解的参数范围。在表 5.1 中，l_j、u_j 分别表示第 j 决策变量定义域的下限和上限；L_j 表示下限 l_j 对应的目标函数的适应度值；U_j 表示上限 u_j 对应的目标函数。

表 5.1　规范知识表示形式

l_1	l_2	l_3	…	l_n
L_1	L_2	L_3	…	L_n
u_1	u_2	u_3	…	u_n
U_1	U_2	U_3	…	U_n

1）规范知识对种群进化的影响。利用规范知识更新种群空间时，步长较大，相当于对种群空间有指导的全局搜索，可以有效地寻找到最优解所在的区域。使用规范知识调整变量变化步长及变化方向如下：

$$
x_{i,j}^{t+1}=\begin{cases}x_{i,j}^{t}+|(u_j-l_j)\times N_{i,j}(0,1)|, & x_{i,j}^{t}<l_j\\ x_{i,j}^{t}-|(u_j-l_j)\times N_{i,j}(0,1)|, & x_{i,j}^{t}>u_j\\ x_{i,j}^{t}+\lambda\times(u_j-l_j)\times N_{i,j}(0,1), & \text{其他}\end{cases}
$$

式中，$N_{i,j}(0.1)$ 为服从标准正态分布的随机数；l_j 为信念空间中规范知识中保存区间的下限；u_j 为信念空间中规范知识中保存区间的上限；λ 为步长收缩因子，一般可取值为 1。

2）规范知识的更新。规范知识的更新可以减小和扩大存储在其中的参数区间范围，当一个被接受的个体不在当前区间范围时，可以扩大区间范围；当所有被接受的个体都在当前区间范围时，可以相应减小区间范围。

更新策略是选取当前最优的 TOP 个体来更新规范知识的，对于 $j=1, 2, \cdots, \text{TOP}$，按下述公式更新为

$$l_i^{t+1}=\begin{cases}x_{j,i}, & x_{j,i}\leqslant l_i^t \text{ 或 } f(x_j)<L_i^t\\ l_i^t, & \text{其他}\end{cases}$$

$$L_i^{t+1}=\begin{cases}f(x_j), & x_{j,i}\leqslant l_i^t \text{ 或 } f(x_j)<L_i^t\\ L_i^t, & \text{其他}\end{cases}$$

$$u_i^{t+1}=\begin{cases}x_{j,i}, & x_{j,i}\geqslant u_i^t \text{ 或 } f(x_j)<U_i^t\\ u_i^t, & \text{其他}\end{cases}$$

$$U_i^{t+1}=\begin{cases}f(x_j), & x_{j,i}\geqslant u_i^t \text{ 或 } f(x_j)<U_i^t\\ U_i^t, & \text{其他}\end{cases}$$

4. 地形知识

地形知识（又称拓扑知识）用一个树状结构的信念元集合（信念树）$C=(C_1, \cdots, C_i, \cdots, C_l)$ 来表示，C_i 表示第 i 信念元，每个信念元都包含若干属性，又可以表示为

$$C_i=(\text{Class}_i, \text{Cnt1}_i, \text{Cnt2}_i, \text{Deep}_i, d[\,], \boldsymbol{l}\textbf{Node}[\,], \boldsymbol{u}\textbf{Node}[\,], \text{Parent}_i, \text{Children}_i)$$

图 5.3 所示为信念空间中地形知识的树状结构，在这个例子中选取两个维度进行划分，即每个信念元下有 4 个子节点。树中的每一个节点表示存储某个特定区域知识的信念元。例如，节点 Region_0 表示初始搜索区域。这个信念元被分成 4 个子区域：Region_1、Region_2、Region_3 和 Region_4。按照相同的方式，Region_1、Region_3 和 Region_12 在搜索过程中会被继续分割成更小的区域。这样一来，这个创建的信念树就可以进化，并更新存储包含约束知识的地形知识。

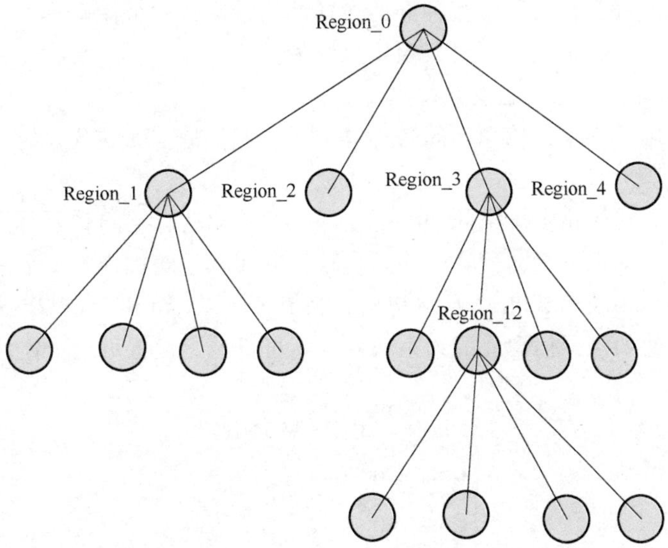

图 5.3　地形知识信念树

1）地形知识对种群空间的影响。地形知识是对规范知识所定义区域的进一步划分。如果说，规范知识对种群空间的影响相当于全局搜索，那么地形知识对种群空间的影响就相当于局部搜索。由于地形知识是用树状结构建立的，因此这种搜索的效率是对数数量级的。

可以使用 ***l*Node**[ ] 和 ***u*Node**[ ] 来指导进化，调整变量变化步长及变化方向为

$$x_{i,j}^{t+1}=\begin{cases}x_{i,j}^{t}+|(u\mathrm{Node}_j-l\mathrm{Node}_j)\times N_{i,j}(0,1)|, x_{i,j}^{t}<l\mathrm{Node}_j\\ x_{i,j}^{t}-|(u\mathrm{Node}_j-l\mathrm{Node}_j)\times N_{i,j}(0,1)|, x_{i,j}^{t}>u\mathrm{Node}_j\\ x_{i,j}^{t}+|(u\mathrm{Node}_j-l\mathrm{Node}_j)\times N_{i,j}(0,1)|, \text{其他}\end{cases}$$

式中，***l*Node**[ ]、***u*Node**[ ] 均是 $1\times n$ 的向量，分别表示第 i 信念元的各个维度上的最小值（信念元 i 的左边界）和最大值（信念元 i 的右边界）。

2）地形知识的更新。地形知识的更新主要体现在信念树的建立。信念树的初始信念元是规范知识所确定的区域，由这个初始信念元分割形成信念树。分割的条件是由信念元的约束知识决定的，如果某个信念元是可行域或非可行域，则不进行分割；如果某个信念元是半可行域，并且该信念元的深度不为0，则分割该信念元。分割后，需要重新更新各个信念元的 Class_i、$\mathrm{Cnt1}_i$、$\mathrm{Cnt2}_i$、Deep_i、d[ ]、***l*Node**[ ]、***u*Node**[ ]、Parent_i、$\mathrm{Children}_i$ 属性。Class_i、$\mathrm{Cnt1}_i$、$\mathrm{Cnt2}_i$ 这3个属性的更新同上述的约束知识更新。$\mathrm{Deep}_i=\mathrm{Parent}_i\rightarrow\mathrm{Deep}_i-1$。$d$[ ] 为随机选取的维度。***l*Node**[ ]、***u*Node**[ ] 为分割后的子信念元的取值范围。

5. 接收函数

接收函数是从种群空间到信念空间的信息传递函数，主要是在当前种群空间中选取优势个体，为信念空间的进化提供基础。接收函数可以选取当前种群中最好的前 TOP 个个体来更新信念空间，TOP 可以取当前种群数的 20%。可以采用如下策略评价个体的优良来选取 TOP 个体。

1）如果个体 i 与个体 j 都是可行解，则适应度大的更优良。

2）如果个体 i 是可行解，j 是非可行解，则个体 i 更优良。

3）如果个体 i 与个体 j 都是非可行解，则离可行域近的个体优良。

在个体选择的过程中，为了保存种群的多样性，希望所有个体都有被选中的机会，且越优良的个体被选中的机会越大，同时，希望保留最优的个体。

6. 信念空间和种群空间信息交互过程

在文化算法实施过程中，信念空间与种群空间并不是完全孤立分开的。

（1）初始化阶段

算法开始时需要初始化信念空间和种群空间，初始化信念空间就要对信念空间中约束知识、规范知识和地形知识进行初始化。初始化种群空间就是随机产生 n 个个体。

初始化约束知识主要考虑信念元的初始化及其 Class_i、$\mathrm{Cnt1}_i$、$\mathrm{Cnt2}_i$ 属性，初始阶段只包含一个信念元，比如设置信念元的约束属性为半可行域，设置可行个体计数器和非可行个体计数器为零。即

$$\begin{cases}\mathrm{Class}_i=\mathrm{SEMIFACTIBLE}\\ \mathrm{Cnt1}_i=0\\ \mathrm{Cnt2}_i=0\end{cases}$$

初始化规范知识主要考虑 l_j 和 u_j，即分别为第 j 决策变量定义域的下限和上限，其中

（假设为二维优化问题，$j=1$，2），初始阶段设置为（假设 x_1、x_2 为已知）

$$l_1=0,\ l_2=0,\ u_1=x_1,\ u_2=x_2$$

初始化地形知识主要考虑到信念树的建立，根据信念树结构更新信念元的 Deep_i、d[ ]、**lNode**[ ]、**uNode**[ ]、Parent_i、Children_i 属性，初始设置如下：

$$\begin{cases}\text{Deep}_i=5\\ \boldsymbol{l}\textbf{Node}[\ ]=\boldsymbol{l}[\ ],\ \boldsymbol{u}\textbf{Node}[\ ]=\boldsymbol{u}[\ ]\\ \text{Parent}_i=\text{null},\text{Children}_i=\text{null}\end{cases}$$

初始化种群空间，随机产生 n 个初始个体。

（2）更新规范知识

采用接收函数的评价策略选取最优的 TOP=2 个个体，即当前种群空间中适应度最大的个体和除该个体外的最大个体。比如选取的两个个体为（x_2，y_2）和（x_3，y_3）。用这两个个体更新规范知识如下：

$$l_1=x_2,\ l_2=y_2,\ u_1=x_3,\ u_2=y_3$$

由此得到规范知识区域（比如二维的规范知识区域为矩形区域）。规范知识确定了最优解可能出现的大体位置，使用规范知识指导种群进化：使位于规范知识之外的个体以一个较大的步长向规范知识区域进化；使位于规范知识之内的个体产生一个较大的摄动。规范知识对种群进化的影响，相当于对种群空间的一种全局搜索，并且具有指导性。规范知识区域为地形知识信念树的建立奠定了基础。

（3）更新地形知识与约束知识

下面以一个二维约束优化问题为例，在两个维度上进行划分并创建信念树。信念树在第一次建立完成后，信念元由原来的 1 个变为了 5 个。建立完信念树后，相应地更新新建信念元的属性，以信念元的第二个子元为例，其属性更新的同时包含了约束知识的更新，属性更新如下：

$$\begin{cases}\text{Class}_i=\text{SEMIFACTIBLE}\\ \text{Cnt1}_i=1,\ \text{Cnt2}_i=1\\ \text{Deep}_i=\text{Deep}_{i-2}-1\\ d[1]=1,\ d[2]=2\\ \boldsymbol{l}\textbf{Node}[1]=(x_2+x_3)/2,\ \boldsymbol{l}\textbf{Node}[2]=x_3\\ \boldsymbol{u}\textbf{Node}[1]=(y_2+y_3)/2,\ \boldsymbol{u}\textbf{Node}[2]=y_3\\ \text{Child}_i=\text{null},\text{Parent}_i=i-2\end{cases}$$

信念树第二次建立完成后，信念元由 5 个又变成了 9 个（取其中一个子信念元划分，2 维共增加 4 个信念元）。地形知识相当于在规范知识内部，创建了一张细化的地图，以较高的精度和准确性来指导种群的进化，提高搜索效率。相当于对种群空间的一种局部搜索。

（4）指导种群进化

对于处于规范知识范围外的个体，采用前面介绍的规范知识更新策略对其更新；对于处于规范知识范围内的个体，采用前面介绍的地形知识更新策略对其更新。

5.2.4 基本文化算法的实现步骤及流程

实现基本文化算法的程序流程如图 5.4 所示。文化算法的实现可分为 4 个步骤：参数初始化、算法初始化、搜索求解、输出结果。

(1) 参数初始化

对一些手动参数的输入设置，具体步骤如下：

1) 输入种群规模。

2) 输入种群最大迭代次数。

3) 输入随机种子（用于产生随机数）。

4) 设置输出文件。

(2) 算法初始化

主要实现对种群空间和信念空间的初始化，初始化规范知识、约束知识、地形知识，具体步骤如下：

1) 由随机种子产生随机数。

2) 初始化信念空间（初始化规范知识和约束知识）。

3) 初始化种群空间，产生初始种群。

4) 评估初始种群适应度。

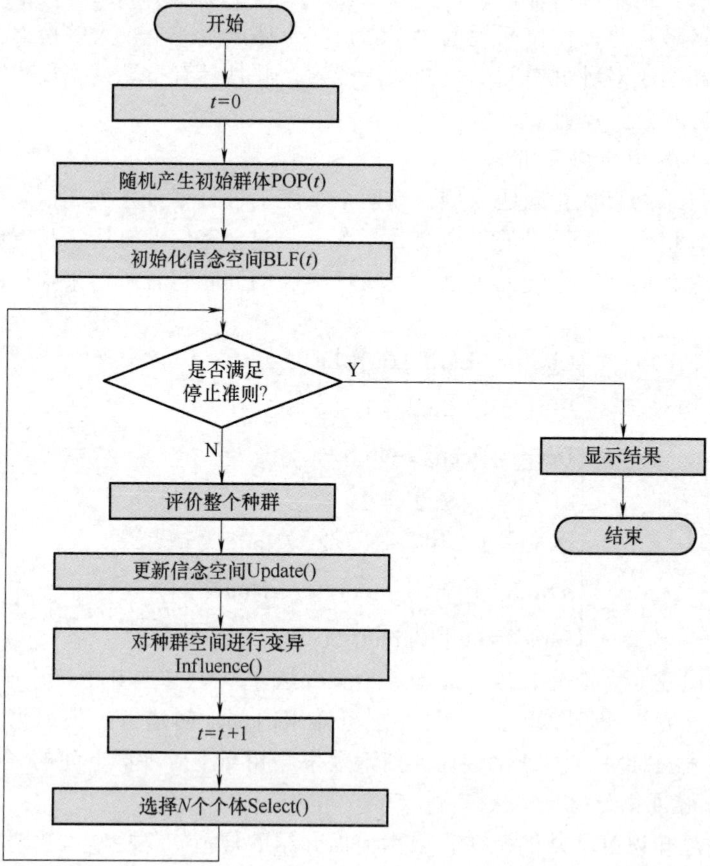

图 5.4 基本文化算法的程序流程图

(3) 搜索求解

包含约束知识、规范知识、地形知识对种群空间进化的影响和对这些知识的更新，尤其是地形知识中信念树的建立、搜索与遍历，均在此步骤实现。具体步骤如下：

1）更新规范知识。

2）更新地形知识（将初始信念元扩展成信念元树）。若某个信念元没有子元，则创建 8 个子元（因为这里考虑从 3 个维度搜索）并建立父子关系，并设置子元的深度为父元的深度减 1；若某个信念元没有父元（说明是初始搜索的信念元），则更新规范知识。

① 随机选取解空间的 3 个维度。

② 根据选取的维度更新子元信念元的约束范围。

③ 判断子元信念元的属性：可行、不可行、半可行、未知。

④ 若子元深度不为零且子元属于半可行域，则对子元递归扩展。

3）指导种群进化。在保留原种群的基础上，对于种群中每一个个体，考查对其影响最大的知识，用这种知识对其更新，产生新一代个体。

4）对新种群进行评估。

5）选择优势个体。对于每一个个体，从种群空间里随机抽取 C（C 为一个固定常数）个个体，与之分别比较，如果胜出，则保留种群中最好的个体。

（4）算法结束

输出结果。

复习思考题

1. Memetic 算法的基本原理是什么？

2. Memetic 算法的流程是如何实现的？

3. 讨论题：Memetic 算法主要有哪些优缺点？针对其缺点，需要采取哪些措施进行补充和完善？

4. 文化算法的基本结构包括哪几部分？

5. 文化算法的基本原理是什么？

6. 文化算法是如何实现的？

7. 讨论题：文化算法主要有哪些优缺点？针对其缺点，需要采取哪些措施进行补充和完善？

第3篇

仿人智能优化算法

仿人智能优化算法是指模拟人脑思维、人体系统、组织、器官乃至细胞及人类社会竞争进化等相关的智能优化方法，本书主要选择以下三种算法。

1. 神经网络算法

神经网络算法是一种神经计算模型，它在神经细胞的水平上表现智能。在细胞水平上模拟人脑右半球神经系统的连接机制结构及神经推理功能。

2. 模糊逻辑算法

模糊逻辑算法是一种符号计算模型，它通过“若……则……”等形式表现人的经验、规则、知识，模拟大脑左半球模糊逻辑思维的形式和模糊推理功能，在符号水平上表现智能。

3. 思维进化算法

模仿人类思维中的趋同、异化两种思维模式的交互作用推动思维进步的过程。采用趋同和异化操作代替遗传算法的选择、交叉和变异算子，引入记忆机制、定向机制和探索与开发功能之间的协调机制，提高了搜索效率。

Chapter 6

第6章 神经网络算法

人工神经网络是一种神经计算模型，它在细胞的水平上模拟智能。通过建立人工神经元模型、神经网络模型及其学习算法，可以从连接机制上模拟人脑右半球的形象思维功能。信息的输入、处理和输出构成了神经元的三要素；神经元模型、神经网络模型及其学习算法构成了神经网络系统的三要素。

6.1 从机器学习到神经网络

神经网络是一种机器学习算法，经过 70 多年的发展，逐渐成为人工智能的主流。人工智能所涵盖的范畴非常广泛，包括机器学习、计算机视觉、符号逻辑等不同分支。机器学习里面又有许多子分支，比如人工神经网络、贝叶斯网络、决策树、线性回归等。目前最主流的机器学习方法是人工神经网络。而人工神经网络中最先进的技术是深度学习。

机器学习有很多定义，Mitchell 认为机器学习是对能通过经验自动改进的计算机算法的研究，Alpaydin 认为机器学习是利用数据或以往的经验来提升计算机程序的能力的方法。周志华认为机器学习是研究如何通过计算的手段以及经验来改善系统自身性能的一门学科。这些定义中的共性之处是，计算机通过不断地从经验或数据中学习来逐渐提升智能处理能力。

机器学习根据训练数据有无标记（label）信息可以大致分为监督学习和无监督学习两大类。监督学习通过对有标记的训练数据的学习，建立一个模型函数来预测新数据的标记。无监督学习通过对无标记的训练数据的学习，揭示数据的内在性质及规律。

常见的监督学习的训练（学习）过程为：首先，获得训练数据 x 及其标记 y；其次，针对训练数据选择机器学习方法，包括贝叶斯网络、神经网络等；最后，经过训练建立模型函数 $H(x)$。监督学习的预测过程（测试，也称为推断）将新的数据送到模型 $H(x)$ 中得到一个预测值 $\hat{y}$。通常用损失函数 $L(x)$ 来衡量预测值与真实值之间的差，损失函数值越小表示预测越准。

6.1.1 线性回归

回归（regression）是能为一个或多个自变量与因变量之间关系建模的一类方法。在自然科学和社会科学领域，回归经常用来表示输入与输出之间的关系。

在机器学习领域中的大多数任务通常都与预测（prediction）有关。当我们想预测一个数值时，就会涉及回归问题。常见的例子包括：预测价格（房屋、股票等）、预测需求（零售销量等)。但不是所有的预测都是回归问题。分类问题的目标是预测数据属于一组类别中的哪一个。

1. 线性回归的基本元素

线性回归(linear regression)可以追溯到19世纪初,它在回归的各种标准工具中最简单而且最流行。线性回归基于几个简单的假设:首先,假设自变量 $\boldsymbol{x}$ 和因变量 y 之间的关系是线性的,即 y 可以表示为 $\boldsymbol{x}$ 中元素的加权和,这里通常允许包含观测值的一些噪声;其次,我们假设任何噪声都比较正常,如噪声遵循正态分布。

线性回归的目标是找到一些点的集合背后的规律。例如,一个点集可以用一条直线来拟合,这条拟合出来的直线的参数特征,就是线性回归找到的点集背后的规律。

为了解释线性回归,我们举一个实际的例子:我们希望根据房屋的面积(平方米)和房龄(年)来估算房屋价格(美元)。为了开发一个能预测房价的模型,我们需要收集一个真实的数据集。这个数据集包括了房屋的销售价格、面积和房龄。在机器学习的术语中,该数据集称为训练数据集(training data set)或训练集(training set)。每行数据(比如一次房屋交易相对应的数据)称为样本(sample),也可以称为数据点(data point)或数据样本(data instance)。我们把试图预测的目标(比如预测房屋价格)称为标签或目标(target)。预测所依据的自变量(面积和房龄)称为特征(feature)或协变量(covariate)。

通常,我们使用 n 来表示数据集中的样本数。对索引为 i 的样本,其输入表示为 $\boldsymbol{x}^{(i)}=[x_1^{(i)},x_2^{(i)}]^{\mathrm{T}}$,其对应的标签是 $y^{(i)}$。

(1)线性回归模型

一元线性回归模型可以表示为

$$\hat{y}=b+w_1x_1$$

式中,$\hat{y}$ 是根据已有数据拟合出来的函数,该函数是一条直线且仅有一个变量。回归系数 b 和 w_1 可以通过已知点计算出来,w_1 代表斜率,b 代表纵截距,即拟合出的直线与 y 轴的交点。b 和 w_1 计算出来后,就可以依据得到的回归模型进行预测。

二元线性回归模型有两个变量(特征),可以表示为

$$\hat{y}=b+w_1x_1+w_2x_2$$

线性假设是指目标(房屋价格)可以表示为特征(面积和房龄)的加权和:

$$\text{price}=w_{\text{area}}\cdot\text{area}+w_{\text{age}}\cdot\text{age}+b$$

式中,w_{area} 和 w_{age} 称为权重,权重决定了每个特征对预测值的影响。b 称为偏置、偏移量或截距。偏置是指当所有特征都取值为0时,预测值应该为多少。即使现实中不会有任何房子的面积是0或房龄正好是0年,我们仍然需要偏置项。如果没有偏置项,模型的表达能力将受到限制。严格来说,该算式是输入特征的一个仿射变换(affine transformation)。仿射变换的特点是通过加权和对特征进行线性变换(linear transformation),并通过偏置项来进行平移。给定一个数据集,我们的目标是寻找模型的权重 w 和偏置 b,使得根据模型做出的预测大体符合数据里的真实价格。输出的预测值由输入特征通过线性模型的仿射变换决定,仿射变换由所选权重和偏置确定。

在机器学习领域,我们通常使用的是高维数据集,建模时采用线性代数表示法会比较方便。当我们的输入包含 d 个变量特征(记为 d 维的向量 $\boldsymbol{x}$),可以用多元线性回归模型表示为

$$\hat{y} = w_1 x_1 + w_2 x_2 + \cdots + w_d x_d + b = \sum_{i=1}^{d} w_i x_i + b$$

将所有特征放到向量 $\boldsymbol{x} \in \mathbf{R}^{\mathrm{d}}$ 中，并将所有权重放到向量 $\boldsymbol{w} \in \mathbf{R}^{\mathrm{d}}$ 中，我们可以用点积形式来简洁地表达模型

$$\hat{y} = \boldsymbol{w}^{\mathrm{T}} \boldsymbol{x} + b$$

式中，$\boldsymbol{w}$ 为参数向量，$\boldsymbol{w} = [w_1; \cdots; w_m]$，$\boldsymbol{w}^{\mathrm{T}}$ 表示 $\boldsymbol{w}$ 的转置；$\boldsymbol{x}$ 为输入向量，$\boldsymbol{x} = [x_1; \cdots; x_m]$。向量 $\boldsymbol{x}$ 对应于单个数据样本的特征。

用符号表示的矩阵 $\boldsymbol{X} \in \mathbf{R}^{n \times d}$ 可以很方便地引用我们整个数据集的 n 个样本。其中，$\boldsymbol{X}$ 的每一行是一个样本，每一列是一种特征。对于特征集合 $\boldsymbol{X}$，预测值 $\hat{\boldsymbol{y}} \in \mathbf{R}^{n}$ 可以通过矩阵-向量乘法表示为

$$\hat{\boldsymbol{y}} = \boldsymbol{X}\boldsymbol{w} + b$$

给定训练数据特征 $\boldsymbol{X}$ 和对应的已知标签 $\boldsymbol{y}$，线性回归的目标是找到一组权重向量 $\boldsymbol{w}$ 和偏置 b。当给定从 $\boldsymbol{X}$ 的同分布中取样的新样本特征时，这组权重向量和偏置能够使得新样本预测标签的误差尽可能小。在开始寻找最好的模型参数 $\boldsymbol{w}$ 和 b 之前，我们还需要两个东西：①一种模型质量的度量方式；②一种能够更新模型以提高模型预测质量的方法。

（2）损失函数

在我们开始考虑如何用模型拟合数据之前，我们需要确定一个拟合程度的度量。损失函数（loss function）能够量化目标的实际值与预测值之间的差距。通常我们会选择非负数作为损失，且数值越小表示损失越小，完美预测时的损失为 0。回归问题中最常用的损失函数是平方误差函数。

模型预测结果 $\hat{\boldsymbol{y}}$ 与真实值 $\boldsymbol{y}$ 之间通常存在误差 $\boldsymbol{\varepsilon}$：

$$\boldsymbol{\varepsilon} = \hat{\boldsymbol{y}} - \boldsymbol{y} = (\boldsymbol{X}\boldsymbol{w} + b) - \boldsymbol{y}$$

当样本量足够大时，误差 $\boldsymbol{\varepsilon}$ 将会服从均值为 0、方差为 σ^2 的高斯分布：

$$p(\boldsymbol{\varepsilon}) = \frac{1}{\sqrt{2\pi\sigma}} \mathrm{e}^{-\frac{\varepsilon^2}{2\sigma^2}}$$

通过求解最大似然函数

$$p(y \mid \boldsymbol{x}; \hat{\boldsymbol{w}}, b) = \frac{1}{\sqrt{2\pi\sigma}} \mathrm{e}^{-\frac{(y - \hat{w}^{\mathrm{T}} x - b)^2}{2\sigma^2}}$$

得到预测值与真实值之间误差尽量小的目标函数作为损失函数。

假设我们采集的样本数为 n，索引为 i 的样本特征 $\boldsymbol{x}^{(i)} = [x_1^{(i)}; \cdots; x_m^{(i)}]$，标签为 $y^{(i)}$。在评估索引为 i 的样本的误差表达式为

$$L^{(i)}(\boldsymbol{w}, b) = \frac{1}{2}(\hat{y}^{(i)} - y^{(i)})^2$$

常数 1/2 不会带来本质的差别，但这样在形式上稍微简单一些（因为当我们对损失函数求导后常数系数变为 1）。用线性模型模拟数据如图 6.1 所示。

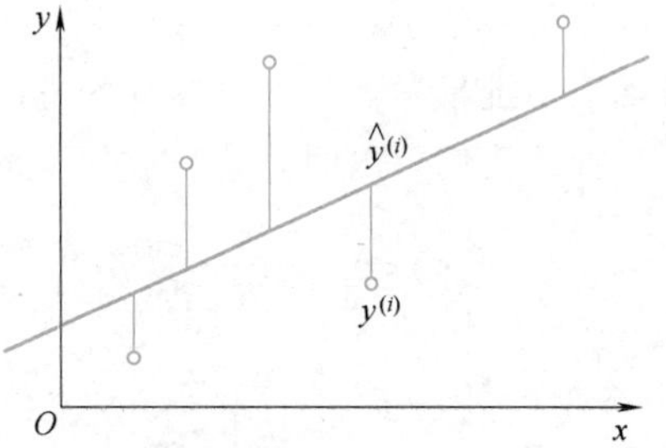

图 6.1　用线性模型模拟数据

由于平方误差函数中的二次方项，估计值 $\hat{y}^{(i)}$ 和观测值 $y^{(i)}$ 之间较大的差异将导致更大的损失。为了度量模型在整个数据集上的质量，我们需计算在训练集 n 个样本上的损失均值（也等价于求和）。通常，我们用训练数据集中所有样本误差的平均来衡量模型预测的质量，即

$$L(\boldsymbol{w},b)=\frac{1}{n}\sum_{i=1}^{n}L^{(i)}(\boldsymbol{w},b)=\frac{1}{n}\sum_{i=1}^{n}\frac{1}{2}\left(\left(\sum_{j=1}^{d}w_jx_j^{(i)}+b\right)-y^{(i)}\right)^2$$

线性回归的目的是寻找最佳的 b，w_1，…，w_d，使得损失函数 $L(\boldsymbol{w}, b)$ 的值最小，即

$$\boldsymbol{w}^*,b^*=w_1^*,w_2^*,\cdots,w_d^*,b^*=\mathrm{argmin}L(\boldsymbol{w},b)$$

（3）线性回归模型的求解方法

线性回归的解可以用一个公式简单地表达出来，这类解叫作解析解（analytical solution）。首先，我们将偏置 b 合并到参数 $\boldsymbol{w}$ 中，合并方法是在包含所有参数的矩阵中附加一列。我们的预测问题是最小化 $\|\boldsymbol{y}-\boldsymbol{X}\boldsymbol{w}\|^2$。这在损失平面上只有一个临界点，这个临界点对应于整个区域的损失极小点。将损失关于 $\boldsymbol{w}$ 的导数设为 0，得到解析解：

$$\boldsymbol{w}^*=(\boldsymbol{X}^{\mathrm{T}}\boldsymbol{X})^{-1}\boldsymbol{X}^{\mathrm{T}}\boldsymbol{y}$$

像线性回归这样的简单问题存在解析解，但并不是所有的问题都存在解析解。解析解可以进行很好的数学分析，但解析解对问题的限制很严格，导致它无法广泛应用在深度学习里。

即使在我们无法得到解析解的情况下，我们仍然可以有效地训练模型。在许多任务上，那些难以优化的模型效果要更好。因此，弄清楚如何训练这些难以优化的模型是非常重要的。本书中我们用到一种名为梯度下降（gradient descent）的方法，该方法计算损失函数在当前点的梯度，然后沿负梯度方向（即损失函数值下降最快的方向）调整参数，通过多次迭代就可以找到使 $L(\boldsymbol{w}, b)$ 的值最小的参数。这种方法几乎可以优化所有深度学习模型。它通过不断地在损失函数递减的方向上更新参数来降低误差。梯度下降最简单的用法是计算损失函数（数据集中所有样本的损失均值）关于模型参数的梯度。但实际中的执行可能会非常慢，因为在每一次更新参数之前，必须遍历整个数据集。因此，我们通常会在每次需要计算更新的时候随机抽取一小批样本，这种变体叫作小批量随机梯度下降。

在每次迭代中，我们首先随机抽样一个小批量 B，它是由固定数量的训练样本组成的。然后，我们计算小批量的平均损失关于模型参数的梯度。最后，我们将梯度乘以一个预先确定的正数 η，并从当前参数的值中减掉。

我们用式（6-1）来表示这一更新过程：

$$(\boldsymbol{w},b)\leftarrow(\boldsymbol{w},b)-\frac{\eta}{|B|}\sum_{i\in B}\partial_{(\boldsymbol{w},b)}L^{(i)}(\boldsymbol{w},b) \tag{6-1}$$

总结一下，算法的步骤如下：①初始化模型参数的值，如随机初始化；②从数据集中随机抽取小批量样本且在负梯度的方向上更新参数，并不断迭代这一步骤。对于平方损失和仿射变换，我们可以明确地写成如下形式：

$$\begin{cases}\boldsymbol{w}\leftarrow\boldsymbol{w}-\dfrac{\eta}{|B|}\displaystyle\sum_{i\in B}\partial_{\boldsymbol{w}}L^{(i)}(\boldsymbol{w},b)=\boldsymbol{w}-\dfrac{\eta}{|B|}\displaystyle\sum_{i\in B}\boldsymbol{x}^{(i)}(\boldsymbol{w}^{\mathrm{T}}\boldsymbol{x}^{(i)}+b-y^{(i)})\\ b\leftarrow b-\dfrac{\eta}{|B|}\displaystyle\sum_{i\in B}\partial_{b}L^{(i)}(\boldsymbol{w},b)=b-\dfrac{\eta}{|B|}\displaystyle\sum_{i\in B}(\boldsymbol{w}^{\mathrm{T}}\boldsymbol{x}^{(i)}+b-y^{(i)})\end{cases} \tag{6-2}$$

式（6-2）中的 $\boldsymbol{w}$ 和 $\boldsymbol{x}$ 都是向量。$|B|$ 表示每个小批量中的样本数，这也称为批量大小。η

表示学习率。批量大小和学习率的值通常是手动预先指定，而不是通过模型训练得到的。这些可以调整但不在训练过程中更新的参数称为超参数。调参是选择超参数的过程。超参数通常是根据训练迭代结果来调整的，而训练迭代结果是在独立的验证数据集上评估得到的。

在训练了预先确定的若干迭代次数后（或者直到满足某些其他停止条件后），记录下模型参数的估计值，表示为 $\hat{\boldsymbol{w}}$，$\hat{b}$。但是，即使我们的函数确实是线性的且无噪声，这些估计值也不会使损失函数真正地达到最小值，因为算法会使得损失向最小值缓慢收敛，但却不能在有限的步数内非常精确地达到最小值。线性回归恰好是一个在整个域中只有一个最小值的学习问题。但是对于像深度神经网络这样复杂的模型来说，损失平面上通常包含多个最小值。深度学习实践者很少会去花费大力气寻找这样一组参数，使得在训练集上的损失达到最小。事实上，更难做到的是找到一组参数，这组参数能够在我们从未见过的数据上实现较低的损失，这一挑战被称为泛化。

（4）用模型进行预测

给定“已学习”的线性回归模型 $\hat{\boldsymbol{w}}^{\mathrm{T}}\boldsymbol{x}+\hat{b}$，现在我们可以通过房屋面积 x_1 和房龄 x_2 来估计一个（未包含在训练数据中的）新房屋价格。给定特征估计目标的过程通常称为预测或推断。

2. 从线性回归到深度网络

到目前为止，我们只谈论了线性模型。尽管神经网络涵盖了更多更为丰富的模型，我们依然可以用描述神经网络的方式来描述线性模型，从而把线性模型看作一个神经网络。首先，我们用“层”符号来重写这个模型。深度学习从业者喜欢绘制图表来可视化模型中正在发生的事情。在图 6.2 中，我们将线性回归模型描述为一个神经网络。需要注意的是，该图只显示连接模式，即只显示每个输入如何连接到输出，隐去了权重和偏置的值。

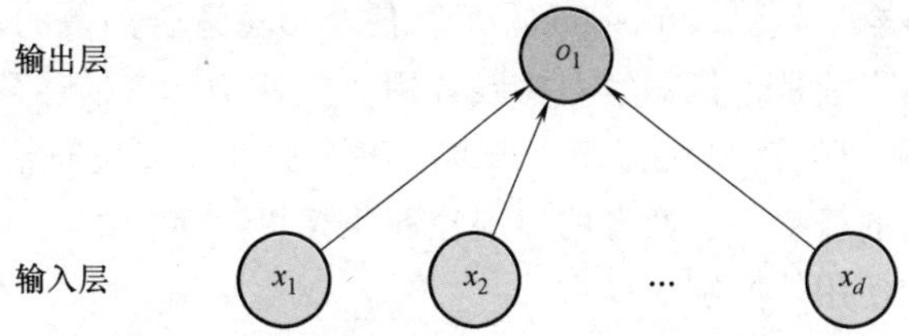

图 6.2 线性回归是一个单层神经网络

在图 6.2 所示的神经网络中，输入为 x_1，x_2，…，x_d，因此输入层中的输入数（或称为特征维度）为 d。网络的输出为 o_1，因此输出层中的输出数是 1。需要注意的是，输入值都是已经给定的，并且只有一个计算神经元。由于模型重点在发生计算的地方，所以通常我们在计算层数时不考虑输入层。也就是说，图 6.2 中神经网络的层数为 1。我们可以将线性回归模型视为仅由单个人工神经元组成的神经网络，或称为单层神经网络。对于线性回归，每个输入都与每个输出（在本例中只有一个输出）相连，我们将这种变换（图 6.2 中的输出层）称为全连接层或称为稠密层。

线性回归发明的时间早于计算神经科学，所以将线性回归描述为神经网络似乎不合适。当控制学家、神经生物学家沃伦·麦库洛奇和沃尔特·皮茨开始开发人工神经元模型时，他们为什么将线性模型作为一个起点呢？主要是因为二者在本质上是相通的。如图 6.3 所示，这是一张由树突（dendrite，输入终端）、细胞核（nucleus，中央处理器）组成的生物神经元图片。轴突（axon，输出线）和轴突端子（axon terminal，输出终端）通过突触（synapse）与其他神经元连接。

树突中接收到来自其他神经元（或视网膜等环境传感器）的信息 x_i。该信息通过突触

权重 w_i 来加权，以确定输入的影响（即通过 $x_i w_i$ 相乘来激活或抑制）。来自多个源的加权输入以加权和 $y = \sum_i x_i w_i + b$ 的形式汇聚在细胞核中，然后将这些信息发送到轴突 y 中进一步处理，通常会通过 $\sigma(y)$ 进行一些非线性处理。之后，它要么到达目的地（比如肌肉），要么通过树突进入另一个神经元。许多这样的单元可以通过正确的连接和正确的学习算法拼凑在一起，从而产生的行为会比单独一个神经元所产生的行为更有趣、更复杂，这种想法归功于我们对真实生物神经系统的研究。

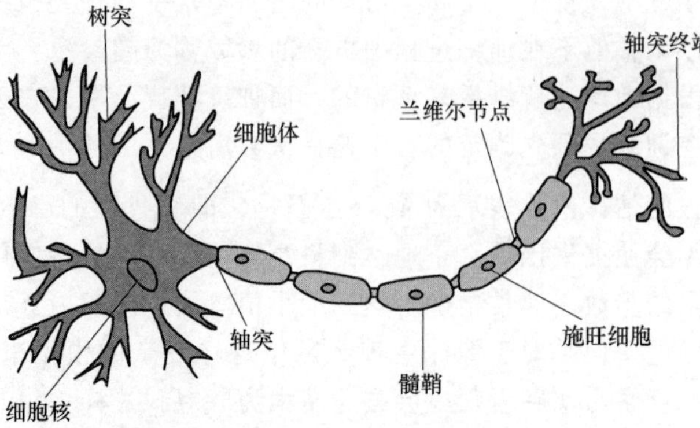

图 6.3　真实的神经元

6.1.2　softmax 回归

线性回归模型适用于输出为连续值的情景，可以用于预测多少的问题，比如预测房屋被售出价格。事实上，我们也对分类问题感兴趣，不是问“多少”，而是问“哪一个”。比如，某个电子邮件是否属于垃圾邮件文件夹？某个图像描绘的是驴、狗、猫，还是鸡？在这类情景中，模型输出可以是一个图像类别的离散值。对于这样的离散值预测问题，我们可以使用诸如 softmax 回归在内的分类模型。与线性回归不同，softmax 回归的输出单元从一个变成了多个，且引入了 softmax 运算使输出更适合离散的预测和训练。

通常，机器学习实践者用分类这个词来描述两个有微妙差别的问题：①我们只对样本的“硬性”类别感兴趣，即属于哪个类别；②我们希望得到“软性”类别，即得到属于每个类别的概率。这两者的界限往往很模糊。其中的一个原因是：即使我们只关心硬类别，我们仍然使用软类别的模型。

1. 分类问题

我们从一个图像分类问题开始。假设每次输入是一个 2×2 的灰度图像。我们可以用一个标量表示每个像素值，每个图像对应四个特征 x_1, x_2, x_3, x_4。此外，假设每个图像属于类别“猫”、“鸡”和“狗”中的一个。

接下来，我们要选择如何表示标签。我们有两个明显的选择：最直接的想法是选择 $y \in \{1,2,3\}$，其中整数分别代表｛狗，猫，鸡｝。这是在计算机上存储此类信息的有效方法。如果类别间有一些自然顺序，比如说我们试图预测｛婴儿，儿童，青少年，青年人，中年人，老年人｝，那么将这个问题转变为回归问题，并且保留这种格式是有意义的。

但是一般的分类问题并不与类别之间的自然顺序有关。幸运的是，统计学家很早以前就发明了一种表示分类数据的简单方法：独热编码（one-hot encoding）。独热编码是一个向量，它的分量和类别一样多。类别对应的分量设置为 1，其他所有分量设置为 0。在我们的例子中，标签 y 将是一个三维向量，其中（1,0,0）对应于“猫”、（0,1,0）对应于“鸡”、（0,0,1）对应于“狗”。

$$y \in \{(1,0,0),\ (0,1,0),\ (0,0,1)\}$$

2. 网络架构

为了估计所有可能类别的条件概率，我们需要一个有多个输出的模型，每个类别对应一个输出。为了解决线性模型的分类问题，我们需要和输出一样多的仿射函数。每个输出对应于它自己的仿射函数。在我们的例子中，由于有 4 个特征和 3 个可能的输出类别，将需要 12 个标量来表示权重（带下标的 w），3 个标量来表示偏置（带下标的 b）。下面我们为每个输入计算三个未规范化的 logit 预测：o_1、o_2 和 o_3。

$$o_1 = x_1 w_{11} + x_2 w_{12} + x_3 w_{13} + x_4 w_{14} + b_1$$
$$o_2 = x_1 w_{21} + x_2 w_{22} + x_3 w_{23} + x_4 w_{24} + b_2$$
$$o_3 = x_1 w_{31} + x_2 w_{32} + x_3 w_{33} + x_4 w_{34} + b_3$$

我们可以用图 6.4 来描述这个计算过程。与线性回归一样，softmax 回归也是一个单层神经网络。由于计算每个输出 o_1、o_2 和 o_3 取决于所有输入 x_1、x_2、x_3 和 x_4，所以 softmax 回归的输出层也是全连接层。

为了更简洁地表达模型，我们仍然使用线性代数符号。通过向量形式表达为 $\boldsymbol{o} = \boldsymbol{W}\boldsymbol{x} + \boldsymbol{b}$，这是一种更适合数学和编写代码的形式。由此，我们已经将所有权重放到一个 3 × 4 矩阵中。对于给定数据样本的特征 $\boldsymbol{x}$，我们的输出是由权重与输入特征进行矩阵-向量乘法再加上偏置 $\boldsymbol{b}$ 得到的。

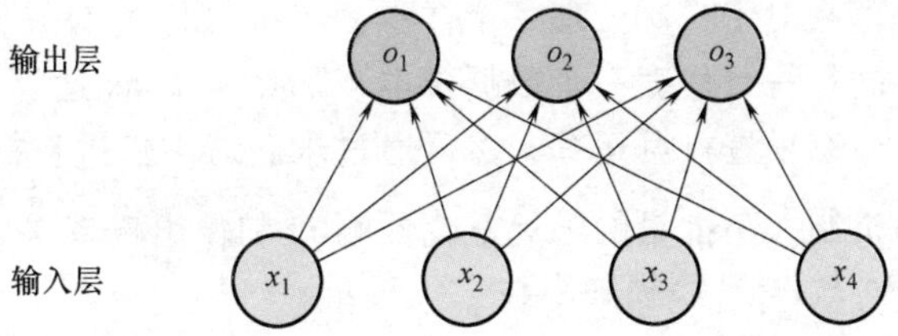

图 6.4　softmax 回归是一种单层神经网络

3. softmax 运算

现在我们将优化参数以得到观测数据的最大概率。为了得到预测结果，我们将设置一个阈值，如选择具有最大概率的标签。

我们希望模型的输出 $\hat{y}_j$ 可以视为属于类 j 的概率，然后选择具有最大输出值的类别 $\underset{j}{\text{argmax}}(y_j)$ 作为我们的预测。例如，如果 $\hat{y}_1$、$\hat{y}_2$ 和 $\hat{y}_3$ 分别为 0.1、0.8 和 0.1，那么我们预测的类别是 2，在我们的例子中代表“鸡”。然而我们能否将未规范化的预测 o 直接视作我们感兴趣的输出呢？答案是否定的。因为将线性层的输出直接视为概率时存在一些问题：一方面，我们没有限制这些输出数字的总和为 1。另一方面，根据输入的不同，它们可以为负值。这些违反了概率的基本公理。要将输出视为概率，我们必须保证在任何数据上的输出都是非负的且总和为 1。此外，我们需要一个训练目标，来鼓励模型精准地估计概率。在分类器输出 0.5 的所有样本中，我们希望这些样本有一半实际上属于预测的类。这个属性叫作校准（calibration）。社会科学家邓肯·卢斯于 1959 年在选择模型（choice model）的理论基础上发明的 softmax 函数正是这样做的：softmax 函数将未规范化的预测变换为非负并且总和为 1，同时要求模型保持可导。我们首先对每个未规范化的预测求幂，这样可以确保输出非负。为了确保最终输出的总和为 1，我们再对每个求幂后的结果除以它们的总和。如下式：

$$\hat{\boldsymbol{y}} = \text{softmax}(\boldsymbol{o}),\quad y_j = \frac{\exp(o_j)}{\sum_k \exp(o_k)}$$

式中，对于所有的 j 总有 $0 \leqslant \hat{y}_j \leqslant 1$。因此，$\hat{\boldsymbol{y}}$ 可以视为一个正确的概率分布。softmax 运算不会改变未规范化的预测 $\boldsymbol{o}$ 之间的顺序，只会确定分配给每个类别的概率。因此，在预测过程中，我们仍然可以用下式来选择最有可能的类别。

$$\underset{j}{\operatorname{argmax}}(\hat{y}_j) = \underset{j}{\operatorname{argmax}}(o_j)$$

尽管 softmax 函数是一个非线性函数，但 softmax 回归的输出仍然由输入特征的仿射变换决定。因此，softmax 回归是一个线性模型。

4. 小批量样本的矢量化

为了提高计算效率并且充分利用图形处理器（GPU），我们通常会针对小批量数据执行矢量计算。假设我们读取了一个批量的样本 $\boldsymbol{X}$，其中特征维度（输入数量）为 d，批量大小为 n。此外，假设我们在输出中有 q 个类别。那么小批量特征为 $\boldsymbol{X} \in \mathbf{R}^{n\times d}$，权重为 $\boldsymbol{W} \in \mathbf{R}^{d\times q}$，偏置为 $\boldsymbol{b} \in \mathbf{R}^{1\times q}$。softmax 回归的矢量计算表达式为

$$\boldsymbol{O} = \boldsymbol{X}\boldsymbol{W} + \boldsymbol{b}$$

$$\hat{\boldsymbol{Y}} = \operatorname{softmax}(\boldsymbol{O})$$

相对于一次处理一个样本，小批量样本的矢量化加快了 $\boldsymbol{XW}$ 的矩阵-向量乘法。由于 $\boldsymbol{X}$ 中的每一行代表一个数据样本，那么 softmax 运算可以按行执行：对于 $\boldsymbol{O}$ 的每一行，我们先对所有项进行幂运算，然后通过求和对它们进行标准化。在公式中，$\boldsymbol{XW}+\boldsymbol{b}$ 的求和会使用广播机制，小批量的未规范化预测 $\boldsymbol{O}$ 和输出概率 $\hat{\boldsymbol{Y}}$ 都是形状为 $n\times q$ 的矩阵。

5. 交叉熵损失函数

接下来，我们需要一个损失函数来度量预测的效果。我们将使用最大似然估计。

（1）对数似然

softmax 函数给出了一个向量 $\hat{\boldsymbol{y}}$，我们可以将其视为“对给定任意输入 $\boldsymbol{x}$ 的每个类的条件概率”。例如，$\hat{y}_1 = P(y=\text{猫} \mid \boldsymbol{x})$。假设整个数据集 $\{\boldsymbol{X}, \boldsymbol{Y}\}$ 具有 n 个样本，其中索引 i 的样本由特征向量 $\boldsymbol{x}(i)$ 和独热标签向量 $\boldsymbol{y}(i)$ 组成。我们可以将估计值与实际值进行比较：

$$P(\boldsymbol{Y} \mid \boldsymbol{X}) = \prod_{i=1}^{n} P(y^{(i)} \mid x^{(i)})$$

根据最大似然估计，我们最大化 $P(\boldsymbol{Y} \mid \boldsymbol{X})$，相当于最小化负对数似然：

$$-\log P(\boldsymbol{Y} \mid \boldsymbol{X}) = \sum_{i=1}^{n} -\log(P(y^{(i)} \mid x^{(i)})) = \sum_{i=1}^{n} L(y^{(i)}, \hat{y}^{(i)})$$

其中，对于任何标签 $\boldsymbol{y}$ 和模型预测 $\hat{\boldsymbol{y}}$，损失函数为

$$L(\boldsymbol{y}, \hat{\boldsymbol{y}}) = -\sum_{j=1}^{q} y_j \log \hat{y}_j$$

该损失函数通常被称为交叉熵损失（cross-entropy loss）。由于 $\boldsymbol{y}$ 是一个长度为 q 的独热编码向量，所以除了一个项以外的其他项 j 都消失了。由于所有 $\hat{y}_j$ 都是预测的概率，所以它们的对数永远不会大于 0。

（2）softmax 函数及其导数

利用 softmax 函数的定义，我们得到交叉熵损失函数：

$$L(\boldsymbol{y}, \hat{\boldsymbol{y}}) = -\sum_{j=1}^{q} y_j \log \frac{\exp(o_j)}{\sum_{k=1}^{q} \exp(o_k)}$$

$$= \sum_{j=1}^{q} y_j \log\left(\sum_{k=1}^{q} \exp(o_k)\right) - \sum_{j=1}^{q} y_j o_j$$

$$= \log\left(\sum_{k=1}^{q} \exp(o_k)\right) - \sum_{j=1}^{q} y_j o_j$$

考虑相对于任何未规范化的预测 o_j 的导数，我们得到：

$$\partial_{o_j} L(\boldsymbol{y}, \hat{\boldsymbol{y}}) = \frac{\exp(o_j)}{\sum_{k=1}^{q} \exp(o_k)} - y_j = \mathrm{softmax}(\boldsymbol{o})_j - y_j$$

换句话说，导数是我们 softmax 模型分配的概率与实际发生的情况（由独热标签向量表示）之间的差异。从这个意义上讲，这与我们在回归中看到的非常相似，其中梯度是观测值 $\boldsymbol{y}$ 和估计值 $\hat{\boldsymbol{y}}$ 之间的差异。这不是巧合，在任何指数族分布模型中都是如此，对数似然的梯度正是由此得出的。

现在让我们考虑整个结果分布的情况，即观察到的不仅仅是一个结果。对于标签 $\boldsymbol{y}$，我们可以使用与以前相同的表示形式。唯一的区别是，我们现在用一个概率向量表示，如 (0.1,0.2,0.7)，而不是仅包含二元项的向量（0,0,1）。交叉熵损失是所有标签分布的预期损失值，它是分类问题最常用的损失之一。

（3）重新审视 softmax 函数的实现

在前面我们计算了模型的输出，然后将此输出送入交叉熵损失。从数学上讲，这是一件完全合理的事情。然而，从计算角度来看，指数可能会造成数值稳定性问题。

回想一下，softmax 函数 $\hat{y}_j = \frac{\exp(o_j)}{\sum_k \exp(o_k)}$，其中 $\hat{y}_j$ 是预测的概率分布。o_j 是未规范化的预测 $\boldsymbol{o}$ 的第 j 个元素。如果 o_k 中的一些数值非常大，那么 $\exp(o_k)$ 可能大于数据类型容许的最大数字，即上溢（overflow）。这将使分母或分子变为 inf（无穷大），最后得到的 $\hat{y}_j$ 是 0、inf 或 nan（不是数字）。在这些情况下，我们无法得到一个明确定义的交叉熵值。解决这个问题的一个技巧是：在继续 softmax 函数计算之前，先从所有 o_k 中减去 $\max(o_k)$。你可以看到每个 o_k 按常数进行的移动不会改变 softmax 函数的返回值：

$$\hat{y}_j = \frac{\exp(o_j - \max(o_k))\exp(\max(o_k))}{\sum_k \exp(o_k - \max(o_k))\exp(\max(o_k))}$$

$$= \frac{\exp(o_j - \max(o_k))}{\sum_k \exp(o_k - \max(o_k))}$$

在进行减法和规范化步骤之后，可能有些 $o_j - \max(o_k)$ 具有较大的负值。由于精度受限，$\exp(o_j - \max(o_k))$ 将有接近零的值，即下溢（underflow）。这些值可能会四舍五入为零，使 $\hat{y}_j$ 为零，并且使得 $\log(\hat{y}_j)$ 的值为-inf。反向传播几步后，我们可能会发现自己面对一屏幕可怕的 nan 结果。尽管我们要计算指数函数，但最终在计算交叉熵损失时会取它们的对数。通过将 softmax 函数和交叉熵结合在一起，可以避免反向传播过程中可能会碰到的数值稳定性问题。如下面的等式所示，我们避免计算 $\exp(o_j - \max(o_k))$，而可以直接使用 $o_j - \max(o_k)$，因为 $\log(\exp(\cdot))$ 被抵消了。

$$\begin{aligned}\log(\hat{y}_j) &= \log\left(\frac{\exp(o_j - \max(o_k))}{\sum\limits_k \exp(o_k - \max(o_k))}\right)\\ &= \log(\exp(o_j - \max(o_k))) - \log\left(\sum_k \exp(o_k - \max(o_k))\right)\\ &= o_j - \max(o_k) - \log\left(\sum_k \exp(o_k - \max(o_k))\right)\end{aligned}$$

我们也希望保留传统的 softmax 函数，以备我们评估通过模型输出的概率。但是，我们没有将 softmax 概率传递到损失函数中，而是在交叉熵损失函数中传递未规范化的预测，并同时计算 softmax 及其对数，这是一种聪明的计算技巧。

（4）模型预测和评估

在训练 softmax 回归模型后，给出任何样本特征，我们可以预测每个输出类别的概率。通常我们使用预测概率最高的类别作为输出类别。如果预测与实际类别（标签）一致，则预测是正确的。在实际的预测实验中，我们将使用精度来评估模型的性能。精度等于正确预测数与预测总数之间的比率。

6.1.3 感知机

了解完线性回归之后，我们接下来介绍一个最简单的人工神经网络：只有一个神经元的单层神经网络，即感知机。它可以完成简单的线性分类任务。

感知机模型训练的目标是找到一个超平面 $S(\boldsymbol{w}^{\mathrm{T}}\boldsymbol{x}+b=0)$，将线性可分的数据集 T 中的所有样本点正确地分为两类。超平面是 N 维线性空间中维度为 $N-1$ 的子空间。二维空间的超平面是一条直线，三维空间的超平面是一个二维平面，四维空间的超平面是一个三维体。为了找到超平面，需要找出模型参数 $\boldsymbol{w}$ 和 b。相对线性回归，感知机模型中增加了 $\operatorname{sign}(x)$ 计算，即激活函数，增加了求解参数的复杂性。

感知机模型训练首先要找到一个合适的损失函数，然后通过最小化损失函数来找到最优的超平面，即找到最优的超平面的参数。考虑一个训练集 $D=\{(x_1,y_1),(x_2,y_2),\cdots,(x_n,y_n)\}$，其中样本 $\boldsymbol{x}_j\in\mathbf{R}^n$，样本的标记 $y_j\in\{+1,-1\}$。超平面 S 要将两类点区分开来，即使分不开，也要与分错的点比较接近。因此，损失函数定义为误分类的点到超平面 $S(\boldsymbol{w}^{\mathrm{T}}\boldsymbol{x}+b=0)$ 的总距离。

样本空间中任意点 $\boldsymbol{x}_j$ 到超平面 S 的距离为

$$d_j=-\frac{1}{\|\boldsymbol{w}\|_2}\mid \boldsymbol{w}^{\mathrm{T}}\boldsymbol{x}_j+b\mid$$

式中，$\|\boldsymbol{w}\|_2$ 是 $\boldsymbol{w}$ 的 L^2 范数，$\|\boldsymbol{w}\|_2=\sqrt{\sum\limits_{i=1}^{n} w_i^{\ 2}}$。

假设超平面 S 可以将训练集 D 中的样本正确地分类，当 $y_i=+1$ 时，$\boldsymbol{w}^{\mathrm{T}}\boldsymbol{x}+b\geqslant 0$；当 $y_i=-1$ 时，$\boldsymbol{w}^{\mathrm{T}}\boldsymbol{x}+b<0$。对于误分类的点，预测出来的值可能在超平面的上方，但实际位置在下方，因此 y_j 和预测出来的值的乘积应该是小于 0 的。即训练集 D 中的误分类点满足条件：

$$-y_j(\boldsymbol{w}^{\mathrm{T}}\boldsymbol{x}_j+b)>0$$

去掉误分类点 $\boldsymbol{x}_j$ 到超平面 S 的距离表达式的绝对值符号，得到

$$d_j=-\frac{1}{\|\boldsymbol{w}\|_2}y_j(\boldsymbol{w}^{\mathrm{T}}\boldsymbol{x}_j+b)$$

设误分类点的集合为 M，所有误分类点到超平面的总距离为

$$d=-\frac{1}{\|\boldsymbol{w}\|_2}\sum_{\boldsymbol{x}_j\in M}y_j(\boldsymbol{w}^{\mathrm{T}}\boldsymbol{x}_j+b)$$

由于$\|\boldsymbol{w}\|$可以近似看作一个常数，损失函数可定义为

$$L(\boldsymbol{w},b)=-\sum_{\boldsymbol{x}_j\in M}y_j(\boldsymbol{w}^{\mathrm{T}}\boldsymbol{x}_j+b)$$

感知机模型训练的目标是最小化损失函数。当损失函数足够小时，所有误分类点要么没有，要么离超平面足够近。损失函数中的变量只有 $\boldsymbol{w}$ 和 b，类似于线性回归中的变量 w_1 和 w_2。可以用梯度下降法来最小化损失函数，损失函数 $L(\boldsymbol{w},b)$ 对 $\boldsymbol{w}$ 和 b 分别求偏导可以得到

$$\nabla_{\boldsymbol{w}}L(\boldsymbol{w},b)=-\sum_{\boldsymbol{x}_j\in M}y_j\boldsymbol{x}_j$$

$$\nabla_bL(\boldsymbol{w},b)=-\sum_{\boldsymbol{x}_j\in M}y_j$$

如果用随机梯度下降法，可以随机选取误分类样本（x_j,y_j），以 η 为步长对 $\boldsymbol{w}$ 和 b 进行更新：

$$\boldsymbol{w}\leftarrow\boldsymbol{w}+\eta y_j\boldsymbol{x}_j$$

$$b\rightarrow b+\eta y_j$$

通过迭代可以使损失函数 $L(\boldsymbol{w},b)$ 不断减小直至为 0，即使最终不为 0，也会逼近于 0。通过上述过程可以把只包含参数（$\boldsymbol{w},b$）的感知机模型训练出来。

6.1.4　两层神经网络——多层感知机

20 世纪八九十年代，常用的是一种两层的神经网络，也称为多层感知机。多层感知机一般由一组输入、一个隐层和一个输出层组成。只有一个隐层的多层感知机是最经典的浅层神经网络。浅层神经网络的问题是结构太简单，对复杂函数的表示能力非常有限。例如，用浅层神经网络去识别上千类物体是不现实的。但是，20 世纪八九十年代的研究者都在做浅层神经网络，而不做深层的神经网络。其主要原因包括两方面：一方面，Hornik 证明了理论上只有一个隐层的浅层神经网络足以拟合出任意的函数。这是一个很强的论断，但在实践中有一定的误导性。因为，只有一个隐层的神经网络拟合出任意函数可能会有很大的误差，且每一层需要的神经元的数量可能非常多。另一方面，当时没有足够多的数据和足够强的计算能力来训练深层神经网络。现在常用的深度学习可能是几十层、几百层的神经网络，里面的参数的数量可能有几十亿个，需要大量的样本和强大的机器来训练。而 20 世纪八九十年代的计算机的算力是远远达不到要求的，当时一台服务器的性能可能远不如现在的一部手机。受限于算力，当时的研究者很难推动深层神经网络的发展。

我们在前面描述了仿射变换，它是一种带有偏置项的线性变换，仿射变换中的线性是一个很强的假设。线性意味着单调假设：任何特征的增大都会导致模型输出的增大（如果对应的权重为正），或者导致模型输出的减小（如果对应的权重为负）。有时这是有道理的。但是，如何对猫和狗的图像进行分类呢？增加位置处像素的强度是否总是增加（或降低）

图像描绘狗的似然度？对线性模型的依赖对应于一个隐含的假设，即区分猫和狗的唯一要求是评估单个像素的强度。显然，这里的线性很荒谬，而且我们难以通过简单的预处理来解决这个问题。这是因为任何像素的重要性都以复杂的方式取决于该像素的上下文（周围像素的值）。我们的数据可能会有一种表示，这种表示会考虑到我们在特征之间的相关交互作用。在此表示的基础上建立一个线性模型可能是合适的，但我们不知道如何手动计算这一种表示。对于深度神经网络，我们使用观测数据来联合学习隐藏层表示和应用于该表示的线性预测器。

（1）在网络中加入隐藏层

我们可以通过在网络中加入一个或多个隐藏层来克服线性模型的限制，使其能处理更普遍的函数关系类型。要做到这一点，最简单的方法是将许多全连接层堆叠在一起。每一层都输出到上面的层，直到生成最后的输出。我们可以把前 $L-1$ 层看作表示，把最后一层看作线性预测器。这种架构通常称为多层感知机（multilayer perceptron），通常缩写为 MLP。

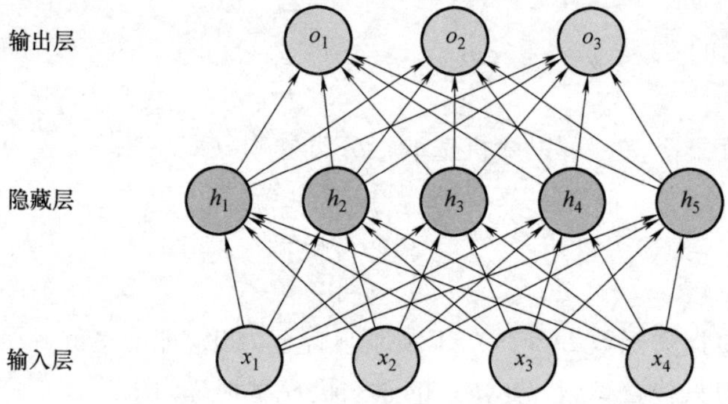

图 6.5　一个单隐藏层的多层感知机

这个多层感知机有 4 个输入、3 个输出，其隐藏层包含 5 个隐藏单元。输入层不涉及任何计算，因此使用此网络产生输出只需要实现隐藏层和输出层的计算。因此，这个多层感知机中的层数为 2。注意，这两个层都是全连接的。每个输入都会影响隐藏层中的每个神经元，而隐藏层中的每个神经元又会影响输出层中的每个神经元。

（2）从线性到非线性

我们通过矩阵 $\boldsymbol{X} \in \mathbf{R}^{n \times d}$ 来表示 n 个样本的小批量，其中每个样本具有 d 个输入特征。对于具有 h 个隐藏单元的单隐藏层多层感知机，用 $\boldsymbol{H} \in \mathbf{R}^{n \times h}$ 表示隐藏层的输出，称为隐藏表示。在数学或代码中，$\boldsymbol{H}$ 也被称为隐藏层变量或隐藏变量。因为隐藏层和输出层都是全连接的，所以我们有隐藏层权重 $\boldsymbol{W}^{(1)} \in \mathbf{R}^{d \times h}$ 和隐藏层偏置 $\boldsymbol{b}^{(1)} \in \mathbf{R}^{1 \times h}$ 以及输出层权重 $\boldsymbol{W}^{(2)} \in \mathbf{R}^{h \times q}$ 和输出层偏置 $\boldsymbol{b}^{(2)} \in \mathbf{R}^{1 \times q}$。形式上，我们按如下方式计算单隐藏层多层感知机的输出 $\boldsymbol{O} \in \mathbf{R}^{n \times q}$：

$$\boldsymbol{H} = \boldsymbol{X}\boldsymbol{W}^{(1)} + \boldsymbol{b}^{(1)}$$
$$\boldsymbol{O} = \boldsymbol{H}\boldsymbol{W}^{(2)} + \boldsymbol{b}^{(2)}$$

注意在添加隐藏层之后，模型现在需要跟踪和更新额外的参数。可我们能从中得到什么好处呢？你可能会惊讶地发现：在上面定义的模型里，我们没有好处！原因很简单：上面的隐藏单元由输入的仿射函数给出，而输出（softmax 操作前）只是隐藏单元的仿射函数。仿射函数的仿射函数本身就是仿射函数，但是我们之前的线性模型已经能够表示任何仿射函数。

我们可以证明这一等价性，即对于任意权重值，我们只需合并隐藏层，便可产生具有参数 $\boldsymbol{W}=\boldsymbol{W}^{(1)}\ \ \boldsymbol{W}^{(2)}$ 和 $\boldsymbol{b}=\boldsymbol{b}^{\ (1)}\boldsymbol{W}^{(2)}\ \ +\boldsymbol{b}^{(2)}$ 的等价单层模型：

$$\boldsymbol{O}=(\boldsymbol{X}\boldsymbol{W}^{(1)}+\boldsymbol{b}^{(1)})\boldsymbol{W}^{(2)}+\boldsymbol{b}^{(2)}=\boldsymbol{X}\boldsymbol{W}^{(1)}\boldsymbol{W}^{(2)}+(\boldsymbol{b}^{(1)}\boldsymbol{W}^{(2)}+\boldsymbol{b}^{(2)})=\boldsymbol{X}\boldsymbol{W}+\boldsymbol{b}$$

为了发挥多层架构的潜力，我们还需要一个额外的关键要素：在仿射变换之后对每个隐藏单元应用非线性的激活函数 σ。激活函数的输出（例如，$\sigma(\cdot)$）被称为活性值。一般来说，有了激活函数，就不可能再将我们的多层感知机退化成线性模型：

$$\boldsymbol{H}=\sigma(\boldsymbol{X}\boldsymbol{W}^{(1)}+\boldsymbol{b}^{(1)})$$

$$\boldsymbol{O}=\boldsymbol{H}\boldsymbol{W}^{(2)}+\boldsymbol{b}^{(2)}$$

由于 $\boldsymbol{X}$ 中的每一行对应于小批量中的一个样本，出于记号习惯的考量，我们定义非线性函数 σ 也以按行的方式作用于其输入，即一次计算一个样本。这样，我们应用于隐藏层的激活函数不仅按行操作，也按元素操作。这意味着在计算每一层的线性部分之后，我们可以计算每个活性值，而不需要查看其他隐藏单元所取的值。

为了构建更通用的多层感知机，我们可以继续堆叠这样的隐藏层，例如 $\boldsymbol{H}^{(1)}=\sigma_1(\boldsymbol{X}\boldsymbol{W}^{(1)}+\boldsymbol{b}^{(1)})$ 和 $\boldsymbol{H}^{(2)}=\sigma_2(\boldsymbol{H}^{(1)}\boldsymbol{W}^{(2)}+\boldsymbol{b}^{(2)})$，一层叠一层，从而产生更有表达能力的模型。

（3）通用近似定理

多层感知机可以通过隐藏神经元，捕捉到输入之间复杂的相互作用，这些神经元依赖于每个输入的值。我们可以很容易地设计隐藏节点来执行任意计算。例如，在一对输入上进行基本逻辑操作，多层感知机是通用近似器。即使网络只有一个隐藏层，给定足够的神经元和正确的权重，我们可以对任意函数建模，尽管实际中学习该函数是很困难的。而且，虽然一个单隐层网络能学习任何函数，但并不意味着我们应该尝试使用单隐藏层网络来解决所有问题。事实上，通过使用更深（而不是更广）的网络，我们可以更容易地逼近许多函数。

6.1.5　深层神经网络

为了提高图像识别、语音识别等应用的精度，深度学习不再拘泥于生物神经网络的结构，现在的深层神经网络已有上百层甚至上千层，与生物神经网络有显著的差异。随着神经网络层数的增多，神经网络参数的数量也大幅增长，2012 年的 AlexNet 中有六千万个参数，现在有些神经网络有上百亿甚至上千亿个参数。深度学习的工作原理是，通过对信息的多层抽取和加工来完成复杂的功能。应该说，从浅层神经网络向深层神经网络发展，并不是很难想象的事情。

深度学习之所以能成熟壮大，得益于 ABC 三方面的影响：A 是算法（algorithm），B 是大数据（big data），C 是算力（computing）。算法方面，深层神经网络训练算法日趋成熟，其识别精度越来越高；大数据方面，互联网企业有足够多的大数据来做深层神经网络的训练；算力方面，现在的一个深度学习处理器芯片的计算能力比当初的 100 个 CPU 还要强。除了庞大的数据集和强大的硬件，优秀的软件工具在深度学习的快速发展中发挥了不可或缺的作用。从 2007 年发布的开创性 Theano 库开始，灵活的开源工具使研究人员能够快速开发模型原型，避免了我们使用标准组件时的重复工作，同时仍然保持了我们进行底层修改的能力。随着时间的推移，深度学习库已经演变成越来越粗糙的抽象。就像半导体设计师从指定晶体管到逻辑电路再到编写代码一样，神经网络研究人员已经从考虑单个人工神经元的行为转变为从层的角度构思网络，通常在设计架构时考虑的是更粗糙的块（block）。

之前首次介绍神经网络时，我们关注的是具有单一输出的线性模型，整个模型只有一个输出。对于单个神经网络有：①接受一些输入；②生成相应的标量输出；③具有一组相关参数（parameter），更新这些参数可以优化某目标函数。然后，当考虑具有多个输出的网络时，我们利用矢量化算法来描述整层神经元。像单个神经元一样，对于层有：①接受一组输入；②生成相应的输出；③由一组可调整参数描述。当我们使用 softmax 回归时，一个单层本身就是模型。然而，即使我们随后引入了多层感知机，我们仍然可以认为该模型保留了上面所说的基本架构。对于多层感知机而言，整个模型及其组成层都是这种架构。整个模型接受原始输入（特征），生成输出（预测），并包含一些参数（所有组成层的参数集合）。同样，每个单独的层接收输入（由前一层提供），生成输出（到下一层的输入），并且具有一组可调参数，这些参数根据从下一层反向传播的信号进行更新。

事实证明，研究讨论“比单个层大”但“比整个模型小”的组件更有价值。例如，在计算机视觉中广泛流行的 ResNet-152 架构就有数百层，这些层是由层组（groups of layers）的重复模式组成。这个 ResNet 架构赢得了 2015 年 ImageNet 和 COCO 计算机视觉比赛的识别和检测任务。目前 ResNet 架构仍然是许多视觉任务的首选架构。在其他的领域，如自然语言处理和语音，层组以各种重复模式排列的类似架构现在也普遍存在。

为了实现这些复杂的网络，我们引入了神经网络块的概念。块可以描述单个层、由多个层组成的组件或整个模型本身。使用块进行抽象的一个好处是可以将一些块组合成更大的组件，这一过程通常是递归的，如图 6.6 所示。

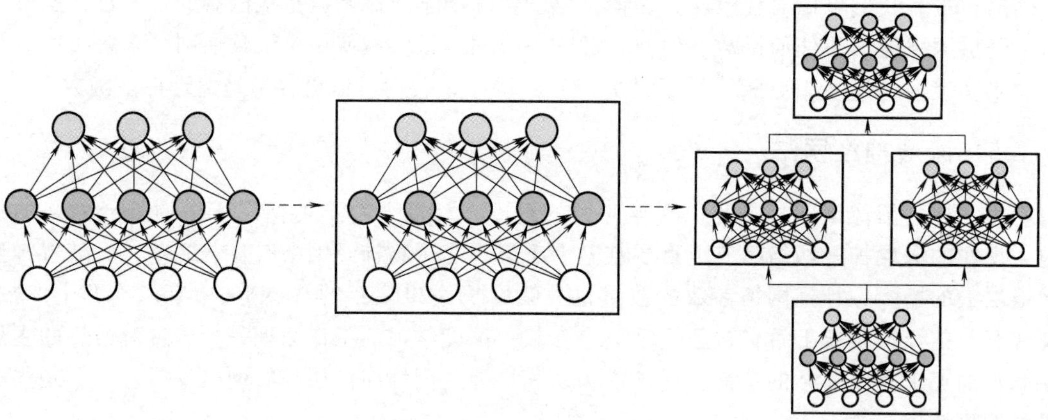

图 6.6　多个层组合成块并形成更大的模型

从编程的角度来看，块由类（class）表示。它的任何子类都必须定义一个将其输入转换为输出的前向传播函数，并且必须存储任何必需的参数。注意：有些块不需要任何参数。最后，为了计算梯度，块必须具有反向传播函数。

（1）块的基本功能

我们简要总结一下每个块必须提供的基本功能：

1）将输入数据作为其前向传播函数的参数。

2）通过前向传播函数来生成输出。请注意，输出的形状可能与输入的形状不同。

3）计算其输出关于输入的梯度，可通过其反向传播函数进行访问。通常这是自动发生的。

4）存储和访问前向传播计算所需的参数。

5）根据需要初始化模型参数。

块的一个主要优点是它的多功能性。我们可以子类化块以创建层（如全连接层的类）、整个模型（如 MLP 类）或具有中等复杂度的各种组件。

（2）顺序块

现在我们可以更仔细地看看 Sequential 类是如何工作的，回想一下 Sequential 的设计是为了把其他模块串起来。为了构建简化的 MySequential，只需要定义两个关键函数：

1）一种将块逐个追加到列表中的函数。

2）一种前向传播函数，用于将输入按追加块的顺序传递给块组成的“链条”。

（3）组合块

Sequential 类使模型构造变得简单，允许组合新的架构，而不必定义自己的类。然而，并不是所有的架构都是简单的顺序架构。当需要更强的灵活性时，我们需要定义自己的块。例如，我们可能希望在前向传播函数中执行 Python 的控制流。此外，我们可能希望执行任意的数学运算，而不是简单地依赖预定义的神经网络层。我们可以混合搭配各种组合块的方法。

6.1.6　神经网络的发展

神经网络的发展历程可以分成三个阶段（基本和整个人工智能发展所经历的三次热潮相对应）。

1943 年，心理学家 McCulloch 和数理逻辑学家 Pitts 通过模拟人类神经元细胞结构，建立了 M-P 神经元模型（McCulloch-Pitts neuron model），这是最早的人工神经网络。1957 年，心理学家 Rosenblatt 提出了感知机 perceptron（模型），这是一种基于 M-P 神经元模型的单层神经网络，可以解决输入数据线性可分的问题。自感知机模型提出后，神经网络成为研究热点，但到 20 世纪 60 年代末时神经网络研究开始进入停滞状态。1969 年，Minsky 相 Papert 研究指出当时的感知机无法解决非线性可分的问题，使得神经网络研究一下子跌入谷底。

1986 年，Rumelhart、Hinton 和 Williams 在 Nature 杂志上提出通过反向传播算法来训练神经网络。反向传播算法通过不断调整网络连接的权重来最小化实际输出向量和预期输出向量间的差值，改变了以往感知机收敛过程中内部隐藏单元不能表示任务域特征的局限性，提高了神经网络的学习表达能力以及神经网络的训练速度。到今天，反向传播算法依然是神经网络训练的基本算法。1998 年，LeCun 提出了用于手写数字识别的卷积神经网络 LeNet，其定义的卷积神经网络的基本框架和基本组件（卷积、激活、池化、全连接）沿用至今，可谓是深度学习的序曲。

2006 年，Hinton 基于受限玻尔兹曼机构建了深度置信网络，使用贪婪逐层预训练方法大幅提高了训练深层神经网络的效率。同年，Hinton 和 Salakhutdinov 在 Science 杂志上发表了一篇题为“Reducing the dimension ality of data with neural networks”的论文，推动了深度学习的普及。随着计算机性能的提升以及数据规模的增加，2012 年，Krizhevsky 等人提出的深度学习网络 AlexNet 获得了 ImageNet 比赛冠军，其 Top5 错误度比第二名低 10.9%，引起了业界的轰动。此后学术界进一步提出了一系列更先进、更高精度的深度学习算法，包括

VGG、LSTM、Res-Net 等，在图像识别、语音识别、自动翻译、游戏博弈等方面达到了先进水平，甚至在特定应用（如围棋）上超过了人类。

6.2 神经网络训练

神经网络训练是通过调整隐层和输出层的参数，使得神经网络计算出来的结果 $\hat{\boldsymbol{y}}$ 与真实结果 $\boldsymbol{y}$ 尽量接近。神经网络的训练主要包括正向传播和反向传播两个过程。正向传播（也称为前向传播）的基本原理是，基于训练好的神经网络模型，输入目标通过权重、偏置和激活函数计算出隐层，隐层通过下一级的权重、偏置和激活函数得到下一个隐层，经过逐层迭代，将输入的特征向量从低级特征逐步提取为抽象特征，最终输出目标分类结果。反向传播的基本原理是，首先根据正向传播结果和真实值计算出损失函数 $L(\boldsymbol{W})$，然后采用梯度下降法，通过链式法则计算出损失函数对每个权重和偏置的偏导，即权重或偏置对损失的影响，最后更新权重和偏置。本节将以图 6.7 中的神经网络为例，介绍神经网络训练的正向传播和反向传播过程。

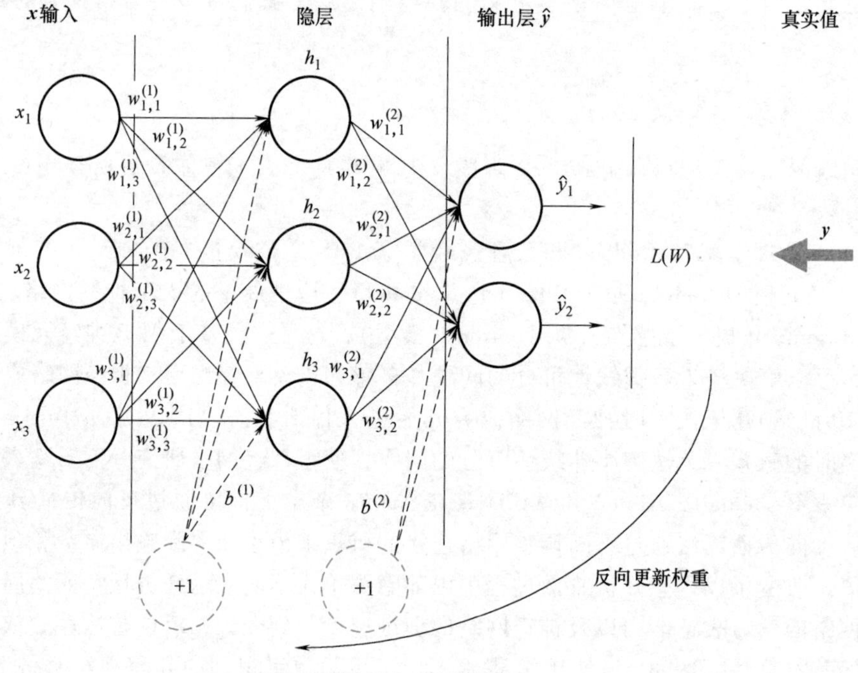

图 6.7 神经网络

6.2.1 正向传播

正向传播指的是：按顺序（从输入层到输出层）计算和存储神经网络中每层的结果。每个神经网络层的正向传播过程是，权重矩阵的转置乘以输入向量，再通过非线性激活函数得到输出。

图 6.7 中的神经网络的输入为 3 个神经元，记为 $\boldsymbol{x}=[x_1;x_2;x_3]$；隐层包含 3 个神经元，记为 $\boldsymbol{h}=[h_1;h_2;h_3]$；输出层包含 2 个输出神经元，记为 $\hat{\boldsymbol{y}}=[\hat{y}_1;\hat{y}_2]$。输入和隐层之间的连

接对应的偏置向量为 $\boldsymbol{b}^{(1)}$，权重矩阵为

$$\boldsymbol{W}^{(1)}=\begin{bmatrix} w_{1,1}^{(1)} & w_{1,2}^{(1)} & w_{1,3}^{(1)} \\ w_{2,1}^{(1)} & w_{2,2}^{(1)} & w_{2,3}^{(1)} \\ w_{3,1}^{(1)} & w_{3,2}^{(1)} & w_{3,3}^{(1)} \end{bmatrix}$$

隐层和输出层之间的连接对应的偏置向量为 $\boldsymbol{b}^{(2)}$，权重矩阵为

$$\boldsymbol{W}^{(2)}=\begin{bmatrix} w_{1,1}^{(2)} & w_{1,2}^{(2)} \\ w_{2,1}^{(2)} & w_{2,2}^{(2)} \\ w_{3,1}^{(2)} & w_{3,2}^{(2)} \end{bmatrix}$$

该神经网络采用 sigmoid 函数作为激活函数：

$$\sigma(x)=\frac{1}{1+\mathrm{e}^{-x}}$$

输入到隐层的正向传播过程为：首先是权重矩阵 $\boldsymbol{W}^{(1)}$ 的转置乘以输入向量 $\boldsymbol{x}$，再加上偏置向量 $\boldsymbol{b}^{(1)}$，得到

$$\boldsymbol{v}=\boldsymbol{W}^{(1)\mathrm{T}}\boldsymbol{x}+\boldsymbol{b}^{(1)}=\begin{bmatrix} w_{1,1}^{(1)} & w_{2,1}^{(1)} & w_{3,1}^{(1)} \\ w_{1,2}^{(1)} & w_{2,2}^{(1)} & w_{3,2}^{(1)} \\ w_{1,3}^{(1)} & w_{2,3}^{(1)} & w_{3,3}^{(1)} \end{bmatrix}\begin{bmatrix} x_1 \\ x_2 \\ x_3 \end{bmatrix}+\begin{bmatrix} b_1^{(1)} \\ b_2^{(1)} \\ b_3^{(1)} \end{bmatrix}$$

然后经过 sigmoid 激活函数，得到隐层的输出

$$h=\frac{1}{1+\mathrm{e}^{-v}}$$

隐层到输出层的正向传播过程与上述过程类似。

我们将一步步研究单隐藏层神经网络的机制，为了简单起见，我们假设输网样本是 $\boldsymbol{x}\in\mathbf{R}^d$，并且我们的隐藏层不包括偏置项。这里的中间变量是：

$$\boldsymbol{z}=\boldsymbol{W}^{(1)}\boldsymbol{x}$$

式中，$\boldsymbol{W}^{(1)}\in\mathbf{R}^{h\times d}$ 是隐藏层的权重参数。将中间变量 $z\in\mathbf{R}^h$ 通过激活函数 ϕ 后，得到长度为 h 的隐藏激活向量：

$$\boldsymbol{h}=\phi(z)$$

隐藏变量 $\boldsymbol{h}$ 也是一个中间变量。假设输出层的参数只有权重 $\boldsymbol{W}^{(2)}\in\mathbf{R}^{q\times h}$，我们可以得到输出层变量，它是一个长度为 q 的向量：

$$\boldsymbol{o}=\boldsymbol{W}^{(2)}\boldsymbol{h}$$

假设损失函数为 l，样本标签为 y，我们可以计算单个数据样本的损失项为

$$L=l(\boldsymbol{o},y)$$

根据 L_2 正则化的定义，给定超参数 λ，正则化项为

$$s=\frac{\lambda}{2}(\|\boldsymbol{W}^{(1)}\|_{\mathrm{F}}^2+\|\boldsymbol{W}^{(2)}\|_{\mathrm{F}}^2)$$

式中，矩阵的 Frobenius 范数是将矩阵展平为向量后应用的 L_2 范数。最后，模型在给定数据样本上的正则化损失为

$$J=L+s$$

我们将 J 称为目标函数。

绘制计算图有助于我们可视化计算中操作符和变量的依赖关系。图 6.8 是与上述简单网络相对应的计算图，其中正方形表示变量，圆圈表示操作符。左下角表示输入，右上角表示输出。注意显示数据流的箭头方向主要是向右和向上的。

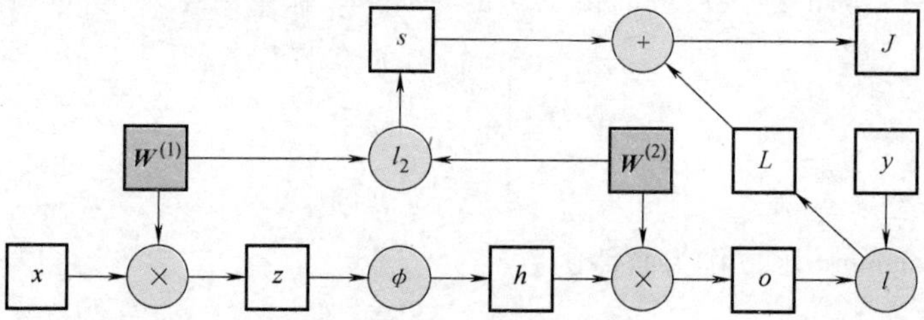

图 6.8　正向传播的计算图

例 6.1　假设该神经网络的输入数据为 $\boldsymbol{x}=[x_1;x_2;x_3]=[0.02;0.04;0.01]$，偏置向量为 $\boldsymbol{b}^{(1)}=[0.4;0.4;0.4]$，$\boldsymbol{b}^{(2)}=[0.7;0.7]$，期望输出为 $\boldsymbol{y}=[y_1;y_2]=[0.9;0.5]$，在神经网络训练之前，首先对两个权重矩阵进行随机初始化：

$$\boldsymbol{W}^{(1)}=\begin{bmatrix} w_{1,1}^{(1)} & w_{1,2}^{(1)} & w_{1,3}^{(1)} \\ w_{2,1}^{(1)} & w_{2,2}^{(1)} & w_{2,3}^{(1)} \\ w_{3,1}^{(1)} & w_{3,2}^{(1)} & w_{3,3}^{(1)} \end{bmatrix}=\begin{bmatrix} 0.25 & 0.15 & 0.30 \\ 0.25 & 0.20 & 0.35 \\ 0.10 & 0.25 & 0.15 \end{bmatrix}$$

$$\boldsymbol{W}^{(2)}=\begin{bmatrix} w_{1,1}^{(2)} & w_{1,2}^{(2)} \\ w_{2,1}^{(2)} & w_{2,2}^{(2)} \\ w_{3,1}^{(2)} & w_{3,2}^{(2)} \end{bmatrix}=\begin{bmatrix} 0.40 & 0.25 \\ 0.35 & 0.30 \\ 0.01 & 0.35 \end{bmatrix}$$

其次计算隐层在激活函数之前的输出：

$$\boldsymbol{v}=\begin{bmatrix} v_1 \\ v_2 \\ v_3 \end{bmatrix}=\boldsymbol{W}^{(1)\mathrm{T}}\boldsymbol{x}+\boldsymbol{b}^{(1)}=\begin{bmatrix} 0.25 & 0.25 & 0.10 \\ 0.15 & 0.20 & 0.25 \\ 0.30 & 0.35 & 0.15 \end{bmatrix}\begin{bmatrix} 0.02 \\ 0.04 \\ 0.01 \end{bmatrix}+\begin{bmatrix} 0.4 \\ 0.4 \\ 0.4 \end{bmatrix}=\begin{bmatrix} 0.4160 \\ 0.4135 \\ 0.4215 \end{bmatrix}$$

对上面得到的三个数分别做 sigmoid 计算，得到隐层的输出：

$$\boldsymbol{h}=\begin{bmatrix} h_1 \\ h_2 \\ h_3 \end{bmatrix}=\frac{1}{1+\mathrm{e}^{-\boldsymbol{v}}}=\begin{bmatrix} \dfrac{1}{1+\mathrm{e}^{-0.4160}} \\ \dfrac{1}{1+\mathrm{e}^{-0.4135}} \\ \dfrac{1}{1+\mathrm{e}^{-0.4215}} \end{bmatrix}=\begin{bmatrix} 0.6025 \\ 0.6019 \\ 0.6038 \end{bmatrix}$$

然后计算输出层在激活函数之前的输出：

$$\boldsymbol{z}=\begin{bmatrix} z_1 \\ z_2 \end{bmatrix}=\boldsymbol{W}^{(2)\mathrm{T}}\boldsymbol{h}+\boldsymbol{b}^{(2)}=\begin{bmatrix} 0.40 & 0.35 & 0.01 \\ 0.25 & 0.30 & 0.35 \end{bmatrix}\begin{bmatrix} 0.6025 \\ 0.6019 \\ 0.6038 \end{bmatrix}+\begin{bmatrix} 0.7 \\ 0.7 \end{bmatrix}=\begin{bmatrix} 1.1577 \\ 1.2425 \end{bmatrix}$$

对上面的两个数分别做 sigmoid 计算，得到最终输出：

$$\hat{\boldsymbol{y}}=\begin{bmatrix}\hat{y}_1\\ \hat{y}_2\end{bmatrix}=\frac{1}{1+\mathrm{e}^{-z}}=\begin{bmatrix}\dfrac{1}{1+\mathrm{e}^{-1.1577}}\\ \dfrac{1}{1+\mathrm{e}^{-1.2425}}\end{bmatrix}=\begin{bmatrix}0.7609\\ 0.7760\end{bmatrix}$$

6.2.2　反向传播

反向传播指的是计算神经网络参数梯度的方法。简言之，该方法根据微积分中的链式规则，按相反的顺序从输出层到输入层遍历网络。该算法存储了计算某些参数梯度时所需的任何中间变量（偏导数）。假设我们有函数 $\boldsymbol{Y}=\boldsymbol{f}(\boldsymbol{X})$ 和 $\boldsymbol{Z}=g(\boldsymbol{Y})$，其中输入和输出 $\boldsymbol{X}$、$\boldsymbol{Y}$、$\boldsymbol{Z}$ 是任意形状的张量。利用链式法则，我们可以计算 Z 关于 X 的导数：

$$\frac{\partial \boldsymbol{Z}}{\partial \boldsymbol{X}}=\mathrm{prod}\left(\frac{\partial \boldsymbol{Z}}{\partial \boldsymbol{Y}},\frac{\partial \boldsymbol{Y}}{\partial \boldsymbol{X}}\right)$$

在这里，我们使用 prod 运算符执行必要的操作（如换位和交换输入位置）后将其参数相乘。对于向量，这很简单，它只是矩阵-矩阵乘法。对于高维张量，我们使用适当的对应项。运算符 prod 指代了所有的这些符号。

回想一下，在计算图 6.7 中的单隐藏层简单网络的参数是 $\boldsymbol{W}^{(1)}$ 和 $\boldsymbol{W}^{(2)}$。反向传播的目的是计算梯度 $\partial J/\partial \boldsymbol{W}^{(1)}$ 和 $\partial J/\partial \boldsymbol{W}^{(2)}$。为此，我们应用链式法则，依次计算每个中间变量和参数的梯度。计算的顺序与前向传播中执行的顺序相反，因为需要从计算图的结果开始，并朝着参数的方向努力。第一步是计算目标函数 $J=L+s$ 相对于损失项 L 和正则项 s 的梯度：

$$\frac{\partial J}{\partial L}=1,\frac{\partial J}{\partial s}=1$$

接下来，根据链式法则计算目标函数关于输出层变量 $\boldsymbol{o}$ 的梯度：

$$\frac{\partial J}{\partial \boldsymbol{o}}=\mathrm{prod}\left(\frac{\partial J}{\partial L},\frac{\partial L}{\partial \boldsymbol{o}}\right)=\frac{\partial L}{\partial \boldsymbol{o}}\in \mathbf{R}^{q}$$

然后计算正则化项相对于两个参数的梯度：

$$\frac{\partial s}{\partial \boldsymbol{W}^{(1)}}=\lambda \boldsymbol{W}^{(1)},\frac{\partial s}{\partial \boldsymbol{W}^{(2)}}=\lambda \boldsymbol{W}^{(2)}$$

现在可以计算最接近输出层的模型参数的梯度 $\partial J/\partial \boldsymbol{W}^{(2)}\in \mathbf{R}^{q\times h}$。使用链式法则得出：

$$\frac{\partial J}{\partial \boldsymbol{W}^{(2)}}=\mathrm{prod}\left(\frac{\partial J}{\partial \boldsymbol{o}},\frac{\partial \boldsymbol{o}}{\partial \boldsymbol{W}^{(2)}}\right)+\mathrm{prod}\left(\frac{\partial J}{\partial s},\frac{\partial s}{\partial \boldsymbol{W}^{(2)}}\right)=\frac{\partial J}{\partial \boldsymbol{o}}\boldsymbol{h}^{\mathrm{T}}+\lambda \boldsymbol{W}^{(2)}$$

为了获得关于 $\boldsymbol{W}^{(1)}$ 的梯度，我们需要继续沿着输出层到隐藏层反向传播。关于隐藏层输出的梯度 $\partial J/\partial \boldsymbol{h}\in \mathbf{R}^{h}$ 由下式给出：

$$\frac{\partial J}{\partial \boldsymbol{h}}=\mathrm{prod}\left(\frac{\partial J}{\partial \boldsymbol{o}},\frac{\partial \boldsymbol{o}}{\partial \boldsymbol{h}}\right)=\boldsymbol{W}^{(2)\mathrm{T}}\frac{\partial J}{\partial \boldsymbol{o}}$$

由于激活函数 ϕ 是按元素计算的，计算中间变量 z 的梯度 $\partial J/\partial z\in \mathbf{R}^{h}$ 需要使用按元素乘法运算符，我们用⊗表示：

$$\frac{\partial J}{\partial z}=\mathrm{prod}\left(\frac{\partial J}{\partial \boldsymbol{h}},\frac{\partial \boldsymbol{h}}{\partial z}\right)=\frac{\partial J}{\partial \boldsymbol{h}}\otimes\phi'(z)$$

最后，我们可以得到最接近输入层的模型参数的梯度$\partial J/\partial \boldsymbol{W}^{(1)} \in \mathbf{R}^{h\times d}$。根据链式法则，我们得到：

$$\frac{\partial J}{\partial \boldsymbol{W}^{(1)}}=\text{prod}\left(\frac{\partial J}{\partial \boldsymbol{o}},\frac{\partial \boldsymbol{o}}{\partial \boldsymbol{W}^{(1)}}\right)+\text{prod}\left(\frac{\partial J}{\partial s},\frac{\partial s}{\partial \boldsymbol{W}^{(1)}}\right)=\frac{\partial J}{\partial z}\boldsymbol{x}^{\mathrm{T}}+\lambda \boldsymbol{W}^{(1)}$$

对于反向传播来说，首先要根据神经网络计算出的值和期望值计算损失函数的值，然后再计算损失函数对每个权重或偏置的偏导，最后进行参数更新。

上节例 6.1 给出的神经网络采用均方误差作为损失函数，则损失函数在样本 (x,y) 上的误差为

$$\begin{aligned}L(\boldsymbol{W})&=L_1+L_2=\frac{1}{2}(y_1-\hat{y}_1)^2+\frac{1}{2}(y_2-\hat{y}_2)^2\\&=\frac{1}{2}(0.9-0.7609)^2+\frac{1}{2}(0.5-0.7760)^2\\&=0.0478\end{aligned}$$

由于权重参数 $\boldsymbol{W}$ 是随机初始化的，因此损失函数值比较大。

为了衡量 $\boldsymbol{W}$ 对损失函数的影响，下面以隐层的第 2 个节点到输出层的第 1 个节点的权重 $w_{2,1}^{(2)}$（简记为 w）为例，采用链式法则计算损失函数 $L(\boldsymbol{W})$ 对 w 的偏导。首先计算损失函数 $L(\boldsymbol{W})$ 对 $\hat{y}_1$ 的偏导，再计算 $\hat{y}_1$ 对 z_1 的偏导，然后计算 z_1 对 w 的偏导，最后将三者相乘：

$$\frac{\partial L(\boldsymbol{W})}{\partial w}=\frac{\partial L(\boldsymbol{W})}{\partial \hat{y}_1}\frac{\partial \hat{y}_1}{\partial z_1}\frac{\partial z_1}{\partial w}$$

结合上一节的示例 6.1，计算损失函数对 w 的偏导。总的损失函数为

$$L(\boldsymbol{W})=L_1+L_2=\frac{1}{2}(y_1-\hat{y}_1)^2+\frac{1}{2}(y_2-\hat{y}_2)^2$$

其对 $\hat{y}_1$ 的偏导为

$$\frac{\partial L(\boldsymbol{W})}{\partial \hat{y}_1}=-(y_1-\hat{y}_1)=-(0.9-0.7609)=-0.1391$$

神经网络输出 $\hat{y}_1$ 是 z_1 通过 Sigmoid 激活函数得到的，即

$$\hat{y}_1=\frac{1}{1+\mathrm{e}^{-z_1}}$$

其对 z_1 的偏导为

$$\frac{\partial \hat{y}_1}{\partial z_1}=\hat{y}_1(1-\hat{y}_1)=0.7609\times(1-0.7609)=0.1819$$

z_1 是通过隐层的输出 h_1、h_2、h_3 与对应权重 $w_{1,1}^{(2)}$、w、$w_{3,1}^{(2)}$ 分别相乘后求和，再加上偏置 $b_1^{(2)}$ 得到的。

$$z_1=w_{1,1}^{(2)}h_1+wh_2+w_{3,1}^{(2)}h_3+b_1^{(2)}$$

因此，z_1 对 w 的偏导为

$$\frac{\partial z_1}{\partial w}=h_2=0.6019$$

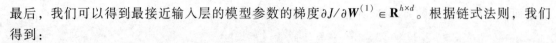

最后可以得到损失函数对 w 的偏导为

$$\frac{\partial L(\boldsymbol{W})}{\partial w}=-(y_1-\hat{y}_1)\hat{y}_1(1-\hat{y}_1)h_2=-0.1391\times0.1819\times0.6019=-0.0152$$

下一步可以更新 w 的值。假设步长 η 为 1，由初始化的权重矩阵 $\boldsymbol{W}^{(2)}$ 的初始值为 0.35，更新后的 w 为

$$w=w-\eta\frac{\partial L(\boldsymbol{W})}{\partial w}=0.35-(-0.0152)=0.3652$$

同理，可以更新 $\boldsymbol{W}^{(2)}$ 中其他元素的权重值。

上面是反向传播的第一步，从输入到隐层、从隐层到输出层的 $\boldsymbol{W}$ 都可以用同样的链式法则去计算和更新。

反向传播就是要将神经网络的输出误差，一级一级地传播到神经网络的输入。在该过程中，需要计算每一个 w 对总的损失函数的影响，即损失函数对每个 w 的偏导。根据 w 对误差的影响，再乘以步长，就可以更新整个神经网络的权重。当一次反向传播完成之后，网络的参数模型就可以得到更新。更新一轮之后，接着输入下一个样本，算出误差后又可以更新一轮，通过不断地输入新的样本迭代地更新模型参数，就可以缩小计算值与真实值之间的误差，最终完成神经网络的训练。

6.2.3　数值稳定性和模型初始化

到目前为止，我们实现的每个模型都是根据某个预先指定的分布来初始化模型的参数。你可能认为初始化方案是理所当然的，忽略了如何做出这些选择的细节。你甚至可能会觉得，初始化方案的选择并不是特别重要。相反，初始化方案的选择在神经网络学习中起着举足轻重的作用，它对保持数值稳定性至关重要。此外，这些初始化方案的选择可以与非线性激活函数的选择有趣地结合在一起。我们选择哪个函数以及如何初始化参数可以决定优化算法收敛的速度有多快。不当的选择可能会导致我们在训练时遇到梯度消失或梯度爆炸。

1. 梯度消失和梯度爆炸

考虑一个具有 L 层、输入 $\boldsymbol{x}$ 和输出 $\boldsymbol{o}$ 的深层网络。每一层 l 由变换 f_l 定义，该变换的参数为权重 $\boldsymbol{W}^{(l)}$，其隐藏变量是 $\boldsymbol{h}^{(l)}$（令 $\boldsymbol{h}(0)=\boldsymbol{x}$）。我们的网络可以表示为

$$\boldsymbol{h}^{(l)}=f_l(\boldsymbol{h}^{(l-1)}),\boldsymbol{o}=f_L\cdot\cdots\cdot f_1(\boldsymbol{x})$$

如果所有隐藏变量和输入都是向量，我们可以将 $\boldsymbol{o}$ 关于任何一组参数 $\boldsymbol{W}^{(l)}$ 的梯度写为下式：

$$\partial_{W^{(l)}}\boldsymbol{o}=\underbrace{\partial_{\boldsymbol{h}^{(L-1)}}\boldsymbol{h}^{(L)}}_{\boldsymbol{M}^{(L)}}\cdots\underbrace{\partial_{\boldsymbol{h}^{(l)}}\boldsymbol{h}^{(l+1)}}_{\boldsymbol{M}^{(l+1)}}\quad\underbrace{\partial_{W^{(l)}}\boldsymbol{h}^{(l)}}_{\boldsymbol{v}^{(l)}}$$

换言之，该梯度是 $L-l$ 个矩阵 $\boldsymbol{M}^{(L)}\cdot\cdots\cdot\boldsymbol{M}^{(l+1)}$ 与梯度向量 $\boldsymbol{v}(l)$ 的乘积。因此，我们容易受到数值下溢问题的影响。当将太多的概率乘在一起时，这些问题经常会出现。在处理概率时，一个常见的技巧是切换到对数空间，即将数值表示的压力从尾数转移到指数。不幸的是，这样处理带来的问题更为严重：最初，矩阵 $\boldsymbol{M}^{(l)}$ 可能具有各种各样的特征值。它们可能很小，也可能很大；它们的乘积可能非常大，也可能非常小。不稳定梯度带来的风险不止在于数值表示；不稳定梯度也威胁到优化算法的稳定性。我们可能面临一些问题，要么是梯度爆炸问题：参数更新过大，破坏了模型的稳定收敛；要么是梯度消失问题：参数更新过

小，在每次更新时几乎不会移动，导致模型无法学习。

(1) 梯度消失

sigmoid 函数曾经很流行，因为它类似于阈值函数。由于早期的人工神经网络受到生物神经网络的启发，神经元要么完全激活，要么完全不激活（就像生物神经元）的想法很有吸引力。然而，它却是导致梯度消失问题的一个常见的原因（图 6.9）。

当 sigmoid 函数的输入很大或很小时，它的梯度都会消失。此外，当反向传播通过许多层时，除非在刚刚好的地方，即这些地方 sigmoid 函数的输入接近于零，否则整个乘积的梯度可能会消失。当网络有很多层时，除非我们很小心，否则在某一层可能会切断梯度。事实上，这个问题曾经困扰着深度网络的训练。因此，更稳定的 ReLU 系列函数已经成为从业者的默认选择。

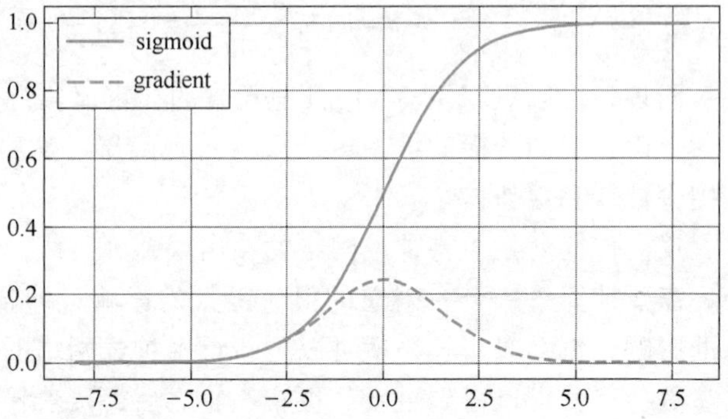

图 6.9　sigmoid 函数及其梯度的图像

(2) 梯度爆炸

相反，梯度爆炸可能同样令人烦恼。为了更好地说明这一点，我们生成 100 个高斯随机矩阵，并将它们与某个初始矩阵相乘。对于选择的尺度（方差 $\sigma^2=1$），矩阵乘积发生爆炸。当这种情况是由于深度网络的初始化所导致时，我们没有机会让梯度下降优化器收敛。

2. 参数初始化

解决（或至少减轻）梯度消失或梯度爆炸问题的一种方法是进行参数初始化，优化期间注意采取适当的正则化也可以进一步提高稳定性。

(1) 默认初始化

默认情况下使用随机初始化方法，对于中等难度的问题，这种方法通常很有效。

(2) Xavier 初始化

让我们看看某些没有非线性的全连接层输出（例如，隐藏变量）o_i 的尺度分布。对于该层 n_{in} 输入 x_j 及其相关权重 w_{ij}，输出由下式给出：

$$o_i = \sum_{j=1}^{n_{in}} w_{ij} x_j$$

权重 w_{ij} 都是从同一分布中独立抽取的。此外，让我们假设该分布具有零均值和方差 σ^2。请注意，这并不意味着分布必须是高斯的，只是均值和方差需要存在。现在，假设层 x_j 的输入也具有零均值和方差 γ^2，并且它们独立于 w_{ij} 并且彼此独立。在这种情况下，我们可以按如下方式计算 o_i 的平均值和方差：

$$E(o_i) = \sum_{j=1}^{n_{in}} E(w_{ij} x_j) = \sum_{j=1}^{n_{in}} E(w_{ij}) E(x_j) = 0$$

$$\mathrm{Var}(o_i) = E(o_i^2) - E^2(o_i) = \sum_{j=1}^{n_{\text{in}}} E(w_{ij}^2 x_j^2) - 0 = \sum_{j=1}^{n_{\text{in}}} E(w_{ij}^2) E(x_j^2) = n_{\text{in}} \sigma^2 \gamma^2$$

保持方差不变的一种方法是设置 $n_{in}\sigma^2=1$。现在考虑反向传播过程，我们面临着类似的问题，尽管梯度是从更靠近输出的层传播的。使用与前向传播相同的推断，我们可以看到，除非 $n_{out}\sigma^2=1$，否则梯度的方差可能会增大，其中 n_{out} 是该层的输出的数量。这使得我们进退两难，我们不可能同时满足这两个条件。相反，我们只需满足

$$\frac{1}{2}(n_{in}+n_{out})\sigma^2=1 \text{ 或 } \sigma=\sqrt{\frac{2}{n_{in}+n_{out}}}$$

这就是现在标准且实用的 Xavier 初始化的基础。通常，Xavier 初始化从均值为零、方差 $\sigma^2=2/(n_{in}+n_{out})$ 的高斯分布中采样权重。我们也可以利用 Xavier 的直觉来选择从均匀分布中抽取权重时的方差。注意均匀分布 $U(-a,a)$ 的方差为 $a^2/3$，将 $a^2/3$ 代入到 σ^2 的条件中，将得到初始化值域：

$$U\left(-\sqrt{\frac{6}{n_{in}+n_{out}}},\sqrt{\frac{6}{n_{in}+n_{out}}}\right)$$

尽管在上述数学推理中，“不存在曲线性”的假设在神经网络中很容易被违反，但 Xavier 初始化方法在实践中被证明是有效的。

6.3　神经网络的设计方法

通过不断迭代更新模型参数来减小神经网络的训练误差，使得神经网络的输出与预期输出一致，理论上是可行的。但在实践中，难免出现设计出来的神经网络经过长时间训练，精度依然很低，甚至出现不收敛的情况。为了提高神经网络的训练精度，常用方法包括调整网络的拓扑结构、选择合适的激活函数、选择合适的损失函数。

6.3.1　神经网络的拓扑结构

神经网络的结构包括输入层、隐层和输出层。当给定训练样本后，神经网络的输入层和输出层的节点数就确定了，但隐层神经元的个数及隐层的层数（属于超参数）是可以调整的。以最简单的只有 1 个隐层的 MLP 为例，该隐层应该包含多少神经元是可以根据需要调节的。

神经网络中的隐层是用来提取输入特征中的隐藏规律的，因此隐层的节点数是非常关键的。如果隐层的节点数太少，神经网络从样本中提取信息的能力很差，则反映不出数据的规律；如果隐层的节点数太多，网络的拟合能力过强，则可能会把数据中的噪声部分拟合出来，导致模型泛化能力变差。泛化是指机器学习要求模型在训练集上的误差较小，而且在测试集上也要表现好。因为模型最终要应用到没有见过训练数据的真实场景中。

理论上，隐层的数量、神经元节点的数量应该和真正隐藏的规律的数量相当，但隐藏的规律是很难描述清楚的。在实践中，工程师常常通过反复尝试来寻找隐层神经元的个数及隐层的层数。为了尽量不人为地设定隐层的层数及神经元的个数，现在有很多研究者在探索自动机器学习（Automated Machine Learning，AutoML），即直接用机器自动化调节神经网络的超参数，比如用演化算法或其他机器学习方法来对超参数建模和预测。

6.3.2 激活函数

激活函数通过计算加权和并加上偏置来确定神经元是否应该被激活，它们将输入信号转换为输出的可微运算。大多数激活函数都是非线性的，可以为神经网络提供非线性特征，对神经网络的功能影响很大。20 世纪 70 年代，神经网络研究一度陷入低谷的主要原因是，Minsky 证明了当时的神经网络由于没有 sigmoid 这类非线性的激活函数，无法解决非线性可分问题，例如异或问题。因此，从某种意义上讲，非线性激活函数拯救了神经网络。

实际选择激活函数时，通常要求激活函数是可微的、输出值的范围是有限的。基于反向传播的神经网络训练算法使用梯度下降法来做优化训练，所以激活函数必须是可微的。激活函数的输出决定了下一层神经网络的输入。如果激活函数的输出范围是有限的，特征表示受到有限权重的影响会更显著，基于梯度的优化方法就会更稳定；如果激活函数的输出范围是无限的，例如一个激活函数的输出域是 $[0,+\infty)$，神经网络的训练速度可能会很快，但必须选择一个合适的学习率。

如果设计的神经网络达不到预期目标，可以尝试不同的激活函数。常见的激活函数包括 sigmoid 函数、tanh 函数、ReLU 函数、PReLU/Leaky ReLU 函数、ELU 函数等。

1. ReLU 函数

最受欢迎的激活函数是修正线性单元（Rectified Linear Unit，ReLU），因为它实现简单，同时在各种预测任务中表现良好。ReLU 提供了一种非常简单的非线性变换。给定元素 x，ReLU 函数被定义为该元素与 0 的最大值。当输入是负数时，ReLU 函数的输出为 0；否则输出等于输入。其形式化定义为

$$\mathrm{ReLU}(x)=\max(0,x)$$

通俗地说，ReLU 函数通过将相应的活性值设为 0，仅保留正元素并丢弃所有负元素。当 $x>0$ 时，ReLU 函数可以保持梯度不衰减，从而缓解梯度消失问题。因此，在深度学习里，尤其是 ResNet 等上百层的神经网络里，常用类似于 ReLU 的激活函数，ReLU 激活函数图像如图 6.10 所示。

当输入为负时，ReLU 函数的导数为 0，而当输入为正时，ReLU 函数的导数为 1。注意，当输入值精确等于 0 时，ReLU 函数不可导。在此时，我们默认使用左侧的导数，即当输入为 0 时导数为 0。我们可以忽略这种情况，因为输入可能永远都不会是 0。这里引用一句古老的谚语："如果微妙的边界条件很重要，我们很可能是在研究数学而非工程"。这个观点正好适用于这里。

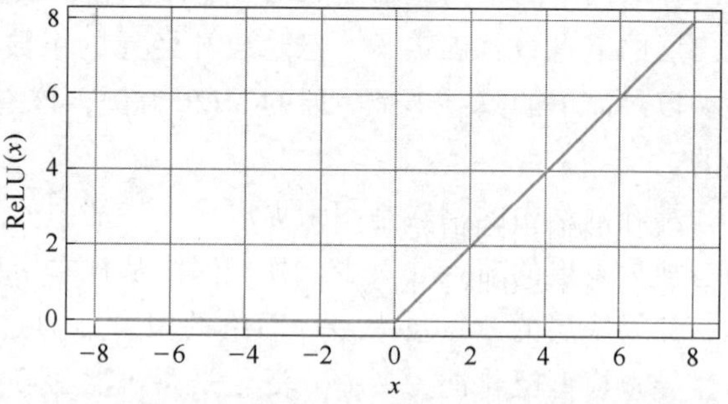

图 6.10 ReLU 激活函数图像

使用 ReLU 的原因是，它求导表现得特别好：要么让参数消失，要么让参数通过。这使得优化表现得更好，并且 ReLU 减轻了困扰以往神经网络的梯度消失问题。ReLU 函数的导数图像如图 6.11 所示。

但是 ReLU 函数也存在一些问题：

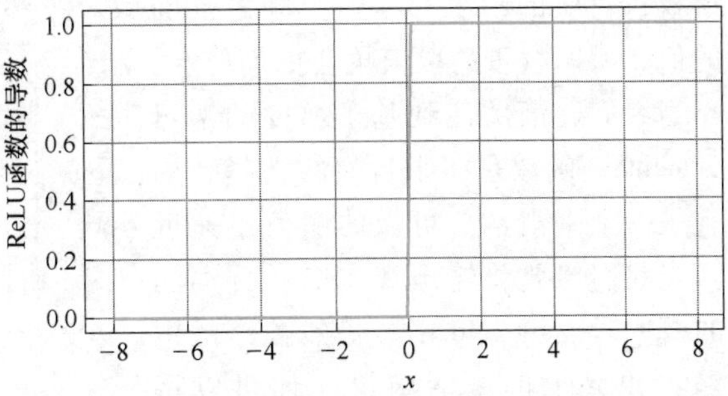

图 6.11　ReLU 函数的导数图像

1）ReLU 函数的输出不是零均值的。

2）对于有些样本，会出现 ReLU 消失的现象。在反向传播过程中，如果学习率比较大，一个很大的梯度经过 ReLU 神经元，可能会导致 ReLU 神经元更新后的偏置和权重是负数，进而导致下一轮正向传播过程中 ReLU 神经元的输入是负数，输出为 0。由于 ReLU 神经元的输出为 0，在后续迭代的反向传播过程中，该处的梯度一直为 0，相关参数的值不再变化，从而导致 ReLU 神经元的输入始终是负数，输出始终为 0，即 ReLU 消失。

3）ReLU 函数的输出范围是无限的。这可能导致神经网络的输出的幅值随着网络层数的增加不断变大。

2. PReLU/Leaky ReLU 函数

由于 ReLU 函数在 $x<0$ 时可能会消失，后来又出现了很多 ReLU 的改进版本，包括 Leaky ReLU 和 PReLU（Parametric ReLU）。

Leaky ReLU 函数的定义为

$$f(x)=\max(\alpha x, x)$$

式中，参数 α 是一个很小的常量，其取值区间为（0,1）。当 $x<0$ 时，Leaky ReLU 函数有一个非常小的斜率 α，可以避免 ReLU 消失。

PReLU 函数的定义与 Leaky ReLU 类似，唯一的区别是 α 是可调参数。每个通道有一个参数 α，该参数通过反向传播训练得到。

3. ELU 函数

指数线性单元（Exponential Linear Unit，ELU）函数融合了 sigmoid 函数和 ReLU 函数，其定义为

$$f(x)=\begin{cases}x, & x>0\\ \alpha(e^{x}-1), & x\leqslant 0\end{cases}$$

式中，α 为可调参数，可以控制 ELU 在负值区间的饱和位置。

ELU 的输出均值接近 0，可以加快收敛速度。当 $x>0$ 时，ELU 取值为 $y=x$，从而避免梯度消失。当 $x\leqslant 0$ 时，ELU 为左软饱和，可以避免神经元消失。

4. sigmoid 函数

对于一个定义域在 **R** 中的输入，sigmoid 函数将输入变换为区间（0,1）上的输出。因此，sigmoid 函数通常被称为挤压函数：它将范围（-inf,inf）中的任意输入压缩到区间（0,1）中的某个值。sigmoid 函数是过去最常用的激活函数。它的数学表示为

$$\text{sigmoid}(x)=\frac{1}{1+e^{-x}}$$

如图 6.12 所示，当 x 非常小时，sigmoid 的值接近于 0；当 x 非常大时，sigmoid 的值接近于 1。sigmoid 函数将输入的连续实值变换到（0,1）范围内，从而可以使神经网络中的每

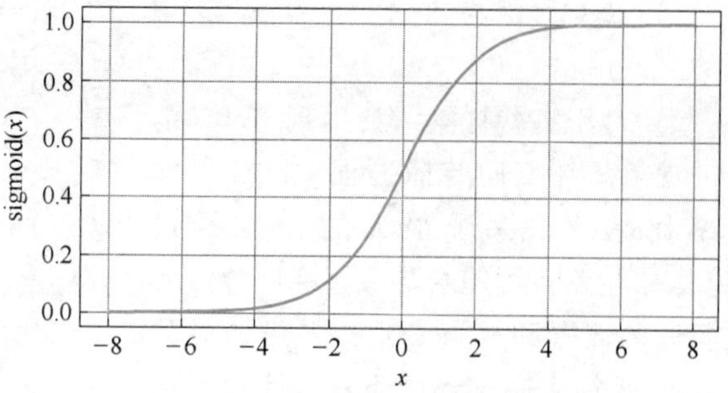

图 6.12　sigmoid 函数图像

一层权重对应的输入都是一个固定范围内的值，所以权重的取值也会更加稳定。

当人们逐渐关注到基于梯度的学习时，sigmoid 函数是一个自然的选择，因为它是一个平滑的、可微的阈值单元近似。当我们想要将输出视作二元分类问题的概率时，sigmoid 函数仍然被广泛用作输出单元上的激活函数（你可以将 sigmoid 函数视为 softmax 函数的特例）。然而，sigmoid 函数在隐藏层中已经较少使用，它在大部分时候被更简单、更容易训练的 ReLU 所取代。

sigmoid 函数的导数为

$$\frac{\mathrm{d}}{\mathrm{d}x}\text{sigmoid}(x)=\frac{\exp(-x)}{(1+\exp(-x))^2}=\text{sigmoid}(x)(1-\text{sigmoid}(x))$$

sigmoid 函数的导数图像如图 6.13 所示。注意：当输入为 0 时，sigmoid 函数的导数达到最大值 0.25；而输入在任一方向上越远离 0 点时，导数越接近 0。

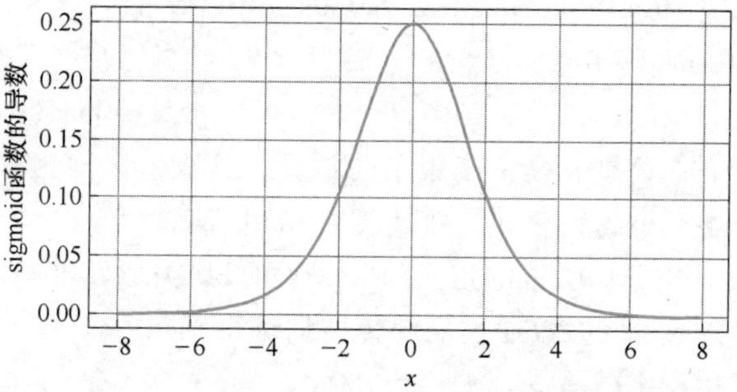

图 6.13　sigmoid 函数的导数图像

sigmoid 函数也有一些缺点：

1）输出的均值不是 0。sigmoid 函数的均值不是 0，会导致下一层的输入的均值产生偏移，可能会影响神经网络的收敛性。

2）计算复杂度高。sigmoid 函数中有指数运算，通用 CPU 需要用数百条加减乘除指令才能支持 e^{-x} 运算，计算效率很低。

3）饱和性问题。sigmoid 函数的左右两边是趋近平缓的。当输入值 x 是比较大的正数或者比较小的负数时，sigmoid 函数提供的梯度会接近 0，导致参数更新变得非常缓慢，这一现象被称为 sigmoid 的饱和性问题。此外，sigmoid 函数的导数的取值范围是（0，0.25]。当深度学习网络层数较多时，通过链式法则计算偏导，相当于很多小于 0.25 的值相乘，由于初始化的权重的绝对值通常小于 1，就会导致梯度趋于 0，进而导致梯度消失现象。

5. tanh 函数

为了避免 sigmoid 函数的缺陷，研究者设计了很多种激活函数。tanh（双曲正切）函数就是其中一种，它曾经短暂地流行过一段时间。tanh 函数的定义为

$$\tanh(x)=\frac{\sinh(x)}{\cosh(x)}=\frac{e^x-e^{-x}}{e^x+e^{-x}}=2\sigma(2x)-1$$

相对于 sigmoid 函数，tanh 函数是关于坐标系原点中心对称的。sigmoid 函数把输入变换到（0，1）范围内，而 tanh 函数把输入变换到（−1,1）的对称范围内，如图 6.14 所示，

所以该函数是零均值的。因此 tanh 函数解决了 sigmoid 函数的非零均值问题。但是当输入很大或很小时，tanh 函数的输出是非常平滑的，梯度很小，不利于权重更新，因此 tanh 函数仍然没有解决梯度消失的问题。

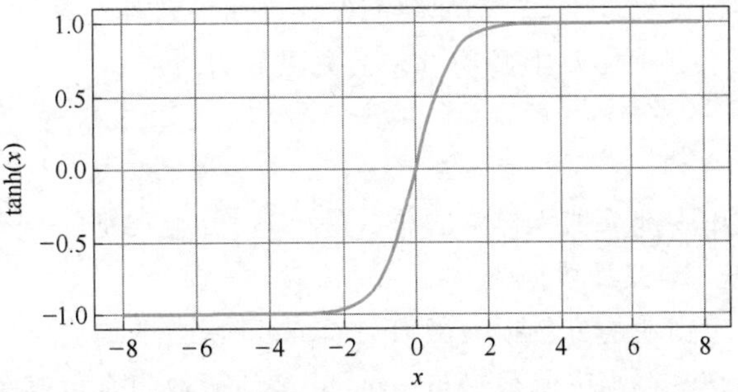

图 6.14　tanh(x) 函数图像

tanh 函数的导数是：

$$\frac{d}{dx}\tanh(x)=1-\tanh^2(x)$$

tanh 函数的导数图像如图 6.15 所示。当输入接近 0 时，tanh 函数的导数接近最大值 1。与我们在 sigmoid 函数图像中看到的类似，输入在任一方向上越远离 0 点，导数越接近 0。

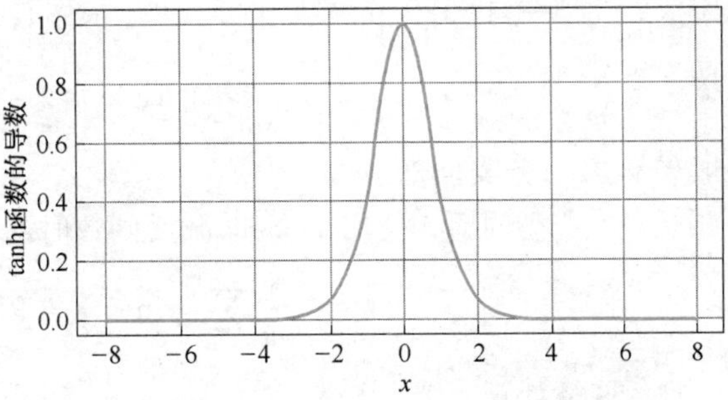

图 6.15　tanh 函数的导数图像

还有很多其他的激活函数，不再一一介绍。

6.3.3　损失函数

基于梯度下降法的神经网络反向传播过程首先需要定义损失函数，然后计算损失函数对梯度的偏导，最后沿梯度下降方向更新权重及偏置参数。因此，损失函数的设定对梯度计算有重要的影响。

损失函数 $L=f(\hat{y},y)$ 用以衡量模型预测值 $\hat{y}$ 与真实值 y 之间的差。神经网络的预测值是参数 w 的函数，可记为 $\hat{y}=H_w(x)$。$\hat{y}$ 和 y 总是不完全一致的，二者的误差可以用损失函数表示为 $L(w)=f(H_w(x),y)$。

常用的损失函数包括均方差损失函数和交叉熵损失函数。

1. 均方差损失函数

均方差损失函数是最常用的损失函数。以一个神经元为例，计算结果是 $\hat{y}$，实际结果是 y，则均方差损失函数为

$$L=\frac{1}{2}(y-\hat{y})^2$$

假设激活函数是 sigmoid 函数，则 $\hat{y}=\sigma(z)$，其中 $z=wx+b$。均方差损失函数对 w 和 b 的梯度为

$$\frac{\partial L}{\partial w}=(\hat{y}-y)\sigma'(z)x,\quad \sigma'(z)=(1-\sigma(z))\sigma(z)$$

$$\frac{\partial L}{\partial b}=(\hat{y}-y)\sigma'(z)$$

从上面的计算结果可以看出，两个梯度的共性之处是，当神经元的输出接近 1 或 0 时，梯度将会趋近于 0，这是因为二者都包含 $\sigma'(z)$。当神经元的输出接近 1 时，神经元的输出

的梯度接近于0，梯度会消失，进而导致神经网络在反向传播时参数更新缓慢。

训练集 D 上的均方差损失函数为

$$L=\frac{1}{m}\sum_{x\in D}\sum_{i}\frac{1}{2}(y_i-\hat{y}_i)^2$$

式中，m 为训练样本的总数量；i 为分类类别。

2. 交叉熵损失函数

由于均方差损失函数与sigmoid函数的组合会出现梯度消失，可以用别的损失函数，例如交叉熵损失函数，与sigmoid激活函数组合以避免这一现象。交叉熵损失函数的定义为

$$L=-\frac{1}{m}\sum_{x\in D}\sum_{i}y_i\ln(\hat{y}_i)$$

式中，m 为训练集 D 中样本的总数量；i 为分类类别。交叉熵的定义类似于信息论中熵的定义。对于单标记多分类问题，即每张图像样本只能有一个类别，交叉熵可以简化为 $L=-\frac{1}{m}\sum_{x\in D}y\ln(\hat{y})$。而对于多标记多分类问题，即每张图像样本可以有多个类别，一般转化为二分类问题。

对于二分类问题，使用sigmoid激活函数时的交叉熵损失函数为

$$L=-\frac{1}{m}\sum_{x\in D}[y\ln(\hat{y})+(1-y)\ln(1-\hat{y})]$$

神经网络计算的结果 $\hat{y}$ 为

$$\hat{y}=\sigma(z)=\frac{1}{1+e^{-z}}=\frac{1}{1+e^{-(\boldsymbol{w}^{\mathrm{T}}\boldsymbol{x}+b)}}$$

交叉熵损失函数对权重 $\boldsymbol{w}$ 的梯度为

$$\begin{aligned}\frac{\partial L}{\partial \boldsymbol{w}}&=-\frac{1}{m}\sum_{x\in D}\left[\frac{y}{\sigma(z)}-\frac{1-y}{1-\sigma(z)}\right]\frac{\partial\sigma(z)}{\partial\boldsymbol{w}}\\&=-\frac{1}{m}\sum_{x\in D}\left[\frac{y}{\sigma(z)}-\frac{1-y}{1-\sigma(z)}\right]\sigma'(z)\boldsymbol{x}\\&=\frac{1}{m}\sum_{x\in D}\left[\frac{(\sigma(z)-y)\sigma'(z)\boldsymbol{x}}{\sigma(z)(1-\sigma(z))}\right]\end{aligned}$$

将sigmoid激活函数的导数 $\sigma'(z)=(1-\sigma(z))\sigma(z)$ 代入上式可得

$$\frac{\partial L}{\partial \boldsymbol{w}}=\frac{1}{m}\sum_{x\in D}[\sigma(z)-y]\boldsymbol{x} \tag{6-3}$$

同理可以得到交叉熵损失函数对偏置 b 的偏导为

$$\frac{\partial L}{\partial b}=\frac{1}{m}\sum_{x\in D}[\sigma(z)-y] \tag{6-4}$$

从式（6-3）和式（6-4）可以看出，使用sigmoid激活函数的交叉熵损失函数对 $\boldsymbol{w}$ 和 b 的梯度中没有sigmoid的导数 $\sigma'(z)$，可以缓解梯度消失。

总结一下，损失函数是权重参数 $\boldsymbol{w}$ 和偏置参数 b 的函数，是一个标量，可以用来评价网络模型的好坏，损失函数的值越小说明模型和参数越符合训练样本（x,y）。对于同一个算法，损失函数不是固定唯一的。除了交叉熵损失函数，还有很多其他的损失函数。特别要说

明的是，必须选择对参数（$\boldsymbol{w}$,b）可微的损失函数，否则无法应用链式法则。

6.3.4　模型选择

作为机器学习科学家，我们的目标是发现模式（pattern）。但是，我们如何才能确定模型是真正发现了一种泛化的模式，而不是简单地记住了数据呢？只有当模型真正发现了一种泛化模式时，才会做出有效的预测。更正式地说，我们的目标是发现某些模式，这些模式捕捉到了我们训练集潜在总体的规律。如果成功做到了这点，即使是对以前从未遇到过的个体，模型也可以成功地评估风险。如何发现可以泛化的模式是机器学习的根本问题。困难在于，当我们训练模型时，我们只能访问数据中的小部分样本。最大的公开图像数据集包含大约一百万张图像。而在大部分时候，我们只能从数千或数万个数据样本中学习。当我们使用有限的样本时，可能会遇到这样的问题：当收集到更多的数据时，会发现之前找到的明显关系并不成立。

1. 训练误差和泛化误差

为了进一步讨论这一现象，我们需要了解训练误差和泛化误差。训练误差是指，模型在训练数据集上计算得到的误差。泛化误差是指，模型应用在同样从原始样本的分布中抽取的无限多数据样本时，模型误差的期望。问题是，我们永远不能准确地计算出泛化误差。这是因为无限多的数据样本是一个虚构的对象。在实际中，我们只能通过将模型应用于一个独立的测试集来估计泛化误差，该测试集由随机选取的、未曾在训练集中出现的数据样本构成。

（1）统计学习理论

由于泛化是机器学习中的基本问题，许多数学家和理论家毕生致力于研究描述这一现象的形式理论。这项工作为统计学习理论奠定了基础。在目前已探讨、并将在之后继续探讨的监督学习情景中，假设训练数据和测试数据都是从相同的分布中独立提取的。这通常被称为独立同分布假设，这意味着对数据进行采样的过程没有进行“记忆”。换句话说，抽取的第 2 个样本和第 3 个样本的相关性，并不比抽取的第 2 个样本和第 200 万个样本的相关性更强。要成为一名优秀的机器学习科学家需要具备批判性思考能力。你应该已经从这个假设中找出漏洞，即很容易找出假设失效的情况。如果我们根据从加州大学旧金山分校医学中心的患者数据训练死亡风险预测模型，并将其应用于马萨诸塞州综合医院的患者数据，结果会怎么样？这两个数据的分布可能不完全一样。有时候我们即使轻微违背独立同分布假设，模型仍继续运行得非常好。有些违背独立同分布假设的行为肯定会带来麻烦。比如，我们试图只用来自大学生的人脸数据来训练一个人脸识别系统，然后想要用它来监测疗养院中的老人。这不太可能有效，因为大学生看起来往往与老年人有很大的不同。

目前，即使认为独立同分布假设是理所当然的，理解泛化也是一个困难的问题。此外，能够解释深层神经网络泛化性能的理论基础，也仍在困扰着学习理论领域最伟大的学者们。当我们训练模型时，我们试图找到一个能够尽可能拟合训练数据的函数。但是如果它执行得“太好了”，而不能对看不见的数据做到很好泛化，就会导致过拟合。这种情况正是我们想要避免或控制的。深度学习中有许多启发式的技术旨在防止过拟合。

（2）模型复杂性

当我们有简单的模型和大量的数据时，我们期望泛化误差与训练误差相近。当我们有更复杂的模型和更少的样本时，我们预计训练误差会下降，但泛化误差会增大。模型复杂性由什么构成是一个复杂的问题。一个模型是否能很好地泛化取决于很多因素。例如，具有更多参数的模型可能被认为更复杂，参数有更大取值范围的模型可能更为复杂。通常对于神经网络，我们认为需要更多训练迭代的模型比较复杂，而需要“早停”的模型（即较少训练迭代周期）就不那么复杂。

我们很难比较本质上不同大类的模型之间（例如，决策树与神经网络）复杂性的微小差异。就目前而言，一条简单的经验法则相当有用：统计学家认为，能够轻松解释任意事实的模型是复杂的，而表达能力有限但仍能很好地解释数据的模型可能更有现实用途。

为了直观起见，我们初步总结几个倾向于影响模型泛化的因素：

1）可调整参数的数量。当可调整参数的数量（有时称为自由度）很大时，模型往往更容易过拟合。

2）参数采用的值。当权重的取值范围较大时，模型可能更容易过拟合。

3）训练样本的数量。即使你的模型很简单，也很容易过拟合只包含一两个样本的数据集。而过拟合一个有数百万个样本的数据集则需要一个极其灵活的模型。

2. 模型选择

在机器学习中，我们通常在评估几个候选模型后选择最终的模型，这个过程叫作模型选择。有时，需要进行比较的模型在本质上是完全不同的（比如，决策树与线性模型）。有时我们需要比较不同的超参数设置下的同一类模型。例如，我们可能希望比较具有不同数量的隐藏层、不同数量的隐藏单元以及不同的激活函数组合的模型。为了确定候选模型中的最佳模型，我们通常会使用验证集。

（1）验证集

原则上，在我们确定所有的超参数之前，我们不希望用到测试集。如果我们在模型选择过程中使用测试数据，可能会有过拟合测试数据的风险，那就麻烦了。如果我们过拟合了训练数据，还可以在测试数据上的评估来判断过拟合。但是如果我们过拟合了测试数据，我们又该怎么知道呢？因此，我们决不能依靠测试数据进行模型选择。然而，我们也不能仅仅依靠训练数据来选择模型，因为我们无法估计训练数据的泛化误差。在实际应用中，情况会变得更加复杂。虽然理想情况下我们只会使用测试数据一次，以评估最好的模型或比较一些模型效果，但现实是测试数据很少在使用一次后被丢弃。我们很少能有充足的数据来对每一轮实验采用全新测试集。

解决此问题的常见做法是将我们的数据分成三份，除了训练和测试数据集之外，还增加一个验证数据集，也叫验证集。

（2）K 折交叉验证

交叉验证的目标是避免“打哪指哪”。它要求把机器学习用到的训练数据集分成两部分，一部分是训练集，一部分是验证集，不能把所有数据都用于训练。这种划分，一方面可以避免过拟合，另一方面能够真正判断出来模型是不是建得好。例如，如果一位老师把考试题和作业题都给学生讲过，期末考试是不能考出学生的真实水平的。老师应该只给学生讲作业题，期末考试用的题目和平时的作业题不一样，这样考试才能考出学生的水平。所以训练集对应的是平时的作业题，会提供正确答案，而验证集对应的是期末用来判定学生水平的考试题。

做交叉验证时，划分训练集和测试集的最简单方法是随机分。该方法的缺点是最终模型和参数很大程度上依赖于训练集和验证集的具体划分方式，划分方式不同可能会导致测出来的神经网络模型精度波动很大。

为了减少精度的波动，研究者提出了留一法（leave-one-out）交叉验证。对于一个包含 n 个数据的数据集 S，每次取出一个数据作为测试集的唯一元素，剩下的 $n-1$ 个数据全部用于训练模型和调参。最后训练出 n 个模型，每个模型得到一个均方误差 MSE_i，然后将这 n 个 MSE_i 取平均得到最终的测试结果。该方法的缺点是计算量过大，耗费时间长。

现在实际中常用的方法是 K 折交叉验证。例如，可以将整个数据集分成 $K=10$ 份，取第 1 份数据做验证集，取剩下的 9 份数据做训练集训练模型，之后计算该模型在测试集上的均方误差 MSE_i。接下来，取第 2 份数据做验证集，取剩下的 9 份数据做训练集训练模型，之后计算该模型在验证集上的均方误差 MSE_i。重复上述过程，可以测出 10 个均方误差，将 10 个均方误差取平均值得到最后的均方误差。K 折交叉验证方法可以评估神经网络算法或者模型的泛化能力，看其是否在各种不同的应用和数据上都有比较稳定可靠的效果。由于 K 折交叉验证方法只需要训练 K 个模型，相比留一法交叉验证，其计算量低，耗费时间短。

6.4　欠拟合、过拟合与正则化

6.4.1　欠拟合和过拟合

当我们比较训练误差和验证误差时，我们要注意两种常见的情况。首先，训练误差和验证误差都很严重，但它们之间仅有一点差距。如果模型不能降低训练误差，这可能意味着模型过于简单（即表达能力不足），无法捕获试图学习的模式。此外，由于我们的训练误差和验证误差之间的泛化误差很小，我们有理由相信可以用一个更复杂的模型降低训练误差。这种现象被称为欠拟合。

另一方面，当我们的训练误差明显低于验证误差时要小心，这表明严重的过拟合。注意，过拟合并不总是一件坏事。特别是在深度学习领域，众所周知，最好的预测模型在训练数据上的表现往往比在保留（验证）数据上好得多。最终，我们通常更关心验证误差，而不是训练误差和验证误差之间的差距。是否过拟合或欠拟合可能取决于模型复杂性和可用训练数据集的大小。

（1）模型复杂性

为了说明一些关于过拟合和模型复杂性的经典直觉，我们给出一个多项式的例子。给定由单个特征 x 和对应实数标签 y 组成的训练数据，我们试图找到下面的 d 阶多项式来估计标签 y：

$$\hat{y} = \sum_{i=0}^{i=d} x^i w_i$$

这只是一个线性回归问题，特征为 x 的幂，模型的权重为 w_i，偏置为 w_0（因为对于所有的 x 都有 $x^0=1$）。由于这只是一个线性回归问题，我们可以使用平方误差作为损失函数。

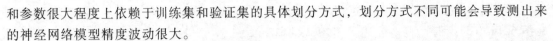

高阶多项式函数比低阶多项式函数复杂得多，高阶多项式的参数较多，模型函数的选择范围较广，因此在固定训练数据集的情况下，高阶多项式相对于低阶多项式的训练误差应该始终更低（最坏也是相等）。事实上，当数据样本包含了 x 的不同值时，函数阶数等于数据

样本数量的多项式函数可以完美拟合训练集。在图 6.16 中，我们直观地描述了多项式的阶数和欠拟合与过拟合之间的关系。

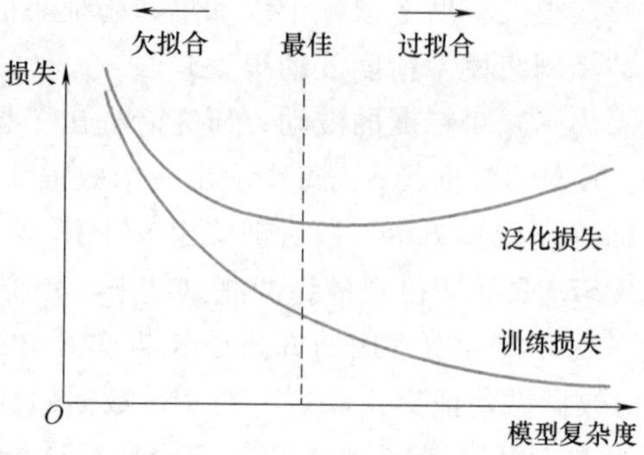

图 6.16　模型复杂度对欠拟合和过拟合的影响

（2）数据集大小

另一个重要因素是数据集的大小。训练数据集中的样本越少，就越有可能（且更严重地）过拟合。随着训练数据量的增加，泛化误差通常会减小。此外，一般来说，更多的数据不会有什么坏处。对于固定的任务和数据分布，模型复杂性和数据集大小之间通常存在关系。给出更多的数据，我们可能会尝试拟合一个更复杂的模型。对拟合更复杂的模型可能是有益的。如果没有足够的数据，简单的模型可能更有用。对于许多任务，深度学习只有在有数千个训练样本时才优于线性模型。从一定程度上来说，深度学习目前的生机要归功于廉价存储、互联设备以及数字化经济带来的海量数据集。

6.4.2　过拟合及其正则化方法

1. 过拟合

在神经网络中，完全可能试了 1 个隐层、2 个隐层、5 个隐层甚至 10 个隐层和各种各样的网络拓扑、激活函数、损失函数后，精度仍然很低。这是神经网络训练中经常出现的问题。此时需要检查神经网络是不是过拟合了。关于过拟合，冯·诺依曼有一个形象的说法：给我 4 个参数，我能拟合出一头大象；给我 5 个参数，我能让大象的鼻子动起来。当网络层数很多时，神经网络可能会学到一些并不重要甚至是错误的特征。例如，训练时用一个拿着黑板擦的人的照片作为人的样本，过拟合时可能会认为人一定是拿黑板擦的，但这不是人的真正特征。

过拟合指模型过度逼近训练数据，影响了模型的泛化能力。具体表现为：在训练数据集上的误差很小，但在验证数据集上的误差很大。尤其是神经网络层数多、参数多时，很容易出现过拟合的情况。除了过拟合，还有欠拟合。欠拟合主要是训练的特征少，拟合函数无法有效逼近训练集，导致误差较大。欠拟合一般可以通过增加训练样本或增加模型复杂度等方法来解决。当深度学习中训练的特征维度很多时，比如有上亿个参数，过拟合的函数可以非常接近数据集，函数形状很奇怪，但泛化能力差，对新数据的预测能力不足。为了减少过拟合对模型的影响．可以采用正则化方法。

过拟合时，神经网络的泛化能力比较差。深层神经网络具有很强的表示能力，但经常遭遇过拟合。为了提高神经网络的泛化能力，可以使用许多不同形式的正则化方法，包括参数范数惩罚、稀疏化、Bagging 集成学习、Dropout、提前终止等。

2. 过拟合的正则化方法

针对过拟合问题，我们将介绍一些正则化模型的技术。我们可以通过收集更多的训练数据来缓解过拟合。但这可能成本很高，耗时颇多，或者完全超出我们的控制，因而在短期内不可能做到。假设我们已经拥有尽可能多的高质量数据，我们便可以将重点放在正则化技术上。

（1）参数范数惩罚

正则化就是在损失函数中对不想要的部分加入惩罚项。比如，在损失函数中增加对高次项的惩罚，可以避免过拟合。

$$\widetilde{L}(\boldsymbol{w};x,y)=L(\boldsymbol{w};x,y)+\theta\sum_{j=1}^{k}w_j^2$$

式中，θ 为正则化参数。对神经网络来说，模型参数包括权重 $\boldsymbol{w}$ 和偏置 b，正则化过程一般仅对权重 $\boldsymbol{w}$ 进行惩罚，因此正则化项可记为 $\Omega(\boldsymbol{w})$。正则化后的目标函数记为

$$\widetilde{L}(\boldsymbol{w};x,y)=L(\boldsymbol{w};x,y)+\theta\Omega(\boldsymbol{w})$$

在工程实践中，惩罚项有多种形式，对应不同的作用，包括 L^2 正则化、L^1 正则化。

1）L^2 正则化（权重衰减）。在训练参数化机器学习模型时，权重衰减是最广泛使用的正则化的技术之一，它通常也被称为 L^2 正则化。这项技术通过函数与零的距离来衡量函数的复杂度，因为在所有函数 f 中，函数 $f=0$（所有输入都得到值 0）在某种意义上是最简单的。但是我们应该如何精确地测量一个函数和零之间的距离呢？没有一个正确的答案。事实上，函数分析和巴拿赫空间理论的研究，都在致力于回答这个问题。

一种简单的方法是通过线性函数 $f(\boldsymbol{x})=\boldsymbol{w}^{\mathrm{T}}\boldsymbol{x}$ 中的权重向量的某个范数来度量其复杂性，例如 $\|\boldsymbol{w}\|^2$。要保证权重向量比较小，最常用的方法是将其范数作为惩罚项加到最小化损失的问题中。将原来的训练目标（最小化训练标签上的预测损失）调整为最小化预测损失和惩罚项之和。现在，如果我们的权重向量增长太大，我们的学习算法可能会更集中于最小化权重范数 $\|\boldsymbol{w}\|^2$。

L^2 正则化项的数学表示为

$$\Omega(\boldsymbol{w})=\frac{1}{2}\|\boldsymbol{w}\|_2^2=\frac{1}{2}\sum_i w_i^2$$

为了惩罚权重向量的大小，我们必须以某种方式在损失函数中添加 $\|\boldsymbol{w}\|^2$，但是模型应该如何平衡这个新的额外惩罚的损失？实际上，我们通过正则化常数 λ 来描述这种权衡，这是一个非负超参数，我们使用验证数据拟合。

L^2 正则化可以避免过拟合时某些区间里的导数值非常大、曲线特别不平滑的情况。下面分析 L^2 正则化是如何避免过拟合的。

L^2 正则化后的目标函数为

$$\widetilde{L}(\boldsymbol{w};\boldsymbol{x},\boldsymbol{y})=L(\boldsymbol{w};\boldsymbol{x},\boldsymbol{y})+\frac{\lambda}{2}\|\boldsymbol{w}\|^2$$

对于 $\lambda=0$，我们恢复了原来的损失函数。对于 $\lambda>0$，我们限制 $\|\boldsymbol{w}\|$ 的大小。这里我们仍然除以 2，当我们取一个二次函数的导数时，2 和 1/2 会抵消，以确保更新表达式看起来既漂亮又简单。你可能会想知道为什么我们使用平方范数而不是标准范数（即欧几里得距离）？我们这样做是为了便于计算。通过平方 L^2 范数，我们去掉平方根，留下权重向量每个分量的平方和。这使得惩罚的导数很容易计算：导数的和等于和的导数。

此外，你可能会问为什么我们首先使用 L^2 范数，而不是 L^1 范数。事实上，这个选择在整个统计领域中都是有效的和受欢迎的。L^2 正则化线性模型构成经典的岭回归算法，L^1 正则化线性回归是统计学中类似的基本模型，通常被称为套索回归。使用 L^2 范数的一个原因是它对权重向量的大分量施加了巨大的惩罚。这使得我们的学习算法偏向于在大量特征上均

匀分布权重的模型。在实践中，这可能使它们对单个变量中的观测误差更为稳定。相比之下，L^1 惩罚项会导致模型将权重集中在一小部分特征上，而将其他权重清除为零，这称为特征选择，这可能是其他场景下需要的。

目标函数对 $\boldsymbol{w}$ 求偏导得到

$$\nabla_{\boldsymbol{w}}\widetilde{L}(\boldsymbol{w};\boldsymbol{x},\boldsymbol{y})=\nabla_{\boldsymbol{w}}L(\boldsymbol{w};\boldsymbol{x},\boldsymbol{y})+\lambda\boldsymbol{w}$$

以 η 为步长，单步梯度更新权重为

$$\boldsymbol{w}\leftarrow\boldsymbol{w}-\eta(\nabla_{\boldsymbol{w}}L(\boldsymbol{w};\boldsymbol{x},\boldsymbol{y})+\lambda\boldsymbol{w})=(1-\eta\lambda)\boldsymbol{w}-\eta\nabla_{\boldsymbol{w}}L(\boldsymbol{w};\boldsymbol{x},\boldsymbol{y})$$

梯度更新中增加了权重衰减项 λ。通过 L^2 正则化后，权重 $\boldsymbol{w}$ 成为梯度的一部分。权重 $\boldsymbol{w}$ 的绝对值变小，拟合的曲线就会平滑，数据拟合得更好。

L^2 正则化回归的小批量随机梯度下降更新如下式：

$$\boldsymbol{w}\leftarrow\boldsymbol{w}-\frac{\eta}{|B|}(\nabla_{\boldsymbol{w}}L(\boldsymbol{w};\boldsymbol{x},\boldsymbol{y})+\lambda\boldsymbol{w})=(1-\frac{\eta}{|B|}\lambda)\boldsymbol{w}-\frac{\eta}{|B|}\nabla_{\boldsymbol{w}}L(\boldsymbol{w};\boldsymbol{x},\boldsymbol{y})$$

我们根据估计值与观测值之间的差异来更新 $\boldsymbol{w}$。然而，我们同时也在试图将 $\boldsymbol{w}$ 的大小缩小到零。这就是为什么这种方法有时被称为权重衰减。我们仅考虑惩罚项，优化算法在训练的每一步衰减权重。与特征选择相比，权重衰减为我们提供了一种连续的机制来调整函数的复杂度。较小的 λ 值对应较少约束的 $\boldsymbol{w}$，而较大的 λ 值对 $\boldsymbol{w}$ 的约束更大。

是否对相应的偏置 b^2 进行惩罚在不同的实践中会有所不同，在神经网络的不同层中也会有所不同。通常，网络输出层的偏置项不会被正则化。

2）L^1 正则化。除了 L^2 正则化之外，还有 L^1 正则化。L^2 正则化项是所有权重 w_i 二次方的和，L^1 正则化之项是所有权重 w_i 的绝对值之和：

$$\Omega(\boldsymbol{w})=\|\boldsymbol{w}\|_1=\sum_i|w_i|$$

L^1 正则化后的目标函数为

$$\widetilde{L}(\boldsymbol{w};\boldsymbol{x},\boldsymbol{y})=L(\boldsymbol{w};\boldsymbol{x},\boldsymbol{y})+\frac{\lambda}{2}\|\boldsymbol{w}\|_1$$

目标函数对 $\boldsymbol{w}$ 求偏导得到

$$\nabla_{\boldsymbol{w}}\widetilde{L}(\boldsymbol{w};\boldsymbol{x},\boldsymbol{y})=\nabla_{\boldsymbol{w}}L(\boldsymbol{w};\boldsymbol{x},\boldsymbol{y})+\lambda\cdot\mathrm{sign}(\boldsymbol{w})$$

以 η 为步长，单步梯度更新权重为

$$\boldsymbol{w}\leftarrow\boldsymbol{w}-\eta(\nabla_{\boldsymbol{w}}L(\boldsymbol{w};\boldsymbol{x},\boldsymbol{y})+\lambda\cdot\mathrm{sign}(\boldsymbol{w}))=\boldsymbol{w}-\eta\lambda\cdot\mathrm{sign}(\boldsymbol{w})-\eta\nabla_{\boldsymbol{w}}L(\boldsymbol{w};\boldsymbol{x},\boldsymbol{y})$$

L^1 正则化在梯度中加入一个符号函数，当 $\boldsymbol{w}$ 的符号为正时，更新后的 $\boldsymbol{w}$ 会变小，当 $\boldsymbol{w}$ 的符号为负时，更新后的 $\boldsymbol{w}$ 会变大。因此正则化的效果是使 $\boldsymbol{w}$ 更接近 **0**，即神经网络中的权重接近 **0**，从而减少过拟合。

（2）稀疏化

稀疏化是在训练时让神经网络中的很多权重或神经元为 0。有些稀疏化的技术甚至可以让神经网络中 90%的权重或神经元为 0。稀疏化的好处是，在使用该神经网络时，如果神经网络的权重或神经元为 0，则可以跳过不做计算，从而降低神经网络正向传播中 90%的计算量。稀疏化很多时候是通过加一些惩罚项来实现的。

（3）Bagging 集成学习

Bagging（Bootstrap aggregating）集成学习的基本思想是：三个臭皮匠顶一个诸葛亮，训

练不同的模型来共同决策测试样例的输出。Bagging 的数据集是从原始数据集中重复采样获取的，数据集大小与原始数据集保持一致，可以多次重复使用同一个模型、训练算法和目标函数进行训练，也可以采用不同的模型进行训练。这些模型训练的时候可能是用不同的参数、不同的网络拓扑，也可能是一个用支持向量机、一个用决策树、一个用神经网络。具体识别的时候，可以取三个模型的均值作为输出，也可以再训练一个分类器去选择什么情况下该用模型中的哪一个。通过 Bagging 集成学习可以减小神经网络的识别误差。

（4）暂退法（dropout）

L^2 正则化和 L^1 正则化是通过在目标函数中增加一些惩罚项，而 dropout 正则化在训练阶段会随机删掉一些隐层的节点，在计算的时候无视这些连接。

1）重新审视过拟合。当面对更多的特征而样本不足时，线性模型往往会过拟合。相反，当给出更多样本而不是特征，通常线性模型不会过拟合。不幸的是，线性模型泛化的可靠性是有代价的。简单地说，线性模型没有考虑到特征之间的交互作用。对于每个特征，线性模型必须指定正的或负的权重，而忽略其他特征。

泛化性和灵活性之间的这种基本权衡被描述为偏差-方差权衡。线性模型有很高的偏差：它们只能表示一小类函数。然而，这些模型的方差很低：它们在不同的随机数据样本上可以得出相似的结果。深度神经网络位于偏差-方差谱的另一端。与线性模型不同，神经网络并不局限于单独查看每个特征，而是学习特征之间的交互。

2）扰动的稳健性。在探究泛化性之前，我们先来定义一下什么是一个“好”的预测模型？我们期待“好”的预测模型能在未知的数据上有很好的表现：经典泛化理论认为，为了缩小训练和测试性能之间的差距，应该以简单的模型为目标。简单性以较小维度的形式展现，简单性的另一个角度是平滑性，即函数不应该对其输入的微小变化敏感。在训练过程中，建议在计算后续层之前向网络的每一层注入噪声。因为当训练一个有多层的深层网络时，注入噪声只会在输入—输出映射上增强平滑性。这个想法被称为暂退法。暂退法在前向传播过程中，计算每一内部层的同时注入噪声，这已经成为训练神经网络的常用技术。这种方法被称为暂退法是因为我们从表面上看是在训练过程中丢弃一些神经元。在整个训练过程的每一次迭代中，标准暂退法包括在计算下一层之前将当前层中的一些节点置零。那么关键的挑战就是如何注入这种噪声。一种想法是以一种无偏向的方式注入噪声。这样在固定住其他层时，每一层的期望值等于没有噪声时的值。在毕晓普的工作中，他将高斯噪声添加到线性模型的输入中。在每次训练迭代中，他将从均值为零的分布 $\boldsymbol{\epsilon} \sim N(0,\sigma^2)$ 采样噪声添加到输入 $\boldsymbol{x}$，从而产生扰动点 $\boldsymbol{x}'=\boldsymbol{x}+\boldsymbol{\epsilon}$，预期是 $E[\boldsymbol{x}']=\boldsymbol{x}$。在标准暂退法正则化中，通过保留（未丢弃）的节点的分数进行规范化来消除每一层的偏差。换言之，每个中间活性值 h 以暂退概率 p 由随机变量 h'替换，如下所示：

$$h'=\begin{cases}0, \text{概率为 } p\\ \dfrac{h}{1-p}, \text{其他情况}\end{cases}$$

根据此模型的设计，其期望值保持不变，即 $E[h']=h$。

3）实践中的暂退法。当我们将暂退法应用到隐藏层，以 p 的概率将隐藏单元置为零时，结果可以看作是一个只包含原始神经元子集的网络。比如在图 6.17 中，删除了 h_2 和 h_5，因此输出的计算不再依赖于 h_2 或 h_5，并且它们各自的梯度在执行反向传播时也会消失。这样，输出层的计算不能过度依赖于 h_1，…，h_5 的任何一个元素。

通常，我们在测试时不用暂退法。给定一个训练好的模型和一个新的样本，我们不会丢弃任何节点，因此不需要标准化。然而也有一些例外：一些研究人员在测试时使用暂退法估计神经网络预测的"不确定性"，如果通过许多不同的暂退法遮盖后得到的预测结果都是一致的，那么我们可以说网络发挥更稳定。

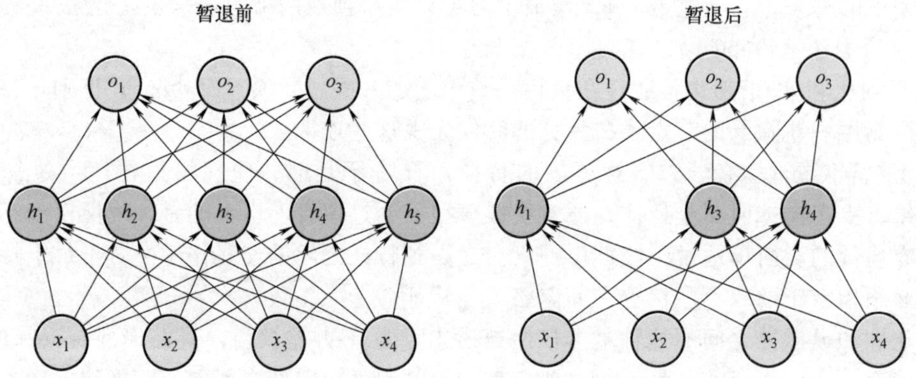

图 6.17　暂退法前后的多层感知机

除本节介绍的方法外，正则化相关的方法还有很多，如提前终止、多任务学习、数据集增强、参数共享等。提前终止是指，当训练较大的网络模型时，能够观察到训练误差会随着时间的推移降低而在测试集上的误差却再次上升，因此在训练过程中一旦测试误差不再降低且达到预定的迭代次数，就可以提前终止训练。多任务学习通过多个相关任务的同时学习来减小神经网络的泛化误差。数据集增强使用更多的数据进行训练，可对原数据集进行变换形成新数据集添加到训练数据中。参数共享是强迫两个模型（例如，监督模式下的训练模型和无监督模式下的训练模型）的某些参数相等，使其共享唯一的一组参数。

6.5 优化算法

优化算法对于深度学习非常重要。一方面，训练复杂的深度学习模型可能需要数小时、几天甚至数周。优化算法的性能直接影响模型的训练效率。另一方面，了解不同优化算法的原则及其超参数的作用将使我们能够以有针对性的方式调整超参数，以提高深度学习模型的性能。

6.5.1 优化和深度学习

对于深度学习问题，我们通常会先定义损失函数。一旦我们有了损失函数，我们就可以使用优化算法来尝试最小化损失。在优化中，损失函数通常被称为优化问题的目标函数。按照传统和惯例，大多数优化算法都关注的是最小化。如果我们需要最大化目标，那么有一个简单的解决方案：在目标函数前加负号即可。

1. 优化的目标

尽管优化提供了一种最大限度地减少深度学习损失函数的方法，但实质上，优化和深度学习的目标是根本不同的。优化主要关注的是最小化目标，深度学习则关注在给定有限数据量的情况下寻找合适的模型。由于优化算法的目标函数通常是基于训练数据集的损失函数，因此优化的目标是减少训练误差。但是，深度学习（或更广义地说，统计推断）的目标是减少泛化误差。为了实现泛化误差的最小化，除了使用优化算法来减少训练误差之外，还需要注意过拟合。

2. 深度学习中的优化挑战

在本节中，我们将特别关注优化算法在最小化目标函数方面的性能，而不是模型的泛化误差。在深度学习中，大多数目标函数都很复杂，没有解析解。相反，我们必须使用数值优化算法。深度学习优化存在许多挑战。其中最令人烦恼的是局部最小值、鞍点和梯度消失。

（1）局部最小值

对于任何目标函数 $f(x)$，如果在 x 处对应的 $f(x)$ 值小于在 x 附近任何其他点的 $f(x)$ 值，那么 $f(x)$ 可能是局部最小值。如果 $f(x)$ 在 x 处的值是整个域上目标函数的最小值，那么 $f(x)$ 是全局最小值。

例如，给定函数

$$f(x)=x\cos(\pi x), -1.0\leqslant x\leqslant 2.0$$

我们可以近似该函数的局部最小值和全局最小值（图 6.18）。

深度学习模型的目标函数通常有许多局部最优解。当优化问题的数值解接近局部最优值时，随着目标函数解的梯度接近或变为零，通过最终迭代获得的数值解可能仅使目标函数局部最优，而不是全局最优。只有一定程度的噪声可能会使参数超出局部最小值。事实上，这是小批量随机梯度下降的有利特性之一，在这种情况下，小批量上梯度的自然变化能够将参数从局部极小值中移出。

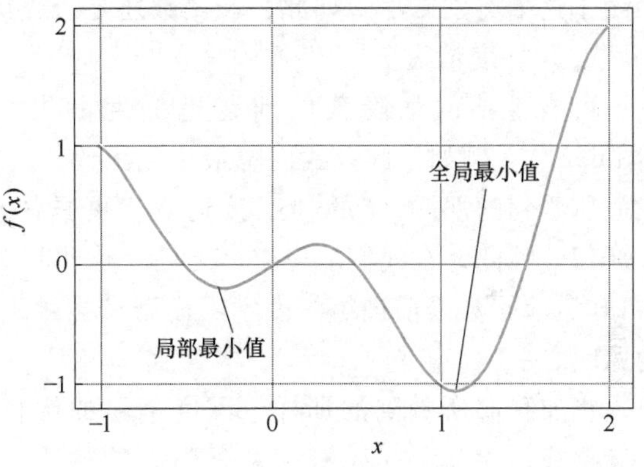

图 6.18　函数的局部最小值与全局最小值

（2）鞍点

除了局部最小值之外，鞍点也是梯度消失的另一个原因。鞍点是指在既不是全局最小值也不是局部最小值的任何位置函数的所有梯度都消失。考虑这个函数 $f(x)=x^3$。它的一阶导数和二阶导数在 $x=0$ 时消失，如图 6.19 所示，这时优化可能会停止，尽管它不是最小值。

较高维度的鞍点甚至更加隐蔽。考虑这个函数 $f(x,y)=x^2-y^2$。它的鞍点为（0,0），如图 6.20 所示，这是关于 y 的最大值，也是关于 x 的最小值。此外，它看起来像马鞍，这就是这个数学属性的名字由来。

我们假设函数的输入是 k 维向量，其输出是标量，因此其 Hessian 矩阵（也称黑塞矩阵）将有 k 个特征值。函数的解决方案可以是局部最小值、局部最大值或函数梯度为零的位置处的鞍点。

1）当函数在零梯度位置处的 Hessian 矩阵的特征值全部为正值时，该函数有局部最小值。

2）当函数在零梯度位置处的 Hessian 矩阵的特征值全部为负值时，该函数有局部最大值。

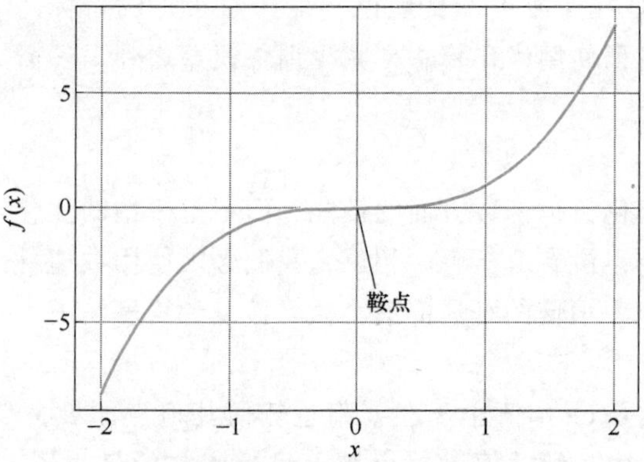

图 6.19　函数 $f(x)=x^3$ 的鞍点

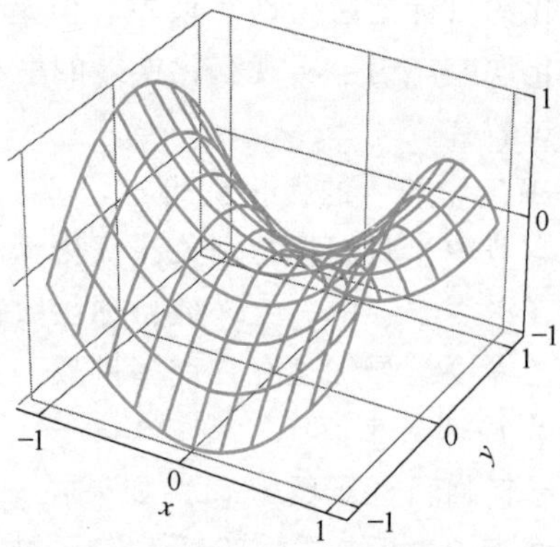

图 6.20　函数 $f(x,y)=x^2-y^2$ 的鞍点

3）当函数在零梯度位置处的 Hessian 矩阵的特征值为负值和正值时，该函数有一个鞍点。

对于高维度问题，至少部分特征值为负的可能性相当高。这使得鞍点比局部最小值更有可能。凸函数是 Hessian 函数的特征值永远不是负值的函数。然而，大多数深度学习问题并不属于这个类别。尽管如此，凸函数还是研究优化算法的一个很好的工具。

（3）梯度消失

可能遇到的最隐蔽的问题是梯度消失。回想一下常用的激活函数及其衍生函数（图 6.21）。例如，假设我们想最小化函数 $f(x)=\tanh(x)$，然后我们恰好从 $x=4$ 开始。正如我们所看到的那样，f 的梯度接近零。更具体地说，$f'(x)=1-\tanh2(x)$，因此是 $f'(4)=0.0013$。因此，在我们取得进展之前，优化将会停滞很长一段时间。事实证明，这是在引入 ReLU 激活函数之前训练深度学习模型相当棘手的原因之一。

正如我们所看到的那样，深度学习的优化充满挑战。幸运的是，有一系列强大的算法表现良好，也很容易使用。

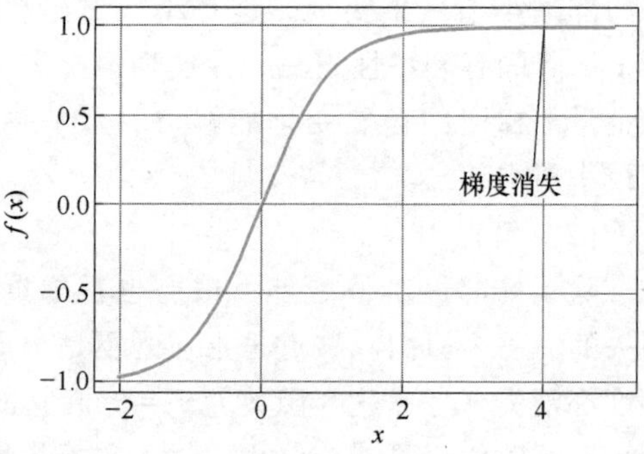

图 6.21　梯度消失

6.5.2　梯度下降

尽管梯度下降很少直接用于深度学习，但了解它是理解下一节随机梯度下降算法的关键。例如，由于学习率过大，优化问题可能会发散，这种现象早已在梯度下降中出现。同样地，预处理是梯度下降中的一种常用技术，还被沿用到更高级的算法中。

1. 一维梯度下降

为什么梯度下降算法可以优化目标函数？一维中的梯度下降给我们很好的启发。考虑一类连续可微实值函数 $f:\mathbf{R}\rightarrow\mathbf{R}$，利用泰勒展开，可以得到

$$f(x+\epsilon) = f(x)+\epsilon f'(x) + O(\epsilon^2)$$

即在一阶近似中，$f(x+\epsilon)$ 可通过 x 处的函数值 $f(x)$ 和一阶导数 $f'(x)$ 得出。我们可以假设在负梯度方向上移动的 ϵ 会减少 f。为了简单起见，我们选择固定步长 $\eta>0$，然后取 $\epsilon=-\eta f'(x)$，将其代入泰勒展开式可以得到

$$f(x-\eta f'(x))=f(x)-\eta f'(x)+O(\eta^2 f'^2(x))$$

如果其导数 $f'(x)\neq 0$，我们就能继续展开，这是因为 $\eta f'^2(x)>0$。此外，我们总是可以令 η 小到足以使高阶项变得不相关。因此，

$$f(x-\eta f'(x))\leqslant f(x)$$

这意味着，如果我们使用

$$x\leftarrow x-\eta f'(x)$$

来迭代 x，函数 $f(x)$ 的值可能会下降。因此，在梯度下降中，我们首先选择初始值 x 和常数 $\eta>0$，然后使用它们连续迭代 x，直到停止条件达成。例如，当梯度 $|f'(x)|$ 的幅度足够小或迭代次数达到某个值时，我们来展示如何实现梯度下降。为了简单起见，选用目标函数 $f(x)=x^2$。尽管当 $x=0$ 时 $f(x)$ 能取得最小值，但我们仍然使用这个简单的函数来观察 x 的变化。

使用 $x=10$ 作为初始值，并假设 $\eta=0.2$。使用梯度下降法迭代 x 共 10 次，如图 6.22 所示，我们可以看到，x 的值最终将接近最优解。

（1）学习率

学习率决定目标函数能否收敛到局部最小值，以及何时收敛到最小值。学习率 η 可由算法设计者设置。请注意，如果使用的学习率太小，将导致 x 的更新非常缓慢，需要更多的迭代。例如，考虑同一优化问题中 $\eta=0.05$ 的进度，如图 6.23 所示，尽管经过了 10 次迭代，仍然离最优解很远。

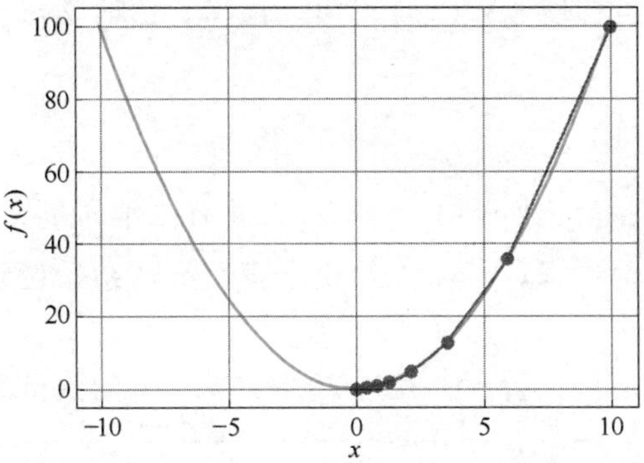

图 6.22 学习率合适的函数梯度下降法图像

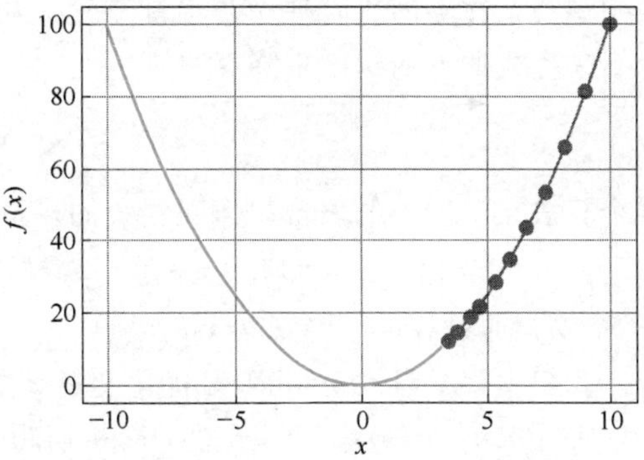

图 6.23 学习率偏小时的函数梯度下降法图像

相反，如果我们使用过高的学习率，$|\eta f'(x)|$ 对于一阶泰勒展开式可能太大。也就是说，泰勒展开式中的 $O(\eta^2 f'^2(x))$ 可能变得显著了。在这种情况下，x 的迭代不能保证降低 $f(x)$ 的值。例如，当学习率为 $\eta=1.1$ 时，x 超出了最优解 $x=0$ 并逐渐发散，如图 6.24 所示。

（2）局部最小值

为了演示非凸函数的梯度下降，考虑函数 $f(x)=x\cos(cx)$，其中 c 为某常数。这个函数有无穷多个局部最小值。根据我们选择的学习率，最终可能只会得到许多解中的一个。图 6.25 说明了（不切实际的）高学习率如何导致较差的局部最小值。

2. 多元梯度下降

现在我们对单变量的情况有了更好的理解，让我们考虑一下 $\boldsymbol{x}=[x_1,x_2,\cdots,x_d]^{\mathrm{T}}$ 的情

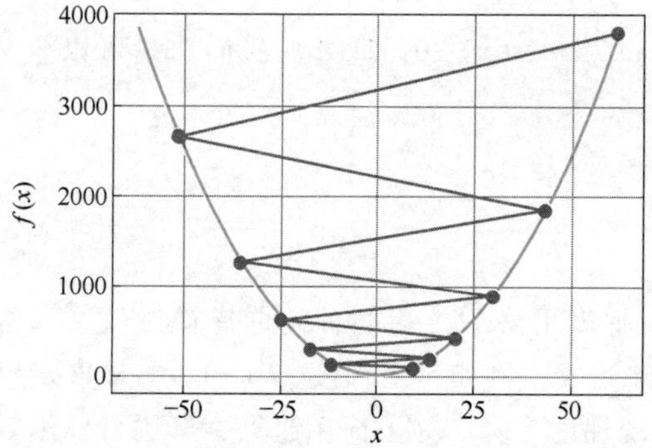

图 6.24　学习率偏大时的函数梯度下降法图像

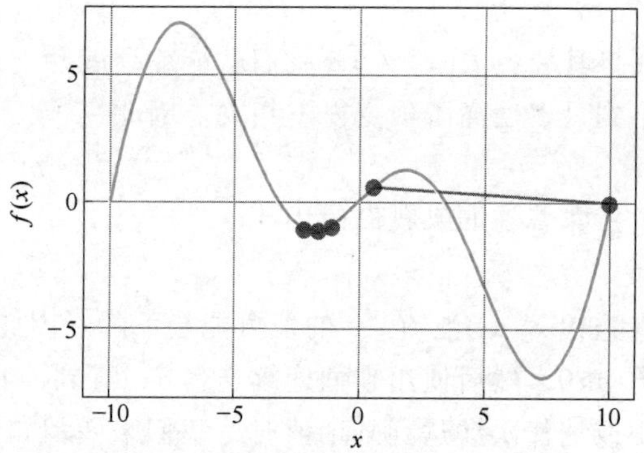

图 6.25　高学习率导致较差的局部最小值

况。即目标函数 $f:\mathbf{R}_d\to\mathbf{R}$ 将向量映射成标量。相应地，它的梯度也是多元的：它是一个由 d 个偏导数组成的向量：

$$\nabla f(\boldsymbol{x})=\left[\frac{\partial f(\boldsymbol{x})}{\partial x_1},\frac{\partial f(\boldsymbol{x})}{\partial x_2},\cdots,\frac{\partial f(\boldsymbol{x})}{\partial x_d}\right]^{\mathrm{T}}$$

梯度中的每个偏导数元素 $\partial f(\boldsymbol{x})/\partial x_i$ 代表了当输入 x_i 时 f 在 $\boldsymbol{x}$ 处的变化率。和先前单变量的情况一样，我们可以对多变量函数使用相应的泰勒近似来思考。具体来说，

$$f(\boldsymbol{x}+\boldsymbol{\epsilon})=f(\boldsymbol{x})+\boldsymbol{\epsilon}^{\mathrm{T}}\nabla f(\boldsymbol{x})+O(\|\boldsymbol{\epsilon}\|^2)$$

换句话说，在 $\boldsymbol{\epsilon}$ 的二阶项中，最陡下降的方向由负梯度 $-\nabla f(\boldsymbol{x})$ 得出。选择合适的学习率 $\eta>0$ 来生成典型的梯度下降算法：

$$\boldsymbol{x}\leftarrow\boldsymbol{x}-\eta\nabla f(\boldsymbol{x})$$

这个算法在实践中的表现如何呢？我们构造一个目标函数 $f(\boldsymbol{x})=x_1^2+2x_2^2$，并有二维向量 $\boldsymbol{x}=[x_1,x_2]^{\mathrm{T}}$ 作为输入，标量作为输出。梯度由 $\nabla f(\boldsymbol{x})=[2x_1,4x_2]^{\mathrm{T}}$ 给出。我们将从初始位置 $[-5,-2]$ 通过梯度下降观察 $\boldsymbol{x}$ 的轨迹。

我们观察学习率 $\eta=0.1$ 时优化变量 $\boldsymbol{x}$ 的轨迹。可以看到，经过 20 步之后，$\boldsymbol{x}$ 的值接近其位于 $[0,0]$ 的最小值。虽然进展相当顺利，但相当缓慢，如图 6.26 所示。

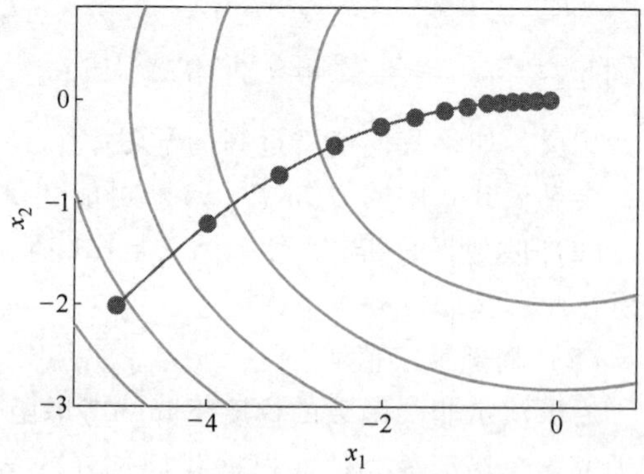

图 6.26　多元梯度下降

3. 自适应方法

正如上面我们所看到的，选择“恰到好处”的学习率 η 是很棘手的。如果我们把它选得太小，就没有什么进展；如果太大，得到的解就会振荡，甚至可能发散。如果可以自动确定 η，或者完全不必选择学习率，会怎么样？除了考虑目标函数的值和梯度，还可以考虑它的曲率的二阶方法帮我们解决这个问题。虽然由于计算代价的原因，这些方法不能直接应用于深度学习，但它们为如何设计高级优化算法提供了有用的思路，这些算法可以模拟下面概述的算法的许多理想特性。

（1）牛顿法

回顾一些函数 f：$\mathbf{R}^d \to \mathbf{R}$ 的泰勒展开式，事实上我们可以把它写成

$$f(\boldsymbol{x}+\epsilon) = f(\boldsymbol{x})+\epsilon^{\mathrm{T}} \nabla f(\boldsymbol{x}) + \frac{1}{2}\epsilon^{\mathrm{T}} \nabla^2 f(\boldsymbol{x})\epsilon + O(\|\epsilon\|^3)$$

为了避免烦琐的符号，我们将 $\boldsymbol{H} = \nabla^2 f(\boldsymbol{x})$ 定义为 f 的黑塞（Hessian）矩阵，是 $d\times d$ 矩阵。当 d 的值很小且问题很简单时，$\boldsymbol{H}$ 很容易计算。但是对于深度神经网络而言，考虑到 $\boldsymbol{H}$ 可能非常大，$O(d^2)$ 个条目的存储代价会很高，此外通过反向传播进行计算可能雪上加霜。然而，我们姑且先忽略这些考量，看看会得到什么算法。

毕竟，f 的最小值满足 $\nabla f=0$。遵循微积分规则，通过对上式取 ϵ 的导数，再忽略不重要的高阶项，我们便得到

$$\nabla f(\boldsymbol{x}) + \boldsymbol{H}\epsilon = 0, \epsilon = -\boldsymbol{H}^{-1} \nabla f(\boldsymbol{x})$$

也就是说，作为优化问题的一部分，我们需要将 Hessian 矩阵 $\boldsymbol{H}$ 求逆。

现在让我们考虑一个非凸函数，比如 $f(x)=x\cos(cx)$，c 为某些常数。请注意在牛顿法中，我们最终将除以 Hessian 矩阵。这意味着如果二阶导数是负的，f 的值可能会趋于增加。这是这个算法的致命缺陷！

这发生了惊人的错误，如图 6.27 所示。我们怎样才能修正它？一种方法是用取 Hessian 矩阵的绝对值来修正，另一个策略是重新引入学习率。这似乎违背了初衷，但不完全是——拥有二阶信息可以使我们在曲率较大时保持谨慎，而在目标函数较平坦时则采用较大的学习率。让我们看看在学习率稍小的情况下它是如何生效的，比如 $\eta=0.5$。如图 6.28 所示，我们有了一个相当高效的算法。

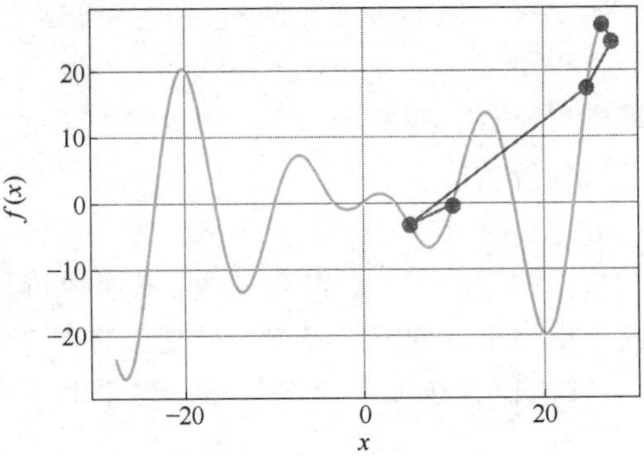

图 6.27　牛顿法的缺陷

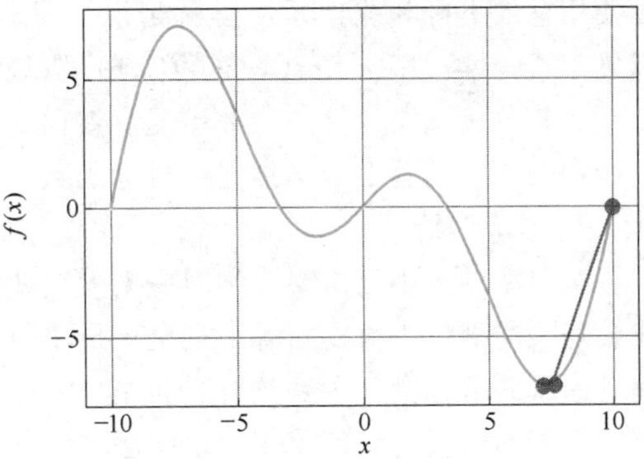

图 6.28　牛顿法引入合适的学习率的优化图像

（2）收敛性分析

在此，我们以三次可微的目标凸函数 f 为例，分析它的牛顿法收敛速度。假设它们的二阶导数不为零，即 $f''>0$。用 $x^{(k)}$ 表示 x 在第 k 次迭代时的值，令 $e^{(k)}=x^{(k)}-x^*$ 表示第 k 次迭代时与最优值的距离。通过泰勒展开，我们得到条件 $f'(x^*)=0$，可以写成

$$0=f'(x^{(k)}-e^{(k)})=f'(x^{(k)})-e^{(k)}f''(x^{(k)})+\frac{1}{2}(e^{(k)})^2 f'''(\xi^{(k)}) \tag{6-5}$$

这对某些 $\xi^{(k)} \in [x^{(k)}-e^{(k)}, x^{(k)}]$ 成立。将式（6-5）展开除以 $f''(x^{(k)})$ 得到

$$e^{(k)} - \frac{f'(x^{(k)})}{f''(x^{(k)})} = \frac{1}{2}(e^{(k)})^2 \frac{f'''(\xi^{(k)})}{f''(x^{(k)})}$$

回想之前的方程 $x^{(k+1)}=x^{(k)}-f'(x^{(k)})/f''(x^{(k)})$。插入这个更新方程，取两边的绝对值，我们得到

$$|e^{(k+1)}|=\frac{1}{2}(e^{(k)})^2\frac{|f'''(\xi^{(k)})|}{f''(x^{(k)})}$$

因此，当有界区域 $f'''(\xi^{(k)})/(2f''(x^{(k)}))\leqslant c$ 时，就有一个二次递减误差

$$e(k+1)\leqslant c(e(k))^2$$

另一方面，优化研究人员称之为“线性”收敛，而 $|e(k+1)|\leqslant\alpha|e(k)|$ 这样的条件称为“恒定”收敛速度。请注意，我们无法估计整体收敛的速度，但是一旦接近极小值，收敛将变得非常快。另外，这种分析要求 f 在高阶导数上表现良好，即确保 f 的值的变化没有任何“超常”的特性。

(3) 预处理

计算和存储完整的 Hessian 矩阵非常复杂，而改善这个问题的一种方法是“预处理”。它回避了计算整个 Hessian 矩阵，而只计算“对角线”项，即进行如下的算法更新：

$$\boldsymbol{x}\leftarrow\boldsymbol{x}-\eta\mathrm{diag}(\boldsymbol{H})^{-1}\nabla f(\boldsymbol{x})$$

虽然这不如完整的牛顿法精确，但仍然比不使用它要好得多。为什么预处理有效呢？假设一个变量以 mm 为单位，另一个变量以公里为单位。如果在测量中对这两个变量都以 m 为单位，那么参数化就出现了严重的不匹配。幸运的是，使用预处理可以消除这种情况。梯度下降的有效预处理相当于为每个变量选择不同的学习率（矢量 $\boldsymbol{x}$ 的坐标）。

(4) 梯度下降和线搜索

梯度下降的一个关键问题是可能会超过目标或进展不足，解决这一问题的简单方法是结合使用梯度下降和线搜索。也就是说，我们使用 $\nabla f(\boldsymbol{x})$ 给出的方向，然后进行二分搜索，以确定哪个学习率 η 使 $f(\boldsymbol{x}-\eta\nabla f(\boldsymbol{x}))$ 取最小值。

有关分析证明此算法收敛迅速。然而，对深度学习而言，这不太可行。因为线搜索的每一步都需要评估整个数据集上的目标函数，实现它的代价太昂贵了。

4. 方法小结

学习率的大小很重要：学习率太大会使模型发散，学习率太小会没有进展。梯度下降可能会陷入局部极小值，而得不到全局最小值。在高维模型中，调整学习率是很复杂的。预处理有助于调节比例。牛顿法在凸问题中一旦开始正常工作，速度就会快得多。对于非凸问题，不要不做任何调整就使用牛顿法。

6.5.3 随机梯度下降

我们继续更详细地说明随机梯度下降（Stochastic Gradient Descent，SGD）。

1. 随机梯度更新

在深度学习中，目标函数通常是训练数据集中每个样本的损失函数的平均值。给定 n 个样本的训练数据集，假设 $f_i(\boldsymbol{x})$ 是关于索引 i 的训练样本的损失函数，其中 $\boldsymbol{x}$ 是参数向量。然后我们得到目标函数

$$f(\boldsymbol{x})=\frac{1}{n}\sum_{i=1}^{n}f_i(\boldsymbol{x})$$

$\boldsymbol{x}$ 的目标函数的梯度计算为

$$\nabla f(\boldsymbol{x})=\frac{1}{n}\sum_{i=1}^{n}\nabla f_i(\boldsymbol{x})$$

如果使用梯度下降法，则每个自变量迭代的计算代价为 $O(n)$，它随 n 线性增长。因此，当训练数据集较大时，每次迭代的梯度下降计算代价将较高。

随机梯度下降可降低每次迭代时的计算代价。在随机梯度下降的每次迭代中，我们对数据样本随机均匀采样一个索引 i，其中 $i\in\{1,2,\cdots,n\}$，并计算梯度 ∇f_i（$\boldsymbol{x}$）以更新 $\boldsymbol{x}$：

$$\boldsymbol{x}\leftarrow\boldsymbol{x}-\eta\nabla f_i(\boldsymbol{x})$$

式中，η 是学习率。我们可以看到，每次迭代的计算代价从梯度下降的 $O(n)$ 降至常数 $O(1)$。此外，我们要强调，随机梯度 $\nabla f_i(\boldsymbol{x})$ 是对完整梯度 $\nabla f(\boldsymbol{x})$ 的无偏估计，因为

$$E_i[\nabla f_i(\boldsymbol{x})]=\frac{1}{n}\sum_{i=1}^{n}\nabla f_i(\boldsymbol{x})=\nabla f(\boldsymbol{x})$$

这意味着，平均而言，随机梯度是对梯度的良好估计。

现在，我们将把它与梯度下降进行比较，方法是向梯度添加均值为 0、方差为 1 的随机噪声，以模拟随机梯度下降，如图 6.29 所示。

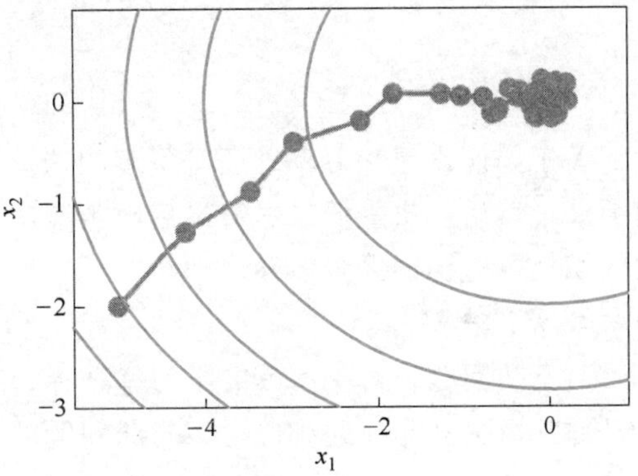

图 6.29　随机梯度下降轨迹

正如我们所看到的，随机梯度下降中变量的轨迹比梯度下降中观察到的轨迹嘈杂得多，这是由于梯度的随机性质。也就是说，即使我们接近最小值，我们仍然受到通过 $\eta\nabla f_i(\boldsymbol{x})$ 的瞬间梯度所注入的不确定性的影响，即使经过 50 次迭代，质量也仍然不那么好。更糟糕的是，经过额外的步骤，随机梯度下降不会得到改善。这给我们留下了唯一的选择：改变学习率 η。但是，如果我们选择的学习率太小，我们一开始就不会取得任何有意义的进展。另一方面，如果我们选择的学习率太大，我们将无法获得一个好的解决方案。解决这些相互冲突的目标的唯一方法是在优化过程中动态降低学习率。

这也是在随机梯度下降步长函数中添加学习率函数的原因。在图 6.28 中，学习率调度的任何功能都处于休眠状态，因为我们将相关的函数设置为常量。

2. 动态学习率

用与时间相关的学习率 $\eta(t)$ 取代 η 增加了控制优化算法收敛的复杂性。特别是，我们需要弄清 η 的衰减速度。如果衰减速度太快，我们将过早停止优化。如果衰减速度太慢，我们会在优化上浪费太多时间。以下是随着时间推移调整 η 时使用的一些基本策略：

$$\eta(t)=\eta_i,t_i\leqslant t\leqslant t_i+1\text{（分段常数）}$$

$$\eta(t)=\eta_0\mathrm{e}^{-\lambda t}\text{（指数衰减）}$$

$$\eta(t)=\eta_0(\beta t+1)^{-\alpha}\text{（多项式衰减）}$$

在第一个分段常数场景中，我们会降低学习率，例如，每当优化进度停顿时。这是训练深度网络的常见策略。或者，我们可以通过指数衰减来更积极地减低学习率。不幸的是，这往往会导致算法收敛之前过早停止。一个受欢迎的选择是 $\alpha=0.5$ 的多项式衰减。在凸优化

的情况下，有许多证据表明这种速率表现良好。让我们看看指数衰减在实践中是什么样子，如图 6. 30 所示。

正如预期的那样，参数的方差大大减少。但是，这是以未能收敛到最优解 $\boldsymbol{x}=(0,0)$ 为代价的。即使经过 1000 个迭代步骤，我们仍然离最优解很远。事实上，该算法根本无法收敛。另一方面，如果我们使用多项式衰减，其中学习率随迭代次数的二次方根倒数衰减，那么仅在 50 次迭代之后，收敛就会更好，如图 6. 31 所示。

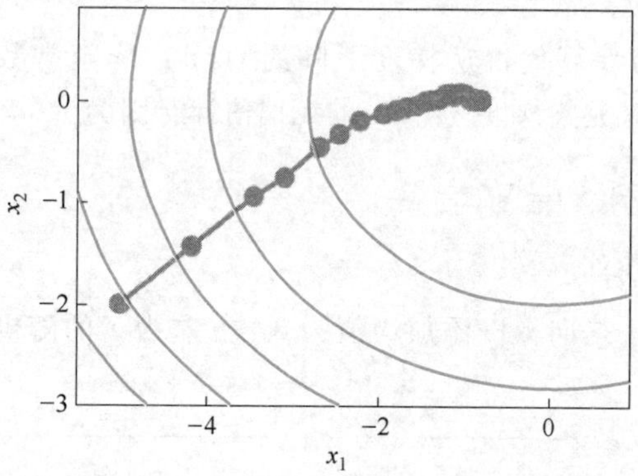

图 6. 30　学习率指数衰减的随机梯度下降法

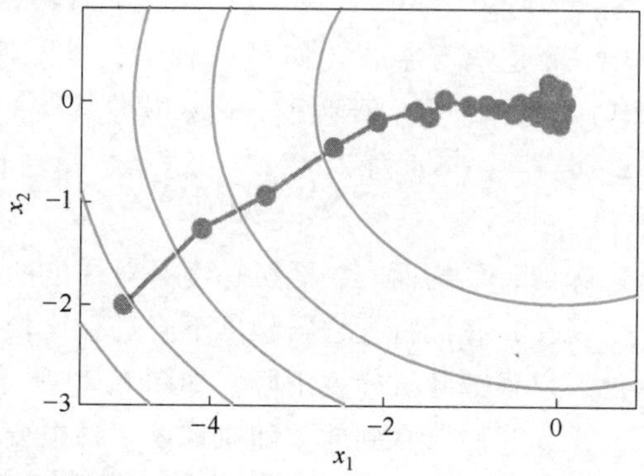

图 6. 31　学习率多项式衰减的随机梯度下降法

关于如何设置学习率，还有更多的选择。例如，我们可以从较小的学习率开始，然后迅速上涨，然后再次降低，尽管最后收敛速度可能更慢。我们甚至可以在较小和较大的学习率之间切换。这样的设置多种多样。

3. 方法小结

对于凸问题，对于广泛的学习率选择，随机梯度下降将收敛到最优解。对于深度学习而言，通常情况并非如此。但是，对凸问题的分析使我们能够深入了解如何进行优化，即逐步降低学习率，尽管不是太快。如果学习率太小或太大，就会出现问题，只有经过多次实验后才能找到合适的学习率。当训练数据集中有更多样本时，计算梯度下降的每次迭代的代价更高，因此在这些情况下，首选随机梯度下降。随机梯度下降方法在非凸情况下一般不可用，因为需要检查的局部最小值的数量可能是指数级的。

6. 5. 4　小批量随机梯度下降

到目前为止，我们在基于梯度的学习方法中遇到了两个极端情况：梯度下降法使用完整数据集来计算梯度并更新参数，随机梯度下降法一次处理一个训练样本来取得进展。二者各有利弊，每当数据非常相似时，梯度下降并不是非常“数据高效”。而由于 CPU 和 GPU 无法充分利用向量化，随机梯度下降并不特别“计算高效”。这暗示了两者之间可能有折中方案，这便涉及小批量随机梯度下降。

1. 向量化和小批量

使用小批量的决策的核心是计算效率，为了提升计算效率，我们最好用向量化（和矩阵）。这既适用于计算梯度以更新参数，也适用于用神经网络预测。

之前我们会理所当然地读取数据的小批量，而不是观测单个数据来更新参数，现在简要解释一下原因。处理单个观测值需要执行许多单一矩阵-矢量（甚至矢量-矢量）乘法，这耗费相当大，而且对应深度学习框架也要巨大的开销。也就是说，每当我们执行 $\boldsymbol{w} \leftarrow \boldsymbol{w} - \eta_t \boldsymbol{g}_t$ 时，消耗巨大。
其中，

$$\boldsymbol{g}_t = \partial_w f(\boldsymbol{x}_t, \boldsymbol{w})$$

我们可以通过将其应用于一个小批量观测值来提高此操作的计算效率。也就是说，我们将梯度 $\boldsymbol{g}_t$ 替换为一个小批量而不是单个观测值。

$$\boldsymbol{g}_t = \partial_w \frac{1}{|B_t|} \sum_{i \in B_t} f(\boldsymbol{x}_t, \boldsymbol{w})$$

让我们看看这对 $\boldsymbol{g}_t$ 的统计属性有什么影响：由于 $\boldsymbol{x}_t$ 和小批量 B_t 的所有元素都是从训练集中随机抽出的，因此梯度的预期保持不变，同时，方差显著降低。由于小批量梯度由正在被平均计算的 $b := |B_t|$ 个独立梯度组成，因此其标准差降低了 $b^{-\frac{1}{2}}$。这本身就是一件好事，因为这意味着更新的梯度与完整的梯度更接近了。

天真点说，这表明选择大型的小批量 B_t 将是普遍可用的。然而，经过一段时间后，与计算代价的线性增长相比，标准差的额外减少是微乎其微的。在实践中我们选择一个足够大的小批量，它可以提供良好的计算效率同时仍适合 GPU 的内存。

2. 方法小结

由于减少了深度学习框架的额外开销，而且使用更好的内存分配以及 CPU 和 GPU 上的缓存，因此向量化使代码更加高效。随机梯度下降的“统计效率”与大批量一次处理数据的“计算效率”之间存在权衡。小批量随机梯度下降提供了两全其美的答案：计算和统计效率。在小批量随机梯度下降中，我们处理通过训练数据的随机排列获得的批量数据（即每个观测值只处理一次，但按随机顺序）。在训练期间降低学习率有助于训练。一般来说，小批量随机梯度下降比随机梯度下降和梯度下降的速度快，收敛风险较小。

6.5.5　动量法

在只有嘈杂的梯度可用的情况下执行随机梯度下降，执行优化时，我们在选择学习率需要格外谨慎。如果衰减速度太快，收敛就会停滞。相反，如果太宽松，可能无法收敛到最优解。

1. 理论基础

小批量随机梯度下降作为加速计算的手段，也有其他很好的作用，如平均梯度减小了方差。小批量随机梯度下降可以通过以下方式计算：

$$\boldsymbol{g}_{t,t-1} = \partial_w \frac{1}{|B_t|} \sum_{i \in B_t} f(\boldsymbol{x}_i, \boldsymbol{w}_{t-1}) = \frac{1}{|B_t|} \sum_{i \in B_t} \partial_w f(\boldsymbol{x}_i, \boldsymbol{w}_{t-1})$$

如果我们能够从方差减少的影响中受益，甚至超过小批量上的梯度平均值，那很不错。完成这项任务的一种选择是用泄漏平均值（leaky average）取代梯度计算：

$$\boldsymbol{v}_t = \beta \boldsymbol{v}_{t-1} + \boldsymbol{g}_{t,t-1}$$

式中，$\beta \in (0,1)$。这有效地将瞬时梯度替换为多个“过去”梯度的平均值。$\boldsymbol{v}$ 被称为动量，它累加了过去的梯度。为了更详细地解释，让我们递归地将 $\boldsymbol{v}_t$ 扩展到

$$\boldsymbol{v}_t = \beta^2 \boldsymbol{v}_{t-2} + \beta \boldsymbol{g}_{t-1,t-2} + \boldsymbol{g}_{t,t-1} = \cdots = \sum_{\tau=0}^{t-1} \beta^{\tau} \boldsymbol{g}_{t-\tau,t-\tau-1}$$

式中，较大的β相当于长期平均值，而较小的β相对于梯度法只是略有修正。新的梯度替换不再指向梯度下降最陡的方向，而是指向过去梯度的加权平均值的方向。这使我们能够实现对单批量计算平均值的大部分好处，而不产生实际计算其梯度的代价。

上述推理构成了“加速”梯度方法的基础，例如具有动量的梯度。在优化问题条件不佳的情况下（例如，有些方向的进展比其他方向慢得多，类似狭窄的峡谷），“加速”梯度更有效。此外，它们允许我们对随后的梯度计算平均值，以获得更稳定的下降方向。即使对于无噪声凸问题，动量如此起效的关键原因之一是加速度。

2. 梯度下降的问题

为了更好地了解动量法的几何属性，我们复习一下梯度下降。函数$f(\boldsymbol{x})=x_1^2+2x_2^2$即中度扭曲的椭球目标。我们通过向$x_1$向伸展$f(\boldsymbol{x})$来进一步扭曲这个函数

$$f(\boldsymbol{x})=0.1x_1^2+2x_2^2$$

与之前一样，f在（0,0）有最小值，该函数在x_1的方向上非常平坦。取学习率为0.4的新函数上执行梯度下降如图6.32所示。

从构造来看，x_2方向的梯度比水平x_1方向的梯度大得多，变化也快得多。因此，我们陷入两难：如果选择较小的学习率，虽然会确保解不会在x_2方向发散，但要承受在x_1方向的缓慢收敛；相反，如果学习率较高，虽然在x_1方向上进展很快，但在x_2方向将会发散。图6.33说明了即使学习率从0.4略微提高到0.6，也会发生变化。x_1向上的收敛有所改善，但整体来看解的质量更差了。

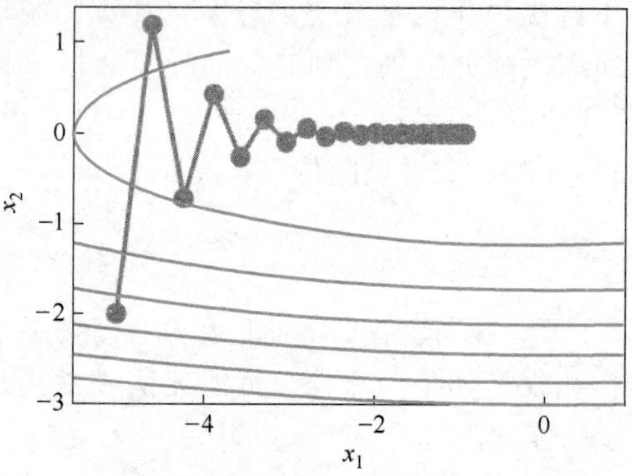

图6.32 梯度下降的问题（学习率为0.4）

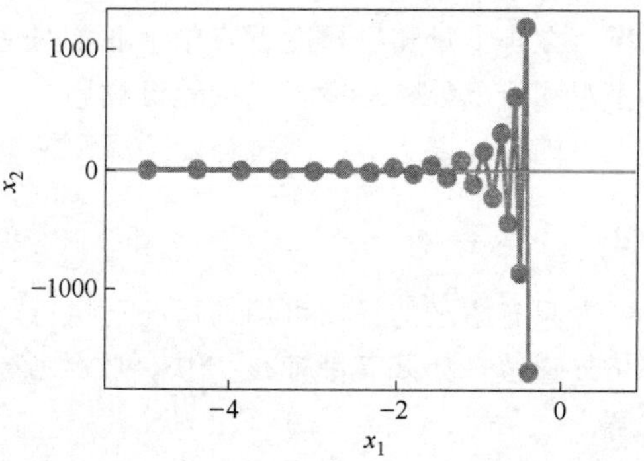

图6.33 梯度下降的问题（学习率为0.6）

3. 动量法

动量法能够解决上面描述的梯度下降问题。观察上面的优化轨迹，我们可能会认为计算过去的平均梯度效果会很好。毕竟，在x_1方向上，这将聚合非常对齐的梯度，从而增加在每一步中覆盖的距离。相反，在梯度振荡的x_2方向，由于相互抵消了对方的振荡，聚合梯度将减小步长大小。使用$\boldsymbol{v}_t$而不是梯度$\boldsymbol{g}_t$可以生成以下更新等式：

$$\boldsymbol{v}_t \leftarrow \beta \boldsymbol{v}_{t-1} + \boldsymbol{g}_{t,t-1}$$

$$\boldsymbol{x}_t \leftarrow \boldsymbol{x}_{t-1} - \eta_t \boldsymbol{v}_t$$

请注意，对于$\beta=0$，我们恢复常规的梯度下降。相比于小批量随机梯度下降，动量方法需要维护一组辅助变量，即速度。它与梯度以及优化问题的变量具有相同的形式。我们可以将动量法与随机梯度下降，特别是小批量随机梯度下降结合起来。唯一的变化是，在这种情况

下，我们将梯度 $\boldsymbol{g}_{t,t-1}$ 替换为 $\boldsymbol{g}_t$。为了方便起见，我们在时间 $t=0$ 时初始化 $\boldsymbol{v}_0=\boldsymbol{0}$。

由指数加权移动平均理解动量法，现在，我们对动量法的速度变量做变形：

$$\boldsymbol{v}_t \leftarrow \beta \boldsymbol{v}_{t-1}+(1-\beta)\left(\frac{\eta_t}{1-\beta}\boldsymbol{g}_t\right)$$

由指数加权移动平均的形式可得，速度变量 $\boldsymbol{v}_t$ 实际上对序列 $\{\eta_{t-i}\boldsymbol{g}_{t-i}/(1-\beta): i=0,\cdots,1/(1-\beta)-1\}$ 做了指数加权移动平均。相比于小批量随机梯度下降，动量法在每个时间步的自变量更新量近似于将小批量随机梯度下降对应的最近 $1/(1-\beta)$ 个时间步的更新量做了指数加权移动平均后再除以（$1-\beta$）。所以，在动量法中，自变量在各个方向上的移动幅度不仅取决于当前梯度，还取决于过去的各个梯度在各个方向上是否一致。回想一下 $\boldsymbol{v}_t = \sum_{\tau=0}^{t-1}\beta^{\tau}\boldsymbol{g}_{t-\tau,\ t-\tau-1}$，极限条件下，$\sum_{\tau=0}^{\infty}\beta^{\tau}=\frac{1}{1-\beta}$。换句话说，我们侧重处理潜在表现可能会更好的下降方向。当我们将动量超参数 β 增加到 0.9 时，它相当于有效样本数量增加到 $1/(1-0.9)=10$。如图 6.34 所示，我们将学习率略微降至 0.01，以确保可控。

降低学习率进一步解决了任何非平滑优化问题的困难，将其设置为 0.005 会产生良好的收敛性能，具体如图 6.35 所示。

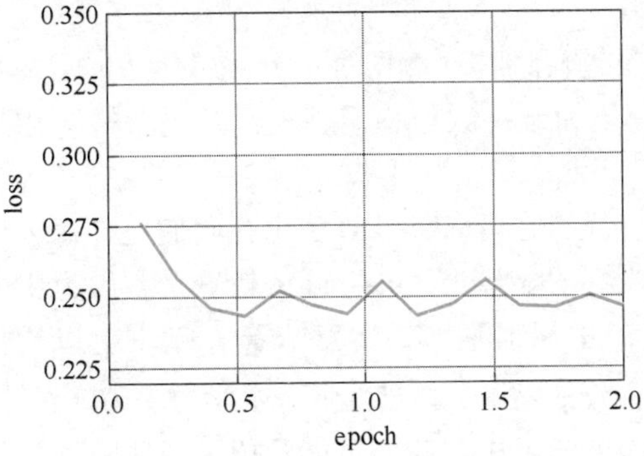

图 6.34　学习率为 0.01 时损失函数的收敛性

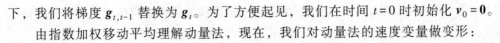

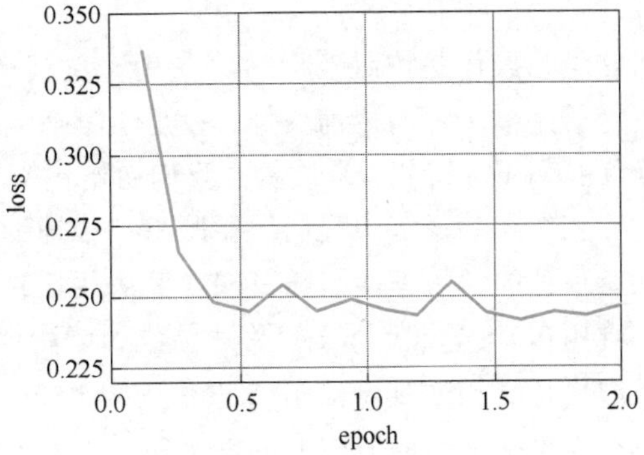

图 6.35　学习率为 0.005 时损失函数的收敛性

4. 方法小结

动量法用过去梯度的平均值来替换梯度，这大大加快了收敛速度。对于无噪声梯度下降和嘈杂随机梯度下降，动量法都是可取的。动量法可以防止在随机梯度下降的优化过程中停滞。由于对过去的数据进行了指数降权，有效梯度数为 $\frac{1}{1-\beta}$。在凸二次问题中，可以对动量法进行明确而详细的分析。动量法的实现非常简单，但它需要我们存储额外的状态向量（动量 $\boldsymbol{v}$）。

6.5.6　AdaGrad 算法

假设我们正在训练一个语言模型。为了获得良好的准确性，我们大多希望在训练的过程中降低学习率，现在讨论关于稀疏特征（即偶尔出现的特征）的模型训练，这对自然语言来说很常见。只有在这些不常见的特征出现时，与其相关的参数才会得到有意义的更新。鉴于学习率下降，我们可能最终会面临这样的情况：常见特征的参数相当迅速地收敛到最佳值，而对于不常见的特征，我们仍缺乏足够的观测以确定其最佳值。换句话说，学习率要么对于常见特征而言降低太慢，要么对于不常见特征而言降低太快。

解决此问题的一个方法是记录我们看到特定特征的次数，然后将其用作调整学习率。即我们可以使用大小为 $\eta_i=\frac{\eta_0}{\sqrt{s(i,t)+c}}$ 的学习率，而不是 $\eta_i=\frac{\eta_0}{\sqrt{t+c}}$。在这里 $s(i,t)$ 为截至 t 时观察到功能 i 的次数。这其实很容易实施且不产生额外损耗。

AdaGrad 算法通过将粗略的计数器 $s(i,t)$ 替换为先前观察所得梯度的二次方之和来解决这个问题。它使用 $s(i,t+1)=s(i,t)+(\partial_i f(\boldsymbol{x}))^2$ 来调整学习率。这有两个好处，首先，我们不再需要决定梯度何时算足够大；其次，它会随梯度的大小自动变化。通常对应于较大梯度的坐标会显著缩小，而其他梯度较小的坐标则会得到更平滑的处理。

我们使用变量 $\boldsymbol{s}_t$ 来累加过去的梯度方差，如下所示：

$$\boldsymbol{g}_t=\partial_{\boldsymbol{w}}L(y_t,f(\boldsymbol{x}_t,\boldsymbol{w}))$$

$$\boldsymbol{s}_t=\boldsymbol{s}_{t-1}+\boldsymbol{g}_t^2$$

$$\boldsymbol{w}_t=\boldsymbol{w}_{t-1}-\frac{\eta}{\sqrt{\boldsymbol{s}_t+\varepsilon}}\boldsymbol{g}_t$$

在这里，操作是按照坐标顺序应用。也就是说，$\boldsymbol{v}^2$ 有条目 ${v_i}^2$。同样，$\sqrt{\boldsymbol{v}}$ 有条目 $\sqrt{v_i}$，并且 $\boldsymbol{uv}$ 有条目 u_iv_i。与之前一样，η 是学习率，ε 是一个为维持数值稳定性而添加的常数，用来确保我们不会除以 0。最后，我们初始化 $\boldsymbol{s}_0=\boldsymbol{0}$。

就像在动量法中我们需要跟踪一个辅助变量一样，在 AdaGrad 算法中，我们允许每个坐标有单独的学习率。与随机梯度算法相比，这并没有明显增加 AdaGrad 的计算量，因为主要计算用在 $L(yt,f(\boldsymbol{x}_t,\boldsymbol{w}))$ 及其导数。请注意，在 $\boldsymbol{s}_t$ 中累加平方梯度意味着 $\boldsymbol{s}_t$ 基本上以线性速率增长（由于梯度从最开始衰减，实际上比线性慢一些）。这产生了一个学习率 $O(t^{-1/2})$，但是在单个坐标的层面上进行了调整。然而，在深度学习中，我们可能希望更慢地降低学习率。这引出了许多 AdaGrad 算法的变体。

现在让我们先看看它在二次凸问题中的表现如何。我们仍然以同一函数为例：

$$f(\boldsymbol{x})=0.1x_1^2+2x_2^2$$

我们将使用与之前相同的学习率来实现 AdaGrad 算法，即 $\eta=0.4$。如图 6.36 所示，可以看到，自变量的迭代轨迹较平滑。但由于 $\boldsymbol{s}_t$ 的累加效果使学习率不断衰减，自变量在迭代后期的移动幅度较小。

我们将学习率提高到 2，如图 6.37 所示，可以看到更好的表现。这已经表明，即使在无噪声的情况下，学习率的降低可能相当剧烈，我们需要确保参数能够适当地收敛。

方法小结：AdaGrad 算法会在单个坐标层面动态降低学习率；AdaGrad 算法利用梯度的大小作为调整进度速率的手段：用较小的学习率来补偿带有较大梯度的坐标；在深度学习问题中，由于内存和计算限制，计算准确的二阶导数通常是不可行的。梯度可以作为一个有效的代理；如果优化问题的结构相当不均匀，AdaGrad 算法可以帮助缓解扭曲；AdaGrad 算法对于稀疏特征特别有效，在此情况下由于不常出现的问题，学习率需要更慢地降低；在深度学习问题上，AdaGrad 算法有时在降低学习率方面可能过于剧烈。

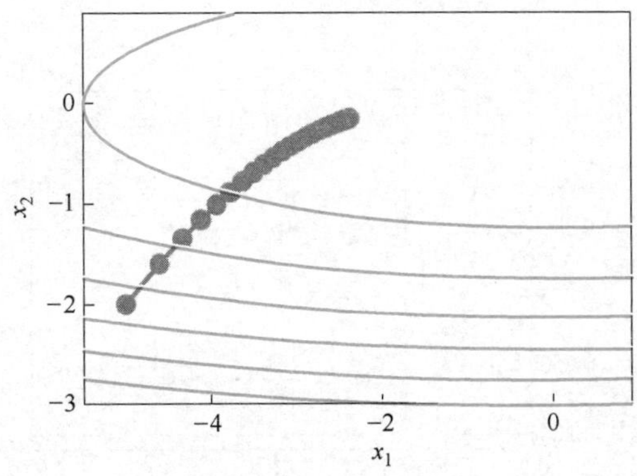

图 6.36 AdaGrad 算法的学习图像（学习率为 0.4）

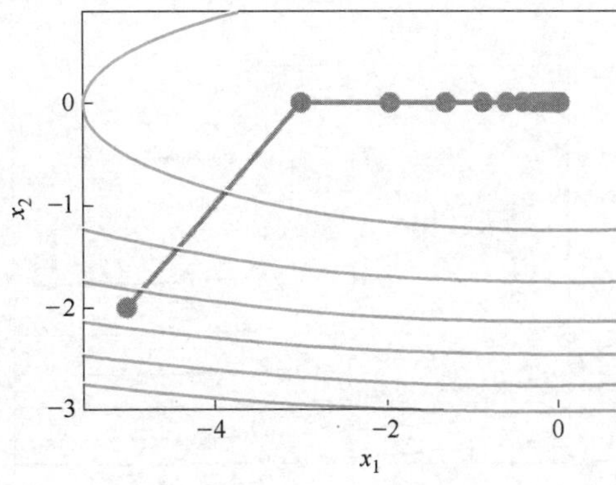

图 6.37 AdaGrad 算法的学习图像（学习率为 2）

6.5.7 RMSProp 算法

AdaGrad 算法中的关键问题之一是学习率按预定时间函数 $O(t^{-1/2})$ 显著降低。虽然这通常适用于凸问题，但对于深度学习中遇到的非凸问题，可能并不理想。但是，作为一个预处理器，AdaGrad 算法按坐标顺序的适应性是非常可取的。因此，有学者建议以 RMSProp 算法作为将速率调度与坐标自适应学习率分离的简单修复方法。问题在于，AdaGrad 算法将梯度 $\boldsymbol{g}_t$ 的二次方累加成状态矢量 $\boldsymbol{s}_t=\boldsymbol{s}_{t-1}+\boldsymbol{g}_t{}^2$。由于缺乏规范化，没有约束力，$\boldsymbol{s}_t$ 持续增长，几乎在算法收敛时呈线性递增。解决此问题的一种方法是使用 $\boldsymbol{s}_t/t$。对于 $\boldsymbol{g}_t$ 的合理分布，它将收敛。遗憾的是，限制行为生效可能需要很长时间，因为该流程记住了价值的完整轨迹。另一种方法是按动量法中的方式使用泄漏平均值，即 $\boldsymbol{s}_t\leftarrow\gamma\boldsymbol{s}_{t-1}+(1-\gamma)\boldsymbol{g}_t{}^2$，其中参数 $\gamma>0$。保持其他部分不变就产生了 RMSProp 算法。

让我们详细写出这些方程式：

$$\boldsymbol{s}_t\leftarrow\gamma\boldsymbol{s}_{t-1}+(1-\gamma)\boldsymbol{g}_t{}^2$$

$$\boldsymbol{x}_t=\boldsymbol{x}_{t-1}-\frac{\eta}{\sqrt{\boldsymbol{s}_t+\varepsilon}}\boldsymbol{g}_t$$

常数 $\varepsilon>0$，通常设置为 6~10，以确保我们不会因除以零或步长过大而受到影响。鉴于这种扩展，我们现在可以自由控制学习率 η，而不考虑基于每个坐标应用的缩放。就泄漏平均值而言，我们可以采用与之前在动量法中适用的相同推理。扩展 $\boldsymbol{s}_t$ 定义可获得

$$\begin{aligned}\boldsymbol{s}_t&=(1-\gamma)\boldsymbol{g}_t^2+\gamma\boldsymbol{s}_{t-1}\\&=(1-\gamma)(g_t^2+\gamma\boldsymbol{g}_{t-1}^2+\gamma^2\boldsymbol{g}_{t-2}^2+\cdots)\end{aligned}$$

令 $1+\gamma+\gamma^2+\cdots=\frac{1}{1-\gamma}$。因此，权重总和标准化为 1 且观测值的半衰期为 $\gamma-1$。

与之前一样，我们使用二次函数 $f(\boldsymbol{x})=0.1x_1^2+2x_2^2$ 来观察 RMSProp 算法的轨迹。当我们使用学习率为 0.4 的 Adagrad 算法时，变量在算法的后期阶段移动非常缓慢，因为学习率衰减太快。RMSProp 算法中不会发生这种情况，因为 η 是单独控制的。我们取 $\eta=0.4$ 且 $\gamma=0.9$，则可得如图 6.38 所示的图像。

我们将初始学习率设置为 0.01，加权项 γ 设置为 0.9。也就是说，$\boldsymbol{s}_t$ 累加了过去的 $1/(1-\gamma)=10$ 次方梯度观测值的平均值，则得损失函数随迭代批次的变化图像如图 6.39

所示。

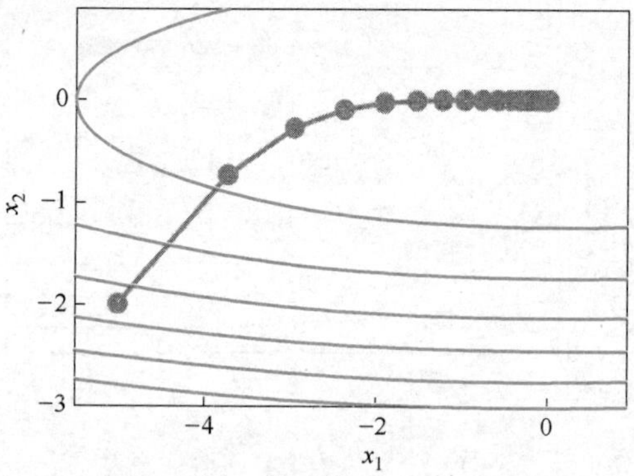

图 6.38　RMSProp 算法图像

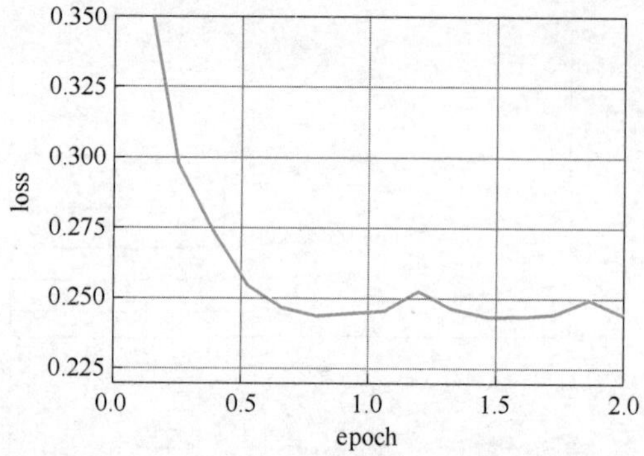

图 6.39　RMSProp 算法损失函数的变化图像

方法小结：RMSProp 算法与 Adagrad 算法非常相似，因为两者都使用梯度的平方来缩放系数。RMSProp 算法与动量法都使用泄漏平均值，但是，RMSProp 算法使用该技术来调整按系数顺序的预处理器。学习率需要由实验人员调度。系数 γ 决定了在调整每坐标比例时历史记录的时长。

6.5.8　Adadelta 算法

Adadelta 是 AdaGrad 的另一种变体，主要区别在于 Adadelta 减少了学习率适应坐标的数量。此外，广义上 Adadelta 被称为没有学习率，因为它使用变化量本身作为未来变化的校准。简而言之，Adadelta 使用两个状态变量，$\boldsymbol{s}_t$ 用于存储梯度二阶导数的泄漏平均值，$\Delta \boldsymbol{x}_t$ 用于存储模型本身中参数变化二阶导数的泄漏平均值。

鉴于参数是 ρ，我们获得了类似的以下泄漏更新：

$$\boldsymbol{s}_t=\rho \boldsymbol{s}_{t-1}+(1-\rho)\boldsymbol{g}_t^2$$

我们使用重新缩放的梯度 $\boldsymbol{g}_t'$执行更新，即

$$\boldsymbol{x}_t=\boldsymbol{x}_{t-1}-\boldsymbol{g}_t'$$

那么，调整后的梯度 $\boldsymbol{g}_t'$是什么？我们可以按如下方式计算它：

$$\boldsymbol{g}_t'=\frac{\sqrt{\Delta \boldsymbol{x}_{t-1}+\varepsilon}}{\sqrt{\boldsymbol{s}_t+\varepsilon}}\boldsymbol{g}_t$$

式中，$\Delta \boldsymbol{x}_{t-1}$ 是重新缩放梯度的平方 $\boldsymbol{g}_t'$的泄漏平均值。我们将 $\Delta \boldsymbol{x}_0$ 初始化为 0，然后在每个步骤中使用 $\boldsymbol{g}_t'$更新它，即

$$\Delta \boldsymbol{x}_t=\rho \Delta \boldsymbol{x}_{t-1}+(1-\rho)\boldsymbol{g}'^2_t$$

ε（为 10^{-5} 这样的小值）是为了保持数字稳定性而加入的。

方法小结，Adadelta 算法的主要特点是：①Adadelta 没有学习率参数。相反，它使用参数本身的变化率来调整学习率。②Adadelta 需要两个状态变量来存储梯度的二阶导数和参数的变化。③Adadelta 使用泄漏平均值来保持对适当统计数据的运行估计。

6.5.9　Adam 算法

我们已经学习了许多有效优化的技术。在本节讨论之前，先详细回顾一下这些技术：随

机梯度下降在解决优化问题时比梯度下降更有效。在一个小批量中使用更大的观测值集，可以通过向量化提供额外效率。这是高效的多机、多 GPU 和整体并行处理的关键。我们添加了一种机制，用于汇总过去梯度的历史以加速收敛，使用每个坐标缩放来实现计算效率的预处理，通过学习率的调整来分离每个坐标的缩放。

Adam 算法将所有这些技术汇总到一个高效的学习算法中。作为深度学习中所使用的更强大和有效的优化算法之一，它非常受欢迎。但是它并非没有问题，有时 Adam 算法可能由于方差控制不良而发散。在完善工作中，给 Adam 算法提供了一个称为 Yogi 的热补丁来解决这些问题。

1. Adam 算法

Adam 算法的关键组成部分之一是：它使用指数加权移动平均值来估算梯度的动量和第二力矩，即它使用状态变量

$$\boldsymbol{v}_t \leftarrow \beta_1 \boldsymbol{v}_{t-1} + (1-\beta_1)\boldsymbol{g}_t$$
$$\boldsymbol{s}_t \leftarrow \beta_2 \boldsymbol{s}_{t-1} + (1-\beta_2)\boldsymbol{g}_t^2$$

这里 β_1 和 β_2 是非负加权参数。它们的常见设置是 $\beta_1=0.9$ 和 $\beta_2=0.999$。也就是说，方差的估计比动量的估计移动得远远更慢。注意：如果初始化 $\boldsymbol{v}_0=\boldsymbol{s}_0=\boldsymbol{0}$，就会获得一个相当大的初始偏差。我们可以通过使用 $\sum_{i=0}^{t}\beta^i=\frac{1-\beta^t}{1-\beta}$ 来解决这个问题。相应地，标准化状态变量由以下获得

$$\hat{\boldsymbol{v}}_t=\frac{\boldsymbol{v}_t}{1-\beta_1^t} \text{且} \hat{\boldsymbol{s}}_t=\frac{\boldsymbol{s}_t}{1-\beta_2^t}$$

有了正确的估计，我们现在可以写出更新方程。首先，以非常类似于 RMSProp 算法的方式重新缩放梯度获得

$$\boldsymbol{g}_t'=\frac{\eta\hat{\boldsymbol{v}}_t}{\sqrt{\hat{\boldsymbol{s}}_t}+\varepsilon}$$

与 RMSProp 不同，我们的更新使用动量 $\hat{\boldsymbol{v}}_t$ 而不是梯度本身。此外，由于使用 $\frac{1}{\sqrt{\hat{\boldsymbol{s}}_t}+\varepsilon}$ 而不是 $\frac{1}{\sqrt{\hat{\boldsymbol{s}}_t+\varepsilon}}$ 进行缩放，两者会略有差异。前者在实践中效果略好一些，因此与 RMSProp 算法有所区分。通常，我们选择 $\varepsilon=10^{-6}$，这是为了在数值稳定性和逼真度之间取得良好的平衡。最后，我们简单更新

$$\boldsymbol{x}_t=\boldsymbol{x}_{t-1}-\boldsymbol{g}_t'$$

回顾 Adam 算法，它的设计灵感很清楚：首先，动量和规模在状态变量中清晰可见，它们相当独特的定义使我们移除偏置项（这可以通过稍微不同的初始化和更新条件来修正）。其次，RMSProp 算法中两个项目的组合都非常简单。最后，明确的学习率 η 使我们能够控制步长来解决收敛问题。

2. Yogi 更新

Adam 算法也存在一些问题：即使在凸环境下，当 $\boldsymbol{s}_t$ 的第二力矩估计值爆炸时，它可能

无法收敛。Zaheer 等学者为 s_t 提出了改进更新和参数初始化，Adam 算法更新如下：

$$s_t \leftarrow s_{t-1} + (1-\beta_2)(g_t^{\,2} - s_{t-1})$$

每当 $g_t^{\,2}$ 具有高变量或更新稀疏时，s_t 可能会太快地"忘记"过去的值。一个有效的解决方法是将 $g_t^{\,2}-s_{t-1}$ 替换为 $g_t^{\,2} \otimes \mathrm{sgn}(g_t^{\,2}-s_{t-1})$。这就是 Yogi 更新，现在更新的规模不再取决于偏差的量。

$$s_t \leftarrow s_{t-1} + (1-\beta_2) g_t^{\,2} \otimes \mathrm{sgn}(g_t^{\,2} - s_{t-1})$$

论文中，作者还进一步建议用更大的初始批量来初始化动量，而不仅仅是初始的逐点估计。

3. 方法小结

Adam 算法将许多优化算法的功能结合到了相当强大的更新规则中。Adam 算法在 RMSProp 算法基础上创建的。在估计动量和第二力矩时，Adam 算法使用偏差校正来调整缓慢的启动速度。对于具有显著差异的梯度，可能会遇到收敛性问题。我们可以通过使用更大的小批量或者切换到改进的估计值 s_t 来修正它们。Yogi 提供了这样的替代方案。

6.5.10 学习率调整策略

到目前为止，我们主要关注如何更新权重向量的优化算法，而不是它们的更新速率。然而，调整学习率通常与实际算法同样重要，有如下几方面需要考虑：首先，学习率的大小很重要。如果它太大，优化就会发散；如果它太小，训练就会需要过长时间，或者我们最终只能得到次优的结果。其次，衰减速率同样很重要。如果学习率持续过高，我们可能最终会在最小值附近弹跳，从而无法达到最优解。再一个同样重要的方面是初始化。这既涉及参数最初的设置方式，又关系到它们最初的演变方式。这被戏称为预热，即最开始向着解决方案迈进的速度有多快。一开始的大步可能没有好处，特别是最初的参数集是随机的。最初的更新方向可能也是毫无意义的。最后，还有许多优化变体可以根据周期性学习率调整。

虽然不可能涵盖所有类型的学习率调度器，但我们会尝试简要概述常用的策略：多项式衰减和分段常数表。此外，余弦学习率调度在实践中的一些问题上运行效果很好。在某些问题上，最好在使用较高的学习率之前预热优化器。

1. 多因子调度器

多项式衰减的一种替代方案是乘法衰减，即 $\eta_{t+1} \leftarrow \eta_t \alpha$，其中 $\alpha \in (0,1)$。为了防止学习率衰减超出合理的下限，更新方程经常修改为 $\eta_{t+1} \leftarrow \max(\eta_{\min}, \eta_t \alpha)$。多因子调度器如图 6.40 所示。

2. 分段常数调度器

训练深度网络的常见策略之一是保持分段稳定的学习率，并且每隔一段时间就一定程度地降低学习率。具体地说，给定一组降低学习率的时间，如 $s=\{5,10,20\}$，每当 $t \in s$ 时，降低 $\eta_{t+1} \leftarrow \eta_t \alpha$。分段常数调度器如图 6.41 所示。

这种分段恒定学习率调度背后的直觉是：让优化持续进行，直到权重向量的分布达到一个驻点。此时，我们才将学习率降低，以获得更高质量的解来达到一个良好的局部最小值。

3. 余弦调度器

余弦调度器是一种启发式算法。它所依据的观点是：我们可能不想在一开始就太大地降低学习率，而且可能希望最终能用非常小的学习率来"改进"解决方案。这产生了一个类似于余弦的调度，函数形式如下所示。

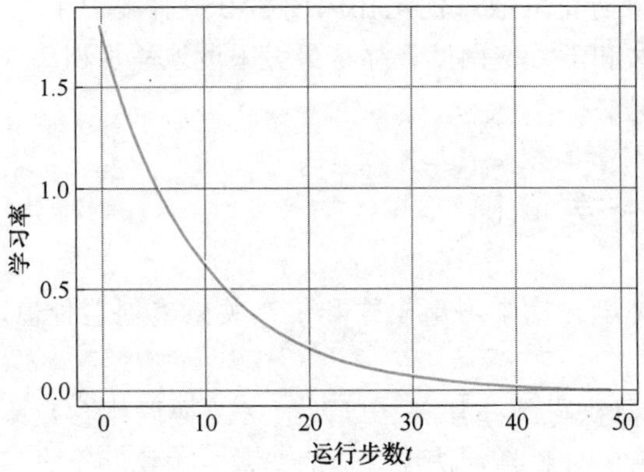

图 6.40　多因子调度器

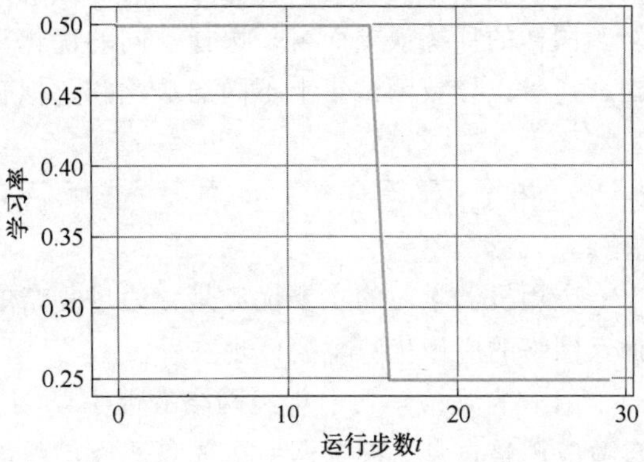

图 6.41　分段常数调度器

$$\eta_t=\eta_T+\frac{\eta_0-\eta_T}{2}\left(1+\cos\left(\frac{\pi t}{T}\right)\right),t\in[0,T]$$

这里 η_0 是初始学习率，η_T 是当 T 时的目标学习率。此外，对于 $t>T$，我们只需将值固定到 η_T 而不再增加它。余弦调度器如图 6.42 所示。

4. 预热

在某些情况下，初始化参数不足以得到良好的解，这对于某些高级网络设计来说尤其棘手，可能导致不稳定的优化结果。对此，一方面，我们可以选择一个足够小的学习率，从而防止一开始发散，然而这样进展太缓慢。另一方面，较高的学习率最初就会导致发散。解决这种困境的一个相当简单的解决方法是使用预热期，在此期间学习率将增加至初始最大值，然后冷却直到优化过程结束。为了简单起见，通常使用线性递增。这引出了如图 6.43 所示的时间表。

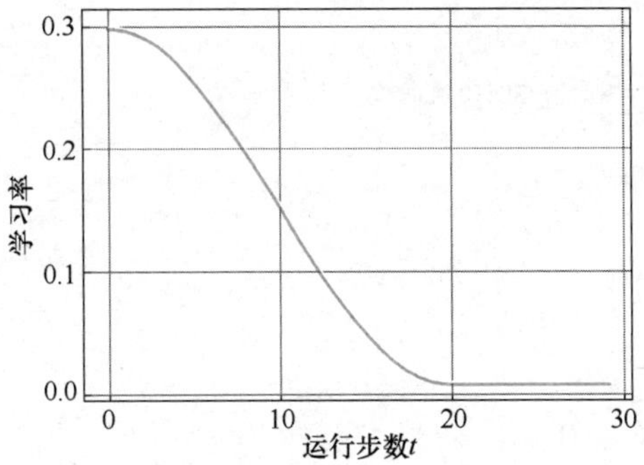

图 6.42　余弦调度器

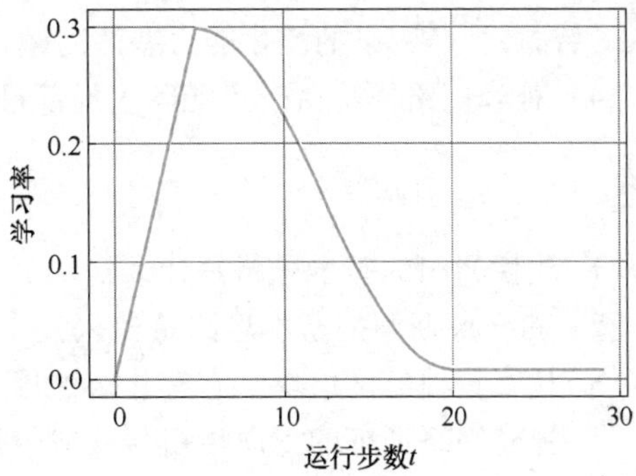

图 6.43　预热

注意，观察前 5 个迭代轮数的性能，网络最初收敛得更好。预热可以应用于任何调度器，而不仅仅是余弦。

5. 方法小结

在训练期间逐步降低学习率可以提高准确性，并且减少模型的过拟合。在实验中，每当进展趋于稳定时就降低学习率，这是很有效的。从本质上说，这可以确保有效地收敛到一个适当的解，也只有这样才能通过降低学习率来减小参数的固有方差。余弦调度器在某些计算机视觉问题中很受欢迎。优化之前的预热期可以防止发散。优化在深度学习中有多种用途。对于同样的训练误差而言，选择不同的优化算法和学习率调度，除了最大限度地减少训练时间，还可以导致测试集上不同的泛化和过拟合量。

6.6 神经网络的应用优势和存在的主要问题

应用机器学习的主要优势是，通过复杂的环境自动学习新模式和依存关系来创造价值。神经网络的应用优势主要体现在：

（1）自适应学习。神经网络有能力学习如何执行某些任务，以及通过改变网络参数来自适应调整自身。神经网络达成自适应学习能力的步骤是：选择合适的架构，选择一个有效自适应算法，并通过训练、验证和测试数据集建立模型。

（2）自组织。在非监督学习中，神经网络可以对获得的数据通过学习算法自动构成簇。因此，可以自组织发现新的未知模式。

（3）通用逼近。神经网络能够以任意的精度表示非线性行为。这个特性的优势是它可以对一个具体的数据集快速测试输入-输出依存关系。

（4）容错。神经网络中的信息分布于很多的神经元中，网络的整体性能不会因为某个节点的信息丢失或部分连接的损坏而大幅降低。在这种情况下，神经网络将会根据新数据对连接权值进行调整从而修复自身。

神经网络在应用中存在的主要问题是：

1）在高维情况下（输入数>50 和数据量>10000），向最优解收敛可能非常缓慢，训练的时间可能会很长。

2）很难将已有的知识引入神经网络模型中，尤其是定性知识。

3）模型的开发需要大量的训练、验证和测试数据，需要在尽可能大的范围内收集数据，以弥补神经网络的泛化能力差的问题。

4）神经网络模型由于可能陷入局部最优值而无法保证最优解。

复习思考题

1. 线性回归的基本思路是什么？
2. softmax 回归的基本思路是什么？
3. 什么是神经网络块？它有什么作用？
4. 神经网络训练的正向传播与反向传播的基本思路是什么？
5. 神经网络设计方法的基本思路是什么？
6. 神经网络过拟合正则化主要包括哪些基本方法？这些方法的基本思路分别是什么？
7. 神经网络主要包括哪些基本的优化方法？它们的适用场合和基本优化思路分别是什么？
8. 讨论题：神经网络算法主要有哪些优缺点？针对其缺点，需要采取哪些措施进行补充和完善？

Chapter 7

第7章 模糊逻辑算法

模糊逻辑系统是一种符合计算模型，它通过“若……则……”等形式表现人的经验、规则、知识，模拟大脑左半球模糊逻辑思维的形式和模糊推理功能，在符号水平上表现智能。这样的符号最基本的形式就是描述模糊概念的模糊集合。论域、元素和隶属度是构成描述模糊集合的三要素；模糊集合、模糊关系和模糊推理构成了模糊逻辑系统的三要素。

7.1 模糊集合及其运算

经典集合论将集合定义为具有某种属性的、确定的、彼此间可以区别的事物的全体。集合的概念实质上就是对事物分类。将组成集合的事物称为集合的元素，被研究对象所有元素的全体称为论域。模糊集合与普通集合既有联系又有区别。对于普通集合来说，任何一个元素要么属于该集合，要么不属于该集合，非此即彼，界线分明。而对于模糊集合来说，一个元素可以既属于又不属于该集合，亦此亦彼，界线模糊。

模糊集合理论已经逐步渗入自然科学和社会科学的各个领域，并且取得了令人瞩目的成果。笼统地说，模糊集合是一种可用来描述模糊现象的集合。虽然模糊性也是一种不确定性，但它不同于随机性，所以模糊集合理论不同于概率论。模糊性通常是指对概念的定义以及语言意义理解上的不确定性，而随机性则主要反映客观上的自然的不确定性，或者是事件发生的随机性。模糊性与随机性具有本质上的不同。概率论是研究随机现象的，模糊集合则是研究模糊现象的，两者都属于不确定性数学。但是，应当特别注意的是，不要错误地认为模糊集合就是模糊的，实际上模糊集合的各项运算都是精确的，它是借助于定量的方法研究模糊现象的工具。

7.1.1 模糊集合的定义及表示方法

给定论域 X，则关于 X 的模糊集合 A 表示为

$$A=\{(x,\mu_A(x))\mid x\in X\}$$

$$\mu_A:X\to[0,1]$$

式中，$\mu_A(x)$ 称为 x 对 A 的隶属函数。模糊集合用隶属函数来表征，取值范围为 $[0,1]$。$\mu_A(x)$ 接近 1，表示 x 属于 A 的程度高；$\mu_A(x)$ 接近 0，表示 x 属于 A 的程度低。

介绍几个有关的名称术语。

1. 台集合

台集合定义为

$$A_S=\{x \mid \mu_A(x)>0\}$$

其意义为论域 X 中所有使 $\mu_A(x)>0$ 的 X 全体。台集合为普通集合。

2. α 截集

定义为

$$A_\alpha=\{x \mid \mu_A(x)>\alpha\},\alpha\in[0,1)$$
$$A_{\bar{\alpha}}=\{x \mid \mu_A\geqslant\alpha\},\alpha\in(0,1]$$

式中，A_α 和 $A_{\bar{\alpha}}$ 分别称为模糊集合 A 的强 α 截集和弱 α 截集。显然，α 截集也是普通集合。

3. 正则模糊集合

如果

$$\max_{x\in X}\mu_A(x)=1$$

则称 A 为正则模糊集合。

4. 单一模糊集合

在论域 X 中，若模糊集合的台集合仅为一个点，且在该点的隶属函数 $\mu_A=1$，则称 A 为单一模糊集合。

7.1.2 常见隶属函数的参数化函数

1. 三角形分布函数

三角形分布函数是由 $\{a,b,c\}$ 确定的，这三点是顶点在 x 轴上的坐标，即

$$\text{triangle}(x;a,b,c)=\max\left(\min\left(\frac{x-a}{b-a},\frac{c-x}{c-b}\right),0\right)$$

2. 梯形分布函数

梯形分布函数是由 $\{a,b,c,d\}$ 确定的，即

$$\text{trapezoid}(x;a,b,c,d)=\max\left(\min\left(\frac{x-a}{b-a},1,\frac{d-x}{d-c}\right),0\right)$$

三角形分布和梯形分布应用广泛，特别适用于在线执行。然而，由于隶属函数是由直线段组成的，对于拐点无法平滑表示。

3. 高斯分布函数

高斯分布函数由 $\{\sigma,c\}$ 决定，即

$$\text{gaussian}(x;\sigma,c)=\mathrm{e}^{\{-[(x-c)/\sigma]^2\}}$$

式中，c 是高斯分布的中心；σ 确定高斯分布的宽度。

4. 广义钟形分布函数

钟形分布函数由参数 $\{a,b,c\}$ 确定，即

$$\text{bell}(x;a,b,c)=\frac{1}{1+\left|\frac{x-c}{a}\right|^{2b}}$$

式中，参数 b 通常为负。参数集合 $\{a,b,c\}$ 的恰当选取可得到期望的广义钟形分布。明确

地说，可以通过调整 c 和 a 来改变分布的中心和宽度，用 b 来控制交叉点的斜度。

5. S 分布函数

S 分布函数由 $\{a,c\}$ 确定，即

$$\mathrm{sigmoid}(x;a,c)=\frac{1}{1+\exp[-a(x-c)]}$$

式中，参数 a 控制交叉点 $a=c$ 的斜度。参数 a 的符号决定了函数的左开口、右开口。此函数很适合表示“很大”或“很小”的概念，因此作为人工神经网络的激活函数应用很广。

注意：这里介绍的隶属函数并不是所有类型的隶属函数。对于特定的应用场合，可以根据需要创造特定的隶属函数。特别要指出的是倘若一组参数赋予隶属函数适当的意义，那么任何连续分布函数都可以作为隶属函数。

如果模糊集合 A 的隶属函数满足式

$$\mu_A(x)=\begin{cases}1, x=\mu_i\\0, x\neq\mu_i\end{cases}$$

则称模糊集合 A 为单一（singleton）模糊集合，该过程为单一模糊化。

7.1.3　模糊集合的基本运算

1. 模糊集合的相等

若有两个模糊集合 A 和 B，对于所有的 $x\in X$，均有 $\mu_A(x)=\mu_B(x)$，则称模糊集合 A 与模糊集合 B 相等，记作 $A=B$。

2. 模糊集合的包含关系

若有两个模糊集合 A 和 B，对于所有的 $x\in X$，均有 $\mu_A(x)\leqslant\mu_B(x)$，则称 A 包含于 B 或 A 是 B 的子集，记作 $A\subseteq B$。

3. 模糊空集

若对所有 $x\in X$，均有 $\mu_A(x)=0$，则称 A 为模糊空集，记作 $A=\varnothing$。

4. 模糊集合的并集

若有 3 个模糊集合 A、B 和 C，对于所有的 $x\in X$，均有

$$\mu_C=\mu_A\vee\mu_B=\max[\mu_A(x),\mu_B(x)]$$

则称 C 为 A 与 B 的并集，记为 $C=A\cup B$。

5. 模糊集合的交集

若有 3 个模糊集合 A、B 和 C，对于所有的 $x\in X$，均有

$$\mu_C=\mu_A\wedge\mu_B=\min[\mu_A(x),\mu_B(x)]$$

则称 C 为 A 与 B 的交集，记为 $C=A\cap B$。

6. 模糊集合的补集

若有两个模糊集合 A 和 B，对于所有的 $x\in X$，均有

$$\mu_B(x)=1-\mu_A(x)$$

则称 B 为 A 的补集，记为 $B=\overline{A}$。

7. 模糊集合的直积

若有两个模糊集合 A 和 B，其论域分别为 X 和 Y，则定义在积空间 $X\times Y$ 上的模糊集合

$A\times B$ 为 A 和 B 的直积，其隶属度函数为

$$\mu_{A\times B}(x,y)=\min[\mu_A(x),\mu_B(y)]$$

或者

$$\mu_{A\times B}(x,y)=\mu_A(x)\mu_B(y)$$

两个模糊集合直积的概念可以很容易推广到多个集合。

7.1.4 模糊集合运算的基本性质

1. 分配律

$$A\cap(B\cup C)=(A\cap B)\cup(A\cap C)$$
$$A\cup(B\cap C)=(A\cup B)\cap(A\cup C)$$

2. 结合律

$$(A\cap B)\cap C=A\cap(B\cap C)$$
$$(A\cup B)\cup C=A\cup(B\cup C)$$

3. 交换律

$$A\cup B=B\cup A$$
$$A\cap B=B\cap A$$

4. 吸收律

$$(A\cap B)\cup A=A$$
$$(A\cup B)\cap A=A$$

5. 幂等律

$$A\cup A=A,A\cap A=A$$

6. 同一律

$$A\cup X=X,A\cap X=A,A\cup\varnothing=A,A\cap\varnothing=\varnothing$$

式中，X 表示论域全集，$\varnothing$ 表示空集。

7. 达・摩根律

$$\overline{(A\cup B)}=\overline{A}\cap\overline{B},\overline{A\cap B}=\overline{A}\cup\overline{B}$$

8. 双重否定律

$$\overline{\overline{A}}=A$$

以上运算性质与普通集合的运算性质完全相同，但是在普通集合中成立的排中律和矛盾律对于模糊集合不再成立，即

$$A\cup\overline{A}\neq X,A\cap\overline{A}\neq\varnothing$$

7.1.5 模糊集合的其他类型运算

在模糊集合的运算中，还常常用到其他类型的运算，下面列出主要的两种。

1. 代数和

若有 3 个模糊集合 A、B 和 C，对于所有的 $x\in X$，均有

$$\mu_C(x)=\mu_A(x)+\mu_B(x)-\mu_A(x)\mu_B(x)$$

则称 C 为 A 与 B 的代数和，记为 $C=A+B$。也可简记为

$$A+B \leftrightarrow \mu_{A+B}(x)=\mu_A(x)+\mu_B(x)-\mu_A(x)\mu_B(x)$$

2. 代数积

$$A \cdot B \leftrightarrow \mu_{A \cdot B}(x)=\mu_A(x)\mu_B(x)$$

7.2 模糊关系

借助于模糊集合理论，可以定量地描述模糊关系。

7.2.1 模糊关系的定义及表示

n 元模糊关系 R 是定义在直积 $X_1 \times X_2 \times \cdots \times X_n$ 上的模糊集合，它可表示为

$$R_{X_1 \times X_2 \times \cdots \times X_n}=\{((x_1,x_2,\cdots,x_n),\mu_R(x_1,x_2,\cdots,x_n)) \mid (x_1,x_2,\cdots,x_n) \in X_1 \times X_2 \times \cdots \times X_n\}$$

以后用得较多的是 $n=2$ 时的模糊关系。

有些情况下，模糊关系还可以用矩阵和图的形式来更形象地加以描述。

当 $X=\{x_1,x_2,\cdots,x_n\}$、$Y=\{y_1, y_2, \cdots, y_m\}$ 是有限集合时，定义在 $X \times Y$ 上的模糊关系 R 可用以下的 $n \times m$ 阶矩阵来表示：

$$\boldsymbol{R}=\begin{bmatrix} \mu_R(x_1,y_1) & \mu_R(x_1,y_2) & \cdots & \mu_R(x_1,y_m) \\ \mu_R(x_2,y_1) & \mu_R(x_2,y_2) & \cdots & \mu_R(x_2,y_m) \\ \vdots & \vdots & & \vdots \\ \mu_R(x_n,y_1) & \mu_R(x_n,y_2) & \cdots & \mu_R(x_n,y_m) \end{bmatrix}$$

这样的矩阵称为模糊矩阵，由于其元素均为隶属度函数，因此它们均在 [0,1] 中取值。

若用图来表示模糊关系时，则将 x_i、y_j 作为节点，在 x_i 到 y_j 的连线上标上 $\mu_R(x_i,y_j)$ 的值，这样的图便称为模糊图。

下面再给出几个特殊的模糊关系及其矩阵表示。

1. 逆模糊关系

$$R^C \leftrightarrow \mu_{R^C}(y,x)=\mu_R(x,y)$$

2. 恒等关系

$$I \leftrightarrow \mu_I(x,y)=\begin{cases} 1, x=y \\ 0, x \neq y \end{cases}$$

3. 零关系

$$O \leftrightarrow \mu_O(x,y)=0$$

4. 全称关系

$$E \leftrightarrow \mu_E(x,y)=1$$

若以上几个模糊关系均用模糊矩阵表示，则

$R^C=\boldsymbol{R}^{\mathrm{T}}$（$\boldsymbol{R}$ 的转置）

$$\boldsymbol{I}=\begin{bmatrix} 1 & 0 & \cdots & 0 \\ 0 & 1 & \cdots & 0 \\ \vdots & \vdots & & \vdots \\ 0 & 0 & \cdots & 1 \end{bmatrix}_{n \times n}, \quad \boldsymbol{O}=\begin{bmatrix} 0 & 0 & \cdots & 0 \\ 0 & 0 & \cdots & 0 \\ \vdots & \vdots & & \vdots \\ 0 & 0 & \cdots & 0 \end{bmatrix}_{n \times m}$$

$$E=\begin{bmatrix}1&1&\cdots&1\\1&1&\cdots&1\\\vdots&\vdots&&\vdots\\1&1&\cdots&1\end{bmatrix}_{n\times m}$$

7.2.2 模糊关系的合成

如前所述，模糊关系是定义在直积空间上的模糊集合，所以它也遵从一般模糊集合的运算规则，例如包含、并集、交和补等运算。下面介绍模糊关系的合成运算，它在模糊控制中有很重要的应用。

设 X、Y、Z 是论域，R 是 X 到 Y 的一个模糊关系，S 是 Y 到 Z 的一个模糊关系，则 R 到 S 的合成 T 也是一个模糊关系，记为 $T=R\circ S$，它具有隶属度

$$\mu_{R\circ S}(x,y)=\bigvee_{y\in Y}(\mu_R(x,y)*\mu_S(x,y))$$

式中，$\vee$ 是并的符号，它表示对所有 y 取极大值或上界值，$*$ 是二项积的符号，因此上面的合成称为最大-星合成（max-star composition）。其中二项积算子 $*$ 常定义为以下两种运算，其中 x，$y\in[0,\ 1]$。

交：$x\wedge y=\min(x,\ y)$。

代数积：$x\cdot y=xy$。

若二项积采用求交运算，则

$$R\circ S\leftrightarrow\mu_{R\circ S}(x,z)=\bigvee_{y\in Y}(\mu_R(x,y)\wedge\mu_S(y,z))$$

这时称为最大-最小合成（max-min composition），这是最常用的一种合成方法。

当论域 X、Y、Z 为有限时，模糊关系的合成可用模糊矩阵的合成来表示。设

$$\boldsymbol{R}=(r_{ij})_{n\times m},\quad \boldsymbol{S}=(s_{jk})_{m\times l},\quad \boldsymbol{T}=(t_{ik})_{n\times l}$$

则

$$t_{ik}=\bigvee_{j=1}^{m}(r_{ij}\wedge s_{jk})$$

例 7.1 已知子女与父母的相似关系模糊矩阵为

$$\boldsymbol{R}=\begin{matrix}&\text{父}&\text{母}\\\text{子}&0.8&0.3\\\text{女}&0.3&0.6\end{matrix}$$

父母与祖父母的相似关系的模糊矩阵为

$$\boldsymbol{R}=\begin{matrix}&\text{祖父}&\text{祖母}\\\text{父}&0.7&0.5\\\text{母}&0.1&0.1\end{matrix}$$

要求子女与祖父母的相似关系模糊矩阵。

解 这是一个典型的模糊关系合成的问题。按最大-最小合成规则

$$\boldsymbol{T}=\boldsymbol{R}\circ\boldsymbol{S}=\begin{bmatrix}0.8&0.3\\0.3&0.6\end{bmatrix}\circ\begin{bmatrix}0.7&0.5\\0.1&0.1\end{bmatrix}$$

$$=\begin{bmatrix}(0.8\wedge0.7)\vee(0.3\wedge0.1)&(0.8\wedge0.5)\vee(0.3\wedge0.1)\\(0.3\wedge0.7)\vee(0.6\wedge0.1)&(0.3\wedge0.5)\vee(0.6\wedge0.1)\end{bmatrix}$$

$$= \begin{matrix} & \text{祖父} & \text{祖母} \\ \text{子} & 0.7 & 0.5 \\ \text{女} & 0.3 & 0.3 \end{matrix}$$

下面列出一些从合成关系得出的一些基本性质。

1) $R \circ I = I \circ R = R$;

2) $R \circ O = O \circ R = O$;

3) 一般情况下 $R \circ S \neq S \circ R$;

4) $(R \circ S) \circ T = R \circ (S \circ T)$;

5) $R^{m+1} = R^m \circ R$;

6) $R^{m+n} = R^m \circ R^n$;

7) $(R^m)^n = R^{mn}$;

8) $R \circ (S \cup T) = (R \circ S) \cup (R \circ T)$;

9) $R \circ (S \cap T) = (R \circ S) \cap (R \circ T)$;

10) $S \subseteq T \rightarrow R \circ S \subseteq R \circ T$。

7.3　模糊逻辑与近似推理

7.3.1　语言变量

语言是人们进行思维和信息交流的重要工具。语言可分为两种：自然语言和形式语言。人们日常所用的语言属自然语言。自然语言的特点是语义丰富、灵活，同时具有模糊性，如“这朵花很美丽”“他很年轻”“小张的个子很高”等。通常的计算机语言是形式语言，形式语言有严格的语法规则和语义，不存在任何的模糊性和歧义。带模糊性的语言称为模糊语言，如长、短、大、小、高、矮、年轻、年老、较老、很老、极老等。在模糊控制中，关于误差的模糊语言常见的有正大、正中、正小、正零、负零、负小、负中、负大等。

语言变量的取值不是精确的量值，而是用模糊语言表示的模糊集合。例如，若“年龄”看成一个模糊语言变量，则它的取值不是确定的具体岁数，而是诸如“年幼”“年轻”“年老”等用模糊语言表示的模糊集合。

扎德为语言变量给出了以下的定义：

语言变量由一个五元组 $(x, T(x), X, G, M)$ 来表征。其中，x 是变量的名称；X 是 x 的论域；$T(x)$ 是语言变量值的集合，每个语言变量值是定义在论域 X 上的一个模糊集合；G 是语法规则，用以产生语言变量 x 值的名称；M 是语义规则，用于产生模糊集合的隶属度函数。

例如，若定义“速度”为语言变量，则 T（速度）可能为

$$T(\text{速度}) = \{\text{慢,适中,快,很慢,稍快,……}\}$$

上述每个模糊语言如慢、适中等是定义在论域上的一个模糊集合。设论域 $X=[0,160]$，则可认为大致低于 60km/h 为“慢”，80km/h 左右为“适中”，大于 100km/h 以上为“快”，……。这些模糊集合可以用隶属度函数图来描述。

由于语言变量的取值是模糊集合，因此语言变量有时也称为模糊变量。

如上所述，每个模糊语言相当于一个模糊集合，通常在模糊语言前面加上“极”“非”“相当”“比较”“略”“稍微”的修饰词。其结果改变了该模糊语言的含义，相应的隶属度函数也要改变。例如，设原来的模糊语言为 A，其隶属函数为 μ_A，则通常有

$$\mu_{\text{极}A}=\mu_A^4,\quad \mu_{\text{非常}A}=\mu_A^2,\quad \mu_{\text{相当}A}=\mu_A^{1.25}$$

$$\mu_{\text{比较}A}=\mu_A^{0.75},\quad \mu_{\text{略}A}=\mu_A^{0.5},\quad \mu_{\text{稍微}A}=\mu_A^{0.25}$$

7.3.2 模糊蕴含关系

在模糊系统中，最常见的模糊关系是模糊规则或模糊条件句的形式，即

“IF… THEN…” 或 “如果……则……”

它实质上是模糊蕴含关系。在近似推理中主要采用以下模糊蕴含推理方式：

前提 1：x 是 A'。

前提 2：如果 x 是 A，则 y 是 B。

结论：y 是 B'。

其中 A、A'、B、B'均为模糊语言。横线上方是前提或条件，横线下方是结论。前提 2“如果 x 是 A，则 y 是 B”表示了 A 与 B 之间的模糊蕴含关系，记为 $A\rightarrow B$。在普通的形式逻辑中 $A\rightarrow B$ 有严格的定义。但在模糊逻辑中 $A\rightarrow B$ 不是普通逻辑的简单推广。在模糊逻辑控制中，最常用的是以下两种运算方法。

1. 模糊蕴含最小运算

$$R_C=A\rightarrow B=\{(x,y),\mu_x\wedge\mu_y\mid(x,y)\in X\times Y\}$$

2. 模糊蕴含积运算

$$R_C=A\rightarrow B=\{(x,y),\mu_x\mu_y\mid(x,y)\in X\times Y\}$$

7.3.3 近似推理

结论 B'是根据模糊集合 A'和模糊蕴含关系 $A\rightarrow B$ 的合成推导出来的，因此可得以下近似推理关系，即

$$B'=A'\circ(A\rightarrow B)=A'\circ R$$

式中，R 为模糊蕴含关系，它可采用模糊蕴含最小和模糊蕴含积中的任何一种运算方法；“$\circ$”是合成运算符。

下面通过一个具体例子来说明不同的模糊蕴含关系运算方法，并具体比较各自的推理结果。

例 7.2 若人工调节炉温，有以下的经验规则：“如果炉温低，则应施加高电压”，试问当炉温为“低”“非常低”“略低”时，应施加怎样的电压？

解 这是典型的近似推理问题，设 x 和 y 分别表示模糊语言变量“炉温”和“电压”，并设 x 和 y 论域为

$$X=Y=\{1,2,3,4,5\}$$

设 A 表示炉温低的模糊集合，则 A 与论域 X 中元素对应的隶属度为

$$\boldsymbol{A}=[1,0.8,0.6,0.4,0.2]$$

设 B 表示高电压的模糊集合，则 B 与论域 Y 中元素对应的隶属度为

$$\boldsymbol{B}=[0.2,0.4,0.6,0.8,1]$$

从而模糊规则可表述为“如果 x 是 A，则 y 是 B”。设 A'分别表示 A、非常 A 和略 A，则上述问题便变为“如果 x 是 A'，则 B'应是什么”。下面分别用不同的模糊蕴含关系运算方法来进行推理。

1. 模糊蕴含最小运算法 R_C

为了进行近似推理，首先需要求模糊蕴含关系 $R_C=A\to B$。根据前面的定义

$$R_C\leftrightarrow\mu_{A\to B}(x,y)=\mu_A(x)\wedge\mu_B(y)=\min\{\mu_A(x),\mu_B(y)\}$$

由于 x 和 y 的论域均是离散的，因而模糊蕴含关系 R_C 可用模糊矩阵来表示。这里模糊集合 A 和 B 可表示成以下的模糊向量：

$$\boldsymbol{A}=[1,0.8,0.6,0.4,0.2]$$
$$\boldsymbol{B}=[0.2,0.4,0.6,0.8,1]$$

若采用最小运算法，则有

$$\boldsymbol{R}_C=\boldsymbol{A}\to\boldsymbol{B}=\boldsymbol{A}^{\mathrm{T}}\wedge\boldsymbol{B}=\begin{bmatrix}1\\0.8\\0.6\\0.4\\0.2\end{bmatrix}\wedge[0.2,\ 0.4,\ 0.6,\ 0.8,\ 1]$$

$$=\begin{bmatrix}1\wedge0.2 & 1\wedge0.4 & 1\wedge0.6 & 1\wedge0.8 & 1\wedge1\\0.8\wedge0.2 & 0.8\wedge0.4 & 0.8\wedge0.6 & 0.8\wedge0.8 & 0.8\wedge1\\0.6\wedge0.2 & 0.6\wedge0.4 & 0.6\wedge0.6 & 0.6\wedge0.8 & 0.6\wedge1\\0.4\wedge0.2 & 0.4\wedge0.4 & 0.4\wedge0.6 & 0.4\wedge0.8 & 0.4\wedge1\\0.2\wedge0.2 & 0.2\wedge0.4 & 0.2\wedge0.6 & 0.2\wedge0.8 & 0.2\wedge1\end{bmatrix}$$

$$=\begin{bmatrix}0.2 & 0.4 & 0.6 & 0.8 & 1\\0.2 & 0.4 & 0.6 & 0.8 & 0.8\\0.2 & 0.4 & 0.6 & 0.6 & 0.6\\0.2 & 0.4 & 0.4 & 0.4 & 0.4\\0.2 & 0.2 & 0.2 & 0.2 & 0.2\end{bmatrix}$$

下面是 $\boldsymbol{A}'$取不同值时的推理结果。

1）$\boldsymbol{A}'=\boldsymbol{A}$，则 $\boldsymbol{B}'=\boldsymbol{A}'\circ\boldsymbol{R}_C$。

$$\boldsymbol{B}'=[1,0.8,0.6,0.4,0.2]\circ\begin{bmatrix}0.2 & 0.4 & 0.6 & 0.8 & 1\\0.2 & 0.4 & 0.6 & 0.8 & 0.8\\0.2 & 0.4 & 0.6 & 0.6 & 0.6\\0.2 & 0.4 & 0.4 & 0.4 & 0.4\\0.2 & 0.2 & 0.2 & 0.2 & 0.2\end{bmatrix}\tag{7-1}$$

$$=[0.2,\ 0.4,\ 0.6,\ 0.8,\ 1]$$

式中，每个元素是按最大-最小的合成规则计算出来的。例如，式（7-1）中的第一个元素是这样计算的：

$$(1\wedge0.2)\vee(0.8\wedge0.2)\vee(0.6\wedge0.2)\vee(0.4\wedge0.2)\vee(0.2\wedge0.2)$$
$$=0.2\vee0.2\vee0.2\vee0.2\vee0.2=0.2$$

分析近似推理的结果知，$\boldsymbol{B}'$的结论为“高电压”，显然，推理结果满足人们的直觉判断。

2）$\boldsymbol{A}'=\boldsymbol{A}^2$，则 $\boldsymbol{B}'=\boldsymbol{A}'\circ\boldsymbol{R}_C=\boldsymbol{A}^2\circ\boldsymbol{R}_C$。

$$\boldsymbol{B}'=[1,0.64,0.36,0.16,0.04]\circ\begin{bmatrix}0.2&0.4&0.6&0.8&1\\0.2&0.4&0.6&0.8&0.8\\0.2&0.4&0.6&0.6&0.6\\0.2&0.4&0.4&0.4&0.4\\0.2&0.2&0.2&0.2&0.2\end{bmatrix}$$

$$=[0.2,0.4,0.6,0.8,1]$$

这时推理结果$\boldsymbol{B}'$仍为“高电压”，它大体上仍然满足人们的直觉判断。

3）$\boldsymbol{A}'=\boldsymbol{A}^{0.5}$，则 $\boldsymbol{B}'=\boldsymbol{A}'\circ\boldsymbol{R}_C=\boldsymbol{A}^{0.5}\circ\boldsymbol{R}_C$。

$$\boldsymbol{B}'=[1,0.89,0.77,0.63,0.45]\circ\begin{bmatrix}0.2&0.4&0.6&0.8&1\\0.2&0.4&0.6&0.8&0.8\\0.2&0.4&0.6&0.6&0.6\\0.2&0.4&0.4&0.4&0.4\\0.2&0.2&0.2&0.2&0.2\end{bmatrix}$$

$$=[0.2,0.4,0.6,0.8,1]$$

这时推理结果$\boldsymbol{B}'$仍为“高电压”，它也大体上满足人们的直觉判断。

2. 模糊蕴含积运算法 $\boldsymbol{R}_P$

根据 $\boldsymbol{R}_P\leftrightarrow\mu_{A\to B}(x,y)=\boldsymbol{A}^{\mathrm{T}}\boldsymbol{B}$，可以求得

$$\boldsymbol{R}_P=A\to B=\boldsymbol{A}^{\mathrm{T}}\boldsymbol{B}=\begin{bmatrix}1\\0.8\\0.6\\0.4\\0.2\end{bmatrix}[0.2,0.4,0.6,0.8,1]$$

$$=\begin{bmatrix}0.2&0.4&0.6&0.8&1\\0.16&0.32&0.48&0.64&0.8\\0.12&0.24&0.36&0.48&0.6\\0.08&0.16&0.24&0.32&0.4\\0.04&0.08&0.12&0.16&0.2\end{bmatrix}$$

1）$\boldsymbol{A}'=\boldsymbol{A}$。

$$\boldsymbol{B}'=\boldsymbol{A}'\circ\boldsymbol{R}_P=\boldsymbol{A}\circ\boldsymbol{R}_P=[0.2,0.4,0.6,0.8,1]$$

2）$\boldsymbol{A}'=\boldsymbol{A}^2$。

$$\boldsymbol{B}'=\boldsymbol{A}'\circ\boldsymbol{R}_P=\boldsymbol{A}^2\circ\boldsymbol{R}_P=[0.2,0.4,0.6,0.8,1]$$

3）$\boldsymbol{A}'=\boldsymbol{A}^{0.5}$。

$$\boldsymbol{B}'=\boldsymbol{A}'\circ\boldsymbol{R}_P=\boldsymbol{A}^{0.5}\circ\boldsymbol{R}_P=[0.2,0.4,0.6,0.8,1]$$

在例 7.2 中，采用上述两种模糊蕴含运算法所推得的结果均比较符合人们的直觉判断。它也进一步说明了为什么在模糊控制中，最常用的是上述两种运算方法。虽然该例中上述两

种方法推得的结果相同，但一般情况下两种方法推得的结果不一定相同。

7.3.4　句子连接关系的逻辑运算

1. 句子连接词 and

在模糊逻辑控制中，常常使用以下模糊推理方式：

前提 1：x 是 A' and y 是 B'。

前提 2：如果 x 是 A and y 是 B，则 z 是 C。

结论：z 是 C'。

与前面不同的是，这里模糊条件的假设部分是将模糊命题用“and”连接起来的。一般情况下可以有多个“and”将多个模糊命题连接在一起。

在前提 2 中的前提条件“x 是 A and y 是 B”可以看成直积空间 $X \circ Y$ 上的模糊集合，并记为 $A \times B$，其隶属度函数为

$$\mu_{A\times B}(x,y)=\min\{\mu_A(x),\mu_B(y)\}$$

或者

$$\mu_{A\times B}(x,y)=\mu_A(x)\mu_B(y)$$

这时的模糊蕴含关系可记为 $R=A\times B\to C$。

对于结论 C'可用以下近似推理求出：

$$C'=(A'\times B')\circ R$$

式中，R 为模糊蕴含关系，它可用上面所定义的任何一种模糊蕴含运算方法；“$\circ$”为合成运算符。

2. 句子连接词 also

在模糊逻辑控制中，常常给出一系列的模糊控制规则，每一条规则都具有以下形式：“如果 x 是 A_i and y 是 B_i，则 z 是 C_i”，这些规则之间无先后次序之分。连接这些子句的连接词用“also”表示。这就要求对于“also”的运算具有能够任意交换和任意结合的性质。在模糊控制中，“also”采用求并的运算，即

$$R=\bigcup_{i=1}^{n} R_i=\bigcup_{i=1}^{n} A_i\times B_i\to C_i$$

7.4　基于规则库的模糊推理

7.4.1　MIMO 模糊规则库的化简

对于多输入多输出（MIMO）系统，其规则库具有以下形式：

$$R=\bigcup_{i=1}^{m} R_{\mathrm{MIMO}}^{i}$$

式中，R_{MIMO}^{i}：如果 x_1 是 A_1^i and…andx_n 是 A_n^i，则 y_1 是 B_1^i，…，y_r 是 B_r^i。它可表示为以下的模糊蕴含关系

$$R_{\mathrm{MIMO}}^{i}:(A_1^i\times\cdots\times A_n^i)\to(B_1^i,\cdots,B_r^i)=$$
$$(A_1^i\times\cdots\times A_n^i)\to B_1^i,\cdots,(A_1^i\times\cdots\times A_n^i)\to B_r^i$$

可见，一条 MIMO 模糊规则可以分解成多个多输入单输出（MISO）模糊规则。

于是规则库 R 可以表示为

$$R=\{\bigcup_{i=1}^{m}R_{\mathrm{MIMO}}^{i}\}=\{\bigcup_{i=1}^{m}[(A_1^i\times\cdots\times A_n^i)\to(B_1^i,\cdots,B_r^i)]\}$$
$$=\{\bigcup_{i=1}^{m}[(A_1^i\times\cdots\times A_n^i)\to B_1^i],\cdots,\bigcup_{i=1}^{m}[(A_1^i\times\cdots\times A_n^i)\to B_r^i]\}$$
$$=\{\bigcup_{i=1}^{r}R_{\mathrm{MISO}}^{i}\}$$

可见规则库 R 可看成由 r 个子规则库所组成，每一个子规则库由 m 个多输入单输出（MISO）的规则所组成。由于每个子规则库是互相独立的，因此下面只需考虑其中一个 MISO 子规则库的近似推理问题。

7.4.2 模糊推理的一般步骤

不失一般性，考虑以下两个输入一个输出的模糊系统：

输入：x 是 A' and y 是 B'。

R_1：如果 x 是 A_1 and y 是 B_1，则 z 是 C_1。

also R_2：如果 x 是 A_2 and y 是 B_2，则 z 是 C_2。

⋮

also R_m：如果 x 是 A_m and y 是 B_m，则 z 是 C_m。

输出：z 是 C'。

其中，x、y 和 z 是代表系统状态和控制量的语言变量；A_i、B_i 和 C_i 分别是 x、y 和 z 的模糊语言取值。x、y 和 z 的论域分别为 X、Y 和 Z。

模糊控制规则“如果 x 是 A_i and y 是 B_i，则 z 是 C_i”的模糊蕴含关系 R 定义为

$$R_i=(A_i\ \text{and}\ B_i)\to C_i$$

即

$$\mu_{R_i}=\mu_{(A_i\text{and}\ B_i\to C_i)}(x,y,z)=[\mu_{A_i}(x)\ \text{and}\ \mu_{B_i}(y)]\to\mu_{C_i}(z)$$

式中，“A_i and B_i”是定义在 $X\times Y$ 上的模糊集合 $A_i\times B_i$，$R_i=(A_i\ \text{and}\ B_i)\to C_i$ 是定义在 $X\times Y\times Z$ 上的模糊蕴含关系。考虑 m 条模糊控制规则的总的模糊蕴含关系为（取连接词 also 为求并运算）

$$R=\bigcup_{i=1}^{m}R_i$$

最后求得推理的结论为

$$C'=(A'\ \text{and}\ B')\circ R$$

$$\mu_{(A'\ \text{and}\ B')}(x,y)=\mu_{A'}(x)\wedge\mu_{B'}(y)$$

或者

$$\mu_{(A' \text{ and } B')}(x,y)=\mu_{A'}(x)\mu_{B'}(y)$$

式中，“∘”是合成运算符，通常采用最大最小合成法。

7.4.3 论域为离散时模糊推理计算举例

例 7.3 已知一个双输入单输出的模糊系统，其输入量为 x 和 y，输出量为 z，其输入输出关系可用以下两条模糊规则描述，即

R_1：如果 x 是 A_1 and y 是 B_1，则 z 是 C_1

R_2：如果 x 是 A_2 and y 是 B_2，则 z 是 C_2

现已知输入为 x 是 A' and y 是 B'，试求输出量 z。这里 x、y、z 均为模糊语言变量，且已知论域

$$\boldsymbol{X}=[a_1,a_2,a_3],\ \boldsymbol{Y}=[b_1,b_2,b_3],\ \boldsymbol{Z}=[c_1,c_2,c_3]$$

则对应模糊语言取值为

$$\boldsymbol{A}_1=[1.0,0.5,0],\ \boldsymbol{B}_1=[1.0,0.6,0.2],\ \boldsymbol{C}_1=[1.0,0.4,0]$$
$$\boldsymbol{A}_2=[0,0.5,1.0],\ \boldsymbol{B}_2=[0.2,0.6,1.0],\ \boldsymbol{C}_1=[0,0.4,1.0]$$
$$\boldsymbol{A}'=[0.5,1.0,0.5],\ \boldsymbol{B}'=[0.6,1.0,0.6]$$

解 由于这里所有模糊集合的元素均为离散量，所以模糊集合可用模糊向量来描述，模糊关系可用模糊矩阵来描述。

1）求每条规则的蕴含关系 $\boldsymbol{R}_i=(\boldsymbol{A}_i \text{ and } \boldsymbol{B}_i)\rightarrow\boldsymbol{C}_i(i=1,2)$。若此处 $\boldsymbol{A}_i$ and $\boldsymbol{B}_i$ 采用求交运算，蕴含关系运算采用最小运算 $\boldsymbol{R}_C$，则

$$\boldsymbol{A}_1 \text{ and } \boldsymbol{B}_1=\boldsymbol{A}_1\times\boldsymbol{B}_1=\boldsymbol{A}_1^{\mathrm{T}}\times\boldsymbol{B}_1=\begin{bmatrix}1.0\\0.5\\0\end{bmatrix}\wedge[1.0,0.6,0.2]=\begin{bmatrix}1.0&0.6&0.2\\0.5&0.5&0.2\\0&0&0\end{bmatrix}$$

为便于下面进一步的计算，可将 $\boldsymbol{A}_1\times\boldsymbol{B}_1$ 的模糊矩阵表示成以下的向量：

$$\overline{\boldsymbol{R}}_{A_1\times B_1}=[1.0,0.6,0.2,0.5,0.5,0.2,0,0,0]$$

则

$$\boldsymbol{R}_1=(\boldsymbol{A}_1 \text{ and } \boldsymbol{B}_1)\rightarrow\boldsymbol{C}_1=\overline{\boldsymbol{R}}_{A_1\times B_1}^{\mathrm{T}}\wedge\boldsymbol{C}_1$$
$$=\begin{bmatrix}1.0\\0.6\\0.2\\0.5\\0.5\\0.2\\0\\0\\0\end{bmatrix}\wedge[1.0,0.4,0]=\begin{bmatrix}1.0&0.4&0\\0.6&0.4&0\\0.2&0.2&0\\0.5&0.4&0\\0.5&0.4&0\\0.2&0.2&0\\0&0&0\\0&0&0\\0&0&0\end{bmatrix}$$

同样，可求得

$$
\boldsymbol{R}_2=\begin{bmatrix}0&0&0\\0&0&0\\0&0&0\\0&0.2&0.2\\0&0.4&0.5\\0&0.4&0.5\\0&0.2&0.2\\0&0.4&0.6\\0&0.4&1.0\end{bmatrix}
$$

2）求总的模糊蕴含关系 $\boldsymbol{R}$。

$$
\boldsymbol{R}=\boldsymbol{R}_1\cup\boldsymbol{R}_2=\begin{bmatrix}1.0&0.4&0\\0.6&0.4&0\\0.2&0.2&0\\0.5&0.4&0.2\\0.5&0.4&0.5\\0.2&0.4&0.5\\0&0.2&0.2\\0&0.4&0.6\\0&0.4&1.0\end{bmatrix}
$$

3）计算输入量的模糊集合 $\boldsymbol{A}'$ and $\boldsymbol{B}'$。

$$
\boldsymbol{A}'\text{ and }\boldsymbol{B}'=\boldsymbol{A}'\times\boldsymbol{B}'=\boldsymbol{A}'^{\mathrm{T}}\wedge\boldsymbol{B}'=\begin{bmatrix}0.5\\1.0\\0.5\end{bmatrix}\wedge[0.6,1.0,0.6]=\begin{bmatrix}0.5&0.5&0.5\\0.6&1.0&0.6\\0.5&0.5&0.5\end{bmatrix}
$$

$$
\overline{\boldsymbol{R}}_{A'\times B'}=[0.5,0.5,0.5,0.6,1.0,0.6,0.5,0.5,0.5]
$$

4）计算输出量的模糊集合。

$$
\boldsymbol{C}=(\boldsymbol{A}'\text{ and }\boldsymbol{B}')\circ\boldsymbol{R}=\overline{\boldsymbol{R}}_{A'\times B'}\circ\boldsymbol{R}
$$

$$
=[0.5,0.5,0.5,0.6,1.0,0.6,0.5,0.5,0.5]\circ\begin{bmatrix}1.0&0.4&0\\0.6&0.4&0\\0.2&0.2&0\\0.5&0.4&0.2\\0.5&0.4&0.5\\0.2&0.4&0.5\\0&0.2&0.2\\0&0.4&0.6\\0&0.4&1.0\end{bmatrix}
$$

$$
=[0.5,0.4,0.5]
$$

最后，求得输出量 z 的模糊集合为

$$
\boldsymbol{C}'=[0.5,0.4,0.5]
$$

7.4.4 模糊推理的性质

当输入的维数较高，即有很多个模糊子句用 and 相连时，模糊推理的计算较复杂。下面介绍模糊推理计算的一些有用的性质。

性质 7.1 若合成运算 ∘ 采用最大-最小法或最大-积法，连接词 also 采用求并法，则 ∘ 和 also 的次序可以交换，即

$$(A' \text{ and } B') \circ \bigcup_{i=1}^{m} R_i = \bigcup_{i=1}^{m} (A' \text{ and } B') \circ R_i$$

证明： 先考虑合成运算 ∘ 采用最大-最小合成法

$$C' = (A' \text{ and } B') \circ \bigcup_{i=1}^{m} R_i = (A' \text{ and } B') \bigcup_{i=1}^{m} (A_i \text{ and } B_i \to C_i)$$

即

$$\begin{aligned}
\mu_{C'}(z) &= [\mu_{A'}(x) \text{ and } \mu_{B'}(y)] \circ \max[\mu_{R_1}(x,y,z), \cdots, \mu_{R_m}(x,y,z)] \\
&= \max_{x,y} \min\{[\mu_{A'}(x) \text{ and } \mu_{B'}(y)], \max[\mu_{R_1}(x,y,z), \cdots, \mu_{R_m}(x,y,z)]\} \\
&= \max_{x,y} \max\{\min[(\mu_{A'}(x) \text{ and } \mu_{B'}(y)), \mu_{R_1}(x,y,z)], \cdots, \min[(\mu_{A'}(x) \text{ and } \mu_{B'}(y)), \mu_{R_m}(x,y,z)]\} \\
&= \max\{[(\mu_{A'}(x) \text{ and } \mu_{B'}(y)) \circ \mu_{R_1}(x,y,z)], \cdots, [(\mu_{A'}(x) \text{ and } \mu_{B'}(y)) \circ \mu_{R_m}(x,y,z)]\}
\end{aligned}$$

也就是说

$$\begin{aligned}
C' &= [(A' \text{ and } B') \circ R_1] \cup \cdots \cup [(A' \text{ and } B') \circ R_m] \\
&= \bigcup_{i=1}^{m} [(A' \text{ and } B') \circ R_i] \\
&= \bigcup_{i=1}^{m} [(A' \text{ and } B') \circ (A_i \text{ and } B_i \to C_i)] \\
&= \bigcup_{i=1}^{m} C_i'
\end{aligned}$$

式中，

$$C_i' = (A' \text{ and } B') \circ (A_i \text{ and } B_i \to C_i)$$

对于“∘”表示最大-积合成法的情况，同样可以证得上述结论也成立。

性质 7.2 若模糊蕴含关系采用 R_C 和 R_P 时，则有

$$(A' \text{ and } B') \circ (A_i \text{ and } B_i \to C_i) = [A' \circ (A_i \to C_i)] \cap [B' \circ (B_i \to C_i)]$$

证明： 假设模糊蕴含关系采用 R_C，合成运算采用最大-最小法，and 运算采用求交法，则

$$C_i' = (A' \text{ and } B') \circ (A_i \text{ and } B_i \to C_i)$$

$$\begin{aligned}
\mu_{C_i'} &= (\mu_{A'} \text{ and } \mu_{B'}) \circ (\mu_{A_i \times B_i} \to \mu_{C_i}) \\
&= (\mu_{A'} \text{ and } \mu_{B'}) \circ [\min(\mu_{A_i}, \mu_{B_i}) \to \mu_{C_i}] \\
&= (\mu_{A'} \text{ and } \mu_{B'}) \circ \min[(\mu_{A_i} \to \mu_{C_i}), (\mu_{B_i} \to \mu_{C_i})] \\
&= \max_{x,y} \min\{\min(\mu_{A'} \text{ and } \mu_{B'}), \min[(\mu_{A_i} \to \mu_{C_i}), (\mu_{B_i} \to \mu_{C_i})]\} \\
&= \max_{x,y} \min\{\min[\mu_{A'}, (\mu_{A_i} \to \mu_{C_i})], \min[\mu_{B'}, (\mu_{B_i} \to \mu_{C_i})]\} \\
&= \min\{[\mu_{A'} \circ (\mu_{A_i} \to \mu_{C_i})], [\mu_{B'} \circ (\mu_{B_i} \to \mu_{C_i})]\}
\end{aligned}$$

也即

$$C_i' = [A' \circ (A_i \to C_i)] \cap [B' \circ (B_i \to C_i)]$$

当模糊蕴含关系采用 R_P 时，采用类似的步骤可以证得上述关系也成立。

利用性质 7.1 和性质 7.2，重新求解例 7.3。

解

$$\boldsymbol{A}_1 \to \boldsymbol{C}_1 = \begin{bmatrix} 1.0 \\ 0.5 \\ 0 \end{bmatrix} \wedge [1.0, 0.4, 0] = \begin{bmatrix} 1.0 & 0.4 & 0 \\ 0.5 & 0.4 & 0 \\ 0 & 0 & 0 \end{bmatrix}$$

$$\boldsymbol{A}' \circ (\boldsymbol{A}_1 \to \boldsymbol{C}_1) = [0.5, 1.0, 0.5] \circ \begin{bmatrix} 1.0 & 0.4 & 0 \\ 0.5 & 0.4 & 0 \\ 0 & 0 & 0 \end{bmatrix} = [0.5, 0.4, 0]$$

$$\boldsymbol{B}_1 \to \boldsymbol{C}_1 = \begin{bmatrix} 1.0 \\ 0.6 \\ 0.2 \end{bmatrix} \wedge [1.0, 0.4, 0] = \begin{bmatrix} 1.0 & 0.4 & 0 \\ 0.6 & 0.4 & 0 \\ 0.2 & 0.2 & 0 \end{bmatrix}$$

$$\boldsymbol{B}' \circ (\boldsymbol{B}_1 \to \boldsymbol{C}_1) = [0.6, 1.0, 0.6] \circ \begin{bmatrix} 1.0 & 0.4 & 0 \\ 0.6 & 0.4 & 0 \\ 0.2 & 0.2 & 0 \end{bmatrix} = [0.6, 0.4, 0]$$

$$\begin{aligned} \boldsymbol{C}_1' &= [A' \circ (A_1 \to C_1)] \cap [B' \circ (B_1 \to C_1)] \\ &= [0.5, 0.4, 0] \cap [0.6, 0.4, 0] \\ &= [0.5, 0.4, 0] \end{aligned}$$

同理，可以求得

$$\boldsymbol{C}_2' = [A' \circ (A_2 \to C_2)] \cap [B' \circ (B_2 \to C_2)] = [0, 0.4, 0.5]$$

$$\boldsymbol{C}' = \boldsymbol{C}_1' \cup \boldsymbol{C}_2' = [0.5, 0.4, 0] \cup [0, 0.4, 0.5] = [0.5, 0.4, 0.5]$$

可见，所得结果与例 7.3 相同。

利用性质 7.2，每个子模糊蕴含关系都比较简单，模糊矩阵的维数也较低，并不随 and 连接的模糊子句的个数增加而增加。

性质 7.3 对于 $C_i' = (A' \text{ and } B') \circ (A_i \text{ and } B_i \to C_i)$ 的推理结果可以用以下简洁的形式来表示，即

$$\mu_{C_i'}(z) = \alpha_i \wedge \mu_{C_i}(z)\text{，当模糊蕴含运算采用 } R_C$$

$$\mu_{C_i'}(z) = \alpha_i \mu_{C_i}(z)\text{，当模糊蕴含运算采用 } R_P$$

式中，

$$\alpha_i = [\max_x (\mu_{A'}(x) \wedge \mu_{A_i}(x))] \wedge [\max_y (\mu_{B'}(y) \wedge \mu_{B_i}(y))]$$

证明： 设模糊运算采用 R_C，合成运算采用最大-最小法，则根据性质 7.2 有

$$C_i' = (A' \text{ and } B') \circ (A_i \text{ and } B_i \to C_i) = [A' \circ (A_i \to C_i)] \cap [B' \circ (B_i \to C_i)]$$

$$\begin{aligned} \mu_{C_i'}(z) &= \min\{\max_x \min[\mu_{A'}(x), (\mu_{A_i}(x) \to \mu_{C_i}(z))], \max_y \min[\mu_{B'}(x), (\mu_{B_i}(x) \to \mu_{C_i}(z))]\} \\ &= \min\{\max_x \min[\mu_{A'}(x), \mu_{A_i}(x) \wedge \mu_{C_i}(z)], \max_y \min[\mu_{B'}(y), \mu_{B_i}(y) \wedge \mu_{C_i}(z)]\} \\ &= \min\{\max_x (\mu_{A'}(x) \wedge \mu_{A_i}(x) \wedge \mu_{C_i}(z)), \max_y (\mu_{B'}(y) \wedge \mu_{B_i}(y) \wedge \mu_{C_i}(z))\} \\ &= [\max_x (\mu_{A'}(x) \wedge \mu_{A_i}(x) \wedge \mu_{C_i}(z))] \wedge [\max_y (\mu_{B'}(y) \wedge \mu_{B_i}(y) \wedge \mu_{C_i}(z))] \end{aligned}$$

$$= \{ [\max_x (\mu_{A'}(x) \wedge \mu_{A_i}(x))] \wedge [\max_y (\mu_{B'}(y) \wedge \mu_{B_i}(y))] \} \wedge \mu_{C_i}(z)$$

$$= \alpha_i \wedge \mu_{C_i}(z)$$

设模糊运算采用 R_P，则有

$$\mu_{C_i'}(z) = \min\{\max_x \min[\mu_{A'}(x), (\mu_{A_i}(x) \to \mu_{C_i}(z))], \max_y \min[\mu_{B'}(x), (\mu_{B_i}(x) \to \mu_{C_i}(z))]\}$$

$$= \min\{\max_x \min[\mu_{A'}(x), \mu_{A_i}(x)\mu_{C_i}(z)], \max_y \min[\mu_{B'}(y), \mu_{B_i}(y)\mu_{C_i}(z)]\}$$

$$= \min\{\max_x (\mu_{A'}(x) \wedge \mu_{A_i}(x)\mu_{C_i}(z)), \max_y (\mu_{B'}(y) \wedge \mu_{B_i}(y)\mu_{C_i}(z))\}$$

$$= [\max_x (\mu_{A'}(x) \wedge \mu_{A_i}(x)\mu_{C_i}(z))] \wedge [\max_y (\mu_{B'}(y) \wedge \mu_{B_i}(y)\mu_{C_i}(z))]$$

$$\approx \{ [\max_x (\mu_{A'}(x) \wedge \mu_{A_i}(x))] \wedge [\max_y (\mu_{B'}(y) \wedge \mu_{B_i}(y))] \} \mu_{C_i}(z)$$

$$= \alpha_i \mu_{C_i}(z)$$

结合性质 7.2 和性质 7.3，可以得到

$$R_C : \mu_{C'}(z) = \bigcup_{i=1}^{n} \alpha_i \wedge \mu_{C_i'}(z)$$

$$R_P : \mu_{C'}(z) = \bigcup_{i=1}^{n} \alpha_i \mu_{C_i'}(z)$$

这里，α_i 可以看成相应于第 i 条规则的加权因子，它也看成第 i 条规则的适用程度，或者看成第 i 条规则对模糊推理作用所产生实际贡献的大小。

7.5　模糊逻辑系统的应用优势与存在的主要问题

应用模糊逻辑系统的主要目的是将模糊性转化为价值，模糊逻辑系统最准的工作是将专家的自然语言中的模糊信息转化为精确的并且可以高度解释的模糊集和模糊规则。模糊逻辑系统的一个关键优势是它关注系统应该做什么，而不是试图建模它如何工作。应用模糊逻辑系统的一些主要优点为：

1）近似推理。模糊逻辑系统使用近似推理可以将复杂问题转换成简单问题。用自然语言和语义变量将系统描述成一组模糊规则和隶属度函数，设计甚至维护系统都将变得比较容易。

2）处理不确定性和非线性。模糊系统能有效地表示复杂系统的不确定性和非线性。一般来说，从数学上定义复杂系统中的不确定性以及非线性是非常有难度的，特别是它们的动态性。通常情况下，不确定性可以通过模糊集的设计而捕获，而非线性可由模糊规则的定义表示。

3）方便的知识表达。在模糊系统中，知识主要分布在规则与隶属度函数之间。通常情况下，规则是通用的，并且具体的信息是由隶属度函数获得的。这使得首先可以通过调整隶属度函数解决潜在问题。与经典专家系统相比，模糊系统中的规则数量明显要少。在模糊系统中，知识获取相对容易，同时更可靠。大量的实际应用发现，模糊逻辑系统的模糊规则是清晰规则的 1/100~1/10。

4）对不精确信息的容错。由于要处理模糊、不确定性以及非线性，模糊系统比以清晰逻辑为基础的系统更具鲁棒性。对不精确信息的容忍度通过预定义的模糊集和模糊规则的粒度水平控制。

5）成本低。模糊逻辑系统在很大应用中都表现为低成本，对硬件和软件资源的需求都很少。相比其他计算智能技术，模糊逻辑系统的开发、实施以及支持成本都是比较低的。

模糊逻辑系统在应用中存在的主要问题是：

1）隶属度函数调整问题。随着系统复杂性的增加，定义和通晓规则变得越来越困难。一个尚未解决的问题是如何确定一个充分的规则集，并能够充分描述系统。此外，通过已有数据调整隶属度函数和调整已定义的规则是非常耗时且成本很高的。一旦超过 20 个规则，开发和维护的成本就变得很高。

2）去模糊结果的可行性问题。模糊逻辑系统应用的另一个问题是，用于去模糊化和规则评价的算法所固有的启发式性质。原则上，启发式算法并不能保证在所有可能的操作条件下都有可行的解决方案。因此，在与定义的条件稍稍不同的情况下，就有可能产生不想要的或者混乱的结果。

复习思考题

1. 模糊集合的基本运算规则是什么？
2. 模糊集合运算的基本性质是什么？
3. 模糊关系的表示方法是什么？
4. 模糊关系的合成法则是什么？
5. 模糊蕴含关系的两种运算方法分别是什么？
6. 近似推理的规则应如何表达？
7. 模糊推理的一般步骤是什么？
8. 模糊推理的性质主要是什么？
9. 讨论题：模糊逻辑算法主要有哪些优缺点？针对其缺点，需要采取哪些措施进行补充和完善？

Chapter 8

第8章 思维进化算法

思维进化算法是模仿人类思维中的趋同与异化两种思维模式交互作用而推动思维进步的过程。趋同是采用模仿或改进现有的、他人的思维方式或方法解决问题，异化是摆脱常规的思维方式。思维进化算法采用趋同和异化操作代替遗传算法的选择、交叉和变异算子，引入记忆机制、定向机制以及探索与开发功能之间的协调机制，使得该算法的搜索效率高、收敛性好，并具有良好的适应性和拓展性。

8.1 思维进化算法的提出

思维进化算法（Mind-Evolution-Algorithm，MEA）是1998年由孙承意提出的一种新的进化算法。同遗传算法相比，思维进化算法采用了不同的进化操作和运行机制，使其具有以下特点。

1）把群体划分为子群体，通过趋同和异化操作使局部开发与整体探索相辅相成，协调发展。

2）利用局部和全局公告板记忆子群体和环境的信息，以便指导趋同与异化向着有利的方向进行。

3）采用多子群体并行进化机制，具有本质上的并行性。

4）通过趋同算子实现个体之间、子群体之间的学习，体现了向前者和优胜者学习的机制。

5）易扩充，可移植性强。

思维进化算法已用于优化计算、图像处理、系统建模等方面。

8.2 思维进化算法的基本思想

思维进化算法主要是针对遗传算法的过早收敛、搜索效率低的问题而提出的。分析认为，导致遗传算法存在早熟、搜索效率低等问题的主要原因如下：

1）单一的一个基因可能同时影响一系列表象，而某一表象可能是由许多基因交互作用决定的，由于多表象性和多基因性的交互影响，遗传操作的结果一般是不可预知的，使得难以控制进化的方向，造成遗传算法性能改进变得困难。

2）由于遗传算法是模拟生物进化的过程，而生物进化没有记忆，因此有关产生个体的信息包含在个体所携带的染色体的集合及染色体编码的结构中。遗传算法进化过程中获得的信息都保存在当前群体中的个体里，如果在进化过程中没有遗传给后代，将导致优良个体信息的丧失。若遗传算法没有充分利用从环境得到的信息指导进化的方向，则导致遗传算法的计算效率低。

3）探索与开发利用功能的协调配合差。遗传算法用随机方法生成初始群体，采用变异和交叉算子在搜索空间进行“探索”，利用选择算子对群体中的信息进行“开发”利用。但是这两种作用的配合难以确保“探索”与“开发”功能始终协调得最好。个体描述方式的特殊化及操作算子的复杂性，使得问题的初始化及控制参数的合理选择存在一定的困难，从而导致群体的多样性与选择压力难以达到有效平衡。这是造成算法过早收敛、搜索效率低的主要原因。

通过分析人类思维过程和自然进化过程，我们认为人类思维的进步速度远高于生物进化的原因有如下两点：

1）向前人和优胜者学习。在人类的进步过程中，产生了科学，并以书籍等形式记载供后人学习。信息的快速交流使人类能够共享他人的成功经验、研究成果。由于这些知识的积累和交流，使得近二三百年人类的思维进步越来越快。

2）不断地探索与创新。在学习前人和优胜者经验的同时，人们不断地改变自己的思维方式，另辟蹊径，探索新的领域。正是思维上的这种方式，使新概念、新科学、新技术、新方法不断涌现。

思维进化算法认为，这两种思维模式普遍存在于各个领域的人们的思维活动中，称为趋同和异化。趋同指的是采用现有的、他人思维模式或方法解决问题，但可能不是完全机械地模仿别人；异化指的是摆脱常规思维方式，提出解决问题的新观点、新方法、新途径或提出新问题、开拓新领域。这两种不同的思维模式的交互作用推动人类思维进步越来越快。模拟人类思维过程的趋同和异化方式是思维进化算法的基本思想。

8.3 思维进化算法的描述

思维进化算法由群体、子群体、个体、公告板、环境和特征提取系统等部分组成，其系统结构如图 8.1 所示。群体在图中分解为各个子群体。

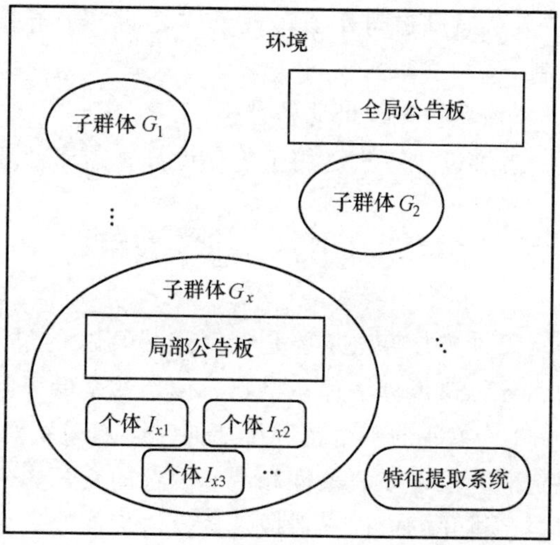

图 8.1　思维进化算法的系统结构

8.3.1　思维进化算法包含的基本概念

1）环境是指所求问题的解空间和信息空间，即所有可能的解及其所携带的知识的集合。

2）适应度函数是指对所求问题的解的适应性进行度量的函数，对每一个解给出其数值评价，也称评价函数。

3）个体是指所求问题的每个可能解。在

思维进化算法中，每个个体都可以拥有自己的知识，并管理它们。每个个体都有其自己的趋势，如有保持自己成功经验的趋势，或者有向其他个体学习的趋势。胜者是指依据适应度函数计算出的评价值高于解空间中其他个体的个体。

4）群体是指进化过程的每一代中所有个体的集合。初始群体是指算法初始化以后，个体在解空间中随机散布，通过计算得到每个个体的得分后，一些得分高的个体成为胜者，并以它们为中心形成的群体。优胜子群体记录全局竞争中的胜者的信息，临时子群体记录全局竞争的中间过程。

5）公告板是指为个体之间和子群体之间交流提供的信息、环境和机会，在算法中有局部公告板和全局公告板。公告板包含 3 类基本信息（或称为必要信息）：个体或子群体的序号、动作、得分。根据需要，还可以包含其他信息，如前若干代群体或个体的信息。

① 序号是算法对操作对象的编号。

② 动作是指被执行的进化操作，动作的描述因领域而异。

③ 得分是环境依据适应度函数对个体动作的评价。子群体的得分按该子群体中胜者的得分计算。

这些信息就是个体或群体得到的关于环境的知识。公告板中的信息可以根据应用的不同按不同的要求排序。子群体中的个体在局部公告板记录各自的信息。全局公告板用于记录各子群体信息。

6）进化操作，包括趋同和异化两个基本算子。下面给出它们的定义。

定义 8.1　在子群体范围中，个体竞争成为胜者的过程称为趋同。

趋同是一个局部竞争的过程，在这个过程中个体的信息在局部公告板中记录。在思维进化算法中将完成这一趋同过程的操作称为趋同（算子）。在数值优化中，趋同操作的实现方法是，在子群体前一代的胜者附近按正态分布散布新一代的个体，并计算这些个体的得分，其中得分最高的个体是本子群体的新的胜者。胜者的得分作为该子群体的得分。该正态分布可以表示为 $N(\boldsymbol{X}, \boldsymbol{\Sigma})$，其中 $\boldsymbol{X}$ 是正态分布的中心向量，$\boldsymbol{\Sigma}$ 是该正态分布的协方差矩阵，当各维变量相互独立时，该矩阵为对角矩阵，在迭代的第 i 代，其对角元素记为 $\{\sigma_{id}\}$，其中 $d=1, 2, 3, \cdots$ 是解空间的维数。

一个子群体在趋同过程中，若不再产生新的胜者，则称该子群体已经成熟。当子群体成熟时，该子群体的趋同过程结束。子群体从诞生到成熟的期间称为生命期。子群体成熟的判别准则如下：

如果一个子群体在连续 M 代中的得分增长小于给定的 ε，即

$$\max(\Delta f | t=i-(M-1), i-(M-2), \cdots, i-1; M-1<i<\infty)<\varepsilon$$

则认为此子群体在第 i 代成熟，其中 Δf_t 为子群体在第 t 代得分增长。

定义 8.2　在整个解空间中，各子群体为成为胜者而竞争，不断地探测解空间中新的点，这个过程称为异化。

异化有两个含义。一是各子群体进行全局竞争，若一个临时子群体的得分高于某个成熟子群体的得分，则该优胜子群体被获胜的临时子群体替代，原优胜子群体中的个体被释放；若一个成熟的临时子群体的得分低于任意一个优胜子群体的得分，则该临时子群体被废弃，其中的个体被释放。二是被释放的个体在全局范围内重新进行搜索并形成新的临时群体。

算法开始时，所有的个体进行全局搜索，并形成若干子群体，即产生初始群体及子群

体。显然，异化是一个全局竞争的过程，其结果是得到一个全局最优解。在思维进化算法中将完成这种异化过程的操作称为异化（算子）。

趋同和异化在思维进化算法运行过程中要反复进行，直到满足算法终止运行的条件。定义 8.1 和定义 8.2 是从竞争的角度定义的，类似地，也可以从解空间的搜索角度进行定义。趋同进行局部搜索，异化进行全局搜索。从另一个角度分析，趋同可以看作对局部信息的开发利用，异化可以看作全局性的探索。

8.3.2 思维进化算法的实现步骤

思维进化算法流程描述中所用的符号及说明见表 8.1。

表 8.1 算法描述中所用的符号及说明

符号	说明
S	整个解空间中群体的规模，即为初始群体中所含个体数目，也可表示子群体的总数目
N	整个解空间中同时存在的子群体的个数
N_S	整个解空间中优胜子群体数
N_T	整个解空间中临时子群体数
G_i	第 i 个子群体
S_{G_i}	第 i 个子群体的规模。若各子群体的规模相同时，记为 S_G
S_R	被释放的临时子群体或成熟子群体中的个体数
N_R	被释放的临时子群体或成熟子群体的个数
C_i^t	第 i 个子群体在第 t 代的中心
t_i	第 i 个子群体迭代的次数
B_G	全局公告板信息
B_L	局部公告板信息
I_i	第 i 个子群体信息

注：若各子群体的规模相同，则 $S=(N_S+N_T)S_G$；若用于群体表示，则 $N=N_S+N_T$。

关于思维进化算法的实现步骤如下：

1）初始群体的个体在解空间中随机散布，计算每个个体的得分。

2）选出 N_S 个得分最高的个体，即胜者，公布在全局公告板上，并排序；其余为失败者，其中一些失败者在胜者周围散布，形成 N_S 个优胜子群体。

3）其余失败者随机地在解空间散布，再在其中选择 N_T 个胜者，形成 N_T 个临时子群体。

4）趋同学习是在每个子群体中进行的（包括优胜子群体和临时子群体）。子群体中个体以子群体的胜者为中心进行随机散布，它们在胜者周围进行搜索、相互竞争，产生新的胜者。每个个体的信息公布在局部公告板上。每个子群体中胜者的得分作为该子群体的得分。

5）异化操作是在全局范围内进行的。如果一些临时子群体的得分高于一个成熟的一般子群体，那么临时子群体将取代一般子群体。被取代的子群体中的个体在空间中重新散布，形成新的临时子群体。

6）收敛的判别。如果此次过程不收敛，则重复步骤 4）和步骤 5）。

思维进化算法的流程如图 8.2 所示。

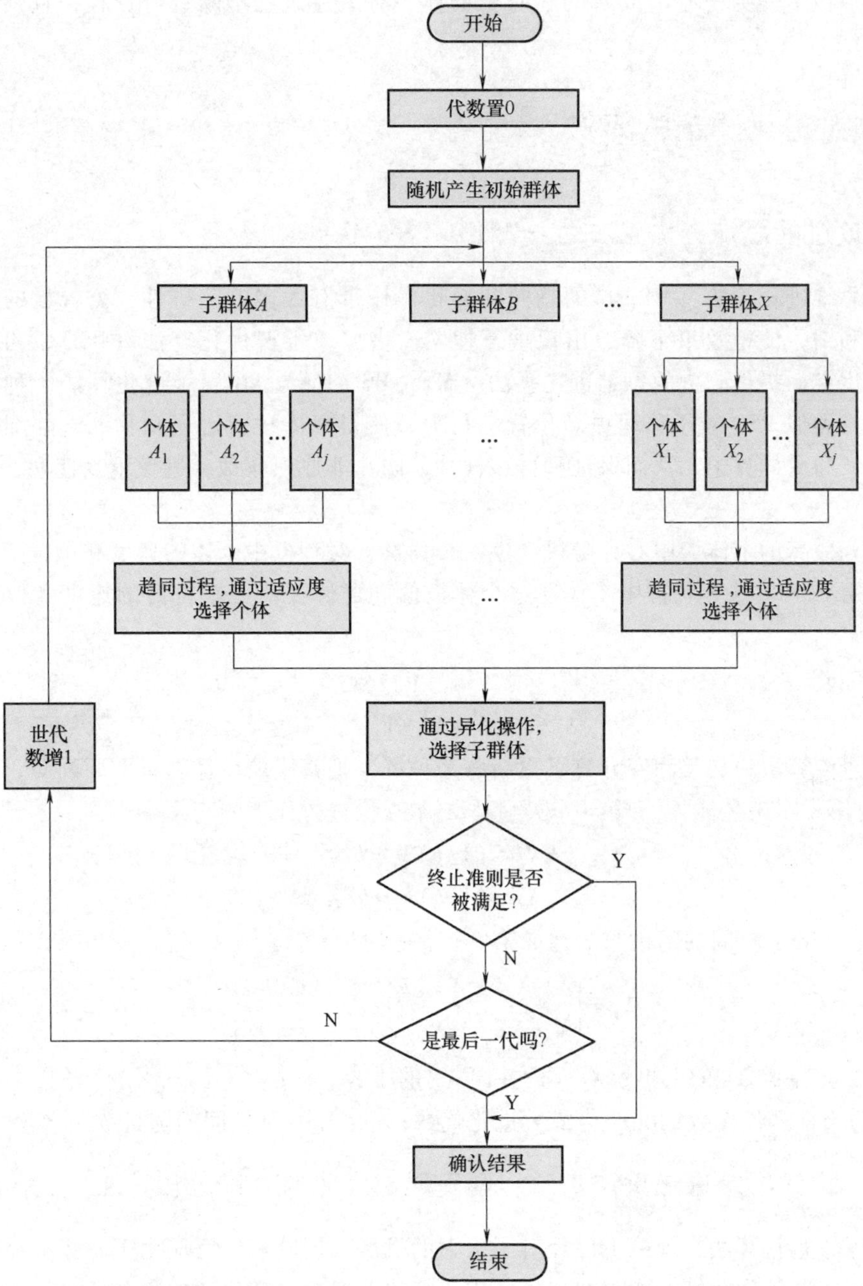

图 8.2　思维进化算法流程图

总之，在思维进化算法中，趋同指的是在子群体内部，在局部公告板上面记录所有个体的得分，对得分进行比较，将得分高的作为优胜者，子种群不再产生新的优胜者是趋同过程完成的标志。异化是指在全局公告板上面记录每个子种群的得分，将子种群分为优胜子种群和 临时子种群，不断地将优胜子种群和其他临时子种群进行比较，某个临时子种群的得分高于优胜子种群时，将得分较高的临时子种群替换优胜子种群，将替换出的原优胜子种群中的个体释放掉。为了保证解空间内群体数量保持不变，在整个种群中进行搜索找到得分最高的个体并以该个体为中心形成新的临时子群体。对上述过程不断进行迭代，直到找到最优解，算法结束。

8.4 思维进化算法的改进

8.4.1 改进的思维进化算法之一 MEA-PSO-GA

针对思维进化算法（MEA）的趋同和异化操作带有太多的随机性，公告板的信息不能得到充分利用，使得效果下降，出现重复搜索。借鉴粒子群优化算法（PSO）和遗传算法（GA）的优点，提出改进的思维进化算法（MEA-PSO-GA）。在思维进化算法子种群的产生过程中加入类似PSO粒子移动更新位置的行为，使得个体按一定规则移动，并加入类似遗传算法交叉和变异算子，从而保证种群多样性，防止非成熟收敛，避免重复搜索，提高收敛速度。

以得分最高的个体为中心，随机产生一个种群，对种群中个体的速度和位置随机进行初始化，运用PSO算法，种群中个体通过个体极值和群体极值更新自身的速度和位置的公式如下：

$$V_{\mathrm{id}}^{k+1}=\omega V_{\mathrm{id}}^{k}+c_1 r_1(P_{\mathrm{id}}^{k}-X_{\mathrm{id}}^{k})+c_2 r_2(P_{\mathrm{gd}}^{k}-X_{\mathrm{id}}^{k})$$
$$X_{\mathrm{id}}^{k+1}=X_{\mathrm{id}}^{k}+V_{\mathrm{id}}^{k+1}$$

通过遗传算法的交叉和变异算子更新整个种群，把其中的个体随机两两配对，按一指定概率 P_c 对第 k 个染色体 X_k 和第 l 个染色体 X_l 在 j 位进行如下的交叉操作：

$$X_{kj}=(1-b)X_{kj}+bX_{lj}$$
$$X_{lj}=(1-b)X_{lj}+bX_{kj}$$

式中，b 是［0，1］间的随机数。选取第 i 个个体的第 j 个基因 X_{ij} 进行变异操作：

$$X_{ij}=\begin{cases}X_{ij}+(X_{ij}-X_{\max})\times f(g), & r>0.5\\ X_{ij}+(X_{\min}-X_{ij})\times f(g), & r\leqslant 0.5\end{cases}$$

式中，$X_{\max}$ 是基因 X_{ij} 的上界；$X_{\min}$ 是基因 X_{ij} 的下界；$f(g)=r_2(1-g/G_{\max})^2$；r_2 为一个随机数；g 为当前迭代次数；$G_{\max}$ 为最大进化代数；r 是［0，1］间的随机数。

8.4.2 改进的思维进化算法之二：基于混沌优化的思维进化算法

目前思维进化算法在理论上已经有了很大的发展，同时也广泛应用于一些实际问题。但是，与遗传算法等优化算法相类似，思维进化算法同样存在产生初始种群的盲目随机性和冗余性以及现有搜索方式易陷入局部最优的问题。刘建霞、王芳等利用思维进化算法的记忆特性和当代最优解指导混沌搜索，利用混沌的遍历性提出一种混沌思维进化算法。算法既有良好的搜索导向，又能够充分利用混沌的遍历性，使得算法收敛速度快，搜索能力强。

混沌优化算法的基本思想是把混沌变量从混沌空间映射到解空间，然后利用混沌变量具有遍历性、随机性和规律性的特点进行搜索。将混沌优化与思维进化结合，主要采用以下两种措施：

1）初始种群的混沌生成。标准思维进化算法中，初始种群一般随机生成，有相当大一部分个体远离最优解，限制了算法的求解效率。利用混沌的遍历性进行粗粒度全局搜索，往往会获得比随机搜索更好的效果，以此来提高初始种群个体的质量和计算效率。

2）优胜子群体的混沌优化。利用混沌进行细粒度局部搜索，提高解的精度。选取趋同操作后种群中适应度较高的优胜子群体，对这部分优胜子群体进行微小混沌扰动，并随着搜索过程的进行自适应地调整扰动幅度，以此进一步优化优胜子群体的品质，引导种群快速进化。

算法的基本流程如下：

步骤 1：初始化参数。设 k 为当前进化代数，令 $k=1$，在解空间内随机散布初始群体。

步骤 2：生成混沌序列。按 Logistic 生成混沌序列初始值，产生本代的混沌序列 $\boldsymbol{x}_{ni}$，通过式

$$\boldsymbol{x}_{ni}^{*}=a_i+(b_i-a_i)\boldsymbol{x}_{ni}$$

映射到取值空间生成个体 $\boldsymbol{x}_{ni}^{*}$，其中 n 为变量维数，i 表示第 i 个子群体。

步骤 3：用混沌变量进行局部迭代搜索。根据相应的性能指标分出优胜子群体和临时子群体，确定种子。

步骤 4：混沌趋同。设 $\boldsymbol{x}^{*}$ 为当前优胜子群体中的一个（x_1^{*}，x_2^{*}，…，x_n^{*}），映射到［0，1］区间后形成的向量；$\boldsymbol{x}_k$ 为迭代 k 次后的混沌向量，$\boldsymbol{x}'_k$为加了随机扰动后（x_1，x_2，…，x_n）对应的混沌向量，则

$$\boldsymbol{x}'_k=\theta\boldsymbol{x}_k+(1-\theta)\boldsymbol{x}^{*}$$

式中，$0<\theta<1$。若（x_1，x_2，…，x_n）优于（x_1^{*}，x_2^{*}，…，x_n^{*}），则（x_1，x_2，…，x_n）取代（x_1^{*}，x_2^{*}，…，x_n^{*}）成为优胜子群体，将（x_1^{*}，x_2^{*}，…，x_n^{*}）放入临时子群体；否则将（x_1，x_2，…，x_n）放入临时子群体，只有各子群体的胜者被保留，代表该子群体进入异化操作。

步骤 5：混沌异化。在 $\boldsymbol{x}_{ni}^{*}$ 的邻域外，按混沌序列形成临时子群体，各子群体的胜者相互竞争，如果临时子群体在竞争中优于优胜子群体，则该临时子群体取而代之，而该优胜子群体则被降为临时子群体。竞争最后，所有的临时子群体被淘汰，在全局解空间内重新散布新个体。

步骤 6：$k=k+1$，判断收敛条件。若满足，则转步骤 7；否则转步骤 2。

步骤 7：进化过程结束，输出全局最优解。

复习思考题

1. 思维进化算法的基本思想是什么？
2. 思维进化算法包括哪些构成要素？
3. 思维进化算法的实现步骤是什么？
4. 混沌优化与思维进化算法相结合具有哪些优势？二者应该如何相结合？
5. 改进的思维进化算法具有哪些优势？
6. 讨论题：思维进化算法主要有哪些优缺点？针对其缺点，需要采取哪些措施进行补充和完善？

第 4 篇

群智能优化算法

群智能（swarm intelligence）是指由一群具有简单（低级）智能的昆虫或动物通过任何形式的聚焦、协同、适应等行为，从而表现出个体所不具有的较高级的群体智能。因此，群智能可视为群聚智能、群集智能的简称。具体来说，如蚂蚁、蝙蝠、鸟群、猴群等个体的动作、行为虽然简单，呈现出较低级智能，但这些个体集结成群，相互作用，相互协作，就可以完成筑巢、觅食、避险等复杂任务，群体就呈现出自适应的较高智能。

“群智能优化算法”是指模拟自然界群居动物的觅食、繁殖等行为或者动物群体的捕猎策略等对问题求解的优化算法，本书选择以下 5 种算法。

1. 蚁群优化算法

蚂蚁有能力在没有任何可见提示下找出从蚁穴到食物源的最短路径，并能随环境变化而自适应地搜索新的路径。蚁群优化算法模拟蚂蚁觅食过程的优化机理，对组合优化问题或函数优化问题进行求解。

2. 粒子群优化算法

模拟鸟群飞行过程中每只鸟既要飞离最近的个体（防碰撞），又要飞向群体的中心（防离群），还要飞向目标（食物源、巢穴等），就要根据自身经历的最好位置及群体中所有鸟经历过的最好位置校正它的飞行方向，实现对连续优化问题求解。

3. 混合蛙跳算法

模拟一群青蛙在沼泽地中跳动觅食行为，它以文化算法为框架，局部搜索策略类似粒子群优化的个体进化，全局搜索则包含混合操作。全局性信息交换和内部思想交流机制结合，可避免过早陷入局部极值点，向全局最优点的方向进行搜索。

4. 猴群算法

猴群算法模拟猴群爬山过程的攀爬、眺望、空翻行为，攀爬过程用于找到局部最优解；眺望过程为了找到优于当前解，并接近目标值的点；空翻过程让猴子更快地转移到下一个搜索区域，以便搜索到全局最优解。

5. 自由搜索算法

自由搜索算法是模拟生物界中相对高等的多种群居动物的觅食习性，采用蚂蚁的信息素指导其行动，借鉴马、牛、羊个体各异的嗅觉和机动性感知能力特征，提出了灵敏度和邻域搜索半径的概念，通过信息素和灵敏度的比较确定寻优目标。该算法具有较大的灵活性。

Chapter 9

第9章 蚁群优化算法

蚂蚁个体结构和行为都很简单，但这些简单个体所构成的群体——蚁群，却表现出高等结构化的社会组织，所以蚂蚁是一种典型的社会性昆虫。蚂蚁的觅食、筑巢等行为显示出高度的组织性和智慧。蚂蚁群体从蚁巢到食物源找到一条最短路径的觅食过程蕴含着最优化的思想，蚁群优化算法正是基于这一思想而创立的，它开创了群智能优化算法的先河。

9.1 蚁群觅食策略的优化原理

真实蚂蚁的觅食过程如图 9.1 所示。蚁群中的 m 只生物蚂蚁首先从左边的蚁穴出发，经过一段时间的探寻，发现到达右边食物源的最短路径（见图 9.1 中的第一个图）。之后，突然在该最短路径上增加一个障碍物，并有意使其两侧路径的长度不等。实验结果表明，此时蚂蚁将开始重新探索绕过障碍物的最短路径，并最终获得成功。前已指出，真实蚂蚁从蚁穴出发寻觅食物源的过程并非如人类一样使用视觉感知，而是利用信息素痕迹（pheromone

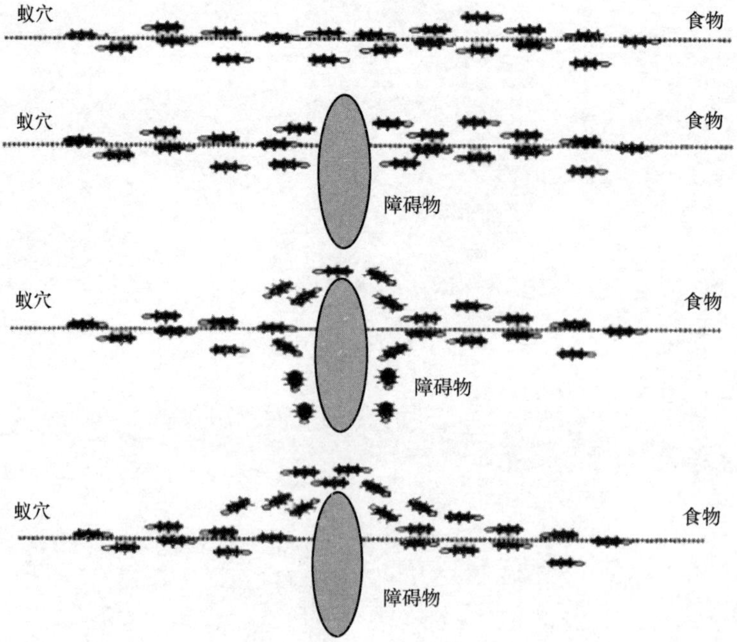

图 9.1　真实蚂蚁绕过障碍物的觅食过程

trail）来发现最短路径。一开始每只蚂蚁仅为随机运动，并在途经的路径上留下信息素。后面的蚂蚁通过检测信息素发现前行蚂蚁的路径，并倾向选择该条路径，同时在该路径上留下更多的信息素。而增加的信息素浓度势必加大后行蚂蚁对该路径的选择概率。实际上，生物蚂蚁赖以进行化学通信的生物信息素将随时间挥发，只不过挥发速度缓慢。从算法的角度讲，一般会人为地加大人工信息素的挥发速度，以便增强人工蚂蚁的路径探索能力。

图 9.2 和图 9.3 为著名的双桥觅食实验示意图。图中蚂蚁将从蚁穴出发，通过两个长度相等或不相等的路径组成的双桥到达食物源，沿路径留下信息素，取走食物，然后通过双桥返回蚁穴，如此不断往返。实验结果表明，当双桥的两条路径长度相等时，尽管最初的路径选择是随机的，但最终所有蚂蚁都会选择同一条路径。但当两条路径长度不等时，经过一段时间后所有蚂蚁均会选择最短的路径。这就是蚂蚁从蚁巢到食物源的觅食过程中能够找到最优路径的原理。

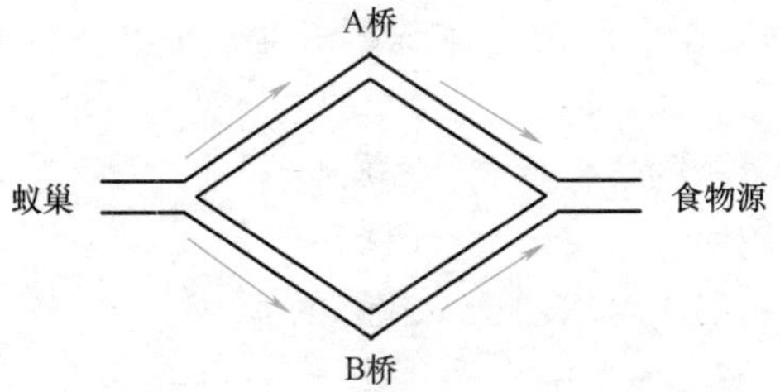

图 9.2　对称二元桥

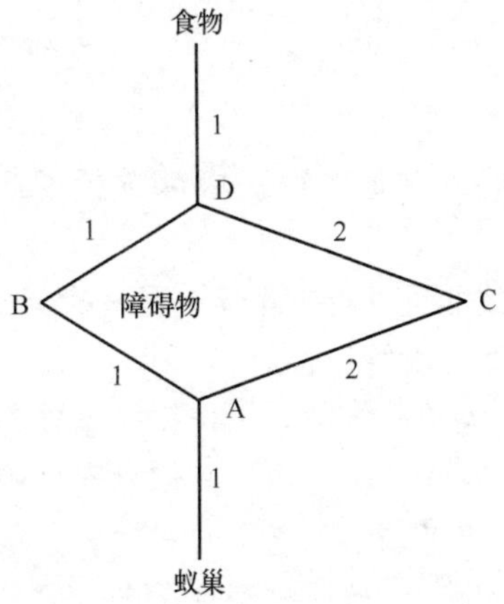

图 9.3　非对称二元桥

受上述双桥实验中蚂蚁觅食行为的启发，当时身为意大利米兰理工大学博士生的 Dorigo 于 1991 年首先设计了第一个蚁群优化（Ant Colony Optimization，ACO）算法，即所谓的蚂蚁系统（Ant System，AS）。1992 年，Dorigo 在他的博士论文中较为系统地阐述了 AS 系统，并将其应用于 TSP 问题的求解中。现在看来，利用 AS 求解旅行商问题（TSP）问题的性能并不理想，但它却构成了各种 ACO 算法的基础。

如图 9.4 所示，在 ACO 系统中，人工蚂蚁的觅食过程可由结点和边组成的图来抽象描述。此处的边相当于前面所述的路径。人工信息素沿边累积。m 只人工蚂蚁或个体首先随机选择出发结点，然后根据该出发结点所面临的各边的信息素浓度来随机选择穿越的边。这里信息素浓度高的边将具有更高的选择概率。完成边的选择后，人工蚂蚁到达下一个结点，并进一步选择下一条边，直到返回出发结点，从而完成一次游历。一次游历就对应于问题的一个解。由于有多只蚂蚁组成的蚁群同时在进行游历构建，因此 ACO 系统也被视为一种元启发式群体搜索与优化技术。

之后将对每条完成的游历进行优化分析。基本原则是信息素浓度的更新须有利于趋向更优的解。一般地，一个更优的解将具有更多的信息素痕迹，一个较差的解则对应于较少的信息素痕迹。性能更优的游历或者问题的更优解，其所包含的所有边将具有更高的平均选择概率。总之，当 m 只人工蚂蚁均完成了各自的游历后，可开始执行一个新的循环，直到大多

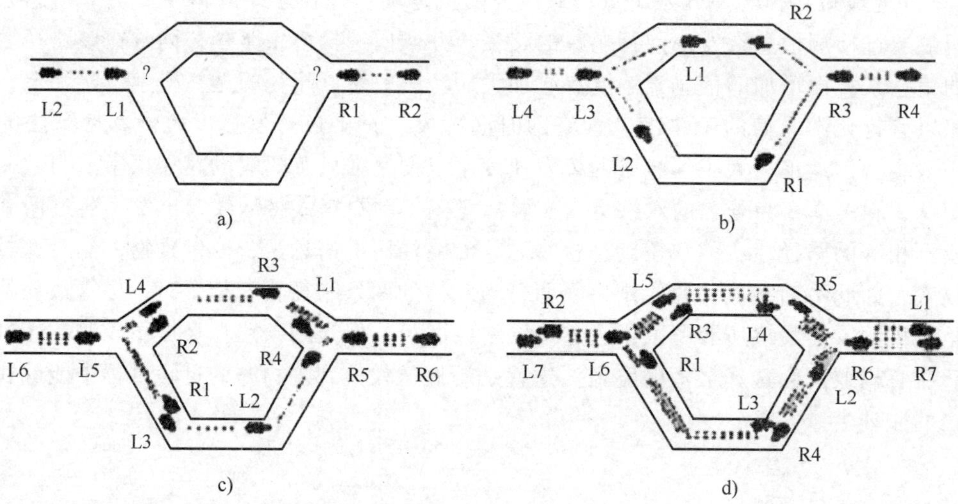

图 9.4　人工蚂蚁按信息素浓度选择路径

数人工蚂蚁在每次循环中都选择了相同的游历，此时则可以认为收敛到了问题的全局最优解。

蚂蚁的觅食行为实质上是一种通过简单个体的自组织行为所体现出来的一种群体行为，具有以下主要特征：

1）人工蚂蚁倾向于选择具有较高浓度信息素痕迹的边。

2）对于较短的边，其信息素痕迹的累积速度较快。

3）边上的信息素随时间挥发，这种挥发机制的引入可增加探索新边的能力。

4）人工蚂蚁通过信息素进行信息的间接沟通。

5）蚂蚁觅食的群体行为具有正反馈过程，反馈的信息是全局信息。通过反馈机制进行调整，可对系统的较优解起到自增强的作用，从而使问题的解向着全局优化的方向演变，最终获得全局最优解。

6）具有分布并行计算能力，可使算法全面地在多点同时进行解的搜索，有效地降低陷入局部最优解的可能性。

目前许多 ACO 算法都被认为是 AS 的直接变形，包括精英 AS（elitist AS），按序 AS（rank-based AS），最大-最小 AS（Max-Min AS，MMAS）等。它们均利用了与 AS 相同的解的构造过程与信息素的挥发机制，最大的不同之处是具有不同的信息素更新公式。除此类算法之外，另一类 ACO 算法则对 AS 进行了较大的扩展，如蚂蚁 Q 算法、蚁群系统（Ant Colony System，ACS）、ANTS 算法以及 ACO 的超立方体框架等。而近期发展的 ACO 算法，则主要是指各种增强了局部搜索能力的混合式 ACO 系统。迄今 ACO 算法已广泛应用于 TSP 问题、网络路由问题、分配问题、调度问题和机器学习问题等，获得了较大的成功。不过 ACO 算法的理论分析较为困难，原因是该算法是基于人工蚂蚁的一系列随机决策构造的，而这种决策概率在每次迭代时均会发生变化。因此，有关一般 ACO 算法的收敛性和收敛速度的证明较为困难。目前 ACO 算法的发展趋势是将其应用于诸如动态、随机和多目标等更加复杂的组合优化问题中。同时扩展 ACO 的高效并行算法，进一步研究与其他群体智能优化算法的结合，以及发展更抽象的理论框架，以便对各种 ACO 算法的收敛性、收敛速度与在问题求解时的群体行为进行统一的分析与证明。此外，研究除受觅食行为启发之外的其他人工蚂蚁算法，如受劳动分配、孵化分类和合作运输启发的模型，也得到越来越多的重视。

9.2　蚁群优化算法介绍

蚁群优化算法可归纳如下：

1）初始化所有边上的信息素。

2）开始迭代主循环。

3）开始游历循环。

4）游历构建，进行边或下一个结点的搜索。

5）若 m 只人工蚂蚁均完成了游历，则结束游历循环；否则跳转到第3）步。

6）分析全部 m 个游历的优化指标（如游历长度）。

7）进行全局信息素更新。

8）若满足优化停止条件，则结束迭代主循环；否则跳转到第2）步。

显然，ACO算法的核心问题是如何选择不同的搜索控制策略和使用不同的信息素更新公式。下面介绍若干有代表性的结果。

1. 基本AS算法及其直接变形

在基本AS算法提出之后，很快就发展出各种直接变形的改进算法。这些算法的性能均有所提高，其共同之处是利用了与基本AS算法相同的游历构建过程与信息素挥发机制，差别主要体现在信息素更新公式的不同。

（1）基本AS算法

作为ACO算法的基础，早期的AS算法有3个版本的模型，即蚁密（ant-density）、蚁量（ant-quantity）与蚁周（ant-cycle）模型。在蚁密模型与蚁量模型中，每只蚂蚁完成一次结点转移后就立即进行信息素的更新，由于性能太差，目前的AS算法通常仅指蚁周模型。在蚁周模型中，只有当所有蚂蚁均完成一次游历后，才对信息素进行更新，且每只蚂蚁所释放的信息素痕迹增量与该蚂蚁完成游历的好坏直接相关。

一般地，任何ACO算法均包括两个主要步骤，即边或游历的构建与信息素痕迹的更新。以后将主要围绕这两个方面进行展开。

在设置AS算法的初始值时，m 只人工蚂蚁首先被随机地分别放置在不同的结点上，然后并行地搜寻 m 个与问题最优解相对应的游历。

1）游历构建。第 m 只人工蚂蚁在结点 i 处选择结点 j 作为下一个结点的概率为

$$P_{ij}^{k}=\frac{(\tau_{ij})^{\alpha}(\eta_{ij})^{\beta}}{\sum\limits_{l\in U_i^k}(\tau_{lj})^{\alpha}(\eta_{lj})^{\beta}},\ j\in U_i^k$$

式中，τ_{ij} 为信息素痕迹的浓度；η_{ij} 为问题的启发式信息值（如在TSP问题求解中，可设定为边（i，j）的长度或距离 d_{ij} 的倒数，即 $\eta_{ij}=1/d_{ij}$）；α 与 β 分别为信息素浓度 τ_{ij} 与启发式信息值 η_{ij} 对应的相对影响因子；U_i^k 表示第 k 只人工蚂蚁在结点 i 处可以直接到达的下一个结点的集合，也就是所有还没有被第 k 只人工蚂蚁访问过的结点的集合，且 $i=1, 2, \cdots, n$。

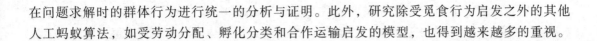

上述边或下一个结点的选择概率也称之为随机比例规则。该式意味着选择某一条边 (i, j) 的概率 P_{ij}^k，将由该边所累积的信息素浓度 τ_{ij} 连同该边的启发式信息值 η_{ij} 加权决定。显然，当 $\alpha \to 0$ 时，启发式信息值 η_{ij} 起主要作用，此时距离 d_{ij} 最短的结点 j 将被选择，这相当于一种随机贪婪法；当 $\beta \to 0$ 时，信息素浓度 τ_{ij} 发挥决定性作用，此时 AS 算法没有利用启发式信息，而仅使用了信息素导向，这将导致算法的性能大大下降。特别地，若 $\beta \to 0$ 且 $\alpha > 1$，则信息素的作用将进一步放大，AS 算法将很快出现所谓停滞现象，即由于一条边上的信息素增长过快，导致所有人工蚂蚁都搜索到同一条边游历，过早地陷入问题的局部最优解。

利用基本 AS 算法求解 TSP 问题时，通常可取 $m=n$，$\alpha=1$，$\beta=2\sim5$，$\rho=0.5$，且初始信息素浓度 $\tau_0=m/L^{nn}$，这里 L^{nn} 为基于最近邻方法构造的游历长度。

此外，ACO 算法的实现可以采用并行与串行两种方式。当采用并行方式时，所有人工蚂蚁都从当前结点按概率转移至下一个结点。在采用串行方式时，则只有当一只蚂蚁从出发结点完整地实现了一次游历后，另一只蚂蚁才能开始它的一次游历过程。对于基本 AS 算法，并行与串行实现方法是完全等价的，但对其他 ACO 算法，如后面将介绍的 ACS 算法，两者就不再等价。

2）信息素更新。当 m 只人工蚂蚁均完成了各自的游历，即进行了一次游历迭代后，所有边上的信息素痕迹将完成一次更新。这主要分为以下两步：首先各个边上的信息素痕迹均会随迭代次数呈指数级挥发。挥发机制的引入，既可以避免积累的信息素无限增长，又可以增强算法的探索能力。然后仅在 m 只人工蚂蚁穿越过的那些边上增加信息素痕迹。离线进行的全局信息素痕迹浓度的更新公式为

$$\tau_{ij}^{\text{new}} = (1-\rho)\tau_{ij}^{\text{old}} + \sum_{k=1}^{m} \Delta\tau_{ij}^k$$

式中，$0<\rho\leqslant1$ 为信息素痕迹的挥发率；$1-\rho$ 为信息素痕迹的残存率；$\Delta\tau_{ij}^k$ 为第 k 只人工蚂蚁穿越边 (i, j) 时释放的信息素增量，且

$$\Delta\tau_{ij}^k = \begin{cases} \dfrac{Q}{L^k}, & \forall (i,j) \in T^k \\ 0, & \text{其他} \end{cases} \quad (\text{蚁周模型})$$

或

$$\Delta\tau_{ij}^k = \begin{cases} Q, & \forall (i,j) \in T^k \\ 0, & \text{其他} \end{cases} \quad (\text{蚁密模型})$$

$$\Delta\tau_{ij}^k = \begin{cases} \dfrac{Q}{d_{ij}}, & \forall (i,j) \in T^k \\ 0, & \text{其他} \end{cases} \quad (\text{蚁量模型})$$

式中，Q 为常数；T^k 为第 k 只人工蚂蚁所完成的游历，且其长度记为 L^k；L^k 被定义为 T^k 所包含的全部边的总长。显然，上述蚁密模型和蚁量模型缺乏对游历或问题解的质量评价，性能极差，迄今已很少使用。

从上述信息素更新公式可以看出，若一条边没有再被任何蚂蚁选择，则此条边上的信息素将以指数级的速度进行挥发。注意这里的信息素挥发是针对所有边而言，即每次游历迭代

完成后，所有的边均要进行挥发。此外，蚁周模型表明，若一条边被更多蚂蚁选择且该边位于长度较短的游历中，则该边将获得更多的信息素，从而导致在下一次游历迭代中，这条边将更有可能被更多的蚂蚁选择，这本质上构成了一种正反馈或自催化机制。

基本 AS 算法是伴随着对 TSP 问题的求解而提出的。但随着待求解问题规模的增大，算法的性能下降严重。因此后续发展了大量的其他 ACO 算法，其中一些是基本 AS 算法的直接变形，只是对信息素更新公式做了较少的修改，而另一些则是对基本 AS 算法的较大幅度的扩展。实际上，基本 AS 算法的重要性主要体现在它为所有 ACO 算法提供了重要的算法基础。

（2）精英 AS 算法

精英 AS 算法是对基本 AS 算法的第一次改进。基本思想是引入了所谓的精英蚂蚁 e，即具有迄今最优游历 T^e（best-so-far tour）的人工蚂蚁，然后在信息素更新中对精英蚂蚁穿越过的所有边再额外释放信息素，以对该条迄今最优游历 T^e 予以加强。相较于基本 AS 算法，精英 AS 算法具有不同的信息素更新公式，即

$$\tau_{ij}^{\text{new}} = (1-\rho)\tau_{ij}^{\text{old}} + \sum_{k=1}^{m} \Delta\tau_{ij}^{k} + \Delta\tau_{ij}^{e}$$

式中，$\Delta\tau_{ij}^{e}$ 为精英蚂蚁 e 穿越边（i，j）时释放的固定的信息素增量，即

$$\Delta\tau_{ij}^{e} = \begin{cases} w\dfrac{Q}{L^e}, & \forall\,(i,j) \in T^e \\ 0, & \text{其他} \end{cases}$$

式中，Q 为常数；w 为一权重参数；L^e 为精英蚂蚁 e 所完成的迄今最优游历 T^e 的长度。因此精英蚂蚁寻找得到的是问题的迄今最优解。注意：在信息素更新公式中，挥发方式未做任何改变，只是增加了一只虚拟的精英蚂蚁（迄今最优的精英蚂蚁不一定出现在当前的迭代蚂蚁中），使其在穿越的边上额外释放信息素。比较研究表明，通过选择合适的 w 值，该法较之基本 AS 算法，不仅具有更优的解，而且迭代次数更少。

（3）按序 AS

按序 AS 算法是对精英 AS 算法的进一步改进。基本思想是 m 只人工蚂蚁根据相应游历的长度按递增次序进行排列，然后在信息素更新公式中，将蚂蚁释放的信息素大小按此次序逐次减少。同时要求在每次游历迭代中，只有精英蚂蚁和排在最前面的 $w-1$ 只蚂蚁才被允许释放信息素（$w \leqslant m$）。

设 r 为蚂蚁的排列次序，则信息素更新公式为

$$\tau_{ij}^{\text{new}} = (1-\rho)\tau_{ij}^{\text{old}} + \sum_{k=1}^{w-1} \Delta\tau_{ij}^{r} + \Delta\tau_{ij}^{e}$$

式中，$\Delta\tau_{ij}^{e}$ 为精英蚂蚁 e 的信息素增量，且

$$\Delta\tau_{ij}^{r} = \begin{cases} (w-r)\dfrac{Q}{L^r}, & \forall\,(i,j) \in T^r \\ 0, & \text{其他} \end{cases}$$

$$\Delta\tau_{ij}^{e} = \begin{cases} w\dfrac{Q}{L^e}, & \forall\,(i,j) \in T^e \\ 0, & \text{其他} \end{cases}$$

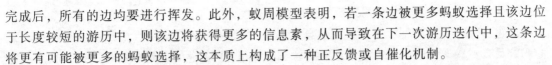

式中，Q 为常数；L^r 为第 r 只蚂蚁所完成的游历长度。

上述公式表明，精英蚂蚁释放的信息素以最大的权重 w 获得最大的加强，排在第一位的蚂蚁具有本次迭代中的最短游历长度，权重为 $w-1$，排名为 r 的蚂蚁则将以 $\max\{0,\ w-r\}$ 的权重释放信息素增量，即蚂蚁按序逐渐减少信息素的释放。

（4）最大-最小蚂蚁系统

最大-最小蚂蚁系统对 AS 算法进行了较大的改进，主要包括以下 4 个方面：①只有具有迄今最优游历 T^e（也记为 T^{bs}）的精英蚂蚁，或者具有迭代最优游历 T^{ib}（iteration-best tour）的蚂蚁，也就是在当前迭代中构建出最优游历的蚂蚁，才被允许释放信息素；②为了防止停滞现象的出现，将信息素的取值范围限制为［$\tau_{\min}$，$\tau_{\max}$］；③信息素的初始值 τ_0 被设定为 $\tau_{\max}$，并与一个较大的信息素挥发率 ρ 相结合，以使算法在迭代初期具有更多的探索性；④在出现停滞现象或可能出现局部最优解时，所有边上的信息素值将被重新初始化。

此时，信息素更新公式为

$$\tau_{ij}^{\text{new}}=(1-\rho)\tau_{ij}^{\text{old}}+\Delta\tau_{ij}^{e}(\text{对精英蚂蚁})$$

或

$$\tau_{ij}^{\text{new}}=(1-\rho)\tau_{ij}^{\text{old}}+\Delta\tau_{ij}^{\text{ib}}(\text{对迭代最优蚂蚁})$$

其中，$\tau_{ij}\in[\tau_{\min},\ \tau_{\max}]$，且

$$\Delta\tau_{ij}^{e}=\begin{cases}w\dfrac{Q}{L^e}, & \forall(i,j)\in T^e\\ 0, & \text{其他}\end{cases}$$

$$\Delta\tau_{ij}^{\text{ib}}=\begin{cases}w\dfrac{Q}{L^{\text{ib}}}, & \forall(i,j)\in T^{\text{ib}}\\ 0, & \text{其他}\end{cases}$$

式中，Q 为常数；w 为权重参数；L^e 与 L^{ib} 分别为精英蚂蚁与迭代最优蚂蚁所完成的游历长度。

一般地，当前迭代最优蚂蚁并不一定是精英蚂蚁。精英蚂蚁策略强调对历史经验的利用度，而迭代最优蚂蚁策略则侧重于增加算法的探索度。在最大-最小蚂蚁系统中，通常按一定频率轮流使用迭代最优蚂蚁或精英蚂蚁释放信息素，以同时增强算法的利用度和探索度。相关研究结果表明，对于规模较小的问题，可使用迭代最优蚂蚁策略，但随着问题规模的增加，则应更多强调对精英蚂蚁策略的使用。

最大-最小蚂蚁系统的游历选择概率，仍然使用与基本 AS 算法相同的随机比例规则。为了避免算法陷入停滞状态，这里将所有边的信息素限制在区间［$\tau_{\min}$，$\tau_{\max}$］中。相应地，游历选择概率 P_{ij}^k，也被限制在区间［$P_{\min}$，$P_{\max}$］内，这里 $0<P_{\min}\leqslant P_{ij}^k\leqslant P_{\max}\leqslant 1$。一般说来，信息素初始值 τ_0 的选择对 ACO 算法的性能具有重要的影响。Stutzle 等的研究工作表明，τ_0 可被设定为区间［$\tau_{\min}$，$\tau_{\max}$］上界 $\tau_{\max}$ 的估计值，即

$$\tau_0=\tau_{\max}=Q/[(1-\rho)L^e]$$

实际上，这也是任意一条边上含有的信息素的上界估计。进一步地，取 $\tau_{\min}=\tau_{\max}/a$，其中 a 是一个参数。研究结果表明，为了防止算法出现停滞现象，$\tau_{\min}$ 发挥了比 $\tau_{\max}$ 更重要的作用。此外，$\tau_0=Q/[(1-\rho)L^e]$ 还意味着当信息素挥发率 ρ（$0\leqslant\rho<1$）取值接近 1 时，各条

边上的信息素初始值相同且较大，其差异将随着迭代的进行缓慢增加，这无疑会增强该法在初始阶段的探索性。

最大-最小蚂蚁系统的另外一个改进就是增加了信息素的重新初始化机制。该机制的引入，目的同样是为了克服算法陷入停滞状态而过早出现局部极值。这里停滞现象的判断可通过计算各条边信息素大小的统计量来进行。另外，在达到最大迭代次数后，如果判断出其仍未构建出全局最优游历，则重新初始化机制将自动启动。

最大-最小蚂蚁系统是性能优越，应用较为成功的 ACO 算法之一。目前已有更加深入的研究，如使用与蚂蚁-Q 算法相同的伪随机比例选择概率，又如精英蚂蚁被定义为重新初始化后的迄今最优蚂蚁等。

2. 扩展的 AS 算法

前面介绍了基本 AS 算法及几种主要在全局信息素更新公式上进行了少量修改的直接变形算法，其中最大-最小蚂蚁系统改进最大，性能也最好。下面将进一步给出几种具有更大幅度扩展的 AS 算法，包括蚂蚁-Q 算法、蚁群系统、ANTS 算法等。这些扩展的 AS 算法，在解决 TSP 或其他组合优化问题时，性能均有显著的提高。

（1）蚂蚁-Q 算法与蚁群系统

蚂蚁-Q 算法与后期提出的蚁群系统基本相同，唯一的差别仅在于对信息素初始值 τ_0 的取值不同。这两种算法对 AS 算法进行了 3 个方面的较大扩展：采用了与 AS 算法不同的伪随机比例游历选择概率；不仅信息素释放，而且包括信息素挥发，均只对精英蚂蚁执行；增加了局部信息素更新。

1）游历构建。与 AS 算法的随机比例规则不同，这里采用了所谓伪随机比例选择规则，即第 k 只人工蚂蚁在结点 i 处选择结点 j 作为下一个结点的计算公式为

$$j=\begin{cases}\arg\max\limits_{l\in U_i^k}\left[(\tau_{il})^{\alpha}(\eta_{il})^{\beta}\right], & q\leqslant q_0\\ j_{\mathrm{AS}}, & q>q_0\end{cases}\tag{9-1}$$

式中，q 为满足［0，1］均匀分布的随机数；q_0 为一预先给定的常数，$0\leqslant q_0\leqslant 1$；$j_{\mathrm{AS}}$ 为根据 AS 算法的随机比例规则选择的下一个结点；τ_{il} 为信息素浓度；$\eta_{il}=1/d_{il}$ 为启发式信息值；α 与 β 分别为 τ_{il} 与 η_{il} 对应的相对影响因子（通常取 $\alpha=1$）；U_i^k 表示第 k 只人工蚂蚁在结点 i 处可以直接到达的下一个结点的集合，也就是所有还没有被第 k 只人工蚂蚁访问过的结点的集合，且 $i=1，2，\cdots，n$。

在结点 i 处的第 k 只人工蚂蚁在选择出结点 j 后，相应的边或下一个结点的选择概率为

$$P_{ij}^k=\frac{(\tau_{ij})^{\alpha}(\eta_{ij})^{\beta}}{\sum\limits_{l\in U_i^k}(\tau_{lj})^{\alpha}(\eta_{lj})^{\beta}}$$

式中，可取 $a=1$。

显然，式（9-1）中 q_0 相当于蚂蚁选择当前最优转移方式的概率，它充分利用了已有的信息素积累值和启发式信息值。同时，蚂蚁以 $1-q_0$ 的概率探索新边。因此，通过设置合理的参数 q_0 就可以使算法在利用度和探索度之间进行权衡。

2）全局信息素更新（离线更新）。与 AS 算法所有边均进行信息素挥发不同，蚂蚁-Q

算法与蚁群系统只有一只蚂蚁，即仅有精英蚂蚁进行信息素挥发和信息素释放，即

$$\tau_{ij}^{\text{new}}=(1-\rho)\tau_{ij}^{\text{old}}+\rho\Delta\tau_{ij}^{e},\ \forall(i,j)\in T^{e}$$

式中，$0\leqslant\rho<1$ 为信息素痕迹的挥发速率；$\Delta\tau_{ij}^{e}$ 为精英蚂蚁 e 的信息素增量，且

$$\Delta\tau_{ij}^{e}=\begin{cases}w\dfrac{Q}{L^{e}}, & \forall(i,j)\in T^{e}\\ 0, & \text{其他}\end{cases}$$

对 TSP 问题的求解，上述信息素更新算法不仅使计算复杂度从 $O(n^2)$ 减少到 $O(n)$，而且由于在 $\Delta\tau_{ij}^{e}$ 前乘上了一个系数 ρ，使更新后的信息素 τ_{ij}^{new} 介于当前信息素 τ_{ij}^{old} 与新释放的信息素增量 $\Delta\tau_{ij}^{e}$ 之间。

3）局部信息素更新（在线更新）。除上述全局信息素更新算法之外，蚂蚁-Q 算法与蚁群系统还采用了在线计算的局部信息素更新策略，即在游历构建过程中，人工蚂蚁每穿越一条边（i，j），均要立即对这条边上的信息素进行挥发更新，即

$$\tau_{ij}^{\text{new}}=(1-\xi)\tau_{ij}^{\text{old}}+\xi\tau_{0} \tag{9-2}$$

式中，ξ 为信息素痕迹的局部挥发率，$0<\xi<1$；τ_0 为信息素的初始值。式（9-2）表明，蚂蚁每次穿越边（i，j）后，该边上的信息素 τ_{ij}^{new} 就会减少。相应地，其他蚂蚁选择该边的概率也会有所降低，从而增加了探索其他边的可能性，减少了算法陷入停滞状态的风险。需要特别指出的是，正是由于局部信息素更新算法的出现，导致在蚂蚁-Q 算法与蚁群系统的实现中，并行方法与串行方法不再等价。

蚂蚁-Q 算法与蚁群系统的区别：蚂蚁-Q 算法与蚁群系统在上述 3 个方面均完全相同，差别仅在于两种算法对信息素初始值 τ_0 的定义不同。对蚂蚁-Q 算法，τ_0 被定义为 $\tau_0=\gamma\max\limits_{j\in U_i^k}\{\tau_{ij}\}$，这里 γ 为一个参数，U_i^k 为第 k 只人工蚂蚁在结点 i 处可以直接到达的下一个结点的集合，也就是所有还没有被第 k 只人工蚂蚁访问过的结点的集合。这意味着，第 k 只蚂蚁每次都选择可行集合 U_i^k 中具有最大信息素的边并将该最大信息素的值作为 τ_0。这是一种类似于再励学习中 Q-学习算法的思想。

事实上，在蚁群系统中将 τ_0 直接取值为一个小的常数，不仅计算量大为减少，而且其性能与具有上述取值的蚂蚁-Q 算法差别不大。因此蚂蚁-Q 算法目前已很少使用。

蚁群系统和最大-最小蚂蚁系统已成为 ACO 算法中最流行与最鲁棒的算法之一。原因是两者的主要算法特征比较接近，如都使用精英蚂蚁进行信息素释放，都取类似大小的信息素初值 τ_0，而且也都限制了信息素 τ_{ij} 的取值范围（对蚁群系统，可推出 $\tau_0\leqslant\tau_{ij}\leqslant 1/L^e$）。

研究结果表明，利用蚁群系统求解 TSP 问题时，若取值 $\xi=0.10$，$\tau_0=1/(nL^{nn})$（常数），则该算法可有较好的性能，这里 L^{nn} 为基于最近邻方法构造的游历长度。

（2）ANTS 算法

ANTS 算法在 3 个方面对 AS 算法进行了较大的修改，包括使用了更为简单的选择概率公式，同时在全局信息素更新中，取消了显式的信息素挥发机制，增加了对最优解下界（LB）的估计与运用等。

1）游历构建。第 k 只人工蚂蚁在结点 i 处选择结点 j 作为下一个结点的概率计算公式为

$$P_{ij}^{k}=\frac{\lambda\tau_{ij}+(1-\lambda)\eta_{ij}}{\sum\limits_{l\in U_i^k}[\lambda\tau_{il}+(1-\lambda)\eta_{il}]},\ j\in U_i^k$$

式中，除参数 $\lambda(0\leqslant\lambda\leqslant1)$ 外，其他变量的定义与前述算法相同。ANTS 算法的上述游历构建规则与大部分 ACO 算法均有较大的不同，不仅只用了一个参数 λ，而且将 τ_{ij} 项与 η_{ij} 项的相乘变成了相加，从而可使相应的计算量大大降低。

2）全局信息素更新。在 ANTS 算法的信息素更新公式中，取消了显式的信息素挥发项，即

$$\tau_{ij}^{\text{new}}=\tau_{ij}^{\text{old}}+\sum_{k=1}^{m}\Delta\tau_{ij}^{k}$$

且第 k 只蚂蚁在边 (i,j) 上释放的信息素增量为

$$\Delta\tau_{ij}^{k}=\begin{cases}\tau_0\left(1-\dfrac{L^k-\text{LB}}{L_{\text{avg}}-\text{LB}}\right), & \forall\,(i,j)\in T^k\\ 0, & \text{其他}\end{cases}$$

式中，τ_0 为信息素的初始值；LB 表示在每次迭代前就已计算好的最优解的下界，且 $\text{LB}\leqslant L^e$，这里 L^e 为精英蚂蚁的游历长度；L^k 为第 k 只蚂蚁的游历长度；L_{avg} 表示算法最近构建的 s 条游历的平均长度（这里 s 是一个参数）。因此，如果第 k 只蚂蚁的游历长度比最近的平均长度要长（解较差），即 $L^k>L_{\text{avg}}$，则这只蚂蚁穿越过的所有边上的信息素增量 $\Delta\tau_{ij}^{k}$ 都将减少。反之，若第 k 只蚂蚁构建的解比最近的平均长度要短（解更优），即 $L^k<L_{\text{avg}}$，则相应的 $\Delta\tau_{ij}^{k}$ 将会增加。这反映了一种正反馈或自催化机制。此外，LB 还被用作选择概率 P_{ij}^{k} 中启发式信息值 η_{ij} 的估计。

目前 ANTS 算法主要应用于二次分配问题，并获得了很好的结果。但该法的一个明显的缺点是，LB 的计算增加了每次迭代时的计算复杂度。

总之，作为一种典型的分布式群体智能优化方法，ACO 算法可有效求解诸如 TSP 问题、二次分配问题、图着色问题、车间调度问题、最短公共串问题、约束满足问题、机器学习以及网络路由问题等 NP-难问题。经过大幅度扩展后的蚁群系统等 ACO 算法，对 TSP 问题的求解十分有效。随着问题规模的增加，相对于其他全局优化方法，如遗传算法、模拟退火算法等，利用 ACO 算法求解 TSP 问题，不仅算法简单，而且性能可得到显著的改善。

与遗传算法相比，大多数性能优异的 ACO 算法均使用了具有迄今最优游历的精英蚂蚁，从而保留了整个蚁群长期积累的历史经验和记忆，而遗传算法仅具有上一代的信息。ACO 算法受初始条件的影响很小，可以应用于动态变化的环境，特别适合于求解约束条件下的离散问题。但由于随机决策序列的非独立性，造成选择概率随时间变化，ACO 算法的理论分析较为困难，因此通常更偏重于算法的设计与实际运用，也就是在设计出性能较好的 ACO 算法后，再对其进行专门的、深入的理论分析。一般可保证 ACO 算法的收敛性，但其收敛时间则不确定。为此必须针对实际的问题，对收敛性和收敛速度进行合理的折中。例如，在 NP-难问题中，若需要较快地计算出高质量的解，则重点是关注解的质量。在动态网络路由问题中，若需要获得条件发生变化时的解，则应关注算法对其他新游历的有效评价。最后必须指出，各种高效的 ACO 算法，实际上利用了待优化问题的不同的特征作为启发式信息。因此启发式信息的设计与充分利用，对有效提高 ACO 算法的性能尤为重要。

9.3 蚁群优化算法应用举例

为了便于比较，考虑以下的二维 Schwefel 函数，即

$$f(x_1,x_2)=-x_1\sin(\sqrt{|x_1|})-x_2\sin(\sqrt{|x_2|})$$

式中，$x_1\in[-500,500]$，$x_2\in[-500,500]$。

已知当 $x_1=x_2=-420.9687$ 时，该函数的全局最大值为 $f(x_1,x_2)=837.9658$。试利用最大-最小蚂蚁系统（MMAS）计算上述二维 Schwefel 函数的近似最优解。

蚁群优化算法通常应用于求解离散组合优化问题。在利用该法求解连续空间的最优化问题时，首先需要将连续的解空间进行离散化，然后对 MMAS 算法进行适当的修改。

为不失一般性，对 x_1 和 x_2 在区间［-500，500］内以 1 为步长分别将其离散化为 1001 个点，因此求解二维 Schwefel 函数最大值问题，就相当于在 1001×1001 个二维点中，寻找使二维 Schwefel 函数值最大的点。

此时的 MMAS 算法给出如下：

1）首先初始化解空间每个位置的信息素大小，同时随机生成 m 只蚂蚁的初始位置 $(x_1^0,\ x_2^0)^k, k=1,\ 2,\ \cdots,\ m$。

2）根据信息素大小和启发式信息值，计算每个位置的状态转移概率或随机比例规则

$$P_{x_1,x_2}^k=\frac{(\tau_{x_1,x_2})^\alpha(\eta_{x_1,x_2})^\beta}{\sum(\tau_{r_1,r_2})^\alpha(\eta_{r_1,r_2})^\beta}$$

3）对每只蚂蚁，利用轮盘赌的方式，按照状态转移概率选择该蚂蚁的下一个位置。

4）计算每只蚂蚁所在新位置的函数值（适应度值），若当前蚂蚁的函数值大于迄今最优值，则利用该蚂蚁的函数值更新迄今最优值，并记录该精英蚂蚁的位置。

5）对每个位置更新信息素大小和启发式信息值，其中

$$\tau_{x_1,x_2}^{\text{new}}=(1-\rho)\tau_{x_1,x_2}^{\text{old}}+\Delta\tau_{x_1,x_2}^e$$

$$\Delta\tau_{x_1,x_2}^e=f(x_1,x_2)wQ,\tau_{\min}\leqslant\tau_{x_1,x_2}\leqslant\tau_{\max}$$

且若 $|(x_1,x_2)-(x_1,x_2)^e|=0$，则 $\eta_{x_1,x_2}=1.5$，否则 $\eta_{x_1,x_2}=1/|(x_1,x_2)-(x_1,x_2)^e|$。

6）如果迭代次数达到设定的最大值，则停止；否则，重复步骤 2）至步骤 6）。

该算法的参数选择如下：

蚁群规模（人工蚂蚁的个数）$m=50$，初始信息素浓度 $\tau_0=1.0$，信息素挥发率 $\rho=0.1$，信息素浓度影响因子 $\alpha=1.0$，启发式信息值影响因子 $\beta=2.2$。取常数 $Q=1$，权重参数 $w=50$。同时设 $[\tau_{\min},\ \tau_{\max}]=[0,\ 2.0]$。

MMAS 算法的平均适配值曲线如图 9.5 所示，搜索结果见表 9.1。

表 9.1　MMAS 算法的搜索结果

迭代次数		0	5	10	20	100	5000	最优解
搜索结果	平均值	-54.8307	627.9808	776.1866	837.7623	837.9655	837.9655	837.9655
	最小值	-831.7549	509.7896	-600.5376	828.7811	837.9655	837.9655	
	最大值	836.9885	670.9208	817.3942	837.9655	837.9655	837.9655	

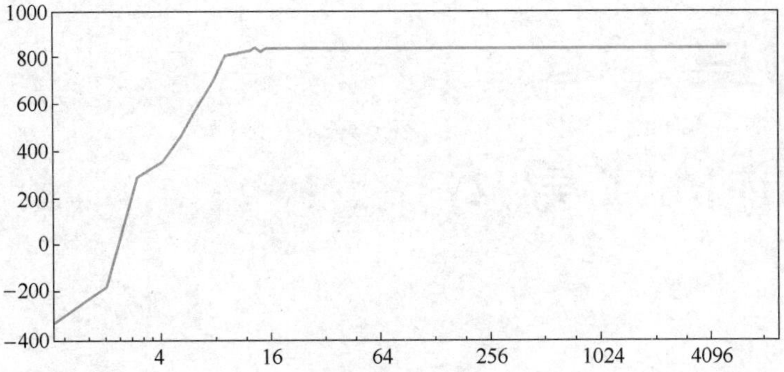

图 9.5　MMAS 算法的平均适配值曲线

复习思考题

1. 蚁群觅食策略的优化原理是什么？

2. 蚁群算法的主要实现步骤是什么？

3. 蚁群算法的核心问题是什么？

4. 蚁群算法需处理的两个主要步骤是什么？

5. 基本蚁群算法有哪些直接变形算法？它们的主要区别在哪里？

6. 扩展的蚁群算法主要包括哪些算法？这些算法都在哪些方面进行了扩展？

7. 讨论题：蚁群算法主要有哪些优缺点？针对其缺点，需要采取哪些措施进行补充和完善？

Chapter 10

第10章 粒子群优化算法

粒子群优化（Particle Swarm Optimization，PSO）算法是模拟鸟类觅食行为的群智能优化算法。鸟类在飞行过程中是互相影响的，鸟在搜索空间中以一定的速度飞行，要根据自身的飞行经历和周围同伴的飞行经历比较，模仿其他优秀个体的行为，不断修正自己的速度大小和方向。鸟在粒子群算法中被视为一个粒子，粒子们追随当前的最优粒子在解空间搜索最优解。为了确定搜索与优化方向，该法中的 n 个粒子既能利用各自积累的个体历史经验，又能有效地利用粒子群中的全局社会知识。

粒子群优化算法是一种实现简单、全局搜索能力强且性能优越的启发式搜索技术。它将社会学中有关相互作用或信息交换的概念引入问题求解方法之中。该法由 Kennedy 和 Eberhart 于 1995 年首先提出，目前已发展出各种改进算法，并已广泛应用于各种优化问题中，如函数优化、神经网络训练等。

10.1 粒子群优化算法的基本原理

本节首先通过一个简单的例子，详细阐述粒子群优化算法的基本原理。

粒子群优化算法实际是从鸟群捕食的社会行为中得到启发而提出的。

粒子群优化算法中，每一个优化问题的解看作搜索空间中的一只鸟，即“粒子”。首先，生成初始种群，即在可行解空间中随机初始化一群粒子，每个粒子都为优化问题的一个可行解，并由目标函数评价其适应度值。每个粒子都在解空间中运动，并由一个速度决定其飞行方向和距离，通常粒子追随当前的最优粒子在解空间中进行搜索。在每一次迭代过程中，粒子将跟踪两个“极值”来更新自己，一个是粒子本身找到的最优解，另一个是整个种群目前找到的最优解，这个极值即全局最优解。

设每个优化问题的解是搜索空间的一只鸟，把鸟视为空间中的一个没有重量和体积的理想化的“质点”，称为粒子。每个粒子都有一个被优化函数所决定的适应度值，还有一个速度决定它们的飞行方向和距离。然后，粒子通过追随当前的最优粒子在解空间中搜索最优解。

要获取粒子群或粒子的某个邻域的迄今最优解，这不仅需要性能评价，而且需要粒子之间进行全局或局部的信息交流。PSO 算法通常具有 3 种基本的信息拓扑结构：环形拓扑、星形拓扑、分簇拓扑。在环形拓扑结构中，任意一个粒子仅与其邻域中的两个粒子交流信息。在星形拓扑结构中，中心粒子与其他所有粒子之间具有双向信息交流，此时，除中心粒子之外，其他粒子之间只能通过中心粒子进行间接的信息交流。而对分簇拓扑结构，粒子之间的信息交流需要通过簇头粒子进行。其他也有诸如小世界的信息拓扑结构等。不同的信息拓扑结构具有不同的邻域定义，体现了不同效率的信息共享能力与社会组织协作机制。它通过邻域规模、邻域算子和邻域中的迄今最优解，影响 PSO 算法的性能。

10.2　基本粒子群优化算法

设在 n 维连续搜索空间（解空间）中，对粒子群中的第 i 个粒子或个体（$i=1$，2，…，m），定义

n 维位置向量 $\boldsymbol{x}_i(t)=[x_{i1},x_{i2},\cdots,x_{in}]^{\mathrm{T}}$；

n 维最优位置向量 $\boldsymbol{p}_i(t)=[p_{i1},p_{i2},\cdots,p_{in}]^{\mathrm{T}}$；

n 维速度向量 $\boldsymbol{v}_i(t)=[v_{i1},v_{i2},\cdots,v_{in}]^{\mathrm{T}}$；

这里 $\boldsymbol{x}_i(t)$ 表示搜索空间中粒子的当前位置，$\boldsymbol{p}_i(t)$ 表示该粒子迄今所获得的具有最优适应度值的位置，$\boldsymbol{v}_i(t)$ 表示该粒子的搜索方向。

对于最小化问题，若 $f(x)$ 为最小化的目标函数，则粒子 i 的最好位置由下式确定：

$$\boldsymbol{p}_i(t+1)=\begin{cases}\boldsymbol{p}_i(t), & f(\boldsymbol{x}_i(t+1))\geqslant f(\boldsymbol{p}_i(t))\\ \boldsymbol{x}_i(t+1), & f(\boldsymbol{x}_i(t+1))<f(\boldsymbol{p}_i(t))\end{cases}$$

PSO 算法中的 m 个粒子一直在并行地进行搜索运动。每个粒子可认为是一个在搜索空间中飞行的智能体。在每次迭代中，该算法记录下每个粒子的迄今最优位置 $\boldsymbol{p}_i(t)(x\neq g)$，并同时相互交流粒子之间的局部信息，进一步获得整个粒子群或邻域的迄今最优位置 $\boldsymbol{p}_g(t)$，群体中所有粒子所经历过的最优位置称为全局最优位置，即

$$f(\boldsymbol{p}_g(t))=\min\{f(\boldsymbol{p}_1(t)),f(\boldsymbol{p}_2(t)),\cdots,f(\boldsymbol{p}_m(t))\},\boldsymbol{p}_g(t)\in\{\boldsymbol{p}_1(t),\boldsymbol{p}_2(t),\cdots,\boldsymbol{p}_m(t)\}$$

式中，问题首先归结为每个粒子在 n 维连续解空间中如何从一个位置运动到下一个位置。而这可通过将 $\boldsymbol{x}_i(t)$ 简单地加上 $\boldsymbol{v}_i(t+1)\Delta t$ 得到。若令 $\Delta t=1$（单位时间），则有以下位置更新公式：

$$\boldsymbol{x}_i(t+1)=\boldsymbol{x}_i(t)+\boldsymbol{v}_i(t+1) \tag{10-1}$$

式中，$i=1$，2，…，m。对第 i 个粒子，在计算出 $\boldsymbol{x}_i(t+1)$ 后，应对其进行评价，即须计算出相应的适应度值 $f(\boldsymbol{x}_i(t+1))$。

其次，PSO 算法在根据式（10-1）计算 $\boldsymbol{x}_i(t+1)$ 之前，须先确定出 $\boldsymbol{v}_{\mathrm{i}}(t+1)$，而这可由 PSO 算法中的速度更新公式给出。

因此，基本 PSO 算法的实现步骤如下。

步骤 1：初始化。设定 PSO 算法中涉及的各类参数，包括搜索空间的下限 L_{e} 和上限 H_{e}，加速度因子 φ_1 和 φ_2，算法的最大迭代次数 $T_{\max}$，或收敛精度 ξ，粒子速度范围 $[v_{\min}, v_{\max}]$。随机初始化搜索点的位置 $\boldsymbol{x}_i$ 和速度 $\boldsymbol{v}_i$，设每个粒子的当前位置为 $\boldsymbol{p}_i$，从个体找到的最优解中找出种群最优解，记录对应于最优解的粒子的序号 g 和其位置 $\boldsymbol{p}_g$。

步骤 2：评价每一个粒子。计算每个粒子的适应值，如果该适应值优于该粒子当前的个体最优值，则将 $\boldsymbol{p}_i$ 设置为该粒子的位置，同时更新个体最优值。若该适应值优于当前的种群最优值，则将 $\boldsymbol{p}_g$ 设置为该粒子的位置，并更新种群最优值及其序号 g。

步骤 3：更新粒子状态。根据式

$$v_{ij}(t+1)=v_{ij}(t)+\varphi_1 \mathrm{rand}(0,a_1)[p_{ij}(t)-x_{ij}(t)]+\varphi_2 \mathrm{rand}(0,a_2)[p_{gj}(t)-x_{ij}(t)] \quad (10\text{-}2)$$

$$x_{ij}(t+1)=x_{ij}(t)+v_{ij}(t+1)$$

对每一个粒子的速度和位置进行更新。如果 $v_{ij}>v_{\max,j}$，则将其置为 $v_{\max,j}$；如果 $v_{ij}<v_{\min,j}$，则将其置为 $v_{\min,j}$。其中，$i=1, 2, \cdots, m$ 表示粒子的编号；$j=1, 2, \cdots, n$ 为 n 维向量的第 j 个分量；φ_1、φ_2 分别为控制个体认知分量 $[p_{ij}(t)-x_{ij}(t)]$ 和群体社会分量 $[p_{gj}(t)-x_{ij}(t)]$ 相对贡献的学习率（或称加速常数，均为非负值）；g 表示具有迄今全局最优适应度值 $f(p(t))$ 的粒子编号；$\mathrm{rand}(0,a_1)$ 与 $\mathrm{rand}(0,a_2)$ 分别产生 $[0, a_1]$、$[0, a_2]$ 之间的具有均匀分布的随机数，其引入将增加认知和社会搜索方向的随机性和算法的多样性，这里 a_1、a_2 为相应的控制参数。显然，$[p_{ij}(t)-x_{ij}(t)]$ 和 $[p_{gj}(t)-x_{ij}(t)]$ 分别给出了第 i 个粒子的当前位置 $x_{ij}(t)$ 相对于该粒子的迄今最优位置 $p_{ij}(t)$ 的距离和相对于粒子群（或邻域）的迄今最优位置 $p_{gj}(t)$ 的距离。从图 10.1 可以看出，速度更新式（10-2）中等式右端的第一项代表“惯性运动”分量，为粒子先前的速度继承，表示粒子依据当前自身的速度进行搜索的惯性运动；第二项代表“个体认知”分量，表示粒子综合考虑自身以往的经历，从而对下一步进行行为决策，它反映的是个体增强学习的过程；第三项代表“社会学习”分量，表示粒子间的信息共享与相互合作。总之，这三项分别反映了粒子的历史记录、自我意识和集体意识。

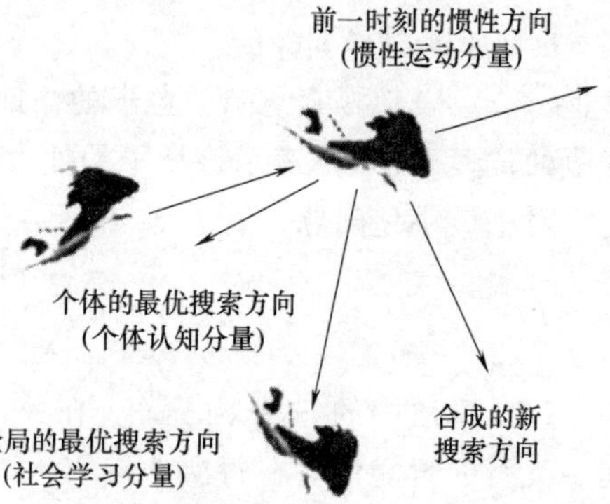

图 10.1 PSO 算法的粒子搜索方向

步骤 4：检验是否满足结束条件。若当前的迭代次数达到预先设定的最大迭代次数 $T_{\max}$ 或最终结果小于预定的收敛精度 ξ，则停止迭代，输出最优解，否则转至步骤 2。

第 i 个粒子的初始速度向量 $\boldsymbol{v}_i(0)$ 通常在 $[-v_{\max}, v_{\max}]$ 范围内随机产生，这里 $v_{\max}$ 为对任意 $v_{ij}(t)$ 设定的速度最大值。显然，当 $v_{\max}$ 取值较大时，粒子的飞行速度较快，可增强算法的全局搜索能力，但有可能飞过最优解，或者说在最优解附近振荡而不能迅速稳定下来。当 $v_{\max}$ 取值较小时，粒子可有较好的局部搜索精度，但易陷入局部极值点。

10.3 改进的粒子群优化算法

对于基本的 PSO 算法，基于学习率 φ_1 和 φ_2，Kennedy 给出了以下 4 种类型的 PSO 模型：

1）若 φ_1，$\varphi_1>0$，则称该算法为 PSO 全模型。

2）若 $\varphi_1>0$ 且 $\varphi_2=0$，则称该算法为 PSO 认知模型。

3）若 $\varphi_1=0$ 且 $\varphi_2>0$，则称该算法为 PSO 社会模型。

4）若 $\varphi_1=0$，$\varphi_2>0$ 且 $g\neq i$，则称该算法为 PSO 无私模型。

近十多年以来，基于上述基本的 PSO 算法，已涌现出大量的改进算法，这一过程目前仍在继续中。PSO 算法的改进涉及各种控制参数的选择，如位置（速度）更新公式的更合理修改以及与其他群智能优化方法的结合等。但基本的出发点都是力图扩大全局搜索能力（增加多样性，避免早熟收敛或过早陷入局部极值，使其更有可能获得全局最优解）和提高局部搜索精度（加快收敛速度，增加最优解的质量）之间取得平衡，或者说是在探索度和开发度之间进行合理的权衡。具体包括速度的控制（即 $v_{\max}$ 最优值的确定）、粒子群规模（粒子数 m）的选择、邻域大小的影响、学习率 φ_1 和 φ_2 的鲁棒设定、粒子群拓扑结构的设计、n 维位置向量 $x_i(t)$ 与 n 维速度向量 $v_i(t)$ 的更新以及实现各种混合 PSO 算法等。

下面就目前的改进 PSO 予以简要介绍。

1. 具有速度控制的改进型 PSO 算法

PSO 算法在迭代过程中，速度值有可能变得非常大，因此 $v_{\max}$ 必须合理设定，否则将导致 PSO 算法的性能降低。为了控制速度的增加，通常可采取以下两个措施：一是通过增加惯性权重，动态调整速度更新公式中的惯性分量；二是在该公式中加入收缩系数。

（1）具有惯性权重的 PSO 算法

若使用惯性权重 $w(t)$，此时速度更新公式变为

$$v_{ij}(t+1)=w(t)v_{ij}(t)+\varphi_1\text{rand}(0,a_1)[p_{ij}(t)-x_{ij}(t)]+\varphi_2\text{rand}(0,a_2)[p_{gj}(t)-x_{ij}(t)]$$

式中，惯性权重的大小决定了粒子对当前速度继承的多少。一般说来，较大的 $w(t)$ 将增强算法的全局搜索能力，较小的 $w(t)$ 则可提高局部搜索能力，故选择一个合适的惯性权重有助于 PSO 算法均衡它的探索能力和开发能力。因此，如果在迭代计算过程中，$w(t)$ 初始取较大的值，比如 0.9~1.2 之间的值，以扩大算法的全局搜索能力，使算法能够迅速定位到接近全局最优点的区域；然后随着迭代的进行呈线性递减，以加强迭代后期的局部搜索性能，能够使算法精确得到全局最优解。

线性递减公式如下：

$$w=w_{\text{start}}-\frac{w_{\text{start}}-w_{\text{end}}}{t_{\max}}t$$

式中，$t_{\max}$ 为最大迭代次数；t 为当前迭代次数；w_{start} 为初始惯性权重；w_{end} 为终止惯性权重。另外，Shi 等还采用模糊系统调整 w 来改进 PSO 算法的性能。试验证明，采用随机的惯性权重，例如 $w\sim U(0.5,1)$，也可以取得较好的结果。

引入惯性权重 $w(t)$ 可以消除基本 PSO 算法对 $\boldsymbol{v}_{\max}$ 的依赖，因为 $w(t)$ 本身具有平衡全局和局部搜索能力的作用。当 $\boldsymbol{v}_{\max}$ 增加时，可通过减少 $w(t)$ 来达到平衡搜索；而 $w(t)$ 的减少可使所需的迭代次数变少。从这个意义上讲，可将 $v_{\max,j}$ 固定为每维变量的变化范围，从而只需对 $w(t)$ 进行调节。也有通过设计模糊规则来自适应动态调整惯性权重 $w(t)$ 的改进 PSO 算法。

（2）具有收缩系数的 PSO 算法

Clerc 于 1999 年提出了一种具有收缩系数的 PSO 算法，即

$$v_{ij}(t+1)=K\{v_{ij}(t)+\varphi_1\text{rand}(0,a_1)[p_{ij}(t)-x_{ij}(t)]+\varphi_2\text{rand}(0,a_2)[p_{gj}(t)-x_{ij}(t)]\}$$

式中，收缩系数定义为

$$K=\frac{2\rho}{\left|\varphi-2+\sqrt{\varphi^2-4\varphi}\right|}$$

这里 $\rho \in [0,1]$，$\varphi = \varphi_1 + \varphi_2$ 且 $\varphi > 4$；否则，若 $0 \leqslant \varphi \leqslant 4$，则取收缩系数 $K = 1$，即采用基本的 PSO 算法。大多数采用收缩因子方法的研究者将 φ 设为 4.1（即 $\varphi_1 = \varphi_2 = 2.05$），并设 $\rho = 1$。实验结果表明，具有收缩系数的 PSO 算法与具有惯性权重的 PSO 算法相比，其性能通常更好，而后者又比基本的 PSO 算法性能优越。

因为收缩因子方法会随着时间收敛，所以粒子的振荡轨迹幅度会随时间不断减少。当 $\rho = 1$ 时，收敛速度小到足以在搜索收敛前开展彻底的广度搜索。使用收缩因子的优点在于，不再需要使用 $\boldsymbol{v}_{\max}$，也无须推测影响收敛性和防止急速增长的其他参数的值。

2. 具有邻域算子的 PSO 算法

与其他进化计算方法一样，PSO 算法的粒子群规模或粒子数 m 的选择，也需要在求解质量与计算量之间进行折中，这里的计算量主要涉及粒子适应函数的计算。为了避免 PSO 算法的早熟，可增加粒子群的规模，但这也将大大降低搜索速度。

与遗传算法类似，也可将基本 PSO 算法中的整个粒子群的迄今最优解 $p_{gj}(t)$ 扩展为考虑粒子邻域的迄今最优解。将粒子的邻域定义为围绕该粒子的子种群。邻域的大小实际描述了信息共享或社会相互作用的范围，也给出了通信的代价。它可以大至整个粒子群（全邻域），小至环形拓扑结构中的邻域，甚至为粒子本身。Kennedy 等（1999）较为深入地研究了邻域拓扑对 PSO 算法性能的影响，指出邻域算子能保持粒子群的多样性，因而能提高算法的性能。但就计算复杂性而言，采用全邻域似乎更好，因其算法性能与基于环形拓扑结构的 PSO 算法相差不大。

PSO 算法有全局版本和局部版本。在全局版本 PSO 算法中（简称 Gbest PSO），每个粒子的邻域包含所有个体，而在局部版本 PSO 算法中（简称 Lbest PSO），每个粒子的邻域仅包含与该粒子有直接信息连接的部分个体。全局版本 PSO 算法收敛速度较快，但是容易陷入局部最优，而采用不同的邻域拓扑结构的局部版本 PSO 算法更容易找到全局最优或次优解。如果信息在粒子之间传递得太快，则很容易使整个系统出现早熟，即粒子很快聚集到一个局部极值点上；反之，如果信息传递得太慢，则因为单个粒子很难迅速得到相距较远的粒子的信息，使得算法的收敛速度变慢，从而影响计算效率。

常见的邻域结构有星形结构、环形结构、金字塔结构以及冯·诺依曼结构，如图 10.2 所示。

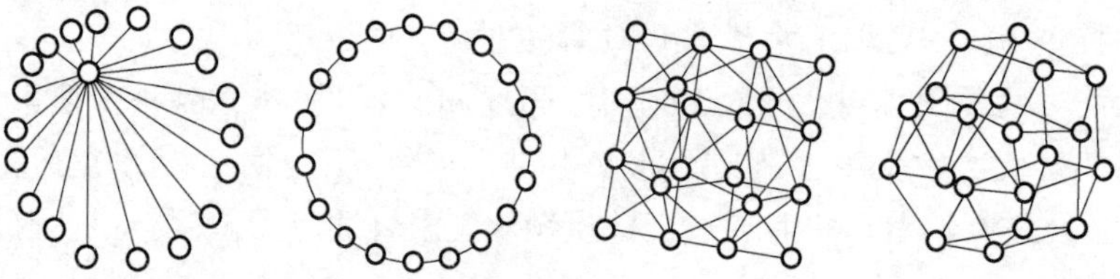

a) b) c) d)

图 10.2 PSO 算法的典型邻域结构

1）星形结构：星形结构以其中一个粒子为中心，与邻域中的其他所有粒子相联系，而其他粒子不进行信息交换。这种类型的连接中，信息传递的速度比较快，收敛速度也比较快，但较容易陷入局部极值点。

2）环形结构：在环形结构中所有粒子排成一个环，该结构中每个粒子与其相邻的两个粒子交换信息，从而有效地保证了种群的多样性。虽然这种结构信息传递得比较慢，收敛速度较慢，但不容易陷入局部极值点。

3）金字塔结构：金字塔形结构为四面体结构，粒子分布在四面体的 4 个顶点上，所有这样的四面体相互连接起来。

4）冯 · 诺依曼结构：在冯 · 诺依曼结构中，每个粒子与上下左右 4 个最邻近的粒子相互连接，形成一种网状结构。

没有哪种邻域结构能够适合于所有类型的测试函数。但如果就平均效果来说，冯 · 诺依曼结构是最好的。邻域拓扑结构在迭代过程中一般是静止不变的，动态的邻域结构对计算量的影响较大，算法的复杂性增加，但其性能提高并不明显。

相对于其他进化计算方法，PSO 不能随着迭代的进行完成最优解的精细局部搜索，因此其最优解的质量通常较差。Suganthan（1999）通过引入一个可变邻域算子来改进基本 PSO 算法的性能。在优化的初始阶段，PSO 算法中的邻域就是单个粒子本身。随着迭代次数的增加，邻域将逐渐扩大直至包括整个粒子群。换句话说，邻域中的迄今最优解 $p_{lj}(t)$ 将随着邻域规模的增加，逐渐取代整个粒子群的迄今最优解 $p_{gj}(t)$。相应地，PSO 算法中的收缩系数或惯性权重也将逐步调整，以便在优化的最后阶段能完成精细的搜索。

由于具有邻域算子的改进型 PSO 算法，迭代初始时各个粒子的邻域被定义为粒子本身，若采用环形拓扑结构，则邻域的大小 q 将随着迭代的进行，以偶数的方式逐渐递增，直至扩大为整个粒子群，即 $q=2, 4, \cdots, m$（假设 m 为偶数）。

相应的速度与位置更新公式为

$$v_{ij}(t+1)=w(t)v_{ij}(t)+\varphi_1\mathrm{rand}(0,a_1)[p_{ij}(t)-x_{ij}(t)]+\varphi_2\mathrm{rand}(0,a_2)[p_{lj}(t)-x_{ij}(t)]$$

$$x_i(t+1)=x_i(t)+v_i(t+1)$$

式中，与基本 PSO 算法唯一不同的是，原来的粒子群迄今最优位置 $p_{gj}(t)$ 已被邻域中的迄今最优位置 $p_{lj}(t)$ 取代。$p_{lj}(t)$ 的计算与 $p_{gj}(t)$ 的相同，均是通过比较每个粒子的迄今最优位置 $p_{ij}(t)$ 及其适应度值完成的，区别是 $p_{lj}(t)$ 仅对邻域进行。

同时，使用以下公式调整控制参数，即

$$w(t)=w^{\infty}+(w^0-w^{\infty})(1-t/NC_{\max})$$

$$\varphi_1(t)=\varphi_1^{\infty}+(\varphi_1^0-\varphi_1^{\infty})(1-t/NC_{\max})$$

$$\varphi_2(t)=\varphi_2^{\infty}+(\varphi_2^0-\varphi_2^{\infty})(1-t/NC_{\max})$$

式中，$NC_{\max}$ 为最大迭代次数；上标 0 和 ∞ 分别表示迭代开始和结束时的参数值。

10.4　离散粒子群优化算法

PSO 算法最初被用于求解连续变量优化问题，近年来其在离散优化问题中的应用日益引起人们的注意，出现了一些离散型 PSO（Discrete PSO，DPSO）算法。

1. PSO 算法的离散化方法

PSO 算法求解离散变量优化问题形成了两条完全不同的技术路线：一是以经典的连续型 PSO 算法为基础，针对特定问题，将离散问题空间映射到连续粒子运动空间，并适当修改 PSO 算法来求解，在计算上仍保留经典 PSO 算法的速度——位置更新中的连续变量运算规则；另一种方法是针对离散优化问题，以 PSO 算法信息更新的本质机理为基础，在经典 PSO 算法的基本思想、算法框架下，重新定义特有的粒子群离散表示方式与操作算子来求解。在计算上，以离散空间特有的、对向量的位操作来取代传统向量计算；从信息流动机制上看，仍保留了 PSO 算法特有的信息交换和流动机制。

这两种方法的区别在于，前者将实际离散问题映射到粒子连续运动空间后，在连续空间中计算和求解；后者则是将 PSO 算法映射到离散空间，在离散空间中计算和求解。根据其特性，将前者称为基于连续空间的 DPSO 算法，将后者称为基于离散空间的 DPSO 算法。

2. 基于连续空间的 DPSO 算法

现有文献对基于连续空间的 DPSO 算法的研究居多，形成了针对 0-1 规划问题的二进制 PSO 算法（Binary PSO，BPSO），并建立了不同于传统 PSO 算法的新计算模式。此外，针对排序组合优化问题，在传统 PSO 算法上增加一些离散化策略，也是目前研究常采用的方法。

在 BPSO 算法中，粒子位置的每一维 x_{ij} 被限制为 1 或 0，而对速度 v_{ij} 则不做这种限制。使用速度更新位置时，v_{ij} 值越大，粒子的位置 x_{ij} 越有可能选 1，v_{ij} 值越小，则 x_{ij} 越接近 0，即速度值代表了粒子位置接近于 1 的概率。速度更新公式在形式上保持不变，即

$$v_{ij}(t+1)=w(t)v_{ij}(t)+\varphi_1\mathrm{rand}(0,a_1)[p_{ij}(t)-x_{ij}(t)]+\varphi_2\mathrm{rand}(0,a_2)[p_{lj}(t)-x_{ij}(t)]$$

式中，$i=1, 2, \cdots, m$；$j=1, 2, \cdots, n$，定义在二进制问题空间中的第 i 个粒子的第 j 位 $x_{ij}(t)$ 以及相应的 $p_{ij}(t)$、$p_{gj}(t)$ 取值为 1 或 0。此时，每个粒子均对应一个长度为 n 的二进制串，如同遗传算法一样，它表示了问题的一个解。进一步地，粒子的当前速度分量 $v_{ij}(t)$ 被定义为二进制位 $x_{ij}(t)$ 取值为 1 或 0 的概率，因此必须将概率 $v_{ij}(t)$ 限制在［0，1］之间。为此，该算法引入了 Sigmoid 函数进行变换。

BPSO 算法的粒子状态更新公式为

$$x_{ij}(t+1)=\begin{cases}1, & \mathrm{rand}()<\mathrm{sig}(v_{ij}(t+1))\\ 0, & \text{其他}\end{cases}$$

$$\mathrm{sig}(v_{ij}(t+1))=\frac{1}{1+\exp(-v_{ij}(t))}$$

式中，Sigmoid 函数 $\mathrm{sig}(v_{ij}(t+1))$ 可以保证向量 $K_{ij}(t+1)$ 的每个分量都在区间［0，1］内；rand（）为满足［0，1］之间均匀分布的随机数。显然，$\mathrm{sig}(v_{ij}(t+1))$ 相当于概率的阈值，也就是二进制位 $x_{ij}(t)$ 取 1 的概率为 $\mathrm{sig}(v_{ij}(t+1))$，取 0 的概率为 $1-\mathrm{sig}(v_{ij}(t))$。由于 sigmoid 函数的单调性，因此 $v_{ij}(t)$ 越大，$x_{ij}(t)$ 取 1 的概率就越大。BPSO 算法的其余部分与连续 PSO 算法相同。试验结果表明，对于大多数测试函数，BPSO 算法都比遗传算法速度快，尤其是在问题的维数增加时。BPSO 算法并不直接优化二进制变量本身，而是通过优化连续变化的二进制变量为 1 的概率，达到间接优化离散变量的目的。

用基于连续空间的 DPSO 算法求解离散问题时，算法生成的连续解与整数规划问题的目标函数评价值之间存在多对一的映射，因此该目标函数不能完全反映 PSO 算法中连续解的质量。此外，整数规划问题的连续化导致大量冗余解空间与冗余搜索，从而影响了算法的收敛速度，但是，由于连续空间里的向量计算十分简单，消耗时间短，因此基于连续空间的 DPSO 算法仍能保持较快的运算速度。建立问题的解到粒子位置空间的映射，是应用这一类 DPSO 算法解决问题的关键。

3. 基于离散空间的 DPSO 算法

目前关于基于离散空间的 DPSO 算法的研究还比较少。研究者们往往根据具体问题构建相应的粒子表达方式，并通过重新定义粒子优化算法中的加减法和乘法运算规则来求解。例如，Clerc 针对旅行商问题提出的 TSP-DPSO 算法和 Farzaneh 针对 0-1 规划问题提出的离散二进制 PSO 算法（记为 B-PSO，以便与连续空间的 BPSO 区别）。

Clerc 重新定义了 PSO 算法中的“加减法”操作和“乘法”操作，实现了 PSO 算法向离散空间的映射。重新定义后的粒子状态更新公式为

$$v_{ij}(t+1)=w(t)\otimes v_{ij}(t)\oplus\varphi_1\otimes\text{rand}(1,a)\otimes(p_{ij}(t)-x_{ij}(t+1))\oplus\varphi_2\otimes(p_{gj}(t)-x_{ij}(t))$$

$$x_{ij}(t+1)=x_{ij}(t)\oplus v_{ij}(t+1)$$

在 B-PSO 算法中，定义粒子的位置和速度为由 0 和 1 组成的同维度向量，因子 w、φ_1 和 φ_2 为随机生成的与位置同维度的向量，向量间的“加减法”定义为对二进制位的“异或”操作，记为$\oplus$，向量间“乘法”定义为对二进制位的“与”操作，记为$\otimes$，从而构造了一种离散空间的新型二进制 PSO 算法。另外，该算法还借鉴了免疫机制以避免算法陷入局部最优，从其试验结果来看，B-PSO 算法的效率高于 BPSO 算法和遗传算法。B-PSO 算法中的粒子速度是与位置同维的二进制向量，粒子的更新计算在离散空间中进行，这与连续空间的 BPSO 算法完全不同。

基于离散空间的 DPSO 算法采用了位操作，虽可能增加单步计算代价，但不存在冗余搜索问题，且对离散问题表达自然，易与其他进化算法结合，发展前景很好。但是，现有研究主要针对个别类型问题，缺少一个统一的、通用的标准模型。

4. 混合 PSO 算法

将 PSO 算法的基本思想与各种进化计算方法相结合，发展各种混合 PSO 算法，已成为目前的研究热点之一。例如，在 PSO 算法的粒子群中引入遗传算法中的自然选择原理，又如与人工免疫算法结合的免疫 PSO 算法等。还有与量子计算、混沌方法、耗散结构等相结合的方法，也层出不穷。

总之，作为一种鲁棒的随机优化技术，PSO 算法的最大优点是实现简单，全局搜索能力强，应用广泛。主要缺点是尽管需要调整的参数相对较少，但仍需对问题的搜索空间具有一定的了解，以便能人为地选择这些控制参数，避免算法早熟并确保其收敛速度。目前 PSO 算法已广泛地应用于非线性、不可微、多极值、高维函数优化问题，以及代替 BP 算法训练神经网络的连接权等，其应用领域十分广泛。

PSO 算法与遗传算法存在一定的相似之处。例如，两者都是基于种群的方法，每个粒子（个体）代表问题的一个潜在解，也同样是利用启发式知识在解空间中进行并行搜索，并采用适应度值对个体进行性能评价。又如种群的随机初始化过程也非常类似。两者的不同之处是，PSO 算法中的粒子具有记忆功能，它利用的是粒子的位置与速度，不会被进化论中的适者生存所淘汰。在基本的 PSO 算法中，也没有遗传算法中的选择算子和交叉算子。

10.5　粒子群优化算法应用举例

考虑以下的 Schwefel 函数：

$$f(x) = \sum_{i=1}^{n} (-x_i)\sin(\sqrt{|x_i|})$$

式中，$-500 \leqslant x_i \leqslant 500$。

已知该函数的全局最大值为 $f(x) = 418.9829n$，$x_i = -420.9687$，$i = 1, 2, \cdots, n$。若 $n = 2$，则当 $x_1 = x_2 = -420.9687$ 时，$f(x) = 837.9658$ 为其最大值，如图 10.3 所示。

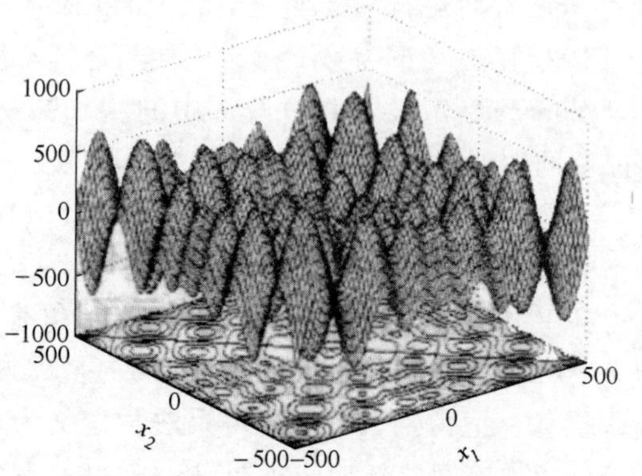

图 10.3　二维 Schwefel 函数的极值分布

试利用粒子群优化算法计算 Schwefel 函数的近似全局最优解。

PSO 算法的参数选择如下：

粒子个数 $n = 40$，学习率取为 $\varphi_1 = \varphi_2 = 2.1$。惯性权重 $w(t)$ 的初始值取为 1.0，并使其随迭代次数线性递减，即将其在第 100 步时递减为 0.6。搜索过程如图 10.4 所示。

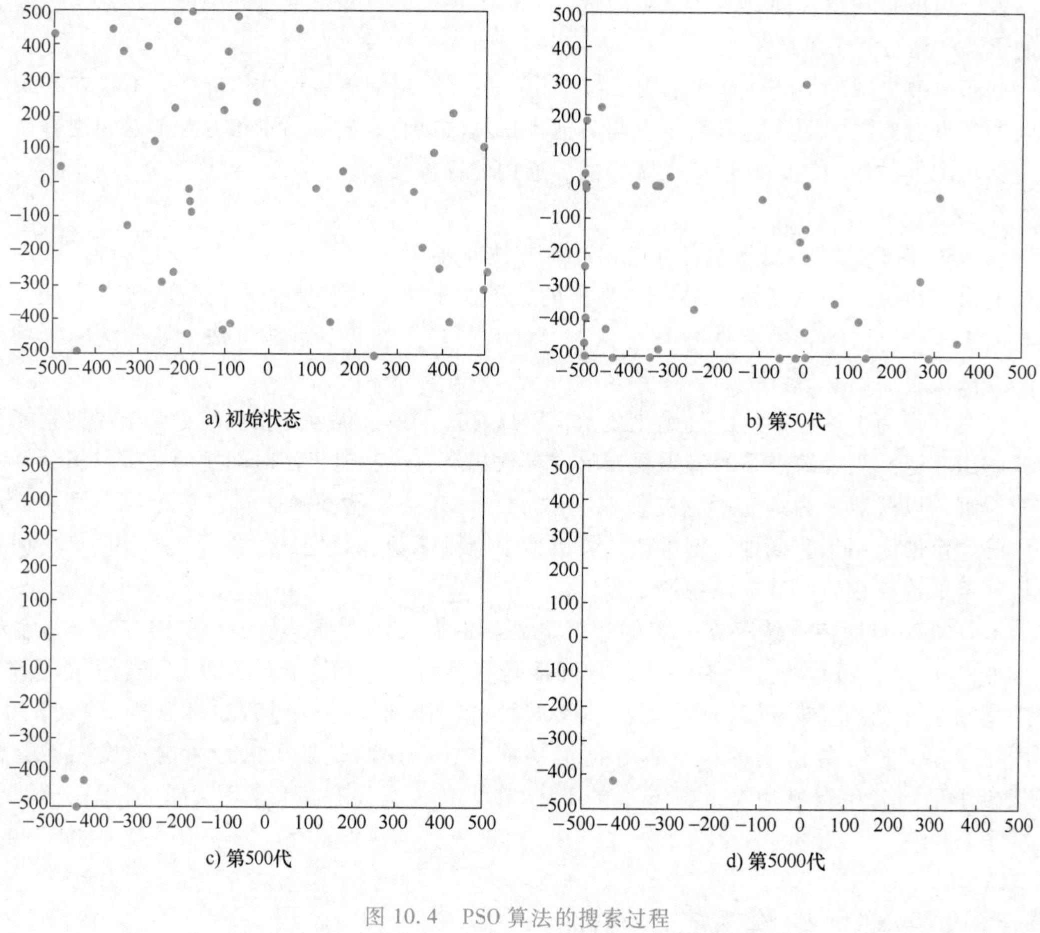

图 10.4　PSO 算法的搜索过程

PSO 算法的平均适应度值曲线如图 10.5 所示，搜索结果见表 10.1。

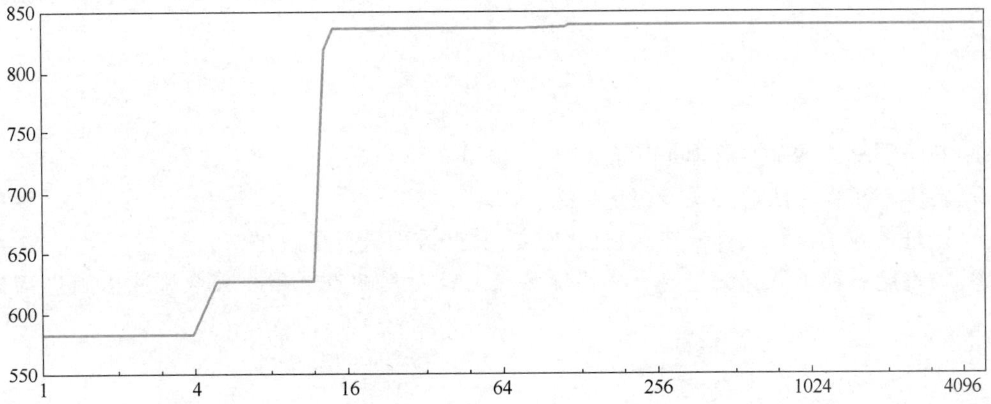

图 10.5 PSO 算法的平均适应度值曲线

表 10.1 PSO 算法的搜索结果

迭代次数	0	5	10	20	100	5000	最优解
搜索结果	416.2456	515.7488	759.4040	834.8138	837.9115	837.9658	837.9658

10.6 粒子群优化算法的应用优势与存在的主要问题

以社会交互为基础的群体智能的价值创造能力巨大，特别是在复杂问题的优化领域。粒子群优化算法应用的优势主要体现在：

1）非导数型优化。粒子群优化算法寻找最优解并不是基于目标函数的导数，而是基于个体之间的社会交互机制。因此，搜索过程陷入局部最优值的可能性大大降低。

2）鲁棒性。基于群体的 PSO 算法更不容易受到个体失误的影响，甚至粒子群中有多个个体性能不佳也不会影响到整体性能。协作行为可以补偿群体整体的性能，个体性能之间的差异不会影响最优解。

3）灵活性。粒子群优化算法最大的优势是，它可以工作于动态环境中。群体可以持续跟踪快速变化的最优解。从原理上讲，粒子群优化算法的问题模型和动态模型没有较大的差异。

4）成本低。PSO 算法调整参数少，易于理解和调整。同时，由于内在的对动态环境的自适应性，其实施成本和维护成本都较低。

粒子群优化算法在应用中存在的主要问题是：

1）在多最优值问题中，PSO 算法通常会提前收敛。粒子群优化算法的原型并不是一个局部优化器，但并不能保证所发现的解决方案是全局最优方案。这个问题的根本在于，对于 Gbest PSO 算法，粒子最终收敛于全局最佳与个体最佳位置连线上的一点。

2）粒子群优化算法的性能对参数的设置非常敏感。增加惯性的权重，将会增加粒子的速度而导致更多的全局搜索和更少的局部搜索，反之亦然。调整适当的惯性权值并不是一个简单的任务，它与问题相关。

3）粒子群优化算法还缺少坚实的数学分析基础，尤其缺少算法收敛条件和参数调整的通用方法学。

复习思考题

1. 粒子群算法的基本原理是什么？

2. 基本粒子群算法的实现步骤是什么？

3. 改进的粒子群算法有哪些？它们分别在哪些方面进行了改进？

4. 讨论题：粒子群算法主要有哪些优缺点？针对其缺点，需要采取哪些措施进行补充和完善？

Chapter 11

第11章 混合蛙跳算法

混合蛙跳算法（Shuffled Frog Leaping Algorithm，SFLA）是模拟青蛙在寻食的过程当中，青蛙群体通过按子群分类进行信息交换的进展，将全局搜索与子群局部搜索相结合，使算法朝着全局最优解的方向进化。该算法结合了模因算法（Memetic Algorithm，MA）和粒子群优化算法两者的优点，混合蛙跳算法是一种求解离散优化问题的元启发式算法。它基于模因算法（也称文化算法）框架，采用类似粒子群优化算法的局部搜索策略，而全局搜索则包含混合操作，全局搜索中运用洗牌策略允许在局部搜索之间交换信息，以向全局最优移动。随机生成初始青蛙种群后再分成若干族群，每个族群先进行局部搜索，然后各个族群进行信息交换。族群中适应度越好的青蛙被选中进入子族群的概率就越大。按照适应度值的大小将族群内的青蛙重新排序，重新生成子族群。全局性的信息交换和族群内部交流机制结合，可指引算法搜索过程向着全局最优点的方向进行搜索。

11.1 混合蛙跳算法的提出

混合蛙跳算法是2001年由美国学者Eusuff和Lansey等为解决水资源网络管径优化设计问题而提出的一种群智能优化算法。2003年和2006年他们对此算法又做了详细的说明。混合蛙跳算法基于文化算法框架，根据青蛙群体中个体在觅食过程中交流文化基因来构建算法模型，采用类似粒子群优化算法的个体进化的局部搜索和混合操作的全局搜索策略。在算法中，虚拟青蛙是文化基因的宿主并作为算法最基本的单位。这些文化基因由最基本的文化特征组成。

SFLA具有思想简单、寻优能力强、实验参数少、计算速度快等特点，已被用于成品油管网优化、函数优化、生产调度、网络优化、数据挖掘、图像处理、多目标优化等领域。

11.2 混合蛙跳算法的基本原理

混合蛙跳算法的基本思想如图11.1所示，模拟了一群青蛙在一片沼泽地中不断地跳跃来寻找食物的行为。混合蛙跳算法从随机生成一个覆盖整个沼泽的青蛙种群开始，然后这个种群被均匀分为若干族群。这些族群中的青蛙采用类似粒子群算法的进化策略朝着不同的搜索方向独立进化。在每一个文化基因体内，青蛙们能被其他青蛙的文化基因感染，进而发生文化进化。为了保证感染过程中的竞争性，算法使用三角概率分布来选择部分青蛙进行进化，保证适应度较好的青蛙产生新文化基因的贡献比适应度较差的青蛙大。

在进化过程中，青蛙可以使用文化基因体中最佳和种群最佳的青蛙信息改变文化基因。青蛙每一次跳跃的步长作为文化基因的增量，而跳跃达到的新位置作为新文化基因。这个新文化基因产生后就随即用于下一步传承进化。

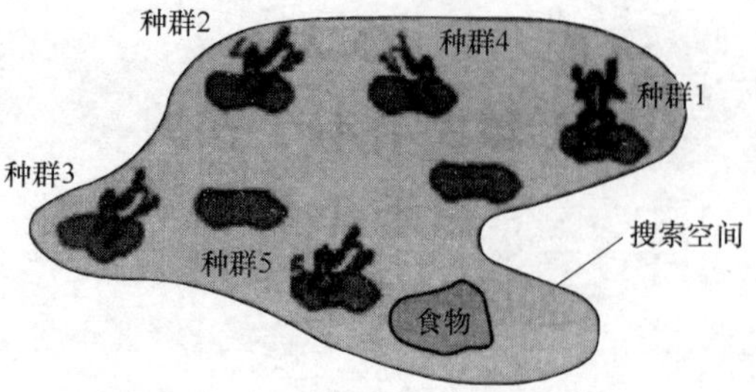

图 11.1　混合蛙跳算法的基本思想

在达到预先定义的局部搜索（传承进化）迭代步数后，这些文化基因体被混合，重新确定种群中的最佳青蛙，并产生新的文化基因族群。这种混合过程提高了新文化基因的质量，这一过程不断重复演进，保证算法快速满足预先定义的收敛性条件，直到获得全局最优解。总之，混合蛙跳算法的局部搜索和全局信息交换一直持续交替进行到满足收敛条件结束为止。

不难看出，混合蛙跳算法随机性和确定性相结合。随机性保证搜索的灵活性和鲁棒性，而确定性则允许算法积极有效地使用响应信息来指导启发式搜索。混合蛙跳算法全局信息交换和局部深度搜索的平衡策略使得算法具有避免过早陷入局部极值点的能力，从而指引算法搜索过程向着全局最优点的方向进行搜索。

11.3　基本混合蛙跳算法的描述

混合蛙跳算法首先随机初始化 S 个解来组成青蛙的初始种群，例如解决 d 维的优化问题时，可以把第 i 个解记作 $\boldsymbol{X}_i=(x_{i1},x_{i2},\cdots,x_{id})$，适应度值可记作 $Y=f(\boldsymbol{X}_i)$，Y 是目标函数值。根据适应度将 S 只青蛙从大到小排列，然后对种群进行分组，把它分为 m 个模因组，每组有 n 只青蛙（解）。把第一只青蛙分配到第一个模因组，第二只青蛙分配到第二个模因组，直到第 m 只青蛙分配到第 m 个模因组；接着把第 $m+1$ 只青蛙分配到第 1 个模因组，第 $m+2$ 只青蛙分配到第 2 个模因组，依次类推，直到所有解分配完毕。模因组中最差青蛙记为 $\boldsymbol{X}_{\mathrm{w}}$，最好青蛙记为 $\boldsymbol{X}_{\mathrm{b}}$，整个种群中位置最好的青蛙则记为 $\boldsymbol{X}_{\mathrm{g}}$，其中 $\boldsymbol{X}_{\mathrm{b}}=(x_{\mathrm{b1}},x_{\mathrm{b2}},\cdots,x_{\mathrm{bd}})$，$\boldsymbol{X}_{\mathrm{w}}=(x_{\mathrm{w1}},x_{\mathrm{w2}},\cdots,x_{\mathrm{wd}})$，$\boldsymbol{X}_{\mathrm{g}}=(x_{\mathrm{g1}},x_{\mathrm{g2}},\cdots,x_{\mathrm{gd}})$。在模因组中执行局部搜索，适应度值最差的青蛙得到更新，其公式如下：

$$\Delta\boldsymbol{X}=\mathrm{rand}(0,1)\cdot(\boldsymbol{X}_{\mathrm{b}}-\boldsymbol{X}_{\mathrm{w}})$$

$$\mathrm{new}\boldsymbol{X}_{\mathrm{w}}=\boldsymbol{X}_{\mathrm{w}}+\Delta\boldsymbol{X},\Delta\boldsymbol{X}_{\max}\geqslant\Delta\boldsymbol{X}\geqslant-\Delta\boldsymbol{X}_{\max}$$

式中，$\mathrm{new}\boldsymbol{X}_{\mathrm{w}}$ 为最差解 $\boldsymbol{X}_{\mathrm{w}}$ 更新后的新解，$\mathrm{new}\boldsymbol{X}_{\mathrm{w}}=(\mathrm{new}x_{\mathrm{w1}},\mathrm{new}x_{\mathrm{w2}},\cdots,\mathrm{new}x_{\mathrm{wd}})$；$\Delta\boldsymbol{X}$ 为青蛙的最大移动步长；rand(0, 1) 表示 0~1 之间的随机数。计算新解，如果得到了更优的解，则用 $\mathrm{new}\boldsymbol{X}_{\mathrm{w}}$ 取代 $\boldsymbol{X}_{\mathrm{w}}$，否则用 $\boldsymbol{X}_{\mathrm{g}}$ 代替式 $\Delta\boldsymbol{X}$ 中的 $\boldsymbol{X}_{\mathrm{b}}$，重新计算新解。如果产生新解的适应度值还没被改善，那么就随机生成新解。重复执行以上更新过程对模因组进行模因进化，当达到设定的迭代次数后模因进化结束，重新混合所有模因组成新的种群，再对新种群按照上面分配原则重新划分模因组，然后继续对每个模因组进行模因进化。如此反复，直到满足终止条件。

下面介绍基本混合蛙跳算法的基本概念及算法描述。

1. 蛙群、族群及其初始化

混合蛙跳算法把每只青蛙作为优化问题的可行解。开始时，随机生成一个覆盖整个沼泽地（解空间，可行域）的青蛙种群（蛙群），再把整个蛙群按照某种具体原则（如均分原则）划分成多个相互独立排序的族群（子种群），如图 11.2 所示。每个族群具有不同文化基因体，所以族群又被称为文化基因体或模因组。

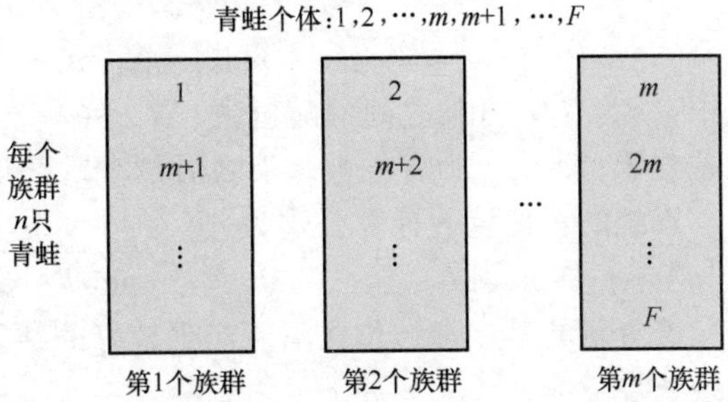

图 11.2　青蛙族群的划分

选取族群的数量为 m，每个族群中青蛙数量为 n，蛙群中总的青蛙数为 $S=m\times n$。设在可行域 $\Omega\in\mathbf{R}^d$ 中有青蛙 $\boldsymbol{X}_1$，$\boldsymbol{X}_2$，…，$\boldsymbol{X}_S$，其中 d 为决策变量数（每只青蛙基因所含的特征数）。第 i 只青蛙用决策变量表示为 $\boldsymbol{X}_i=(x_{i1},x_{i2},\cdots,x_{id})$。

每只青蛙用适应度 $f(\boldsymbol{X}_i)$ 来评价其好坏程度。个体青蛙被看作元信息的载体，每个元信息包含多个信息元素，这与遗传算法中基因和染色体的概念相类似。

2. 族群划分

将青蛙种群 F 中的青蛙平均分到 m 个族群 M_1，M_2，…，M_m 中，每个族群包含 n 只青蛙。分配方式为

$$M_k=[X_{kj},f_{kj}\mid X_{kj}=X(k+m(j-1)),f_{kj}=f(X_{kj}),j=1,2,\cdots,n;k=1,2,\cdots,m]$$

这些族群可以朝着不同的搜索方向独立进化。根据具体的执行策略，族群中的青蛙在解空间中进行局部搜索，使得元信息在局部个体之间进行传播，这就是元进化过程。

3. 构建子族群

子族群是为了预防算法陷于局部最优值而设计的，它由族群中按照适应度进行选择后产生的青蛙所构成。族群中的青蛙具有的适应度越好，则被选中进入子族群的概率就越大。子族群代替族群在解空间进行局部搜索，每次完成子族群内的局部搜索，族群内的青蛙就需要按照适应度的大小进行重新排序，并重新生成子族群。

选取族群中的青蛙进入子族群是通过如下三角概率分布公式完成的：

$$p_j=\frac{2(n+1-j)}{n(n+1)},\ j=1,2,\cdots,n$$

即文化基因体中适应度最好的青蛙有最高的被选中的概率

$$p_j=\frac{2}{n+1}$$

而适应度最差的青蛙有最低的被选中的概率

$$p_j=\frac{2}{n(n+1)}$$

选择过程是随机的，这样就保证选出的 $q(q<n)$ 只青蛙能全面反映该文化基因体中青蛙的适应度分布。将选出的 q 只青蛙组成子文化基因体 Z，并将其中的青蛙按照适应度递减的顺序排序。分别记录适应度最好的青蛙（$iq=1$）为 $\boldsymbol{X}_\text{b}$，最差的青蛙（$iq=q$）为 $\boldsymbol{X}_\text{w}$。

4. 青蛙位置的更新

计算子文化基因体中适应度最差青蛙的跳跃步长为

$$\Delta \boldsymbol{X}=\begin{cases}\min\{r(\boldsymbol{X}_{\mathrm{b}}-\boldsymbol{X}_{\mathrm{w}}),\Delta \boldsymbol{X}_{\max}\}, 正文化特征\\ \max\{r(\boldsymbol{X}_{\mathrm{b}}-\boldsymbol{X}_{\mathrm{w}}),-\Delta \boldsymbol{X}_{\max}\}, 负文化特征\end{cases}$$

式中，r 为［0，1］之间的随机数；$\boldsymbol{X}_{\mathrm{b}}$ 和 $\boldsymbol{X}_{\mathrm{w}}$ 分别为子文化基因体中对应于青蛙最好位置和最差位置；$\Delta \boldsymbol{X}_{\max}$ 为青蛙被感染之后最大跳跃步长。

青蛙的新位置的计算公式为

$$\mathrm{new}\boldsymbol{X}_{\mathrm{w}}=\boldsymbol{X}_{\mathrm{w}}+\Delta \boldsymbol{X}$$

若更新的最差青蛙位置不能产生较好的结果，则需要再次更新最差青蛙位置，并需要计算跳跃步长为

$$\Delta \boldsymbol{X}=\begin{cases}\min\{r(\boldsymbol{X}_{\mathrm{g}}-\boldsymbol{X}_{\mathrm{w}}),\Delta \boldsymbol{X}_{\max}\}, 正文化特征\\ \max\{r(\boldsymbol{X}_{\mathrm{g}}-\boldsymbol{X}_{\mathrm{w}}),-\Delta \boldsymbol{X}_{\max}\}, 负文化特征\end{cases}$$

式中，$\boldsymbol{X}_{\mathrm{g}}$ 为青蛙的全局最好位置。更新最差青蛙位置的计算仍采用青蛙新位置的计算公式。

5. 算法参数

混合蛙跳算法的计算包括如下一些参数：

S 为种群中青蛙的数量；m 为族群的数量；n 为族群中青蛙的数量；$\boldsymbol{X}_{\mathrm{g}}$ 为全局最好解，$\boldsymbol{X}_{\mathrm{b}}$ 为局部最好解；$\boldsymbol{X}_{\mathrm{w}}$ 为局部最差解。

S 的值一般与问题的复杂性相关，样本容量越大，算法找到或接近全局最优的概率也就越大。

对于族群数量 m 的选择，要确保子族群中青蛙数量不能太小。如果 m 太小，则局部进行进化搜索的优点就会丢失。

n 为子族群中青蛙的数量，引入该参数的目的是为了保证青蛙族群的多样性，同时也是为了防止陷入局部最优解。

$\Delta \boldsymbol{X}_{\max}$ 为最大允许跳动步长，它可以控制算法进行全局搜索的能力。如果 $\Delta \boldsymbol{X}_{\max}$ 太小，就会减少算法全局搜索的能力，使得算法容易陷入局部搜索；如果 $\Delta \boldsymbol{X}_{\max}$ 太大，又很可能使得算法错过真正的最优解。

SF 为全局思想交流次数。SF 的大小一般也与问题的规模相关，问题规模越大，其值相应也越大。

LS 为局部迭代进化次数，它的选择也要大小适中。如果太小，就会使青蛙子族群频繁地跳跃，减少了信息之间的交流，失去了局部深度搜索的意义，算法的求解精度和收敛速度就会变差；相反，虽然可以保证算法的收敛性能，但是进行一次全局信息交换的时间过长，而导致算法的计算效率下降。

6. 算法停止条件

SFLA 通常可以采用如下条件来控制算法停止：一是可定义一个最大的迭代次数；二是至少有一只青蛙达到最佳位置；三是在最近的 K 次全局信息交换之后，全局最好解没有得到明显的改进。无论哪个停止条件得到满足，算法都要被强制退出整个循环搜索过程。

11.4 混合蛙跳算法的实现步骤

混合蛙跳算法是模拟青蛙在寻食的过程当中，青蛙群体通过按子群分类进行信息交换的

进展，将全局搜索与子群局部搜索相结合，使算法朝着全局最优解的方向进化。混合蛙跳算法的实现过程分为全局搜索过程和局部搜索过程，分别介绍如下。

1. 全局搜索过程

1）青蛙种群初始化。设置 SFLA 参数，青蛙群体总数 S，族群数量 m，每个族群的青蛙数 n，最大迭代次数 N，最大步长和最小步长 $\Delta X_{\max}$、$\Delta X_{\min}$。

2）青蛙分类。随机生成 S 只青蛙并计算各个蛙的适应值，按适应值大小进行降序排序并记录最好解 $\boldsymbol{X}_g$，记录 S 中适应度最好的青蛙位置 $\boldsymbol{X}_g$ 为 $F(\boldsymbol{X}_1)$。

3）将蛙群分成多个族群。把 S 只青蛙分配到 m 个族群中去，每个族群包含 n 只青蛙。按式

$$M_k=[X_{kj},f_{kj}\mid X_{kj}=X(k+m(j-1)),f_{kj}=f(X_{kj}),j=1,2,\cdots,n;k=1,2,\cdots,m]$$

划分族群（文化基因体）。$F_k(j)$ 表示第 k 族群中第 j 只青蛙所处的位置，$f_k(j)$ 表示第 k 族群中第 j 只青蛙的适应度值。

4）每个族群执行族群局部搜索，即文化基因体传承进化。每个文化基因体 $M_k(k=1,2,\cdots,m)$ 根据局部搜索步骤独立进化。

5）将各个族群进行混合，即将各文化基因体进行混合。在每个文化基因体都进行过一轮局部搜索之后，将重新组合种群 S，并再次根据适应度递减排序，更新种群中最优青蛙，并记录全局最优青蛙的位置 $\boldsymbol{X}_g$。

6）检验停止条件。若满足了算法收敛条件，则停止算法执行过程；否则，转到步骤 2）。

2. 局部搜索过程

局部搜索过程是对上面全局搜索过程中步骤 4）的进一步展开，具体过程如下：

1）定义计算器。设 im=0，其中 im 是文化基因体的计数器，标记当前进化文化基因体的序号；设 ie=0，其中 ie 是独立进化次数的计数器，标记并比较当前文化基因体的独立进化次数是否小于最大独立进化次数。

2）从当前族群青蛙数 n 个中选取 q 个可能成为最佳的青蛙构成子族群，即按下式概率

$$p_j=\frac{2(n+1-j)}{n(n+1)},\quad j=1,2,\cdots,n$$

选取族群中的青蛙进入子族群，选择过程是随机的，这样就能保证选出的 $q(q<n)$ 只青蛙能全面反映该文化基因体中青蛙的适应度分布，将选出的 q 只青蛙构建子文化基因体，将子群中青蛙按适应度进行降序排列，记录最佳位置和最差位置 $\boldsymbol{X}_b$、$\boldsymbol{X}_w$，然后，计算器 im=im+1。

3）改善子群中最差青蛙的位置，即按式

$$\Delta\boldsymbol{X}=\begin{cases}\min\{r(\boldsymbol{X}_b-\boldsymbol{X}_w),\Delta\boldsymbol{X}_{\max}\},\text{正文化特征}\\ \max\{r(\boldsymbol{X}_b-\boldsymbol{X}_w),-\Delta\boldsymbol{X}_{\max}\},\text{负文化特征}\end{cases}$$

更新最差青蛙位置，并利用式

$$F(q)=\boldsymbol{X}_w+\Delta\boldsymbol{X}$$

计算新位置 $F(q)$，然后，计算器 ie=ie+1。

4）如果最差青蛙的新位置比原来的好，则使用新位置替换原位置，如果比原来的差，则用全局最优 $\boldsymbol{X}_g$ 替换局部最优 $\boldsymbol{X}_b$ 并计算新的适应值，即根据式

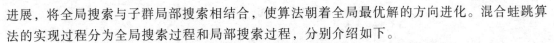

$$\Delta X=\begin{cases}\min\{r(X_g-X_w),\Delta X_{max}\}, & 正文化特征\\ \max\{r(X_g-X_w),-\Delta X_{max}\}, & 负文化特征\end{cases}$$

计算跳跃步长，利用式

$$F(X_q)=X_w+\Delta X$$

计算新位置 $F(X_q)$，并计算新的适应度 $f(X_q)$。计算后如果新的位置更优，则使用新位置；如果新位置没有旧位置好，在可行域中随机生成一只新的青蛙 $F(X_r)$ 取代最差的青蛙，以终止有缺陷文化基因的传播，并计算适应度 $f(X_r)$。

5）重新计算本子群的最优个体 X_b 和最差个体 X_w。如果 ie<e（最大进化数），则转到步骤3）。如果 im<m，则转到步骤2），否则转到全局搜索过程的步骤5）。

11.5 混合蛙跳算法的实现流程

混合蛙跳算法是一种新型的后启发式群体智能进化算法。它的实现机理是通过模拟现实自然环境中青蛙群体在觅食过程中所体现的信息交互和协同合作行为，来完成对问题的求解过程。采用模因分组方法把种群分成若干个子种群，每个子种群称为模因分组，种群中青蛙被定义为问题解。模因组中的每只青蛙都有努力靠近目标的想法，具有对食物源远近的判断能力，并随着模因分组的进化而进化。在模因组的每一次进化过程中，找到组内位置最差和最好的青蛙。组内最差青蛙要按照一定更新策略来进行位置调整。对每个模因组进行一定次数的模因进化后，把所有模因分组重新混合成新的群体，实现各个模因组交流与共享彼此间的信息，算法一直执行到种群预定的进化次数才结束。

混合蛙跳算法中信息传递是通过种群分类来实现的，它相间进行局部进化和重新混合过程，有效地将全局信息交互和局部搜索相结合，具有很强的全局搜索能力。混合蛙跳算法的流程如图 11.3 所示。图 11.3a 为全局搜索主程序流程图，图 11.3b 为进入主程序流程图中的局部搜索主程序的流程图。局部搜索部分称为文化基因体传承进化过程。当完成局部搜索后，将所有文化基因体内的青蛙重新混合并排序和划分文化基因体，再进行局部搜索；如此反复，直到定义的收敛条件结束为止。全局信息交换和局部深度搜索的平衡策略使得算法能够跳出局部极值点，向全局最优方向进行。

11.6 协同进化混合蛙跳算法

针对基本混合蛙跳算法收敛速度慢、求解精度低、青蛙子群局部信息和青蛙种群全局信息交流不全面且易陷入局部最优的问题，戴月明、张明明等提出了一种新的协同进化混合蛙跳算法 CSFLA（Coevolutionary Shuffled Frog Leaping Algorithm）。通过引入子群青蛙平均值，并充分利用最优个体的优秀基因对子群内最差青蛙个体更新方式进行改进；同时考虑到子群之间的交互学习有利于信息共享，对子群内较差的青蛙个体采取交互学习策略，以提高解的质量，加快算法寻优速度；最后，在全局迭代过程中采取精英群自学习进化机制，以获得更优解，避免陷入局部最优，提升算法的全局寻优能力。

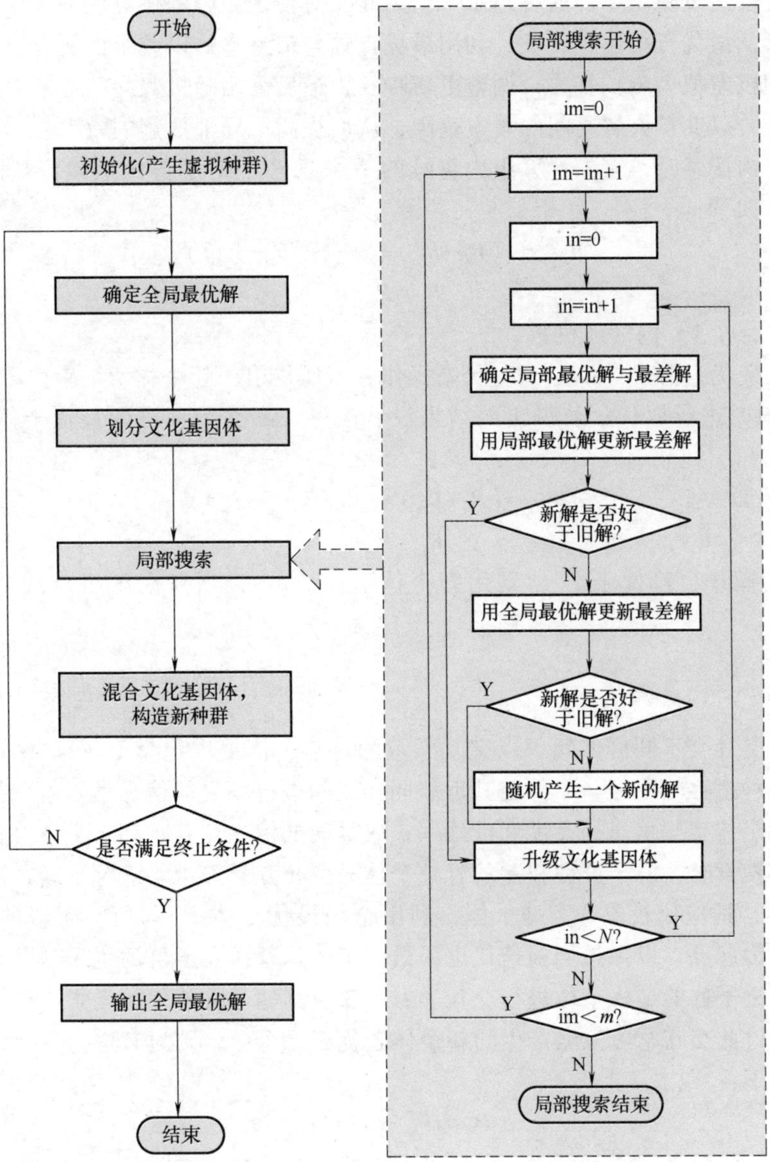

a) 全局搜索主程序流程图　　b) 局部搜索主程序流程图

图 11.3　混合蛙跳算法的流程图

11.6.1　局部位置更新算子

传统混合蛙跳算法只对子群内最差青蛙个体 P_w 进行更新，局部搜索为一个线性搜索，使得生成的新个体 P_n 总是沿直线方向向 P_b 或 P_g 靠近，限制了搜索区域，进化后期种群多样性明显下降，易陷入局部最优，从而影响算法的求解精度和收敛速度。

为了充分利用子群最优个体和全局最优个体的优秀基因，应深入搜索最优青蛙附近空间以获得更优青蛙。同时考虑到全组青蛙的更新现状对下一步进化具有重要的影响，组内最优个体代表了组内青蛙所处的最好位置，对整个子群起到重要的引领作用；组内所有青蛙的平均值在一定程度上反映了子群的整体水平。因此，对传统混合蛙跳算法的组内更新策略进行了重新设计，从最优青蛙位置出发，利用最优青蛙与最差青蛙以及组内所有青蛙的平均值与最差青蛙的随机差值为步长基数，调整更新步长，最后采用随机双向的更新方式。双向随机查找更优青蛙，以此扩大解空间的搜索范围，从而提高了局部搜索的效率。

在进行组内搜索时，首先计算组内青蛙的平均值 P_a。对子群内最差青蛙的更新策略进行改进，定义如下：

$$d_s = r(r(P_b - P_w) + (1-r)(P_a - P_w))$$

$$P_n = P_b \pm d_s$$

式中，r 代表［0，1］内的随机数。

根据子群最优个体 P_b 对 P_w 进行更新操作，若所得出的新个体 P_n 优于子群内最差青蛙个体 P_w，则对其进行取代；若得出的结果没有改进，那么用种群的最优个体 P_g 代替 P_b，代入式

$$d_s = r(r(P_g - P_w) + (1-r)(P_a - P_w))$$

$$P_n = P_g \pm d_s$$

重新进行更新操作，若优于 P_w，则用新个体取代 P_w；否则双向随机生成一个新个体取代 P_w。

11.6.2 交互学习策略

启发于人类社会不同群体间可以交互学习的特点，依据生物学上 同物种间信息的交互共享有利于物种生存的原理，个体与其近邻同伴之间进行频繁的信息交互可以扩大个体的感知范围，提高个体感知信息的速度和准确率，成员间的信息交互有利于个体进化。因此，在算法进行局部搜索时，对子群内较差的青蛙个体采取交互学习策略进行更新，对子群内部少量（例如3个）适应值较差的青蛙个体，利用全局最优个体 P_g 与所在子群的最优个体 P_b 之间的随机点为起点，以保持当前迭代全局最优个体以及所在子群的优秀基因。每一只较差青蛙个体向邻近子群的最优个体进行交互学习，获取其他子群的优质元素，整体提升整个种群的质量。通过此交互学习策略产生的新个体若优于原个体，则对其进行取代，否则保持不变，定义式如下：

$$P_o = rP_g + (1-r)P_b$$

$$\Delta P_{mi} = \mathrm{rand}(-1,1)(r(P_b^{mi-1} - P_{mi}) + (1-r)(P_b^{mi+1} - P_{mi}))$$

$$P_n = P_o + \Delta P_{mi}$$

式中，P_o 代表新位置的随机起点；r 代表［0，1］内的随机数；rand（−1，1）代表［−1，1］内的随机数；P_{mi} 为第 m 个子群内第 i 个向邻近子群最优个体进行交互学习的较差青蛙；P_b^{mi-1} 和 P_b^{mi+1} 为邻近子群的最优个体。另外，对于第一组（$m=1$）子群选择向其后两组子群的最优个体交互学习，最后一组子群向其前面两组子群学习。

交互学习策略使得青蛙个体学习的方向具有了多样性，为算法摆脱局部最优提供了新的额外动力。同时，可以减少算法寻优过程的盲目性，加快算法的寻优速度。

11.6.3 精英群自学习进化机制

自然界的生物不断调整自身状态来适应环境。针对目前蛙跳算法研究中忽视个体能动

性，尤其是种群中精英群体的自主学习进化能力，提出了精英群自学习进化机制。在全局迭代中种群的多个精英个体组成单独的精英群进行主动的自我学习和调整，在精英个体空间进行小邻域精细搜索，将搜索到的更优解返回当前迭代种群，每一代个体都能比上一代个体更好地适应环境，从而最终必然更加逼近最优个体，进而指导算法改善下一步的进化方向，进一步提高算法的全局寻优能力，减少陷入局部最优的危险。

精英群自学习进化机制的第一步是精英个体的选择。根据多精英比单精英更能够引导群体学习的社会现象，在蛙跳算法的全局信息交换阶段，将个体按适应值进行排序，选取当前种群最好的 m 个精英个体组成一个精英群，引入双向随机变异算子，通过对"精英"个体携带的信息进行多次多角度的随机扰动变异操作进行自学习进化，既保留了精英个体的优秀基因，又在其周围邻域空间进行更深入的精细探索以产生更优秀的新个体，通过在精英群空间多角度双向随机探索，使算法具备了一定的自主学习能力，有利于算法跳出局部最优解的束缚进行全局搜索。精英自学习方程为

$$\Delta P_{ij}=\xi \mathrm{rand}(-1,1)_{ij}P_{ij}$$

$$P_{ij}^{n}=P_{ij}+\Delta P_{ij}$$

式中，P_{ij} 是个体 P_i 第 j 维数；rand(−1，1)$_{ij}$ 为对应 P_{ij} 的−1 到 1 的随机数，使得对种群的精英个体 P_i 的每一维度进行双向随机变异扰动；ξ 为变异参数。

如果这两式产生一个更优解则取代原精英个体，否则对式

$$\Delta P_{ij}=\xi \mathrm{rand}(-1,1)_{ij}P_{ij}$$

精英个体的随机扰动进行反序双向探索，再利用公式

$$P_{ij}^{n}=P_{ij}+\Delta P_{ij}$$

获得更优解，如果还是不能找到更优解，则保持原精英个体不变，以避免产生的种群个体劣化。这两式是在精英个体 P_i 的基础上增加了双向随机变异因子，增加了新个体的随机性，既具有随机搜索的作用，又优于随机搜索，因为它利用了胜者的信息。精英群自学习进化机制增强了算法逃离局部最优的能力，能够正确导向算法的进化，指引种群有效搜索，加速收敛。

11.6.4 协同进化混合蛙跳算法的算法流程

综上所述，协同进化混合蛙跳算法 CSFLA 的基本流程如下。

步骤 1：初始化种群及相关参数，选取合适的青蛙总数 F，每个青蛙个体的维度为 D，子群数 m，子群内个体数 n，子群内迭代数 N_{e}，种群总进化代数 MAXGEN，精英变异参数 ξ。

步骤 2：计算每个个体的适应度，根据适应度将 F 个个体降序排列，选取适应度值最好的 m 个精英个体组成精英群，在全局迭代中对精英群根据式

$$\Delta P_{ij}=\xi \mathrm{rand}(-1,1)_{ij}P_{ij}$$

$$P_{ij}^{n}=P_{ij}+\Delta P_{ij}$$

采取精英群进化机制进行多次多角度的迭代进化，以产生更优个体取代原个体，指导整个种群向更好的方向进化。

步骤 3：重新计算每个个体的适应度，根据适应度将 F 个个体降序排列，记录整个种群

的最优候选解为 P_g，并划分成 m 个子群。

步骤 4：对每个子群依次进行局部搜索。局部深度搜索策略如下：

1）确定子群内最优青蛙个体 P_b，最差的青蛙个体 P_w，整个种群的最优青蛙个体 P_g，根据式

$$d_s = r(r(P_b - P_w) + (1-r)(P_a - P_w))$$

$$P_n = P_b \pm d_s$$

生成新个体 P_n 对子群内最差的青蛙个体 P_w 进行更新，并且若新个体位置优于 P_b，则更新子群内最优青蛙个体 P_b 的位置；若新个体位置同时又优于 P_g，则更新全局最优个体 P_g 的位置。

2）交互学习策略，对子群内部少量较差的青蛙个体根据式

$$P_o = rP_g + (1-r)P_b$$

$$\Delta P_{mi} = \text{rand}(-1,1)(r(P_b^{mi-1} - P_{mi}) + (1-r)(P_b^{mi+1} - P_{mi}))$$

$$P_n = P_o + \Delta P_{mi}$$

向邻近子群的最优个体进行交互学习，产生一个新个体，若优于原个体，则对其进行取代，否则保持不变，并且若变异生成的新个体位置优于 P_b，则更新子群内最优青蛙个体 P_b 的位置；若变异生成的新个体位置又优于 P_g，则同时更新全局最优个体 P_g 的位置。

步骤 5：对每个子群不断迭代直到达到子群最大迭代数 N_e 从而跳出步骤 4，结束局部搜索。

步骤 6：将各个子群重新混合构成一个新的种群，重复步骤 2 到步骤 5，直到达到种群总进化代数 MAXGEN。

复习思考题

1. 混合蛙跳算法的基本原理是什么？
2. 混合蛙跳算法的计算包括哪些参数？
3. 混合蛙跳算法的实现步骤是什么？
4. 协同进化混合蛙跳算法有哪些优势？
5. 协同进化混合蛙跳算法的实现步骤是什么？
6. 讨论题：混合蛙跳算法主要有哪些优缺点？针对其缺点，需要采取哪些措施进行补充和完善？

Chapter 12

第12章 猴群算法

猴群算法（Monkey Algorithm，MA）是一种模拟猴群爬山过程的群智能优化算法。该算法包括攀爬过程、望跳过程、空翻过程。攀爬过程用于找到局部最优解；望跳过程为了找到优于当前解并接近目标值的点；空翻过程是为了让猴子更快地转移到下一个搜索区域，以便搜索到全局最优解。实践表明，对于高维度且有很大数量局部最优解的问题，猴群算法可以找到最优解或者近似最优解。

12.1 猴群算法的提出

猴群算法是 2008 年由 Ruiqing Zhao 和 Wansheng Tan 提出的一种模拟猴群爬山过程的群智能优化算法，主要适用于解决带有连续变量的高维度且拥有大量局部最优解的全局优化问题。猴群算法为更有效地解决高达 30 乃至 10000 维度的全局最优化问题提供了重要机制。

12.2 猴群算法的原理

经过长期对猴群活动习性的观察发现，猴群在爬山的过程中，总是可以分解为攀爬、望跳、空翻行为。首先，猴子会在较小范围内爬行，不断向更高处前进，寻找局部地区内的一个最优值。找到更优的值就替换掉原来的值。猴子爬到所在地的最高处时，就观察附近有没有更高的位置，如果有，就跳跃至更高处，然后继续攀爬行为至顶端，这就是猴群的望跳行为。为了发现全局最高的地方，猴子会空翻至更远的区域，然后继续爬行，就是猴群的空翻行为。重复几次这样的行为，直至到达全局最高点处。猴群算法中攀爬行为穿插在整个的前进过程中，例如在望跳行为前后和空翻行为前后，是个耗时最长的行为。

智能优化方法如果面临最优化问题中目标函数是一个多峰函数，那么决策向量维数的增加会导致局部最优解的数量呈指数增加。一方面，一个算法有可能被高维度最优化问题的局部最优解困住；另一方面，因为大规模的计算，大量的 CPU 时间被占用。为了解决上述问题，设计猴群算法是受大自然中猴群爬山过程的启发，模拟猴群在群山中爬山攀高直至最后登到群山之顶的过程。

猴群算法将待优化问题的可行域映射为所有猴子的活动区域，所有猴子构成一个共同探寻该目标区域最高山峰的一个猴群。每只猴子所在活动区域中的位置代表着该优化问题的一个候选解。

猴群算法包括初始化、猴子的攀爬过程、望跳过程和空翻过程。初始化是为了给猴群中每个猴子一个初始的位置，根据一定的算法产生，并且需要符合最优化问题的限制条件。

猴子通过攀爬过程到达了一个山顶，向四周瞭望以寻找邻近更高的山峰，如果发现临近的更高峰，则跳跃过去继续攀爬至其山顶。将“瞭望”和“跳跃”过程合起来，简称为“望跳过程”（watch-jump process）。在反复经过攀爬过程和望跳过程之后，每只猴子都找到了自己所在的初始位置附近区域内的最高山峰（局部最优解）。

为了发现更高的山峰，避免被困在局部峰顶，猴子必须空翻到更远的地方，在新的区域再次攀爬。猴子通过攀爬、望跳、空翻 3 种基本行动方式向着较高的山峰不断行进。经过一定次数的循环进化后，或者达到了一定的终止条件后，算法终止。站得最高的猴子所在的位置即对应于全局最优解或近似最优解。这就是利用猴群算法对优化问题求解的原理。

12.3 猴群算法的数学描述

设猴群的爬山空间是一个 $SN*D$ 空间，SN 是整个猴群个体总数，D 是变量数目即空间维度。任意一猴子个体 i 在解空间中的当前位置信息表示为 $\boldsymbol{x}_i=(x_{i1},\ x_{i2},\ \cdots,\ x_{iD})$，参数 x_{id}（其中，$d=1,\ 2,\ \cdots,\ D$）表示猴子个体在第 d 维空间中的位置。猴子个体在行动过程中到达的某个位置的高度为 $P_i=F(\boldsymbol{x}_i)$，是目标函数值。算法的目的是求解目标函数的最优值，映射为猴群寻找全局范围内的最高点的过程。

猴群算法的描述共包括 5 个部分：初始化、攀爬过程、望跳过程、空翻过程、算法终止。

1. 初始化

定义正整数 M 为猴子种群的大小，问题的维数为 D，第 i 只猴子 $\boldsymbol{x}_i(i=1,\ 2,\ \cdots,\ M)$ 的位置向量表示为 $\boldsymbol{x}_i=(x_{i1},\ x_{i2},\ \cdots,\ x_{iD})$，这个位置向量代表优化问题的一个可行解。

算法开始首先要为每个猴子位置初始化，假定一个区域包含潜在的最优解（可以在事先确定）。通常，这个区域被定义成理想的形状，如 n 维立方体，计算机可以很容易从立方体中采集样本点。然后这个点从数据立方体中随机产生，如果它是可适用的，则作为这个猴子的起始点；否则从数据立方体中重新采样，直到产生可用的点。重复以上步骤 M 次，就可获得 M 个可用的点 $\boldsymbol{x}=(\boldsymbol{x}_1,\ \boldsymbol{x}_2,\ \cdots,\ \boldsymbol{x}_M)$，将其作为 M 个猴子的初始位置。

2. 攀爬过程

攀爬过程是通过算法的步步迭代，使猴子的位置从初始值向着接近目标函数的新位置转移。基于梯度的算法如牛顿下山法成功应用的前提条件是，假设与目标函数相关联的梯度向量是可用的。然而，目前在递归优化算法中出现的同时扰动随机逼近（SPSA）算法，它不依赖于梯度信息或者测量信息。这类算法是基于对目标函数的梯度值近似这一原则。因此，可以使用 SPSA 的思想设计猴子 i 的攀爬过程如下：

1）随机产生向量 $\Delta\boldsymbol{x}_i=(\Delta x_{i1},\ \Delta x_{i2},\ \cdots,\ \Delta x_{iD})$，随机产生随机数 θ，则

$$\Delta x_{id}=\begin{cases}a, 0.5\leqslant\theta\leqslant 1,\\ -a, 0\leqslant\theta\leqslant 0.5,\end{cases}\quad d=1,2,\cdots,D$$

式中，参数 $a(a>0)$ 为攀爬过程的步长，其值大小根据具体情况而定，a 越小，解就越精确。例如，取 $a=0.00001$。

2）计算目标函数在点 x_i 的伪梯度为

$$f'_{id}(\boldsymbol{x}_i)=\frac{f(\boldsymbol{x}_i+\Delta\boldsymbol{x}_i)-f(\boldsymbol{x}_i-\Delta\boldsymbol{x}_i)}{2\Delta x_{id}}$$

式中，$j=1, 2, \cdots, n$；向量 $f'_i(\boldsymbol{x}_i)=(f'_{i1}(\boldsymbol{x}_i), f'_{i2}(\boldsymbol{x}_i), \cdots, f'_{iD}(\boldsymbol{x}_i))$ 为目标函数 $f(\boldsymbol{x})$ 在点 $\boldsymbol{x}_i$ 处的伪梯度。

3）设点 x_{id} 沿伪梯度前进一步的位置点 $\boldsymbol{P}_i$ 的值为（P_{i1}，P_{i2}，…，P_{iD}），计算 $p_{id}=x_{id}+a\mathrm{sign}\ (f'_{id}(\boldsymbol{x}_i))$。

4）若 $P_{id}\in[x_{ld}, x_{ud}]$，则计算点 $\boldsymbol{P}_i$ 处的函数值为 $F(\boldsymbol{P}_i)$。

5）重复上述步骤 1）~步骤 4），直到迭代时邻域中目标函数的值几乎没有变化或最大允许迭代次数（称为爬升数，由 N_c 表示）已经达到为止。

3. 望跳过程

经过攀爬行为，猴子爬到了所在区域的局部最高点处。每只猴子在一定视野内观望所在点的四周区域，查看更高点位置所在。如果有更高点，则猴子跳至更高点所在地，更新位置信息。否则，不跳。

设视野宽度为 φ（即猴子从所在点出发向外能观望的最远的距离），φ 要根据实际情况来定，最优化问题的可行域越大，参数 φ 应该取得越大。猴子个体 i 从当前所在位置点 $\boldsymbol{x}_i=(x_{i1},x_{i2},\cdots,x_{iD})$ 向四周望去，视线的落脚点位置为 $\boldsymbol{P}_i=(P_{i1},P_{i2},\cdots,P_{iD})$，$d=\{0,1,\cdots,D\}$，其中，$P_{id}$的值为

$$P_{id}=\mathrm{rand}(0,1)*(x_{id}-\varphi,x_{id}+\varphi)$$

若 P_{id} 超出 x_{id} 的取值范围 $[x_{ld}, x_{ud}]$，则 P_{id} 取边界值。若 $P_{id}\in[x_{ld},x_{ud}]$，则计算目标函数值 $F(\boldsymbol{P}_i)$。若 $F(\boldsymbol{P}_i)<F(\boldsymbol{x}_i)$（以最小值问题为标准），则猴子跳至点 $\boldsymbol{P}_i$，更新位置信息为 $\boldsymbol{P}_i=(P_{i1},P_{i2},\cdots,P_{iD})$，重复采用 $\boldsymbol{P}_i$ 作为初始位置的攀爬过程。否则不跳，重复观望行为。

4. 空翻过程

猴子在找到局部最优值的位置后，猴群为寻找到全局最优解，而以某个位置为支撑点，以一定的距离系数，进行空翻行为。跳出局部最优值区域，实现逃逸行为。然后在新的区域中继续寻找全局最高点，重复攀爬、望跳和空翻行为。

猴子个体 i 以空翻半径 μ 的长度进行空翻行为，其中 μ 在空翻区域 $[b, c]$ 内取任意值：$\mu=\mathrm{rand}(0,1)*[b,c]$。空翻的支点为群体的重心 $\bar{\boldsymbol{x}}=(\bar{x}_1,\bar{x}_2,\cdots,\bar{x}_D)$，计算公式为

$$\bar{x}_d=\frac{1}{M}\left(\sum_{i=1}^{M}x_{id}\right),d=\{0,1,\cdots,D\}$$

则空翻后得到的位置点为 $\boldsymbol{P}_i=(P_{i1},P_{i2},\cdots,P_{iD})$，其中，

$$P_{id}=x_{id}+\mu(\bar{x}_d-x_{id})$$

若 P_{id} 超出 x_{id} 的取值范围 $[x_{ld}, x_{ud}]$，则 P_{id} 取边界值。若 $P_{id}\in[x_{ld},x_{ud}]$，计算目标函数值 $F(\boldsymbol{P}_i)$。若 $F(\boldsymbol{P}_i)<F(\boldsymbol{x}_i)$（以最小值问题为标准），则空翻成功，更新位置信息；否则，不空翻，继续上述操作。

空翻支点的选取不是唯一的，还可以采用下面两种计算形式：

$$p_d=p'_d+\mu(p'_d-x_{ij})$$
$$p_d=x_{id}+\mu|p'_d-x_{id}|$$

式中，$p'_d=\frac{1}{M-1}\left(\sum_{i=1}^{M}x_{id}-x_{id}\right)$，$d=1, 2, \cdots, D$。

5. 算法终止

与通常的智能算法相似，猴群算法可以有以下两条终止准则。

1）当达到预先设定的搜索代数时计算法终止。结束了攀爬过程、望跳过程和空翻过程，猴群算法在循环了一个给定的循环次数后停止算法。需要指出的是，最好的位置不一定必须在最后的迭代中产生，也有可能在初始的时候一直保持下来，如果猴子在新的迭代过程中发现更好的解，那么新解将覆盖旧解，这个位置在迭代结束时，就会被当作最优解给出来。

2）当所找到的最优解连续 K 代不发生变化时计算终止。其中，K 的取值应根据问题规模的大小确定。所谓一代，是指猴群经过攀爬过程、望跳过程和空翻过程之后完成的一次搜索过程。

12.4 猴群算法的实现步骤及流程

猴群算法实现的具体步骤如下：

1）给定算法的所有参数。猴群规模 M，攀爬步长 α，攀爬次数 N_c，瞭望视野 b，望跳的次数 N_w，空翻区间 $[c, d]$，整个循环代数 N 等，并在可行域内随机生成初始猴群。

2）利用攀爬过程搜索局部最优解。

3）利用望跳过程搜索更优位置，并向更优的位置攀爬。

4）利用空翻过程跳到新的区域重新进行搜索。

5）检查是否满足终止条件，如果满足，则输出最优解及目标值，算法结束；否则转到步骤 2）。

猴群算法的流程如图 12.1 所示。

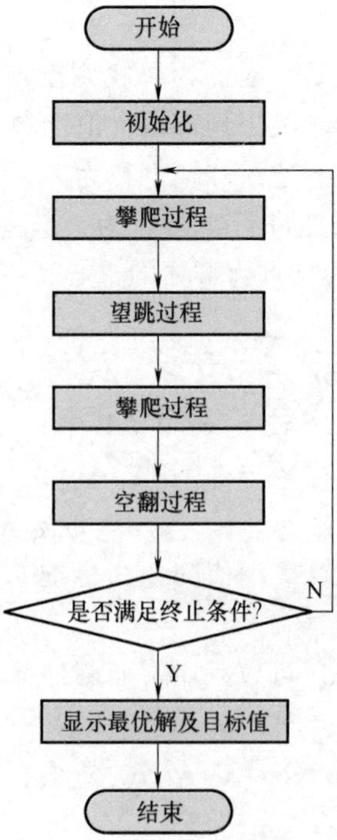

图 12.1　猴群算法的流程图

12.5　猴群算法的优缺点分析

猴群算法作为新兴智能优化方法，摆脱了以往启发式算法“维数灾难”的困扰。猴群算法具有调控参数少、结构简单、易操作、CPU 消耗低等特点。更重要的是，由于猴群算法特有的空翻行为，使得猴群算法能轻易跳出局部最优值的束缚，使得它不会过多地受高维数或多峰的影响，寻优速度更快。但由于猴群算法中的参数过多、固定，使得算法后期的收敛速度减缓，并且算法的性能跟参数设置有很大的关系，如果参数设置不准确，就会丧失猴群多样性，易发生算法过早收敛，陷入局部最优的情况，从而无法获得全局最优解。猴群仍有很多问题有待研究：

1）种群初始化问题。猴群位置初始化方式比较单一、随机，不能保证种群的质量，这样降低了目标函数最优值的求解效率。需要改进种群均匀分布情况。

2）固定的攀爬步长和观望视野参数。不能结合猴群实际的爬山情况适当调整爬行步长，会很大程度影响寻优的能力。不能随情况变化调整的观望视野，也很大程度限制了猴群的“逃逸”能力，易使算法过早收敛。

3）猴群算法的理论研究。虽然猴群算法已经发展了起来，但在猴群行为的理论研究上仍缺乏比较系统和细致的理论基础和改进。

4）缺乏群体意识。猴群算法比较侧重个体的行动过程，而忘却了群体之间信息的交流和协作精神，让算法因不能及时了解大局的情况而不能及时调整算法的行为。

12.6　基于高斯变异的自适应猴群算法

12.6.1　猴群算法的自适应改进过程

1. 自适应步长和视野

原猴群算法采用固定的步长和视野。算法初期具有较快的收敛速度，但在后期，算法的收敛较慢。为了弥补这一不足，提出了如下改进：

（1）步长衰减变化策略

$$\text{step}=\text{step}\cdot\theta$$

式中，θ 为衰减因子，$\theta\in(0,\ 1)$。随着迭代的进程而自适应地减小步长大小，在算法前期，使用较大的步长，可以增强全局搜索能力，但随着迭代的进行，如果仍然采用初始步长，会使搜索的结果不精确，故自适应地减小步长，有利于在算法的后期增强局部的搜索能力。

（2）视野递增变化策略

$$\text{Visual(new)}=\text{Visual(old)}+\text{Visual(old)}\cdot\rho$$

式中，ρ 为递增因子。因为猴群算法利用跳过程来摆脱局部最优的困扰，在算法前期，赋予一个较小的跳半径，使其能够保持搜索的精度，但在算法运行后期，如果跳半径过短，就可能陷入局部最优值。即使猴群算法的跳过程从机制上来讲是为了跳出局部最优值，但由于参数的人工初始化设置等原因，猴群算法也会陷入局部最优值。

2. 猴群的高斯变异

高斯变异就是在原有个体的状态上加一个服从高斯分布的随机向量。若随机变量 X 服从一个数学期望为μ、方差为σ^2 的高斯分布，记为$N(\mu, \sigma^2)$。期望值μ决定了其位置，其标准差 σ 决定了分布的幅度。由于正态分布的特征和性质，在自然界中很多现象和随机因素均可近似地用正态分布描述。针对猴群算法而言，在迭代过程中，处于最优位置上的猴子很容易陷入局部最优解，以至于在多次迭代过程中，“最优值”都不变。为了避免这一情况的出现，使猴群能够摆脱局部极值的束缚，避免较早的开始收敛，我们对猴群中的最优个体增加一个随机扰动项，该扰动项服从高斯分布。即对寻优过程得出的最优值在二十次迭代运算未发生改变的情况下，对最优猴位置采取高斯变异，表达式为

$$\text{Xbest\_new} = \text{Xbest\_old} + \text{Gauss}(0,1) \cdot \text{Xbest\_old}$$

式中，Gauss(0,1) 为标准正态分布。这样能够使算法较早跳出局部最优值，易实现全局收敛。

12.6.2 改进后算法的基本流程

改进后算法的基本流程如下：

1）计算初始化过程，定义计算所需的初始条件，设置相关的参数。

2）通过猴群行为的自适应改进过程得出当前迭代下的最优函数值。

3）对该最优函数值进行判断，若在二十次迭代中都未发生变化，则跳转步骤 5)，进行高斯变异；否则，进入下一次循环迭代。

4）判断是否达到最大循环迭代次数，若满足，则输出计算的结果；不满足，则返回步骤 2)。

5）对处于最优位置的猴子进行高斯变异，生成的新猴群重复步骤 2）的操作。

6）当总迭代次数达到最大设定次数时候终止。

说明：步骤 5）就是猴群的高斯变异。

复习思考题

1. 猴群算法的基本原理是什么？
2. 猴群算法主要包括哪些部分？
3. 猴群算法的实现步骤是什么？
4. 基于高斯变异的自适应猴群算法有哪些优势？其具体的实现步骤是什么？
5. 讨论题：猴群算法主要有哪些优缺点？针对其缺点，需要采取哪些措施进行补充和完善？

Chapter 13

第13章 自由搜索算法

自由搜索算法是模拟多种动物的习性：采用蚂蚁的信息素指导其活动行为，还借鉴马、牛、羊个体各异的嗅觉和机动性感知能力的特征，提出了灵敏度和邻域搜索半径的概念，通过信息素和灵敏度的比较确定寻优目标。在算法中个体位置更新策略是独立的，与个体和群体的经历无关，个体的搜索行为是通过概率描述的。因此，该算法具有更大的自由性、独立性和不确定性，体现了“以不确定应对不确定，以无穷尽应对无穷尽”的自由搜索优化思想。

13.1 自由搜索算法的提出

自由搜索（Free Search，FS）算法是2005年由英国学者Penev和Littlefair提出一种群智能优化算法。自由搜索算法不是模拟某一种社会性群居动物的生物习性，而是博采众长，模拟多种动物的生物特征及生活习性。它不仅采用蚂蚁的信息素通信机制，以信息素指导其活动行为，而且还借鉴高等动物感知能力和机动性的生物特征。它模拟了生物界中相对高等的群居动物，如马、牛、羊等的觅食过程。

该算法虽然也是一种基于群体的优化算法，但它与蚁群算法、粒子群算法、鱼群算法等群智能算法不同，表现在两个方面：一是在算法中个体的位置更新策略是独立的，与个体和群体的经历无关；二是个体的搜索行为不受限制，而是通过概率描述的。所以说，FS算法具有更大的自由性、独立性和不确定性。

该算法借鉴动物个体各异的嗅觉和机动性，提出了灵敏度和邻域搜索半径的概念，并利用蚂蚁释放信息素的机理，通过信息素和灵敏度的比较确定寻优目标，对于函数优化结果显示出良好的性能。目前，该算法已用于函数优化、灌溉制度的优化、无线传感器网络节点定位等问题。

13.2 自由搜索算法的优化原理

自由搜索算法中个体模仿的是比蚂蚁、鸟之类相对高等的动物——马、牛、羊等的觅食行为。利用个体的嗅觉感知、机动性和它们之间的关系进行抽象建模。在该模型中，个体具有各异的特征，感知被定义为灵敏度，感知使个体在搜索域内具有不同的辨别能力。不同的个体具有不同的灵敏度，并且在寻优过程中，个体的灵敏度会发生变化，即同一个体在不同的搜索步中有不同的灵敏度。

在寻优过程中，个体不断地调节其灵敏度，类似于自然界的学习和掌握知识的过程。在寻优过程中，个体考虑过去积累的经验知识，但是并不受它们的限制，它们可在规定范围内的任意区域自由搜索，因此该算法由此而得名，这一点也正是自由搜索算法的创新之处。自由搜索算法的一个重要特点是其灵活性，个体既可以进行局部搜索，也可以进行全局搜索，自己决定搜索步长。个体各异的活动能力使算法具有充分的灵活性，灵活性正是该算法的可贵之处。

在算法模型中，一个搜索循环（一代）个体移动一个搜索步（walk），每个搜索步包含 T 小步（step）。个体在多维空间进行小步移动，其目的是发现目标函数更好的解。信息素大小和目标函数解的质量成正比，完成一个搜索步以后，信息素将完全更新。FS 算法的个体实际上是搜索过程中标记信息素位置的一种抽象，这种抽象是对搜索空间认知的记忆。这些知识适用于所有个体在下一步搜索开始时选择起始点，这一过程持续到寻优结束。

在寻优过程中，每个个体对于信息素都有自己的嗅觉灵敏度和倾向性，个体利用其灵敏度在搜索步中选择坐标点，这种选择是信息素和灵敏度的函数，个体可以选择任意标记信息素的坐标点，只要该点的信息素适合于它的灵敏度，并且在寻优过程中，灵敏度会发生变化，即同一个体在不同的搜索步中有不同的灵敏度。增大灵敏度，个体将局部搜索，趋近于整个群体的当前最佳值；减小灵敏度，个体可以在其他邻域进行全局搜索。

在搜索步中，个体在预先设定的邻域空间内小步移动，不同个体的邻域大小不同，同一个个体在搜索过程中邻域空间也可以变化。搜索步中的移动小步反映了个体的活动能力，它可小、可大、可变化。邻域空间是改变个体搜索范围的工具，邻域空间反映个体的灵活性，仅受到整个搜索空间的约束。

自然界的动物个体具有各异的嗅觉灵敏度和活动范围，即使同一个个体在不同时期、不同环境，其感知灵敏度和活动范围也不同。自由搜索算法在利用信息素、灵敏度和邻域搜索半径的概念来刻画不同动物个体存在嗅觉和机动能力的差异程度的基础上，还通过概率的方法对个体的灵敏度、搜索步、信息素在随机搜索中实现自适应调节，并利用和灵敏度的比较确定寻优目标。个体之间使用信息素进行间接通信，信息素的大小与目标函数值成正比。个体有一定的记忆能力，因此个体行为考虑过去的经验和知识，但不受其限制，有自主决定能力。简单智能的个体相互合作形成高智能群体，群体在整个搜索空间完成遍历搜索，可以实现全局寻优的目的。FS 算法的核心思想是“以不确定性对应不确定，以无穷尽对应无穷尽”，这就是 FS 算法的优化原理。

13.3 自由搜索算法的数学描述

自由搜索算法借鉴动物个体存在各异的嗅觉和机动性，把它们抽象、建模，嗅觉被定义为灵敏度，灵敏度使个体在搜索域内具有各异辨别能力。寻优过程中，个体考虑过去的经验、知识，但不受其限制，它可以在规定范围内选择任何区域进行搜索，这是 FS 算法的创新。FS 算法的一个重要特点是其灵活性，每个个体既可以进行局部搜索，也可以进行全局搜索，自己决定搜索步长、嗅觉灵敏度与灵活性相互关联，这种关联是该算法的基础。

自由搜索算法的数学描述分为初始化、搜索和终止判断 3 个部分。

需要初始化的变量有：搜索边界 $x_{\min i}$ 和 $x_{\max i}$；个体总数量 m，$j=1, 2, \cdots, m$；搜索空间维 n，$i=1, 2, \cdots, n$；个体的邻域半径（搜索范围）R_j，个体 j 第 i 维变量在搜索空间的搜索半径（范围）R_{ji}，$R_{ji}\in[R_{\min}, R_{\max}]$；搜索终止代数 G；当前搜索代数 g，$g=1, 2, \cdots, G$；一个搜索循环个体的搜索小步数 T；当前搜索步数 t，$t=1, 2, \cdots, T$。

1. 初始种群产生方法

（1）随机赋初值法

m 个个体位于搜索空间 m 个随机坐标点上。

$$x_{0ji}=x_{i\min}+(x_{i\max}-x_{i\min})\mathrm{rand}_{ji}(0,1)$$

式中，rand(0, 1) 为 (0, 1) 之间均匀分布的随机数；$x_{i\min}$ 和 $x_{i\max}$ 分别为第 i 维变量的最小值和最大值；x_{0ji} 为个体 j 第 i 维变量第 0 次搜索的初值。随机赋初值法应用最为广泛。

（2）选取确定值法

m 个个体位于搜索空间 m 个确定的坐标点。

$$x_{0ji}=a_{ji}$$

式中，$a_{ji}\in[x_{i\min}, x_{i\max}]$，$a_{ji}$ 是一个确定的数。

（3）选取单一值法

在搜索开始前 m 个个体都位于搜索空间中同一个坐标点。

$$x_{0ji}=c_i$$

式中，$c_i\in[x_{i\min}, x_{i\max}]$ 为一常数。

2. 个体的搜索策略

搜索的过程中，个体的行动可以描述成以下形式：

$$x_{tji}=x_{0ji}-\Delta x_{tji}+2\Delta x_{tji}\mathrm{rand}_{tji}(0,1)$$

$$\Delta x_{tji}=R_{ji}(x_{i\max}-x_{i\min})\mathrm{rand}_{tji}(0,1)$$

目标函数定义：在搜索的过程中，目标函数被定义为个体的适应度。

算法搜索过程中，对目标函数的符号作如下规定：

$$f_{tj}=f(x_{tji})$$

$$f_j=\max(f_{tj})$$

式中，$f(x_{tji})$ 为个体 j 完成第 t 搜索步后的适应度；f_j 为完成搜索步数 T 后个体 j 最大的适应度。

信息素定义：

$$P_j=\frac{f_j}{\max(f_j)}$$

式中，$\max(f_j)$ 为种群完成一次搜索后的最大适应度值。

灵敏度定义：

$$S_j=S_{\min}+\Delta S_j$$

$$\Delta S_j=(S_{\max}-S_{\min})\mathrm{rand}(0,1)$$

式中，$S_{\max}$ 和 $S_{\min}$ 分别为灵敏度的最大值和最小值；rand(0,1) 是均匀分布的随机数。规定

$$P_{\max}=S_{\max}$$

$$P_{\min}=S_{\min}$$

式中，$P_{\max}$ 和 $P_{\min}$ 分别为信息素的最大值和最小值。

在进行一轮搜索结束后，确定下一轮搜索的起点。更新策略为

$$x'_{0ji}=\begin{cases}x_{ji},P_k\geqslant S_j\\x_{0ji},P_k<S_j\end{cases}$$

即信息素大于灵敏度的个体以上一轮标记的位置为新一轮的搜索起始点，其他的个体以上一轮的搜索起始点重复搜索。式中，k 为标记位数，$k=1, 2, \cdots, m$；$j=1, 2, \cdots, m$。

3. 终止策略

自由搜索算法的终止策略如下：

1）目标函数达到目前函数的全局最优解 $f_{\max}\geqslant f_{\mathrm{opt}}$。

2）当前迭代次数 g 达到终止代数 G：$g\geqslant G$。

3）同时满足上述两个终止条件。

13.4 自由搜索算法的实现步骤及流程

自由搜索算法的实现步骤如下：

（1）初始化

1）设定搜索初始值。即种群规模 m、搜索代数 G、搜索小步总数 T 和个体的邻域半径 R_{ji}。

2）产生初始种群。按式

$$x_{0ji}=x_{i\min}+(x_{i\max}-x_{i\min})\mathrm{rand}_{ji}(0,1)$$
$$x_{ji}(0)=a_{ji}$$
$$x_{ji}(0)=c_i$$

之一产生初始种群，其中随机值法应用最为广泛。

3）初始化搜索。初始化结束后，根据上述两步产生的初始值，生成并释放初始信息素 $P_j\to x_k$，x_k 是标记信息素的点的坐标，$k=1, 2, \cdots, m$。得到初始的搜索结果：个体 k 的信息素 P_k 和个体 j 寻优的最优位置 x_j^{opt}。

（2）搜索过程

1）计算灵敏度。按式

$$S_j=S_{\min}+\Delta S_j$$
$$\Delta S_j=(S_{\max}-S_{\min})\mathrm{rand}(0,1)$$

计算灵敏度 S_j。

2）确定初始点。选择新一轮搜索的起始点，$x'_{0j}=x_k(S_j,P_k)$。

3）搜索步计算。计算目标函数 $f_{tj}(x'_{0j}+\Delta x_t)$，其中 Δx_t 由式

$$\Delta x_{tji}=R_{ji}(x_{i\max}-x_{i\min})\mathrm{rand}_{tji}(0,1)$$

计算。

4）释放信息素。按式

$$P_j=\frac{f_i}{\max(f_j)}$$

计算信息素 P_j，并按式

$$x'_{0ji}=\begin{cases}x_{ji}, P_k \geqslant S_j \\ x_{0ji}, P_k < S_j\end{cases}$$

利用信息素 $P_j \to x_k$，得到本次搜索结果：个体 j 的信息素 P_j 和个体 j 寻优的最优位置 x_j^{opt}。

(3) 判断终止条件

若不满足，则跳转至步骤 (2)；若满足，则输出搜索结果，算法结束。

自由搜索算法的流程如图 13.1 所示。

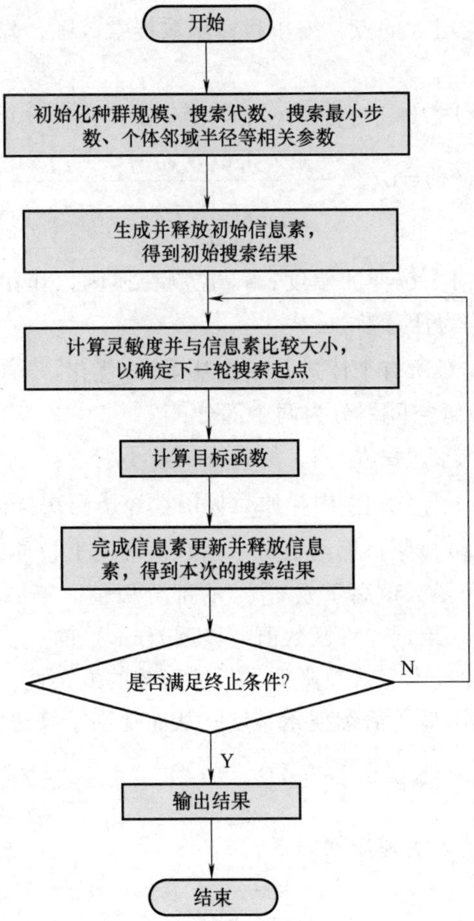

图 13.1 自由搜索算法的流程图

13.5 动态拉伸目标函数的自由搜索算法

自由搜索算法是一种新兴的群集智能进化算法，在兼顾局部搜索和全局搜索、提高鲁棒性和自适应等方面有较大创新。在研究中发现，与其他进化算法一样，FS 算法同样存在易发散、早熟收敛等缺点，传统的 FS 算法存在后期寻优效率低，特别是多维空间寻优不佳等问题，任诚、席建中等引入一种基于拉伸技术的新型算法 SFS，旨在提高算法的全局收敛能力。

13.5.1 动态拉伸技术

优化问题中，有极大部分问题的目标函数存在多个局部极值或全局极值，这类问题的求解会以较大概率收敛于某些局部极值，即“早熟”。要有效解决多模态函数的全局优化问题，必须使优化问题及时从各局部极值点逃逸出来，以保证以较大概率收敛于全局最优解。据此，Parsopoulos 等人提出了基于拉伸技术的粒子群优化算法。

拉伸技术实质是根据已经探测到的局部极值点信息，对原始目标函数进行两次拉伸变化，剔除局部极值点及比它值大的点，缩小目标函数搜索范围，降低搜索难度。两个变换函数如下所示：

$$G(x)=f(x)+\gamma_1\|x-x^*\|(\operatorname{sign}(f(x)-f(x^*))+1)$$

$$K(x)=G(x)+\gamma_2\frac{\operatorname{sign}(f(x)-f(x^*))+1}{\tanh\left(\dfrac{1}{\mu}(G(x)-G(x^*))\right)}$$

式中，γ_1 控制原目标函数向上拉伸的幅度；γ_2 控制变换函数作用范围；μ 控制局部极值点提升的幅度。γ_1、γ_2、μ 均为任意参数。

引入拉伸技术前，首先对所有个体进行一次基本 FS 优化。当搜索到某一局部极值点 x^* 后，根据 $f(x)$ 信息把函数解空间划分为两个部分：

A：$R_1=\{x|f(x)<f(x^*)\}$，在 R_1 内，原目标函数不变。

B：$R_2=\{x|f(x)>f(x^*)\}$，在 R_2 内，原目标函数经历两次拉伸变化。

第一次变化 $f(x)\to G(x)$，原目标函数每一函数值均向上拉伸，离 x^* 越远的点其函数值被拉伸的幅度越大，剔除了函数值高于 $f(x^*)$ 的部分极值。第二次变化 $G(x)\to H(x)$，函数进一步向上拉伸，距离 x^* 越近，且函数值越接近 $f(x^*)$ 的点，其拉伸程度越大，进一步缩小了后续搜索空间。拉伸技术有效地降低了目标函数的复杂性，但未改变搜索目标，把它与全局优化算法 FS 结合，降低了后续搜索难度，从而提高了算法的搜索效率和精度。

13.5.2 动态拉伸自由搜索算法的实现

动态拉伸自由搜索算法的实现步骤如下。

步骤 1：初始化

1）设定搜索初始值，种群规模 m，搜索代数 G，搜索小步数 T 和个体的邻域半径 R_{ji}。

2）产生初始种群，按照式

$$x_{0ji}=x_{i\min}+(x_{i\max}-x_{i\min})\operatorname{rand}_{ji}(0,1)$$

产生初始种群。

3）初始化搜索，根据上述两步产生的初始值生成初始信息素，释放初始信息素 $P_j\to x_k$，得到初始搜索结果 P_k 和 x_{kp}。

步骤 2：搜索过程

1）计算灵敏度，按照式

$$S_j=S_{\min}+\Delta S_j$$

$$\Delta S_j=(S_{\max}-S_{\min})\operatorname{rand}(0,1)$$

计算灵敏度 S_j。

2）确定初始点，选择新一轮搜索的起始点 $x'_{0j}=x_k(S_j,P_k)$。

3）搜索步计算，计算目标函数 $f_{tj}(x'_{0j}+\Delta x_t)$。

4）利用两个变换函数

$$G(x)=f(x)+\gamma_1\|x-x^*\|(\mathrm{sign}(f(x)-f(x^*))+1)$$

$$K(x)=G(x)+\gamma_2\frac{\mathrm{sign}(f(x)-f(x^*))+1}{\tanh\left(\frac{1}{\mu}(G(x)-G(x^*))\right)}$$

对 f_j 进行转换，再令 $f_j=K(x)$。

5）释放信息素，按照式

$$P_j=\frac{f_i}{\max(f_j)}$$

计算信息素 P_j；按照式

$$x'_{0ji}=\begin{cases}x_{ji},P_k\geqslant S_j\\x_{0ji},P_k<S_j\end{cases}$$

释放信息素 $P_j\to x_k$，得到本次搜索结果。

步骤 3：终止判断

判断终止条件，不满足则跳转至步骤 2，满足则输出搜索结果。由于群体在整个搜索空间遍历，所以 FS 算法是全局渐进收敛的。

复习思考题

1. 自由搜索算法的优化原理是什么?
2. 自由搜索算法的实现步骤是什么?
3. 动态拉伸目标函数的自由搜索算法有哪些优势？其具体的实现步骤是什么?
4. 讨论题：自由搜索算法主要有哪些优缺点？针对其缺点，需要采取哪些措施进行补充和完善?

第5篇

仿自然优化算法

“仿自然优化算法”是指从不同角度或某些方面来模拟风、雨、云、闪电、水循环等自然现象；模拟万有引力、量子力学等物理学、化学乃至数学定律；模拟金属退火、涡流形成等过程；模拟哲学的对立统一的阴阳平衡学说；模拟生态系统的自组织临界性、混沌现象、随机分形等非线性科学中的不断演化、进化、自适应过程蕴含的优化思想。本书主要介绍如下5种这类优化算法。

1. 模拟退火算法

模拟金属材料高温退火过程，从高温加热熔解为高能量的液体到徐徐降温最终进入能量最低的结晶状态，与一个组合优化最小代价问题的求解过程相对应。算法通过热静力学操作安排降温过程，通过随机张弛操作搜索在特定温度下的平衡态。它能以一定的概率“爬山”及“突跳性搜索”以避免陷入局部最优解，并最终趋于全局最优解。

2. 混沌优化算法

混沌是非线性确定系统中由于内在随机性而产生的一种复杂的动力学行为，它具有伪随机性、规律性和遍历性等特点。混沌运动能在一定范围内按其自身的规律不重复地遍历所有状态。混沌优化算法是将混沌状态引入到优化变量中，并把混沌运动的遍历范围放大到优化变量的取值范围，然后利用混沌运动具有遍历性等特点，使搜索更加有效。通过变尺度改变混沌变量的搜索空间，可进一步提高混沌优化算法的搜索效率。

3. 量子遗传算法

量子遗传算法用量子态向量表示信息，用量子比特的概率幅表示染色体编码，使得一个染色体可以表示成多个量子态的叠加，使量子计算更具并行性，采用量子位编码使种群更具多样性。量子搜索算法可对经典搜索算法进行实质性的加速，为将量子信息和量子计算用于优化计算开辟了先河。可将量子计算与多种智能优化方法相结合，比如量子遗传算法、量子蚁群算法、粒子群优化算法等，提高原算法的收敛速度。

4. 水波优化算法

模拟水波的传播、折射和碎浪现象，将问题的搜索空间视为海床，将问题的每个解视为一个“水波”。水波的适应度与其到海床的垂直距离成反比：距海平面越近的点对应的解越优，相应的水波能量越高。较优的解在较小范围内搜索，而较差的解在较大范围内搜索，从而促进整个种群不断向更优的目标进化，进而达到最优化的目的。

5. 自然云与气象云搜索优化算法

自然云搜索优化算法，模拟自然界云的生成、动态运动、降雨和再生成现象，生成与移动的云可以弥漫于整个搜索空间，使算法具有较强的全局搜索能力；收缩与扩张的云团有千奇百态的变化，使算法具有较强的局部搜索能力；降雨后产生新的云团可以保持云团的多样性，使搜索避免陷入局部最优，该算法用于函数优化问题。

气象云模型优化算法，模拟自然界中云的生成、移动和扩散行为。该算法通过云的移动行为和扩散行为组成了逆向搜索方法，种群以“云”的存在方式向整个搜索空间散布，用于提高种群的多样性，保证算法的全局搜索；而云的生成行为主要指在当前全局最优位置附近进行局部搜索，保证算法的收敛性。

Chapter 14

第14章 模拟退火算法

模拟退火算法是一种最早提出的模拟金属材料高温退火过程的自然算法。金属退火过程从高温加热熔解为高能量的液体，到徐徐降温最终进入能量最低的结晶状态，与一个组合优化最小代价问题的求解过程相对应。模拟退火算法通过热静力学操作安排降温过程；通过随机张弛操作搜索在特定温度下的平衡态。它能以一定的概率“爬山”及“突跳性搜索”以避免陷入局部最优解，并最终趋于全局最优解。

14.1 模拟退火算法的提出

模拟退火（Simulated Annealing，SA）算法最早是在 1953 年由 Metropolis 等提出的，在 1983 年由 Kirkpatrick 等人将其用于组合优化问题。模拟退火算法是根据物理中固体物质的退火过程与一般组合优化问题之间的相似性而提出的，它模仿了金属材料高温退火液体结晶的过程。

模拟退火算法可用于求解不同的非线性问题，对不可微甚至不连续的函数优化，模拟退火算法能以较大概率求得全局解，具有较强的鲁棒性、全局收敛性、隐含并行性及广泛的适应性，并且能处理不同类型的优化设计变量，不需要任何辅助信息，对目标函数和约束函数没有任何要求。模拟退火算法是一种具有全局优化能力的通用优化算法，广泛用于生产调度、控制工程、机器学习、神经网络、图像处理、模式识别及 VLSI 等领域。

14.2 固体退火过程的统计力学原理

模拟退火算法是一种用于求解大规模优化问题的随机搜索算法，它以优化问题求解过程与物理系统退火过程之间的相似性为基础：优化的目标函数相当于金属的内能；优化问题的组合变量空间相当于金属的内能状态空间；问题的求解过程就是找一个组合状态，使目标函数值最小。利用 Metropolis 准则并适当地控制温度的下降过程实现模拟退火，从而达到求解全局优化问题的目的。

14.2.1 物理退火过程

模拟退火算法的基本思想源于对固体退火降温过程的模拟。物理系统的退火是先将固体加热至熔化状态，再徐徐冷却使之凝固成规整晶体的热力学过程，称为固体退火，又称物理退火。金属（高温）退火（液体结晶）过程可分为以下 3 个过程。

1）高温过程：在加温过程中，粒子热运动加剧且能量在提高，当温度足够高时，金属熔解为液体，粒子可以自由运动和重新排列。

2）降温过程：随着温度下降，粒子能量减少，运动减慢。

3）结晶过程：粒子最终进入平衡状态，固化为具有最小能量的晶体。

固体退火过程可以视为一个热力学系统，是热力学与统计物理的研究对象。前者是由经验总结出的定律出发，研究系统宏观量之间联系及其变化规律；后者是通过系统内大量微观粒子统计平均值计算宏观量及其涨落，更能反映热运动的本质。

固体在加热过程中，随着温度的逐渐升高，固体粒子的热运动不断增强，能量不断提高，于是粒子偏离平衡位置越来越大。当温度升至熔解温度后，固体熔解为液体，粒子排列从较有序的结晶态转变为无序的液态，这个过程称为熔解，其目的是消除系统内可能存在的非均匀状态，使随后进行的冷却过程以某一平衡态为起始点。熔解过程系统能量随温度升高而增大。

冷却时，随着温度徐徐降低，液体粒子的热运动逐渐减弱而趋于有序。当温度降至结晶温度后，粒子运动变为围绕晶体格子的微小振动，由液态凝固成晶态，这一过程称为退火，为了使系统在每一温度下都达到平衡态，最终达到固体的基态，退火过程必须缓缓进行，这样才能保证系统能量随温度降低而趋于最小值。

14.2.2　Metropolis 准则

用蒙特卡洛方法模拟固体在恒定温度下达到热平衡的过程时，必须大量采样才能得到比较精确的结果，因此会产生非常大的计算量。由于物理系统倾向于能量较低的状态，而热运动又妨碍它准确落入最低状态，如果采样时着重提取那些有重要贡献的状态，则可以较快地得到较好的结果。

1953 年，Metropolis 等提出重要性采样法，其产生固体的状态序列的方法如下：先给定粒子相对位置表征的初始状态 i，作为固体的当前状态，该状态的能量为 E_i；然后使随机选取的某个粒子的位移随机地产生微小变化，并得到一个新状态 j，它的能量为 E_j；如果 $E_j < E_i$，则该新状态就作为重要状态，否则考虑到热运动的影响，根据固体处于该状态的概率来判断它是否是重要状态。固体处于状态 i 和状态 j 的概率的比值等于相应的玻尔兹曼（Boltzmann）因子的比值，即

$$P(t)=\{E_i \to E_j\}=\frac{1}{Z(t)}\exp\left(-\frac{E_j-E_i}{K_B t}\right)$$

式中，$P(t)$ 为在温度 t 下粒子处于内能 E_i 的概率分布函数；K_B 为玻尔兹曼常数；$Z(t)$ 被称为配分函数，$Z(t)=\sum_i \exp[-E_i/(K_B t)]$。$P(t)$ 是一个小于 1 的数，用随机数发生器产生一个［0，1］区间上的随机数 A，若 $P(t)<A$，则新状态 j 作为重要状态，就以 j 取代 i 成为当前状态，否则仍然以 i 作为当前状态，重复上述新状态的产生过程。在大量迁移后，系统趋向能量较低的平衡状态，固体状态的概率分布趋于吉布斯（Gibbs）正则分布。

由 $P(t)$ 式可知，高温下可接受与当前状态的能量差较大的新状态作为重要状态，而在

低温下只能接受与当前状态的能量差较小的新状态作为重要状态，当温度趋于零时，接受 $E_j>E_i$ 的新状态 j 的概率为零。上述接受新状态的准则称为 Metropolis 接受准则，相应的算法称为 Metropolis 算法，这种算法的计算量显著减小。

通过对上述物理现象的模拟，即可以得到函数优化的 Metropolis 接受准则。设 $L(S, f)$ 为优化中的一个实例，S 表示解空间，f：$S \rightarrow \mathbf{R}$ 表示解空间到实数域的映射，t 为模拟退火过程中的温度控制参数。假定 $L(S, f)$ 存在邻域以及相应解的产生机制，$f(i)$ 和 $f(j)$ 分别为解 i 和解 j 的目标函数值。由解 i 过渡到解 j 的接受概率采用以下 Metropolis 准则确定。

$$P(i \rightarrow j \mid t_k) = \begin{cases} 1, & f(i) \geqslant f(j) \\ \exp\left(\dfrac{f(i)-f(j)}{t_k}\right), & f(i) < f(j) \end{cases}$$

14.3 模拟退火算法的数学描述

一个组合优化最小代价问题的求解过程，利用局部搜索从一个给定的初始解出发，随机生成新的解，如果这一代解的代价小于当前解的代价，则用它取代当前解；否则舍去这一新解。不断地随机生成新解，重复上述步骤，直至求得最小代价值。组合优化问题与金属退火过程类比情况见表 14.1。

表 14.1 组合优化问题与金属退火过程类比情况

金属退火过程	组合优化问题(模拟退火算法)
热退火过程数学模型	组合优化中局部搜索的推广
熔解过程	设定初温
等温过程	Metropolis 抽样过程
冷却过程	控制参数下降
温度	控制参数
物理系统中的一个状态	最优化问题的一个解
能量	目标函数(代价函数)
状态的能量	解的代价
粒子的迁移率	解的接受率
能量最低状态	最优解

在退火过程中，金属加热到熔解后会使其所有分子在状态空间 S 中自由运动。随着温度徐徐下降，这些分子会逐渐停留在不同的状态。根据统计力学原理，在 1953 年 Metropolis 提出一个数学模型，用以描述在温度 T 下粒子从具有能量 $E(i)$ 的当前状态 i 进入具有能量 $E(j)$ 的新状态 j 的原则：

若 $E(j) \leqslant E(i)$，则状态转换被接受；若 $E(j)>E(i)$，则状态转换以如下概率被接受。

$$P_r = e^{\frac{E(i)-E(j)}{KT}}$$

式中，P_r 为转移概率；K 为玻尔兹曼常数；T 为材料的温度。

在一个特定的环境下，如果进行足够多次的转换，将能达到热平衡。此时，材料处于状

态 i 的概率服从玻尔兹曼分布：

$$\pi_i(T)=P_T(s=i)=\frac{e^{-\frac{E(i)}{KT}}}{\sum_{j\in S}e^{-\frac{E(j)}{KT}}}$$

式中，s 表示当前状态的随机变量；分母称为划分函数，表示状态空间 S 中所有可能状态之和。

1）当高温 $T\to\infty$ 时，则有

$$\lim_{T\to\infty}\pi_i(T)=\lim_{T\to\infty}\frac{e^{-\frac{E(i)}{KT}}}{\sum_{j\in S}e^{-\frac{E(i)}{KT}}}=\frac{1}{|S|}$$

这一结果表明在高温下所有状态具有相同的概率。

2）当温度下降，$T\to 0$ 时，则有

$$\begin{aligned}\lim_{T\to 0}\pi_i(T)&=\lim_{T\to 0}\frac{e^{-\frac{E(i)-E_{\min}}{KT}}}{\sum_{j\in S}e^{-\frac{E(j)-E_{\min}}{KT}}}\\&=\lim_{T\to 0}\frac{e^{-\frac{E(i)-E_{\min}}{KT}}}{\sum_{j\in S_{\min}}e^{-\frac{E(j)-E_{\min}}{KT}}+\sum_{j\notin S_{\min}}e^{-\frac{E(j)-E_{\min}}{KT}}}\\&=\begin{cases}\dfrac{1}{|S_{\min}|}, & i\in S_{\min}\\ 0, & \text{其他}\end{cases}\end{aligned}$$

式中，$E_{\min}=\min\limits_{j\in S}(E(j))$ 且 $S_{\min}=\{i:E(i)=E_{\min}\}$，可见，当温度降至很低时，材料倾向进入具有最小能量状态。

退火过程为在每一温度下热力学系统达到平衡的过程，系统状态的自发变化总是朝着自由能减少的方向进行，当系统自由能达到最小值时，系统达到平衡态。在同一温度，分子停留在能量最小状态的概率比停留在能量最大状态的概率要大。

当温度相当高时每个状态分布的概率基本相同，接近平均值 $1/|S|$（$|S|$为状态空间中状态的总数）。随着温度下降并降至很低时，系统进入最小能量状态。当温度趋于 0 时，分子停留在最低能量状态的概率趋向 1。

Metropolis 算法描述了液体结晶过程：在高温下固体材料熔化为液体，分子能量较高，可以自由运动和重新排序；在低温下，分子能量减弱，自由运动减弱，迁移率减小，最终进入能量最小的平衡态，分子有序排列凝固成晶体。

模拟退火算法需要两个主要操作：一个是热静力学操作，用于安排降温过程；另一个是随机张弛操作，用于搜索在特定温度下的平衡态。模拟退火算法的优点在于它具有跳出局部最优解的能力。在给定温度下，模拟退火算法不但进行局部搜索，而且能以一定的概率“爬山”到代价更高的解，以避免陷入局部最优解。基于 Metropolis 接受准则的“突跳性搜索”可避免搜索过程陷入局部极小，并最终趋于全局最优解。而传统的“瞎子爬山方法”

表现出对初值具有依赖性。

在统计力学中，熵被用来衡量物理系统的有序性。处于热平衡状态下熵的定义为

$$H(T)=-\sum_{i\in S}\pi_i(T)\ln\pi_i(T)$$

在高温时 $T\to\infty$，

$$\lim_{T\to\infty}H(T)=-\sum_{i\in S}\frac{1}{|S|}\ln\frac{1}{|S|}=\ln|S|$$

在低温时 $T\to0$，

$$\lim_{T\to0}H(T)=-\sum_{i\in S_{\min}}\frac{1}{|S_{\min}|}\ln\frac{1}{|S_{\min}|}=\ln|S_{\min}|$$

通过定义平均能量及方差，进一步可以求得

$$\frac{\partial H(T)}{\partial T}=\frac{\sigma_T^2}{K^2T^3}$$

由此式不难看出，熵随着温度下降而单调递减。熵越大系统越无序，固体加高温熔化后系统分子运动无序，系统熵大；温度缓慢下降使材料在每个温度都松弛到热平衡，熵在退火过程中会单调递减，最终进入有序的结晶状态，熵达到最小。

14.4 模拟退火算法的实现要素

1. 模拟退火算法的实现流程

模拟退火算法的执行策略由如下步骤构成：从一个任意被选择的初始解出发探测整个空间，并且通过扰动产生一个新解，按照 Metropolis 准则判断是否接受新解，并降低控制温度。

模拟退火算法的流程的伪代码实现过程如下：

```
Simulated annealing()
{
    Initialize(i0,t0,l0) ;
    k=0 ;
    i=i_opt;
    do 循环{
        for (L=1;L<=l0;L++){
            Generate(i,j);
            Metropolis(j,i);
        }
        k=k+1;
        Update(lk,tk,k);
    }while Stop-criterion()
}
```

在上述算法中，i_0、t_0、l_0 分别表示初始状态的解、控制参数（相当于温度 t）以及解产生次数的初始值，下标 k 表示迭代次数，l_k 表示第 k 轮迭代中解产生的次数，函数 Initialize（i_0，t_0，l_0）表示初始化，Generate（i，j）表示从解 i 产生一个新的解 j，Metropolis（j，i）表示解的接受准则，Update（l_k，t_k，k）表示更新 l_k、t_k、k 的值，Stop-criterion0 表示算法的终止准则。

在实际应用中，模拟退火算法必须在有限时间内实现，因此需要下述条件。

1）起始温度。

2）控制温度下降的函数。

3）决定在每个温度下状态转移（迁移）参数的准则。

4）终止温度。

5）终止模拟退火算法的准则。

用模拟退火算法解决优化问题包括三部分内容：一是对优化问题的描述，在解空间上对所有可能解定义代价函数；二是确定从一个解到另一个解的扰动和转移机制；三是确定冷却过程。

2. 冷却进度表

冷却进度表是一组控制算法进程的参数，用来逼近模拟退火算法的渐进收敛性态，使算法在有限时限执行过程后返回一个近似最优解。冷却进度表包括控制参数的初值及其衰减函数、每个温度值对应的迭代次数（又称为一个马尔可夫（Markov）链的长度 l_k）和终止准则。它是影响模拟退火算法试验性能的重要因素，其合理选取是算法应用的关键。

1）控制参数的初值 t_0。控制参数初值的设置是影响模拟退火算法全局搜索性能的重要因素之一，其值高，则搜索到全局最优解的可能性大，但相应的计算代价高；反之，则计算代价降低，但是得到全局最优解的可能性减小。在实际应用中，t_0 一般需要根据试验结果进行多次调整，通常 t_0 的取值较大。

2）Markov 链的长度 l_k。Markov 链是一个尝试序列，其中某次尝试的结果仅由前一尝试的结果所决定，因而具有记忆遗忘功能。Markov 链的长度 l_k 表示 Metropolis 算法在第 k 次迭代时产生的新解的数目。Markov 链长度的选取原则是：在控制参数 t 的衰减函数已选定的前提下，对 Markov 链长度的选取应该满足在控制参数的每一个取值上解的概率分布都趋于平稳分布。

在控制参数的每一取值上趋于平稳分布需要产生的新解数，可由恢复平稳分布至少应接受的新解数（某些固定数）来确定。但是，由于新解被接受的概率随 t_k 的递减而减小，故接受固定数量的新解需要产生的新解数随之增多。当 $t_k \to 0$ 时，$l_k \to \infty$。为此，要限定 l_k 的值，以免在 t_k 值较小时产生过长的 Markov 链。常用的 l_k 的确定方法为固定长度 $l_k = l$ 和由接受与拒绝的比例来控制迭代步数。

3）控制参数的衰减函数。为避免算法进程产生过长的链，应使温度缓缓降低，即控制参数的衰减量以小为益。控制参数的衰减量较小时，算法进程迭代次数可能增多，因而可以期望算法进程中被接受的新解增多，可以访问更多的邻域，搜索更大范围的解空间，返回更高质量的最终解，同时计算时间也会增多。试验表明，只要衰减函数选取恰当，就能在不影响计算时间合理性的前提下，较大幅度地提高最终解的质量。

具有代表性的控制参数衰减函数有以下两种。

① 经典退火方式：$t_k=t_0/\ln(1+k)$，特点为温度下降缓慢，因此算法的效率很低。

② 快速退火方式：$t_k=t_0/(1+\alpha k)$，特点为在高温区温度下降比较快，在低温区温度下降比较慢。这符合热力学分子运动理论，某粒子在高温时具有较低能量的概率要比低温时小得多，因此寻优的重点应在低温区。式中的 α 用于改善退火曲线的形状。

4）终止准则。模拟退火算法从初始温度开始，通过在每一温度下的迭代和温度的下降，最后达到终止准则而停止。合理的终止准则既要确保算法收敛于某一近似解，又要使最终解具有一定的质量。常用的终止准则有以下几种。

① 零度法：模拟退火算法的最终温度为零，因而最为简单的原则是，给出一个较小的正数，当温度小于这个数时，算法停止，表示已经达到最低温度。

② 循环总数控制法：总的下降次数一定，当温度迭代次数达到此数时，算法停止。

③ 基于不改进规则的控制法：在一个温度和给定的迭代次数内，如果当前的局部最优解无法得到改进，则算法停止运算。

④ 接受概率控制法：给定一个较小的正数，如果除当前局部最优解以外其他状态的接受概率都小于此数，则算法停止运算。

14.5 多目标模拟退火算法

传统的模拟退火算法只针对单个优化目标进行求解，解的优劣很容易比较，而在多目标问题中，各个目标可能是相互冲突的或者相互独立的，不能直接比较解的优劣。近年来也有一些研究成果结合了多目标优化问题的特性，根据模拟退火算法的思想，设计了多目标模拟退火算法，用来解决多目标优化问题。多目标模拟退火（Multi-Objective Simulated Annealing，MOSA）算法的研究始于 1985 年，早期的工作还包括 Ulungu 等设计的一个完整的 MOSA，并将其应用于多目标组合优化问题。由于物体退火与多目标优化问题之间的本质联系，模拟退火算法适合扩展并应用于多目标优化问题的求解。多目标模拟退火算法的出现为多目标优化问题的求解开辟了一条新的途径，在多目标优化算法中也已表现出良好的性能和前景。

目前已有很多多目标模拟退火算法相关的研究，多目标模拟退火算法的基本流程描述如下。

步骤 1：对算法的相关参数进行初始化，如初始温度、迭代次数等。

步骤 2：随机产生初始解 i，计算其所有目标函数值 $f(i)$ 并将其加入 Pareto 解集中。

步骤 3：给定一种随机扰动，产生 i 的邻域解 j，计算其所有目标函数值 $f(j)$。

步骤 4：比较新产生的邻域解 j 与 Pareto 解集中的每个解，更新 Pareto 解集。

步骤 5：如果新邻域解 j 进入 Pareto 解集，则用解 j 替代解 i，转到步骤 8。

步骤 6：按某种方法计算接受概率。

步骤 7：如果新解 j 未进入 Pareto 解集，则根据接受概率决定是否接受新解。如果新解 j 被接受，则令其为新的当前解 i；如果新解 j 未被接受，则保留当前解 i。

步骤 8：每隔一定迭代次数，从 Pareto 解集中随机选择一个解，作为初始解，重新搜索。

步骤 9：采取某种降温策略，执行一次降温。

步骤 10：重复步骤 3~步骤 9，直到达到最低温度，输出结果，算法结束。

多目标模拟退火算法受到广泛重视，并在很多工程领域得到迅速推广和应用。与模拟退火算法一样，多目标模拟退火算法设计的关键是接受准则和冷却进度表。为了提高多目标模拟退火算法求解实际问题的性能，相关环节的设计亟待进一步研究。

14.6 模拟退火算法的应用之一：求解旅行商问题

下面通过模拟退火算法求解旅行商问题来说明算法的实现步骤。

旅行商要求以最短的旅程不重复地访问 N 个城市并回到初始城市，令 $\boldsymbol{D}=[d_{XY}]$ 为距离矩阵，d_{XY} 为城市 $X \to Y$ 之间距离，其中 X，$Y=1$，2，…，N。用模拟退火算法求解旅行商问题的步骤如下：

1）旅行商问题的解空间 S 被定义为 N 城市的所有循环排列

$$\Xi=\{\xi(1),\xi(2),\cdots,\xi(N)\}$$

式中，$\xi(k)$ 表示从 k 城市出发访问下一城市的旅程。定义旅程的总代价函数为

$$f(\Xi)=\sum_{X=1}^{N} d_{X,\xi(X)}$$

2）任选两城市 X 和 Y，采用二交换机制，通过反转 X 和 Y 之间访问城市的顺序而获取新的旅程。给定一个旅程为

$$(\xi(1),\xi(2),\cdots,\xi^{-1}(X),X,\xi(X),\cdots,\xi^{-1}(Y),Y,\xi(Y),\cdots,\xi(N))$$

对城市 X 和 Y 施加交换，可得新旅程为

$$(\xi(1),\xi(2),\cdots,\xi^{-1}(X),X,\xi^{-1}(Y),\cdots,\xi(X),Y,\xi(Y),\cdots,\xi(N))$$

旅程代价的变化为

$$\Delta f=d_{X,\xi^{-1}(Y)}+d_{\xi(X),Y}-d_{X,\xi(X)}-d_{\xi^{-1}(Y),Y}$$

这一转移机制符合 Metropolis 准则，即

$$\text{接受新旅程的概率}=\begin{cases}1, & \text{若 } \Delta f \leqslant 0 \\ \mathrm{e}^{-\frac{\Delta f}{T}}, & \text{否则}\end{cases}$$

3）实施冷却过程。在有限时间条件下模拟退火算法的冷却过程有多种形式，一种较为简单的降温函数为

$$T_{k+1}=\alpha T_k$$

式中，α 通常接近 1，Kirkpatrick 等人用于组合优化问题时取 $\alpha=0.9$；T_k 代表第 k 次递减时的温度。

图 14.1 给出了应用模拟退火算法求解旅行商问题的流程。图中：i 和 j 标记旅程；k 标记温度；l 为在每个温度下已生成旅程的个数；T_k 和 L_k 分别表示第 k 步温度和允许长度；E_i 和 E_j 分别为当前旅程和新生成的旅程；$f(E)$ 为代价函数，$\Delta f=f(E)-f(E_i)$；rand [0，1] 为 0 和 1 之间均匀分布的随机数。

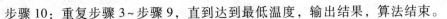

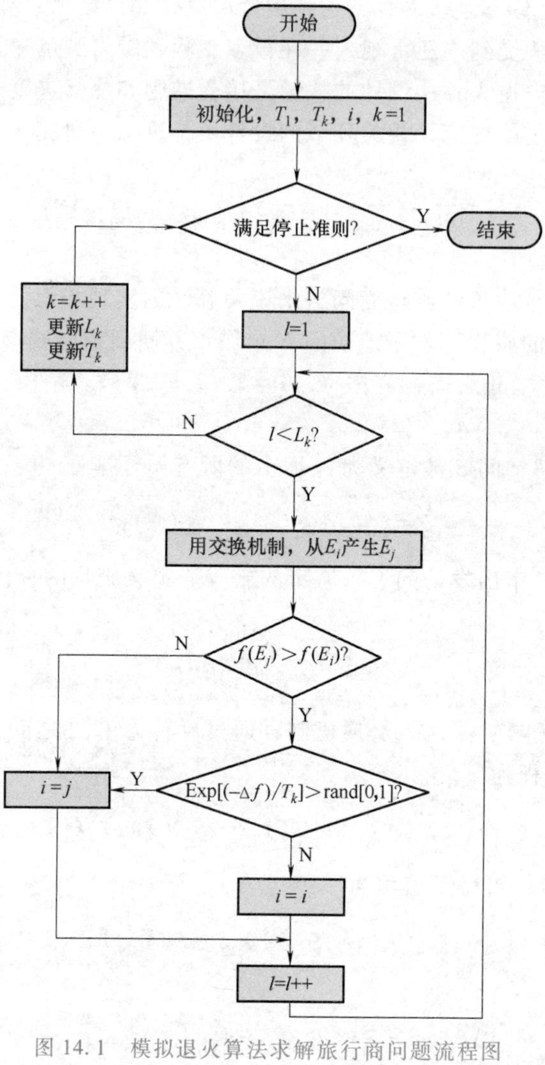

图 14.1 模拟退火算法求解旅行商问题流程图

复习思考题

1. 固体退火过程的基本原理是什么?

2. 模拟退火算法的实现要素是什么?

3. 多目标模拟退火算法的实现步骤是什么?

4. 讨论题：模拟退火算法主要有哪些优缺点? 针对其缺点，需要采取哪些措施进行补充和完善?

Chapter 15

第15章 混沌优化算法

混沌是非线性确定系统中由于内在随机性而产生的一种复杂的动力学行为，它具有伪随机性、规律性和遍历性等特点。混沌运动能在一定范围内按其自身的规律不重复地遍历所有状态。混沌优化算法的基本思想是用类似载波的方法将混沌状态引入优化变量中，并把混沌运动的遍历范围放大到优化变量的取值范围，然后利用混沌运动遍历性、随机性、规律性的特点，使搜索更加有效。

15.1 混沌优化算法的提出

混沌优化算法（Chaos Optimization Algorithm，COA）是 1997 年由李兵和蒋慰孙提出的。混沌是存在于非线性系统中的一种较为普遍的现象，混沌并不是一片混乱，而是一类有着精致内在结构的动力学行为。混沌运动具有随机性、规律性、遍历性等特点，混沌运动能在一定范围内按其自身的规律不重复地遍历所有状态。因此，利用混沌变量进行优化搜索会比随机搜索具有更高的效率。

15.2 混沌学与 Logistic 映射

1. 混沌现象及混沌学

非线性动力系统在相空间的长时间行为可归纳为 3 种形式：第一种是运动轨线趋于一点（定态吸引子）；第二种是运动轨线趋于一个闭合曲线或曲面（周期吸引子）；第三种是控制参数取值在一定范围内，运动轨线在相空间内被吸引到一个有限的区域。在这个区域内，既不趋于一个点，也不趋于一个环，而做无规则的随机运动，称此为奇怪吸引子，这种动态行为便是混沌。

混沌是非线性确定系统中由于内在随机性而产生的外在复杂表现，是一种貌似随机的伪随机现象。混沌不是简单无序的，而是没有明显的周期和对称，具有丰富的内部层次的有序结构，是非线性系统中的一种新的存在形式。

麻省理工学院的 Lorenz 教授 1963 年在分析气象数据时发现，初值十分接近的两条曲线的最终结果会相差很大，并提出了形象的“蝴蝶效应”，从而获得了混沌的第一个例子。Lorenz 提出了一个通俗的定义：一个真实的物理系统，当排除了所有的随机性影响以后，仍有貌似随机的表现，那么这个系统就是混沌的。

混沌学是研究确定性的非线性动力学系统所表现出来的复杂行为所产生的机理、特征表述、从有序到无序的演化与反演化的规律及其控制的科学。

2. Logistic 映射

在生态领域中，Logistic 模型通过对马尔萨斯人口论的线性差分方程模型进行修正，用非线性模型描述的人口模型，称为 Logistic 方程，写成如下差分方程的形式：

$$x_{n+1}=\mu x_n(1-x_n)$$

式中，μ 为一个正的常数。

下面考虑 $\mu\in[1,\ 4]$ 情况下，用图解法对 Logistic 映射这一有限差分方程进行求解。

当 $x=0$ 时，种群灭绝。x 的最大值不能超过 1，因此，x 的取值范围为 $x\in(0,\ 1)$。为使 $x<1$，则控制参数 $\mu<4$。由于增长率 $r=\mu-1$，应保证 $r>0$，因此必须使 $\mu>1$。

图 15.1 给出了一维 Logistic 映射的图解情况，给定初值 $x_0=0$，经过若干次迭代后，该种群数量达到一个平衡值，即 $x_{n+1}=x_n=x^*$，如图 15.1a 中直线与曲线的交点 x^* 为 Logistic 方程的定态解或不动点，$x^*=1-(1/\mu)$，其中 $\mu=2.8$。

当增大控制参数使 $\mu=3.14$ 时，原来的不动点 x^* 变得不稳定，由一对新的不动点 x_1^* 与 x_2^* 所取代，形成了如图 15.1b 所示周期 2 的振荡，使系统交替地处于 x_1^* 与 x_2^* 两个不动点上。再增大 μ 值，周期 2 的两个不动点又会变成不稳定，并各自又产生一对新的不动点，从而形成周期 4 的振荡。

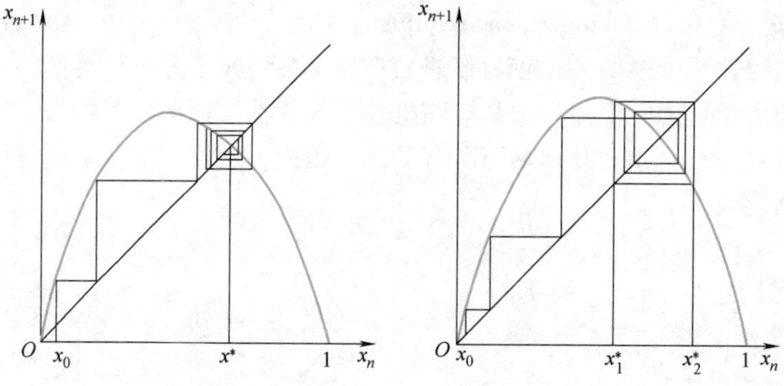

图 15.1 一维 Logistic 映射的图解过程

3. 混沌的特性

1）规律性：混沌是由确定性非线性迭代方程产生的复杂动力学行为，表面上看起来没有明显的周期和对称。杂乱无规则的混沌是一种有结构的无序，具有无穷层次嵌套的有序结构。混沌带具有倍周期逆分岔，奇异吸引子具有自相似性。

Feigenbaum 发现，随着 n 的增加，混沌分岔相邻分支间距越来越小，而相邻分支间距离之比 δ_n 却越来越稳定。当 $n\to\infty$ 时，$\delta_n=4.6692\cdots=\delta$。进一步研究发现，$\delta$ 常数与 Logistic 映射、指数映射、正弦映射等均无关。非线性方程虽然不同，但它们在倍周期分支这条道路上却以相同的速率走向混沌。普适常数 δ 揭示了混沌的内在规律性。

Feigenbaum 还发现，混沌具有无穷层次嵌套的大大小小的复杂自相似图形，从小到大的自相似尺度比例是不变的一个常数 $a=2.5029\cdots$。

上述这些特性都反映出混沌的内在规律性。

2）随机性：混沌具有类似随机变量的杂乱表现——随机性，又称为伪随机性。当发生混沌，系统长时间的动力学行为不可预测，这是混沌的无序一面；混沌运动具有轨道不稳定性，混沌带倍周期逆分岔的每条混沌带是一个区间，混沌变量 x 到底落在每个区间的哪个具体部位，则完全是随机的。

3）遍历性：混沌由于对初始条件极端敏感性，导致混沌运动具有轨道不稳定性，因此混沌运动能在一定范围内不重复地历经所有状态。

随着 μ 值进一步增大，类似地会出现周期 8、16、…、2^n 的倍周期分岔现象，直至进入混沌区，如图 15.2 所示，μ 值从 2.9 变化到 4.0 时分岔直至很多的情况。相邻分岔点的间距是以几何级数递减，很快收敛到某一临界值。

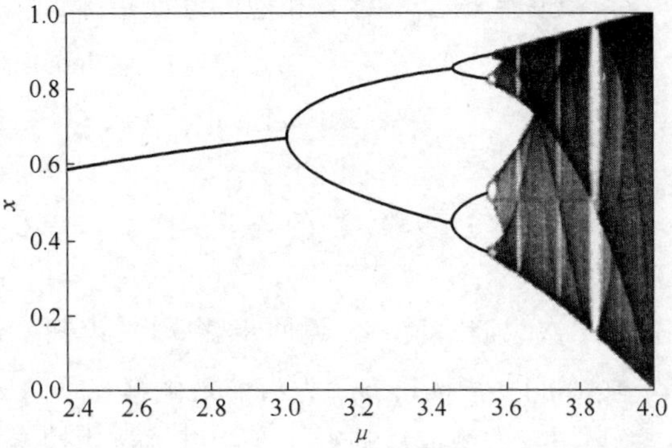

图 15.2　Logistic 映射分岔混沌图

15.3　混沌优化算法的实现步骤

混沌优化算法的思想是利用混沌的遍历性特点，使混沌算法在计算过程中可不重复地经历一定范围内的所有状态。通过采用 Logistic 映射模型系统产生混沌变量，并将产生的混沌变量映射到优化变量的取值区间，然后进行混沌搜索。

设一类连续对象的优化问题为

$$\min f(x_i)$$
$$\text{s.t. } a_i \leqslant x_i \leqslant b_i$$
$$i=1,2,\cdots,n$$

首先选择用于载波的混沌变量，选用式

$$x_{n+1}=\mu x_n(1-x_n)$$

所示的 Logistic 映射，其中 μ 是控制参量，取 $\mu=4$。设 $0\leqslant x_0\leqslant 1$，$n=0$，1，2，…。不难证明，当 $\mu=4$ 时式（15-1）完全处于混沌状态。利用混沌对初值敏感的特点，赋予该式 i 个微小差异的初值，即可得到 i 个混沌变量。

混沌优化算法实现的基本步骤如下：

1）算法初始化。置 $k=1$，$k'=1$；对式

$$x_{n+1}=\mu x_n(1-x_n)$$

中的 x_n 分别赋予 i 具有微小差异的初值，则可得到 i 个轨迹不同的混沌变量 $x_{i,n+1}$。

2）通过式

$$x'_{i,n+1}=c_i+d_i x_{i,n+1}$$

用载波的方法将选定的 i 个混沌变量 $x_{i,n+1}$ 分别引入式

$$\min f(x_i)$$
$$\text{s.t. } a_i \leqslant x_i \leqslant b_i$$

$$i=1,2,\cdots,n$$

的 i 优化变量中使其变成混沌变量 $x'_{i,n+1}$，并将混沌变量的变化范围分别“放大”到相应的优化变量的取值范围。其中，c_i 和 d_i 为常数，相当于“放大”倍数。

3）用混沌变量进行迭代搜索。

令 $x_i(k)=x'_{i,n+1}$，计算相应的性能指标 $f_i(k)$。令 $x_i^*=x_i(0)$，$f^*=f(0)$。

$$\text{if}\quad f_i(k)\leqslant f^*\quad \text{then}\quad f^*=f_i(k),x_i^*=x_i(k)$$

$$\text{else if}\quad f_i(k)>f^*\quad \text{then}\quad 放弃\ x_i(k)$$

$$k=k+1$$

4）如果经过步骤 3）的若干步搜索 f^* 都保持不变，则按式

$$x_{i,n+1}^*=x_i^*+\alpha_i x_{i,n+1}$$

进行第二次载波；反之，返回步骤 3）。其中，$\alpha_i x_{i,n+1}$ 为遍历区间很小的混沌变量；α_i 为调节常数，可以小于 1；x_i^* 为当前最优解。

5）用二次载波后的混沌变量继续迭代搜索。

令 $x_i(k')=x_{i,n+1}^*$，计算相应的性能指标 $f_i(k')$。

$$\text{if}\quad f_i(k')\leqslant f^*\quad \text{then}\quad f^*=f_i(k'),x_i^*=x_i(k')$$

$$\text{else if}\quad f_i(k')>f^*\quad \text{then}\quad 放弃\ x_i(k')$$

$$k'=k'+1$$

6）如果满足终止条件则终止搜索，输出最优解 x_i^*，f^*；否则，返回步骤 5）。

15.4 变尺度混沌优化算法的实现步骤

上述混沌优化算法对于小的搜索空间效果显著，但当搜索空间大时却不能令人满意。因此，张彤等提出变尺度混沌优化算法，通过优化过程中不断缩小优化变量的搜索空间，不断加深优化变量的搜索精度，提高搜索效率。

变尺度混沌优化算法仍然采用 Logisic 映射模型，其中 $\mu=4$。若需优化 n 个参数，则任意设定（0，1）区间中 n 个相异的初值（注意，Logisic 模型的初值不能取 0、0.25、0.5、0.75 和 1 这 5 个值，因为这 5 个取值都会使序列陷入不动点 0 或 0.75）得到 n 个轨迹不同的混沌变量。

对求解式

$$\min f(x_i)$$

$$\text{s.t.}\quad a_i\leqslant x_i\leqslant b_i$$

$$i=1,2,\cdots,n$$

描述的连续对象全局极小值问题，变尺度混沌优化算法采用如下步骤实现。

1）初始化。$k=0$，$r=0$；$x_i^k=x_i(0)$，$x_i^*=x_i(0)$；$a_i^r=a_i$，$b_i^r=b_i$，其中，$i=1$，2，…，n；k 为混沌变量迭代标志；r 为细搜索标志；$x_i(0)$ 为（0，1）区间中 n 个相异的初值；x_i^* 为当前得到的最优混沌变量，当前最优解 f^* 初始化为一个较大的数。

2）把 x_i^k 映射到优化变量取值区间，进而成为变量 mx_i^k。

$$mx_i^k=a_i^r+x_i^k(b_i^r-a_i^r)$$

3）用混沌变量进行优化搜索。

若 $f(mx_i^k)<f^*$，则 $f^*=f(mx_i^k)$；否则继续。

4）$k=k+1$；$x_i^k=4x_i^k(1.0-x_i^k)$。

5）重复步骤 2）至步骤 4）直到一定步数内 f^* 保持不变为止，然后进行以下步骤。

6）缩小各变量的搜索范围。

$$a_i^{r+1}=mx_i^*-\gamma(b_i^r-a_i^r)$$

$$b_i^{r+1}=mx_i^*+\gamma(b_i^r-a_i^r)$$

式中，$\gamma\in(0,\ 0.5)$；$mx_i^*=a_i^r+x_i^*(b_i^r-a_i^r)$ 为当前最优解。为使新的搜索范围不致越界，需要做如下处理：

若 $a_i^{r+1}<a_i^r$，则 $a_i^{r+1}=a_i^r$；若 $b_i^{r+1}>b_i^r$，则 $b_i^{r+1}=b_i^r$。

另外，x_i^* 还需要进行还原处理：

$$x_i^*=\frac{mx_i^*-a_i^{r+1}}{b_i^{r+1}-a_i^{r+1}}$$

7）把 x_i^* 与 x_i^k 的线性组合作为新的混沌变量，用此混沌变量进行搜索，即

$$y_i^k=(1-\alpha)x_i^*+\alpha x_i^k$$

式中，α 为一较小的数。

8）以 y_i^k 为混沌变量进行步骤 2）~步骤 4）的操作。

9）重复步骤 7）和步骤 8）的操作，直到一定步数内，f^* 保持不变为止。然后进行以下步骤。

10）$r=r+1$，减小 α 的值，重复步骤 6）~步骤 9）的操作。

11）重复步骤 10）若干次后结束寻优计算。

12）此时的 mx_i^* 即为算法得到的最优变量，f^* 为算法得到的最优解。

混沌运动虽然从理论上能遍历空间内的所有状态，但是当空间较大时遍历的时间较长。因此，考虑变尺度逐渐缩小寻优变量的搜索空间，从步骤 6）可以看出，寻优区间最慢将以 2γ 的速率减小，另外，当前的最优变量 mx_i^* 不断朝着全局最优点靠近，故不断减小式

$$y_i^k=(1-\alpha)x_i^*+\alpha x_i^k$$

中 α 的值，让 mx_i^* 在小范围内寻优，从而达到细搜索的目的。需要注意的是，步骤 5）~步骤 9）的运行次数较多，以利于当前的最优变量到达全局最优点附近。

复习思考题

1. 混沌的特性是什么？
2. 混沌优化算法的实现步骤是什么？
3. 变尺度混沌优化算法具有哪些优势？其实现的步骤是什么？
4. 讨论题：混沌优化算法主要有哪些优缺点？针对其缺点，需要采取哪些措施进行补充和完善？

Chapter 16

第16章 量子遗传算法

量子遗传算法将量子计算与遗传算法相结合，用量子态向量表示信息，用量子比特的概率幅表示染色体编码，一个染色体可以表示成多个量子态的叠加，使量子计算更具并行性，采用量子位编码使种群更具多样性。将量子位和量子门的概念引入进化算法，提出一种量子遗传算法。这种算法的提出推动了量子计算和智能优化算法的融合发展。

16.1 量子计算

16.1.1 量子力学

微观过程存在于微观世界，而微观世界的客体是由统称为量子的微观粒子组成的，它们包括分子、原子、原子核、电子、质子、中子、夸克等。这些微观粒子具有波粒二象性，粒子之间也存在着相干特性。量子系统的态空间一般有两个基态，如两种偏振态的光子（水平偏振和垂直偏振）、磁场中自旋的粒子（自旋向上和自旋向下）、两能级的原子或离子（基态和激发态）。量子并不是确定性地呈现某一种状态，而是以一定的概率指向某个基态，因而量子态具有叠加性。人们把微观粒子拥有的那些特性统称为量子态特性，量子态特性包括量子的波粒二象性、量子态叠加性、量子态纠缠性、量子态不可克隆性，以及测量导致的量子态坍缩性等。

在物理学史上，经典力学最早由牛顿开创，经拉格朗日、哈密顿、雅可比和泊松等人持续不断地研究，逐渐得到完善。经典力学的创立成为近代物理学的开端，为推动科学发展做出了巨大的贡献。但是，经典力学的研究对象只是宏观世界的物质运动。由于微观粒子具有波粒二象性，微观粒子（即量子）本身的状态是由某个力学量的多个本征态叠加构成的，测量时无法获得它们所有确定的量值，而是以被测量值发生在一定概率区间的概率幅得到它们的某个本征值，因而微观粒子的运动不同于宏观物质，它们不服从确定性的规律，而是服从统计概率，行为多变，从而用经典力学来研究微观粒子将会导致失效。因此，引发了人们对微观世界物质的探索和研究。由爱因斯坦、普朗克、德布罗意、薛定谔、波尔、海森堡、狄拉克等人创立的量子力学是对牛顿力学的重大突破。量子理论的提出和建立是20世纪人类最伟大的科学成就之一，它解释了物质内部原子及其组成粒子的结构和性质，使人们对物质的认识深入到了微观领域。经典力学和量子力学研究内容的对比见表16.1。

表 16.1 经典力学和量子力学研究内容的对比

项目	经典力学	量子力学
研究内容	研究宏观世界的物质运动，研究确定性的规律，属于决定论	研究微观世界的量子运动，研究微观粒子性质及其运动规律的理论，属于概率论
研究对象的运动特点	宏观物体在速度不太高的情况下服从确定性轨道运动规律，遵从牛顿力学的法则，具有确定性的规律	微观粒子的低速运动不遵从牛顿力学的规律，其状态随时间变化的规律满足薛定谔方程。粒子的状态用波函数描述，它是坐标和时间的复函数，波函数是多个不同状态的叠加。波函数的二次方代表其变数的物理量出现的概率
测量	测量结果具有确定性。对一个体系的测量不会改变它的状态，服从明确的规律。因此，运动方程对力学量可以做出确定的预言	测量结果具有不确定性。一个量子有多个“本征值”，测量时无法获得它们所有确定的量值，而是以被测量值发生在一定概率区间的概率幅得到它们的某个本征值。因此，量子力学对物理量不能给出确定的预言，只能给出取值的概率
测量过程	在经典力学中，一个物理系统的位置和动量，可以被无限精确地确定和预测	测量导致量子体系的相干性被破坏，从而使其由叠加态转化为某一基本态的过程叫作量子态的坍塌。测量过程可以看作在这些本征态上的一个投影，测量结果是对应于被投影的本征态的本征值

量子力学研究如何描述粒子系统的状态和如何描述微观粒子系统的力学量、微观系统态的演化、量子力学的测量理论等。量子力学把微观粒子具有的那些神奇的属性统称为量子态特性。量子态特性包括量子的波粒二象性、量子态叠加性、量子态相干性、态叠加原理、量子态纠缠性、不可分离性、不确定性等。

1. 量子态叠加性

在量子力学中的物理量要服从统计规律，必须用态矢空间中的算符表示。一般来说，一个量子态是由某个力学量的多个本征态叠加构成的，一个微观粒子的状态可以用一个粒子坐标和时间的复函数 $\psi(r, t)$ 来完全描述，称该复函数为波函数。在波函数分布区内的小体积元 $\mathrm{d}V$ 中找到粒子的概率为 $\mathrm{d}P=\psi^{*}\psi\mathrm{d}V$，其中 ψ^{*} 是 ψ 的复共轭，模平方 $|\psi|^{2}$ 称为概率密度。测量时无法获得它们所有确定的量值，而是以被测量值发生在一定概率区间的概率幅得到它们的某个本征值。概率幅是复数，其模平方是概率，概率幅具有模量和相角，因此量子状态的叠加还会产生干涉现象。这个干涉现象，宏观世界的人类无法理解，也为微观世界蒙上了神秘的色彩。

2. 量子态相干性

因为微观粒子具有波动性，因此导致同一个粒子不同动量的本征态之间是相干的。

3. 态叠加原理

测量结果的不确定性源于量子态的叠加性，叠加的本质在于态的相干性，相干性导致态的叠加，将量子态的相干叠加性及测量结果的概率特性称为态叠加原理。

4. 量子态纠缠性

如果量子态不能分解成两个粒子态的直积形式，即每个粒子的状态不能单独表示出来，则两个粒子彼此关联，量子态是两个粒子共有的状态，这种量子态称为纠缠态。

5. 不可分离性

量子力学表明，微观物体的状态既不是波也不是粒子，真正的状态是量子态。真实状态分解为隐态和显态，是由测量所造成的，在这里只有显态才符合经典物理学实在的含义，微观体系的实在性还表现在它的不可分离性上。量子力学把研究对象及其所处的环境看作一个整体，它不允许把世界看成由彼此分离的、独立的部分组成。当微观粒子处于某一状态时，它的力学量（如坐标、动量、角动量、能量等）一般不具有确定的数值，而具有一系列可能值，每个可能值以一定的概率出现。当粒子所处的状态确定时，其力学量具有某一可能值的概率也就完全确定。

6. 不确定性

在量子力学中，不确定性指测量物理量的不确定性。由于在一定条件下，一些力学量只能处在它的本征态上，所表现出来的值是分立的，因此在不同的时间测量，就有可能得到不同的值，会出现不确定值。只有在这个力学量的本征态上测量它，才能得到确切的值。在量子力学中，测量过程本身对系统造成影响。要描写一个可观察量的测量，需要将一个系统的状态线性分解为该可观察量的一组本征态的线性组合。在量子力学中对量子体系进行某一力学量的测量时，测量导致量子体系的相干性被破坏，从而使其由叠加态转化为某一基态的过程叫作量子态的坍缩。对量子力学中量子体系进行某一力学量的测量时，导致体系相干性的破坏和量子态的坍缩，这与经典力学中对一个力学量的测量不影响体系状态的情况截然不同。

16.1.2 量子计算

量子的重叠与牵连原理产生了巨大的计算能力。普通计算机中的 2 位寄存器在某一时间仅能存储 4 个二进制数（00、01、10、11）中的一个，而量子计算机中的 2 位量子位（qubit）寄存器可同时存储这 4 个数，因为每一个量子位可表示两个值。如果有更多量子位，计算能力就呈指数级提高。量子计算具有天然的并行性，极大地加快了对海量信息处理的速度，使得大规模复杂问题能够在有限的指定时间内完成。量子计算的并行性、指数级存储容量和指数加速特征展示了其强大的运算能力，具有极强的理论创新性，对未来人类社会的发展、生活方式、科学技术等产生质的改变。

量子计算和量子通信正是建立在这些量子态特性之上，充分利用量子相干性的独特性质，探索以全新的方式对信息进行计算、编码和传输是量子信息学研究的目标之一。量子计算是建立在量子力学基础上，并与数学、计算机科学、信息科学、认知科学、复杂性科学等多学科交叉而形成的一种全新的计算模式。

将量子计算技术应用于信息安全中，可以解决经典方法难以解决或无法解决的许多问题，近年来，其研究已掀起一阵热潮。量子计算已在量子算法、量子通信、量子密码术等方面取得了巨大成功，同时它也为其他科学技术带来了创造性的方法，因此现在它已成为当今世界各国紧密跟踪的研究热点和前沿学科之一。

1. 量子信息

用量子比特来存储和处理信息，称为量子信息。量子信息与经典信息最大的不同在于：经典信息中，比特只能处在一个状态，非 0 即 1，在经典计算机中，比特是构成计算机内信息的最小单位，所有的信息都是由 0 与 1 组成、保存、运算及传递的。而在量子信息中，量子比特可以同时处在 $|0\rangle$ 和 $|1\rangle$ 两个状态，量子信息的存储单元称为量子比特。一个量子比特的状态是一个二维复数空间的矢量，它的两个极化状态 $|0\rangle$ 和 $|1\rangle$ 对应于经典状态的 0 和 1。

在量子力学中使用狄拉克标记“$|\rangle$”和“$\langle|$”表示量子状态。英文中括号叫 bracket，狄拉克把符号“$\langle\cdot\mid\cdot\rangle$”拆成两半：bra 和 ket，分别用来称呼括号的左半“$\langle x|$”和右半“$|y\rangle$”，bra 和 ket 在中文中分别译作左矢（左向量）和右矢（右向量）。

量子的状态叠加原理，即如果状态$|0\rangle$和$|1\rangle$是两个相互独立的量子态，它们的任意线性叠加$|\varphi\rangle=\alpha|0\rangle+\beta|1\rangle$也是某一时刻的一个量子态，其中，系数$\alpha$与$\beta$是一对复数，称为量子态的概率幅，$|\alpha|^2$和$|\beta|^2$描述系统分别处在$|0\rangle$和$|1\rangle$的概率，且满足$|\alpha|^2+|\beta|^2=1$。这使得每个量子比特可表示的信息比经典位多得多，量子比特能利用不同的量子叠加态记录不同的信息，在同一位置上可拥有不同的信息。

量子态可用矩阵的形式表示。一对量子比特$|0\rangle\equiv\begin{pmatrix}1\\0\end{pmatrix}$和$|1\rangle\equiv\begin{pmatrix}0\\1\end{pmatrix}$能够组成 4 个不重复的量子比特对$|00\rangle$、$|01\rangle$、$|10\rangle$、$|11\rangle$，它们张量积的矩阵表示如下：

$$|00\rangle\equiv|0\rangle\otimes|0\rangle=\begin{pmatrix}1\\0\end{pmatrix}\otimes\begin{pmatrix}1\\0\end{pmatrix}=\begin{bmatrix}1\times\begin{pmatrix}1\\0\end{pmatrix}\\0\times\begin{pmatrix}1\\0\end{pmatrix}\end{bmatrix}=\begin{bmatrix}1\\0\\0\\0\end{bmatrix}$$

$$|01\rangle\equiv|0\rangle\otimes|1\rangle=\begin{pmatrix}1\\0\end{pmatrix}\otimes\begin{pmatrix}0\\1\end{pmatrix}=\begin{bmatrix}1\times\begin{pmatrix}0\\1\end{pmatrix}\\0\times\begin{pmatrix}0\\1\end{pmatrix}\end{bmatrix}=\begin{bmatrix}0\\1\\0\\0\end{bmatrix}$$

$$|10\rangle\equiv|1\rangle\otimes|0\rangle=\begin{pmatrix}0\\1\end{pmatrix}\otimes\begin{pmatrix}1\\0\end{pmatrix}=\begin{bmatrix}0\times\begin{pmatrix}1\\0\end{pmatrix}\\1\times\begin{pmatrix}1\\0\end{pmatrix}\end{bmatrix}=\begin{bmatrix}0\\0\\1\\0\end{bmatrix}$$

$$|11\rangle\equiv|1\rangle\otimes|1\rangle=\begin{pmatrix}0\\1\end{pmatrix}\otimes\begin{pmatrix}0\\1\end{pmatrix}=\begin{bmatrix}0\times\begin{pmatrix}0\\1\end{pmatrix}\\1\times\begin{pmatrix}0\\1\end{pmatrix}\end{bmatrix}=\begin{bmatrix}0\\0\\0\\1\end{bmatrix}$$

很显然，集合$|00\rangle$、$|01\rangle$、$|10\rangle$、$|11\rangle$是四维向量空间的生成集合。

由于量子状态具有可叠加的物理特性，因此描述量子信息的量子比特使用二维复数向量的形式表示量子信息的模拟特性。与只能取 0 和 1 的经典比特不同，理论上告诉我们量子比特可以取无限多个值。

2. 量子比特的测定

对于量子比特来说，给定一个量子比特$|\varphi\rangle=\alpha|0\rangle+\beta|1\rangle$，通常不可能正确地知道$\alpha$和$\beta$的值。通过一个被称为测定或观测的过程，可以把一个量子比特的状态以概率幅（概率区域）的方式变换成比特信息，即$|\varphi\rangle$以概率$|\alpha|^2$取值 bit0、以概率$|\beta|^2$取值 bit1。特别当$\alpha=1$时，$|\varphi\rangle$取值 0 的概率为 1；当$\beta=1$时，$|\varphi\rangle$取值 1 的概率为 1。在这样的情况下，量子比特的行为与比特完全一致。从这个意义上来说，量子比特包含了经典比特，是信息状态的更一般性表示。

3. 量子门

在量子计算中，某些逻辑变换功能是通过对量子比特状态进行一系列的幺正变换来实现的。而在一定时间间隔内实现逻辑变换的量子装置称为量子门，是在物理上实现量子计算的基础。

经典计算机中，信息的处理是通过逻辑门进行的，量子门的作用与逻辑门类似，量子寄存器中的量子态则是通过量子门的作用进行操作。量子门可以由作用于希尔伯特空间中的矩阵描述。由于量子态可以叠加的物理特性，量子门对希尔伯特空间中量子状态的作用将同时作用于所有基态上。描述逻辑门的矩阵 $\boldsymbol{U}$ 都是幺正矩阵，也就是说 $\boldsymbol{U}^*\boldsymbol{U}=\boldsymbol{I}$，这里的 $\boldsymbol{U}^*$ 是 $\boldsymbol{U}$ 的伴随矩阵，$\boldsymbol{I}$ 是单位矩阵。幺正性约束是量子门唯一的约束。任何一个幺正矩阵都可以指定为有效的量子门。根据量子计算理论，只要能完成单比特的量子操作和两比特的控制非门操作，就可以构建对量子系统的任一幺正操作。量子门按照其作用的量子位数目的不同分为一位门、二位门、三位门、多位门。

量子信息输入到量子门，经过量子门的操作等价于量子信息与逻辑门矩阵 $\boldsymbol{U}$ 的乘积。有趣的是，与经典信息理论中的比持逻辑门的情况对照，经典信息理论中非平凡单一比特逻辑门仅有一个，即非门，而量子信息理论中有许多非平凡单一量子比特门。

(1) 一位门

常见的一位门（单比特量子门）主要有量子非门 $\boldsymbol{X}$、Hadamard 门 $\boldsymbol{H}$ 和量子相移门 $\boldsymbol{\Phi}$。在基矢$\left\{|0\rangle=\begin{pmatrix}1\\0\end{pmatrix},|1\rangle=\begin{pmatrix}0\\1\end{pmatrix}\right\}$下，可以用矩阵语言来表示上面几个常见的单比特量子门，见表 16.2。

表 16.2 典型一位量子门

量子门名称	功能	矩阵表示	输入	输出
量子非门($\boldsymbol{X}$)	对一个量子位进行“非”变换	$\boldsymbol{X}=\|0\rangle\langle1\|+\|1\rangle\langle0\|=\begin{bmatrix}0&1\\1&0\end{bmatrix}$	$\|0\rangle$ $\|1\rangle$	$\|1\rangle$ $\|0\rangle$
Hadamard 门($\boldsymbol{H}$)	相当于将$\|0\rangle$态顺时针旋转 45°，将$\|1\rangle$态逆时针旋转 45°	$\boldsymbol{H}=\frac{1}{\sqrt{2}}\begin{bmatrix}1&1\\1&-1\end{bmatrix}$	$\|0\rangle$ $\|1\rangle$	$\frac{1}{\sqrt{2}}\|0\rangle+\frac{1}{\sqrt{2}}\|1\rangle$ $\frac{1}{\sqrt{2}}\|0\rangle-\frac{1}{\sqrt{2}}\|1\rangle$
量子相移门($\boldsymbol{\Phi}$)	使$\|x\rangle$旋转一个角度	$\boldsymbol{\Phi}=\begin{bmatrix}1&0\\0&e^{i\varphi}\end{bmatrix}$	$\|0\rangle$ $\|1\rangle$	$\|0\rangle$ $e^{i\varphi}\|1\rangle$

一位量子信息输入到一位门，量子信息与逻辑门矩阵的乘积等价于表 16.2 的最右列。

(2) 二位门

量子“异或”门是最常用的二位门（二比特量子门）之一，其中的两个量子位分别为控制位$|x\rangle$与目标位$|y\rangle$。其特征在于：控制位$|x\rangle$不随门操作而改变，当控制位$|x\rangle$为$|0\rangle$时，它不改变目标位$|y\rangle$；当控制位$|x\rangle$为$|1\rangle$时，它将翻转目标位$|y\rangle$，所以量子“异或”门又可称为量子受控非门（Quantum Controlled NOT gate，Not C）。在两量子位的基矢下

$$|00\rangle \equiv |0\rangle \otimes |0\rangle = \begin{pmatrix}1\\0\\0\\0\end{pmatrix},\ |01\rangle \equiv |0\rangle \otimes |1\rangle = \begin{pmatrix}0\\1\\0\\0\end{pmatrix},$$

$$|10\rangle \equiv |1\rangle \otimes |0\rangle = \begin{pmatrix}0\\0\\1\\0\end{pmatrix},\ |11\rangle \equiv |1\rangle \otimes |1\rangle = \begin{pmatrix}0\\0\\0\\1\end{pmatrix}$$

用矩阵表示为

$$\boldsymbol{C}_{\text{not}} = \begin{bmatrix}1 & 0 & 0 & 0\\0 & 1 & 0 & 0\\0 & 0 & 0 & 1\\0 & 0 & 1 & 0\end{bmatrix}$$

两个量子位信息输入二位门，量子信息与逻辑门矩阵 $\boldsymbol{C}_{\text{not}}$ 的乘积为 $\boldsymbol{C}_{\text{not}}|00\rangle \to |00\rangle$，$\boldsymbol{C}_{\text{not}}|01\rangle \to |01\rangle$，$\boldsymbol{C}_{\text{not}}|10\rangle \to |11\rangle$，$\boldsymbol{C}_{\text{not}}|11\rangle \to |10\rangle$。其真值表见表 16.3。

表 16.3　量子受控非门真值表

输入		输出
控制位 $\|x\rangle$	目标位 $\|y\rangle$	目标位输出
$\|0\rangle$	$\|0\rangle$ $\|1\rangle$	$\|0\rangle$ $\|1\rangle$
$\|1\rangle$	$\|0\rangle$ $\|1\rangle$	$\|1\rangle$ $\|0\rangle$

不难发现，量子“异或”门是幺正矩阵，也是厄米矩阵。

(3) 三位门

三位门中常用的是量子“与”门，它有三个输入端 $|x\rangle$、$|y\rangle$、$|z\rangle$。两个输入量子位 $|x\rangle$ 和 $|y\rangle$ 控制第三个量子位 $|z\rangle$ 的状态，两控制位 $|x\rangle$ 和 $|y\rangle$ 不随门操作而改变。当两控制位 $|x\rangle$ 和 $|y\rangle$ 同时为 $|1\rangle$ 时，目标位 $|z\rangle$ 改变，否则保持不变。用矩阵表示为

$$\boldsymbol{CC}_{\text{not}} = \begin{bmatrix}1 & 0 & 0 & 0 & 0 & 0 & 0 & 0\\0 & 1 & 0 & 0 & 0 & 0 & 0 & 0\\0 & 0 & 1 & 0 & 0 & 0 & 0 & 0\\0 & 0 & 0 & 1 & 0 & 0 & 0 & 0\\0 & 0 & 0 & 0 & 1 & 0 & 0 & 0\\0 & 0 & 0 & 0 & 0 & 1 & 0 & 0\\0 & 0 & 0 & 0 & 0 & 0 & 1 & 0\\0 & 0 & 0 & 0 & 0 & 0 & 0 & 1\end{bmatrix}$$

两个量子位信息输入二位门，量子信息与逻辑门矩阵 $\boldsymbol{CC}_{\text{not}}$ 的乘积，量子态转换关系为

$\boldsymbol{CC}_{\text{not}}|000\rangle \to |000\rangle$，$\boldsymbol{CC}_{\text{not}}|001\rangle \to |001\rangle$，$\boldsymbol{CC}_{\text{not}}|010\rangle \to |010\rangle$，$\boldsymbol{CC}_{\text{not}}|011\rangle \to |011\rangle$，$\boldsymbol{CC}_{\text{not}}|100\rangle \to |100\rangle$，$\boldsymbol{CC}_{\text{not}}|101\rangle \to |101\rangle$，$\boldsymbol{CC}_{\text{not}}|110\rangle \to |111\rangle$，$\boldsymbol{CC}_{\text{not}}|111\rangle \to |110\rangle$。其

真值表见表 16.4。

表 16.4　量子受控非门真值表

输入			输出
控制位 $\|x\rangle$	控制位 $\|y\rangle$	目标位 $\|z\rangle$	目标位输出
$\|0\rangle$	$\|0\rangle$	$\|0\rangle$	$\|0\rangle$
$\|0\rangle$	$\|1\rangle$	$\|0\rangle$	$\|0\rangle$
$\|1\rangle$	$\|0\rangle$	$\|0\rangle$	$\|0\rangle$
$\|1\rangle$	$\|1\rangle$	$\|0\rangle$	$\|1\rangle$
$\|0\rangle$	$\|0\rangle$	$\|1\rangle$	$\|1\rangle$
$\|0\rangle$	$\|1\rangle$	$\|1\rangle$	$\|1\rangle$
$\|1\rangle$	$\|0\rangle$	$\|1\rangle$	$\|1\rangle$
$\|1\rangle$	$\|1\rangle$	$\|1\rangle$	$\|0\rangle$

因为只有当 $|x\rangle$ 和 $|y\rangle$ 同时为 $|1\rangle$ 时，$|z\rangle$ 才变为相反的态，所以 $|z\rangle$ 又称“受控非”门。由于 Toffoli 曾证明该量子与门具有经典计算通用性这个重要特性，所以该门又称 Toflfoli 门。

4. 量子态特性

微观粒子拥有的特性统称为量子态特性，包括量子态叠加性、量子态纠缠性、量子并行性、量子态不可克隆性等。

(1) 量子态叠加性

量子的叠加性源于微观粒子“波粒二象性”的波动“相干叠加性”（一个以上的信息状态累加在同一个微观粒子上的现象）。由于量子比特并不是确定地表示某一个状态，而是服从概率统计，以一定的概率呈现某一个状态。例如，状态 $|0\rangle$ 和状态 $|1\rangle$ 是两个相互独立的量子态，它们的任意线性叠加 $|\varphi\rangle=\alpha|0\rangle+\beta|1\rangle$ 也是某一时刻的一个量子态，而系数 α 与 β 绝对值的二次方则描述系统分别处在 $|0\rangle$ 和 $|1\rangle$ 的概率。因此，一个量子比特可以连续地、随机地存在于状态 $|0\rangle$ 和状态 $|1\rangle$ 的任意叠加状态上。这使得每个量子比特可表示的信息比经典比特多得多，量子比特能利用不同的量子叠加态记录不同的信息，在同一位置上可拥有不同的信息。因此，可以同时输入或操作 N 个量子比特的叠加态，这是量子可以进行并行运算的前提。

(2) 量子态纠缠性

量子纠缠态指的是，若复合系统的一个纯态不能写成两个子系统纯态的直积，就称为纠缠态。

例如，有一个量子叠加状态：

$$\frac{1}{\sqrt{2}}|00\rangle+\frac{1}{\sqrt{2}}|10\rangle=\frac{1}{\sqrt{2}}|0\rangle|0\rangle+\frac{1}{\sqrt{2}}|1\rangle|0\rangle$$

由于其最后一位量子比特都是 $|0\rangle$，因此能将其写成两个量子比特 $\frac{1}{\sqrt{2}}|0\rangle+\frac{1}{\sqrt{2}}|1\rangle$ 与 $|0\rangle$ 的乘积 $\left(\frac{1}{\sqrt{2}}|0\rangle+\frac{1}{\sqrt{2}}|1\rangle\right)|0\rangle$。但是，对于叠加状态 $\frac{1}{\sqrt{2}}|01\rangle+\frac{1}{\sqrt{2}}|10\rangle$，无论采用什么方法都无法写

成两个量子比特的乘积。这个叠加状态就称为量子纠缠态。

再看下列的叠加状态：$\frac{1}{2}(|010\rangle+|011\rangle+|100\rangle+|101\rangle)$，能将其写成如下的乘积形式：$\left(\frac{1}{\sqrt{2}}|01\rangle+\frac{1}{\sqrt{2}}|10\rangle\right)\left(\frac{1}{\sqrt{2}}|0\rangle+\frac{1}{\sqrt{2}}|1\rangle\right)$。但乘积左因子的最初两位量子比特是纠缠态，所以这个叠加状态也是纠缠态。

两个粒子若处于纠缠态，则每个粒子状态不能单独表示出来，彼此关联，量子态是两个粒子共有的状态，对量子位的某几位进行操作，不但会改变这些量子位的状态，还会改变与其相纠缠的其他量子位的状态。这说明一个处于纠缠态的完整量子系统的一些确定态和子系统的确定态并不对应，各子系统之间存有关联。量子纠缠现象是量子力学特有的不同于经典力学的最奇特现象，也是量子信息理论中特有的概念，是实现信息高速的不可破译通信的理论基础。

（3）量子并行性

量子门的作用与逻辑电路门类似，量子寄存器中的量子态则是通过量子门的作用进行操作的。量子门可以由作用于希尔伯特空间中的矩阵描述。由于量子态可以叠加的物理特性，量子门对希尔伯特空间中量子状态的作用将同时作用于所有基态上。对应到 m 位量子计算机模型中，相当于同时对 2^m 个数进行运算，这就是量子并行性。

（4）量子态不可克隆性

克隆是指原来的量子态不被改变，而在另一个系统中产生一个完全相同的量子态。克隆不同于量子态传输，传输是指量子态从原来的系统中消失，而在另一个系统中出现。量子态不能克隆是量子力学理论的一个直接结果。由于量子态具有叠加性，因此单次测量是不能完全得知一个量子态的。

在一次测量量子态的过程中，可得到它的本征值，由于该次测量，这时此量子状态已坍缩，不可能对它再进行重复测量，所以不可能在另外一次完全复制中得到它的相同本征值，即一个位置的量子态不能被完全复制。因此，如果 $|\alpha\rangle$ 和 $|\beta\rangle$ 是两个不同的非正交态，不存在一个可以做出 $|\alpha\rangle$ 和 $|\beta\rangle$ 两者的完全复制的物理过程。量子不可克隆定理是信息理论的重要基础，它为量子密码的安全性提供了理论保障。

下一节我们将介绍在遗传算法的框架中引入量子机制，从而形成的新型算法——量子进化算法。

16.2　量子进化算法

为了使多种智能算法优势互补，遵循“组合优化”的思想，对不同智能优化方法进行融合是一个重要的研究思路。利用量子计算的特点和优势，将量子算法与经典算法相结合，通过对经典算法进行相应的调整，使得其具有量子理论的优点，从而成为更有效的算法。例如，量子计算智能结合了量子计算和传统智能计算各自的优势，为计算智能的研究另辟蹊径，有效利用量子理论的原理和概念，在应用中会取得明显优于传统智能计算模型的结果，具有很高的理论价值和发展潜力。

量子进化算法（QEA）是将量子计算与进化计算相结合的一种崭新的优化方法。1996

年，Narayanan 和 Moore 等人开创了量子计算与进化计算融合的研究方向，提出了量子衍生遗传算法（quantum inspired cenetic algorithm），将量子多宇宙的概念引入遗传算法，并成功地用它解决了 TSP 问题。Han 等人将量子的态矢量表达引入遗传编码，利用量子旋转门实现染色体基因的调整，提出了一种量子遗传算法（ Quantum Genetic Algorithm，QCA），该方法给出了一种基因调整策略。Han 等人在量子遗传算法的基础上，引入了种群迁移机制，并把算法更名为量子衍生进化算法。

目前，量子进化算法的融合点主要集中在种群编码方式和进化策略的构造上，与传统的进化算法相比，它最大的优点是具有更好的保持种群多样性的能力。与传统的进化算法相比，量子进化算法能够在探索与开发之间取得平衡，具有种群规模小而不影响算法性能、同时兼有“探索”和“开发”的能力、收敛速度快和全局寻优能力强的特点。

在本章中，首先介绍量子计算中的相关概念和理论，然后介绍量子进化算法体系中的量子遗传算法，通过与传统进化算法比较，体会量子计算的特点和优势。

16.3 量子遗传算法计算

1. 基本原理

遗传算法是一种模仿自然界中生物种群不断适应环境，个体彼此之间相互作用，并通过优胜劣汰的自然选择，使种群整体不断进化的过程，从而实现某些问题的求解、优化等目的的智能算法，充分体现了群智能的特点和优势。然而，由于自然进化和生命现象的不可知性，遗传算法也有自己的不足，遗传算法依据概率产生信息交互和随机搜索机制，不可避免存在概率算法的缺陷，导致收敛过慢或易陷入局部最优等问题。为了保证算法的全局收敛性，就需要维持种群中个体的多样性，避免有效基因的缺失；为了加快收敛速度，又需要减少种群的多样性。因此遗传算法的进化过程也是一个追求群体的收敛性和个体的多样性之间平衡的过程。为了使多种智能算法优势互补，遵循“组合优化”的思想，对不同智能优化方法进行融合是一个重要的研究方向。

量子计算具有天然的并行性，极大地加快了对海量信息处理的速度，使得大规模复杂问题能够在有限的指定时间内完成。利用量子计算的这一思想，将量子算法与经典算法相结合，通过对经典表示方法进行相应的调整，使其具有量子理论的优点，从而成为更有效的算法。

量子遗传算法是在传统的遗传算法中引入量子计算的概念和机制后形成的新型算法。目前，融合点主要集中在种群编码方式和进化策略的构造上。种群编码方式的本质是利用量子计算的一些概念和理论，如量子位、量子叠加态等构造染色体编码，这种编码方式可以使一个量子染色体同时表征多个状态的信息，隐含着强大的并行性，并且能够保持种群多样性和避免选择压力，以当前最优个体的信息为引导，通过量子门作用和量子门更新来完成进化搜索。在量子遗传算法中，个体用量子位的概率幅编码，利用基于量子门的量子位相位旋转实现个体进化，用量子非门实现个体变异以增加种群的多样性。

与传统的遗传算法一样，量子遗传算法中也包括个体种群的构造、适应度值的计算、个体的改变，以及种群的更新。而与传统遗传算法不同的是，量子遗传算法中的个体是包含多个量子位的量子染色体，具有叠加性、纠缠性等特性，一个量子染色体可呈现多个不同状态的叠加。量子染色体利用量子旋转门或量子非门等变异机制实现更新，并获得丰富的种群多样性。通过不断的迭代，每个量子位的叠加态将坍缩到一个确定的态，从而达到稳定，趋于收敛。量子遗传算法就是通过这样的一个方式，不断进行探索、进化，最后达到寻优的目的。

2. 基本流程

量子遗传算法的算法步骤可描述如下：

1）给定算法参数，包括种群大小、最大迭代次数、交叉概率、变异概率。

2）种群初始化。初始化 N 条染色体 $P(t)=(X_1^t, X_2^t, \cdots, X_N^t)$，将每条染色体 X_i^t 的每一个基因用二进制表示，每一个二进制位对应一个量子位，设每个染色体有 m 个量子位，$X_i^t=(x_{i1}^t, x_{i2}^t, \cdots, x_{im}^t)$ $(i=1, 2, \cdots, N)$ 为一个长度为 m 的二进制串，有 m 个观察角度 $Q_i^t=(\varphi_{i1}^t, \varphi_{i2}^t, \cdots, \varphi_{im}^t)$，其值决定量子位的观测概率 $|\alpha_i^t|^2$ 或 $|\beta_i^t|^2$ $(i=1, 2, \cdots, m)$，$\begin{pmatrix}\alpha_i\\ \beta_i\end{pmatrix}=\begin{pmatrix}\cos(\varphi)\\ \sin(\varphi)\end{pmatrix}$，通过观察角度 $Q(t)$ 的状态来生成二进制解集 $P(t)$。初始化使所有量子染色体的每个量子位的观察角度 $\varphi_{ij}^0=\dfrac{\pi}{4}$，其中 $i=1, 2, \cdots, N$；$j=1, 2, \cdots, m$；概率幅都初始化为 $1/\sqrt{2}$，它表示在 $t=0$ 代，每条染色体以相同的概率 $1/\sqrt{2^m}$ 处于所有可能状态的线性叠加态之中，即 $|\psi_{qj}^0\rangle=\sum\limits_{k=1}^{2^m}\dfrac{1}{\sqrt{2^m}}|s_k\rangle$。其中，$|s_k\rangle$ 是由二进制串 $(x_1, x_2, \cdots, x_m)$ 描述的第 k 个状态。

3）计算 $P(t)$ 中每个解的适应度，存储最优解。

4）开始进入迭代。

5）量子旋转门。量子旋转门操作是以当前最优解为引导的旋转角度作为量子染色体变异的表现，通过观测最优个体和当前个体相应量子位所处状态，以及比较它们的适应度值，来确定其旋转角度的变化方向和大小。量子旋转门可根据实际问题具体设计，令 $\boldsymbol{U}(\Delta\theta)=\begin{bmatrix}\cos(\Delta\theta) & -\sin(\Delta\theta)\\ \sin(\Delta\theta) & \cos(\Delta\theta)\end{bmatrix}$ 表示量子旋转门，设 φ 为原量子位的幅角，旋转后的角度调整操作为

$$\begin{pmatrix}\alpha_i'\\ \beta_i'\end{pmatrix}=\begin{bmatrix}\cos(\Delta\theta) & -\sin(\Delta\theta)\\ \sin(\Delta\theta) & \cos(\Delta\theta)\end{bmatrix}\begin{pmatrix}\alpha_i\\ \beta_i\end{pmatrix}=\begin{pmatrix}\cos(\varphi+\Delta\theta)\\ \sin(\varphi+\Delta\theta)\end{pmatrix}$$

式中，$\begin{pmatrix}\alpha_i\\ \beta_i\end{pmatrix}=\begin{pmatrix}\cos(\varphi)\\ \sin(\varphi)\end{pmatrix}$ 为染色体中第 i 个量子位，且 $\alpha_i^2+\beta_i^2=1$；$\Delta\theta$ 为旋转角度。

6）通过量子非门进行变异操作，更新 $P(t)$。

为避免陷入早熟和局部极值，在此基础上进一步采用量子非门实现染色体变异操作，这样能够保持种群多样性和避免选择压力。

7）通过观察角度 $Q(t)$ 的状态来生成二进制解集 $P(t)$，即对于每一个比特位，随机产生一个 [0, 1] 之间的随机数 r。比较 r 与观测概率 $|\alpha_i^t|^2$ 的大小，如果 $r<|\alpha_i^t|^2$，则令该比特位值为 1；否则，令其为 0。

8）计算 $P(t)$ 的适应度值，最后选择 $P(t)$ 中的当前最优解，若该最优解优于目前存储的最优解，则用该最优解替换存储的最优解，更新全局最优解。

9）判断是否达到最大迭代次数，如果是，则跳出循环，输出最优解；否则，跳到步骤 5），继续执行。

算法可用图 16.1 所示的流程图更为直观地描述。

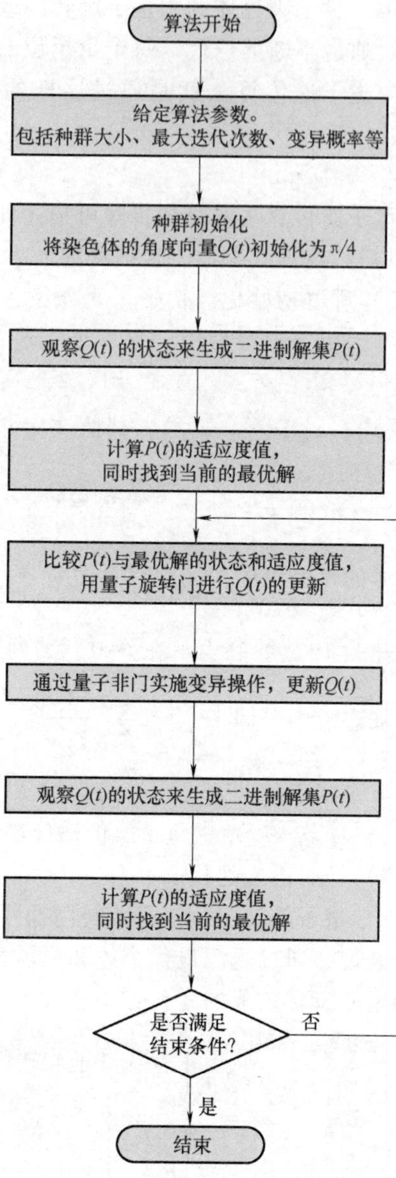

图 16.1　量子遗传算法流程图

3. 量子遗传算法的构成要素

（1）量子染色体

量子遗传算法是在遗传算法的框架中引入量子计算的方法而形成的新型智能算法，与遗传算法类似，也是一种概率搜索算法，拥有可不断迭代进化的种群，并以染色体作为信息载体。种群中的每条染色体构成了算法的基础，因此染色体的构造也是应用此类算法的首要问题。

传统进化算法的染色体往往直接利用问题参数的实际值本身来进行优化计算，并采用二进制编码、十进制编码、符号编码等编码形式（如遗传算法多采用二进制编码），将问题的解空间转换成所能处理的搜索空间，来构造每个染色体的基因结构。

而量子遗传算法与传统进化算法不同，它不直接包含问题解，而是引入量子计算中的量子位，采用基于量子位的编码方式构造量子染色体，以概率幅的形式来表示某种状态的信息。一个量子位可由其概率幅定义为$\begin{bmatrix}\alpha\\ \beta\end{bmatrix}$，同理，$m$ 个量子位可定义为$\begin{bmatrix}\alpha_1 & \alpha_2 & \cdots & \alpha_m\\ \beta_1 & \beta_2 & \cdots & \beta_m\end{bmatrix}$，其中，$|\alpha_i|^2+|\beta_i|^2=1$，$i=1, 2, \cdots, m$。因此，染色体种群中第 t 代的个体 $\boldsymbol{X}_j^t$ 可表示为 $\boldsymbol{X}_j^t=\begin{bmatrix}\alpha_1^t & \alpha_2^t & \cdots & \alpha_m^t\\ \beta_1^t & \beta_2^t & \cdots & \beta_m^t\end{bmatrix}(j=1, 2, \cdots, N)$，其中 N 为种群大小，t 为进化代数。

量子比特具有叠加性，因此通过量子位的概率幅产生新个体使得每一个比特位上的状态不再是固定的信息，一个染色体不再仅对应于一个确定的状态，而变成了一种携带着不同叠加态的信息。由于这种性质，使得基于量子染色体编码的进化算法，比传统进化算法具有更好的种群多样性。经过多次迭代，某一个量子比特上的概率幅 $|\alpha|^2$ 或 $|\beta|^2$ 趋近于 0 或 1 时，这种不确定性产生的多样性将逐渐消失，最终坍缩到一个确定状态，从而使算法最终收敛。这就表明量子染色体同时具有探索和开发两种能力。

（2）量子旋转门

如前所述，在量子理论中，各个量子状态之间的转移变换主要是通过量子门实现的，而量子门对量子比特的概率幅角度进行旋转，同样可以实现量子状态的改变。因此，在量子遗传算法中，使用量子旋转门来实现量子染色体的变异操作。同时，由于在角度旋转时考虑了最优个体的信息，因此，在最优个体信息的指导下，可以使种群更好地趋向最优解，从而加快了算法收敛。在 0、1 编码的问题中，令

$$\boldsymbol{U}(\Delta\theta)=\begin{bmatrix}\cos(\Delta\theta) & -\sin(\Delta\theta)\\ \sin(\Delta\theta) & \cos(\Delta\theta)\end{bmatrix}$$

表示量子旋转门，旋转变异的角度 θ 可由表 16.5 得到。

表 16.5 变异角度 $\boldsymbol{\theta}$（二值编码）

旋转角度				旋转角度符号 $s(\alpha_i\beta_i)$			
x_i	x_i^{best}	$f(x)\geqslant f(x^{best})$	$\Delta\theta_i$	$\alpha_i\beta_i>0$	$\alpha_i\beta_i<0$	$\alpha_i=0$	$\beta_i=0$
0	0	假	0	0	0	0	0
0	0	真	0	0	0	0	0
0	1	假	0	0	0	0	0
0	1	真	0.05π	-1	+1	±1	0
1	0	假	0.01π	-1	+1	±1	0
1	0	真	0.025π	+1	-1	0	±1
1	1	假	0.05π	+1	-1	0	±1
1	1	真	0.025π	+1	-1	0	±1

表 16.5 中，x_i 为当前量子染色体的第 i 位，x_i^{best} 为当前最优染色体的第 i 位，均为观测态；$f(\boldsymbol{x})$ 为适应度函数；$\Delta\theta_i$ 为旋转角度的大小，控制算法收敛的速度，取值太小将造成收敛速度过慢，太大可能会使结果发散或“早熟”收敛到局部最优解，$\Delta\theta_i$ 取值可固定也可自适应地调整大小；α_i、β_i 为当前染色体第 i 位量子位的概率幅；$s(\alpha_i\beta_i)$ 为旋转角度的方向，保证算法的收敛。

为什么这种旋转量子门能够保证算法很快收敛到具有更高适应度的染色体呢？下面画一个直观的图来说明量子旋转门的构造。

如当 $x_i=0$，$x_i^{best}=1$，$f(\boldsymbol{x})>f(\boldsymbol{x}^{best})$ 时，为使当前解收敛到一个具有更高适应度的染色体，应增大当前解取 0 的概率，即要使 $|\alpha_i^t|^2$ 变大，如果$(\alpha_i\beta_i)$ 在第一、三象限，θ 应向顺时针方向旋转 0.05π；如果 $(\alpha_i\beta_i)$ 在第二、四象限，θ 应向逆时针方向旋转 0.05π，如图 16.2 所示。上面所述的旋转变换仅是量子变换中的一种，针对不同的问题可以采用不同的量子变换，也可以根据需要设计自己的幺正变换。

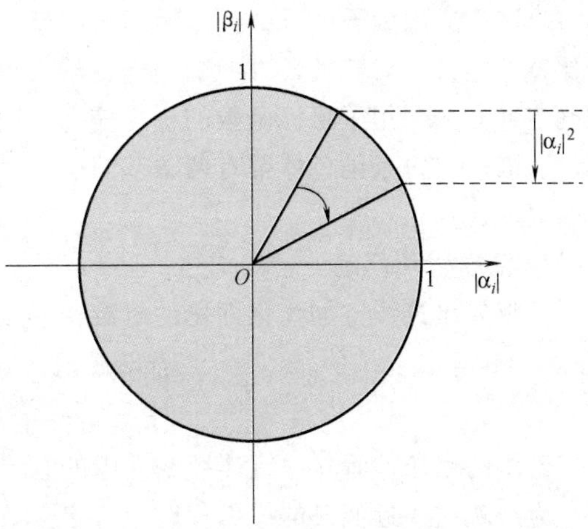

图 16.2 量子旋转门示意图

（3）量子非门变异

采用量子非门实现染色体变异，首先从种群中随机选择出需要实施变异操作的量子

染色体，并在这些量子染色体的若干量子比特上实施变异操作。假设$\begin{bmatrix}\alpha_i\\ \beta_i\end{bmatrix}$为该染色体的第 i 个量子位，使用量子非门实施变异操作的过程可描述为

$$\begin{bmatrix}0 & 1\\ 1 & 0\end{bmatrix}\begin{bmatrix}\alpha_i\\ \beta_i\end{bmatrix}=\begin{bmatrix}\beta_i\\ \alpha_i\end{bmatrix} \tag{16-1}$$

由式（16-1）可以看出，量子非门实施的变异操作，实质上是量子位的两个概率幅互换，由于更改了该量子比特态叠加的状态，使得原来倾向于坍缩到状态“1”变为倾向于坍缩到状态“0”，或者相反，因此起到了变异的作用。显然，该变异操作对染色体的所有叠加态具有相同的作用。

从另一个角度看，这种变异同样是对量子位幅角的一种旋转：如设某一量子位幅角为 q，则变异后的幅角为 $(\pi/2)-q$，即幅角正向旋转了 $\pi/2$。这种旋转不与当前最佳染色体比较，一律正向旋转，有助于增加种群的多样性，降低“早熟”收敛的概率。

16.4 改进的量子遗传算法

目前已有的多种量子遗传算法多半采用基于量子位测量的二进制编码方式，其进化方式是通过改变量子比特相位来实现的。事实上，通过测量染色体上量子位的状态来生成所需要的二进制解，这是一个概率操作过程，具有很大的随机性和盲目性。因此，在种群进化的同时，个体将不可避免地产生退化的现象。此外，关于二进制编码，虽然适合于某些优化问题（如 0-1 背包问题、旅行商问题等），但对于数值优化问题（如函数极值问题，神经网络权值优化问题等），由于需要频繁编码解码，无疑加大了计算量。在优化过程中，必须确定量子旋转门的转角大小和方向。对于转角方向，目前几乎都是基于查询表，由于涉及多路条件判断，影响了算法的效率。综上所述，如何针对量子染色体编码和如何确定量子门的旋转相位，目前仍没有得到较好的解决，这是限制目前量子遗传算法效率的两个主要问题。

针对上述问题，哈尔滨工业大学的李士勇提出一种用于连续空间优化的基于实数编码和目标函数梯度信息的双链量子遗传算法（Double Chains Quantum Genetic Algorithm，DCQGA）。该算法用量子位对染色体编码；用量子位的概率幅描述可行解；用量子旋转门更新量子比特的相位；对于转角方向的确定，给出了一种简单实用的确定方法；对于转角迭代步长的确定，充分利用了目标函数的梯度信息；同时该算法将量子比特的两个概率幅值都看作基因位，因此，每条染色体带有两条基因链，这样可使搜索加速。这些改进措施使优化效率得到明显的提高。

1. 连续优化问题的一般描述

若将 n 维连续空间优化问题的解看作 n 维空间中的点或向量，则连续优化问题可表述为

$$\begin{cases}\min f(\boldsymbol{x})=f(x_1,x_2,\cdots,x_n)\\ a_i\leqslant x_i\leqslant b_i,i=1,2,\cdots,n\end{cases}$$

若将约束条件看作 n 维连续空间中的有界闭集 Ω，将 Ω 中每个点都看作优化问题的近似解，为反映这些近似解的优劣程度，可定义适应度函数

$$\mathrm{fit}(\boldsymbol{x})=C_{\max}-f(\boldsymbol{x})$$

式中，$C_{\max}$ 是一个适当的输入值，或者是目前为止优化过程中的最大值。

2. 双链编码方案

在 DCQGA 中，直接采用量子位的概率幅编码。考虑到种群初始化时编码的随机性及量子态概率幅应满足的约束条件，采用双链编码方案

$$\boldsymbol{p}_i = \begin{bmatrix} \cos(t_{i1}) & \cos(t_{i2}) & \cdots & \cos(t_{in}) \\ \sin(t_{i1}) & \sin(t_{i2}) & \cdots & \sin(t_{in}) \end{bmatrix}$$

式中，$t_{ij}=2\pi\times\text{rnd}$；rnd 为（0，1）之间随机数；$i=1, 2, \cdots, m$；$j=1, 2, \cdots, n$；$m$ 是种群规模；n 是量子位数。在 DCQGA 中，将每一量子位的概率幅，看作上下两个并列的基因，每条染色体包含两条并列的基因链，每条基因链代表一个优化解。因此，每条染色体同时代表搜索空间中的两个优化解

$$\boldsymbol{p}_{ic} = (\cos(t_{i1}), \cos(t_{i2}), \cdots, \cos(t_{in}))$$

$$\boldsymbol{p}_{is} = (\sin(t_{i1}), \sin(t_{i2}), \cdots, \sin(t_{in}))$$

式中，$i=1, 2, \cdots, m$；$\boldsymbol{p}_{ic}$ 称为“余弦”解；$\boldsymbol{p}_{is}$ 称为“正弦”解。这样既避免了测量带来的随机性，也避免了从二进制到十进制频繁的解码过程。因为每次迭代两个解同步更新，故在种群规模不变的情况下，能增强对搜索空间的遍历性，加速优化进程。同时，能扩展全局最优解的数量，增加获得全局最优解的概率。将上述结论概括为如下定理。

定理 16.1 对于连续优化问题 $\begin{cases} \min f(\boldsymbol{x}) = f(x_1, x_2, \cdots, x_n) \\ a_i \leqslant x_i \leqslant b_i, i=1,2,\cdots,n \end{cases}$ 的每个全局最优解，用 DCQGA 优化时，存在 2^{n+1} 组量子比特，其中任何一组的 n 个量子比特都与该全局最优解对应。

证明： 设连续优化问题的全局最优解映射到单位空间 $\boldsymbol{I}^n=[-1, 1]^n$ 后变为 $\boldsymbol{P}=(x_1, x_2, \cdots, x_n)$。对于 x_i（$i=1, 2, \cdots, n$）存在与之对应的 4 个量子比特为

$$\boldsymbol{r}_{c+}^i = [\cos(\arccos(x_i)), \sin(\arccos(x_i))]^{\mathrm{T}}$$

$$\boldsymbol{r}_{c-}^i = [\cos(-\arccos(x_i)), \sin(-\arccos(x_i))]^{\mathrm{T}}$$

$$\boldsymbol{r}_{s+}^i = \left[\cos\left(\frac{\pi}{2}-\arccos(x_i)\right), \sin\left(\frac{\pi}{2}-\arccos(x_i)\right)\right]^{\mathrm{T}}$$

$$\boldsymbol{r}_{s-}^i = \left[\cos\left(\frac{\pi}{2}+\arccos(x_i)\right), \sin\left(\frac{\pi}{2}+\arccos(x_i)\right)\right]^{\mathrm{T}}$$

其在单位圆中的位置如图 16.3 所示。

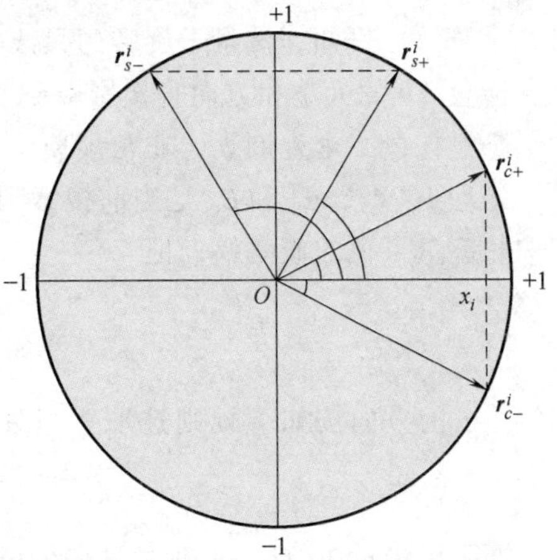

图 16.3 最优解中第 i 个量子位在单位圆中的位置

令

$$r_{c0}^i = \cos(\arccos(x_i)), \quad r_{c1}^i = \cos(-\arccos(x_i)),$$

$$r_{s0}^i = \sin\left(\frac{\pi}{2}-\arccos(x_i)\right), \quad r_{s1}^i = \cos\left(\frac{\pi}{2}+\arccos(x_i)\right),$$

应用 $\boldsymbol{r}_{c+}^i$、$\boldsymbol{r}_{c-}^i$，可以构造 2^n 个余弦解：$\boldsymbol{p}_c=(r_{cj}^1, r_{cj}^2, \cdots, r_{cj}^n)$，其中 $j=0, 1$。应用 $\boldsymbol{r}_{s+}^i$、$\boldsymbol{r}_{s-}^i$，可以构造 2^n 个正弦解：$\boldsymbol{p}_s=(r_{sj}^1, r_{sj}^2, \cdots, r_{sj}^n)$，其中 $j=0, 1$。因此，对于 $\boldsymbol{P}=(x_1, x_2, \cdots, x_n)$，存在 2^{n+1} 个解与之对应，因为每个解对应一组量子比特，所以存在 2^{n+1} 组量子比特与之对应。（证毕）

由定理 16.1 可知，若优化问题有 M 个全局最优解，应用 DCQGA 优化时，这 M 个解可

以扩展为 $\boldsymbol{I}^n=[-1,\ 1]^n$ 中的 $2^{n+1}M$ 个解，使全局最优解的数量得到了指数级扩充，从而可提高获得全局最优解的概率。

3. 解空间变换

群体中的每条染色体包含 $2n$ 个量子比特的概率幅，利用线性变换，可将这 $2n$ 个概率幅由 n 维单位空间 $\boldsymbol{I}^n=[-1,\ 1]^n$ 映射到优化问题

$$\begin{cases}\min f(\boldsymbol{x})=f(x_1,x_2,\cdots,x_n)\\ a_i\leqslant x_i\leqslant b_i, i=1,2,\cdots,n\end{cases}$$

的解空间 Ω。每个概率幅对应解空间的一个优化变量。记染色体 $\boldsymbol{p}_j$ 上第 i 个量子位为 $[\alpha_i^j,\ \beta_i^j]$，则相应解空间变量为

$$\boldsymbol{X}_{ic}^j=\frac{1}{2}[b_i(1+\alpha_i^j)+a_i(1-\alpha_i^j)]$$

$$\boldsymbol{X}_{is}^j=\frac{1}{2}[b_i(1+\beta_i^j)+a_i(1-\beta_i^j)]$$

因此，每条染色体对应优化问题的两个解。其中量子态 $|0\rangle$ 的概率幅 α_i^j 以对应 X_{ic}^j，量子态 $|1\rangle$ 的概率幅 β_i^j 对应 X_{is}^j，其中 $i=1,\ 2,\ \cdots,\ n$；$j=1,\ 2,\ \cdots,\ m$。

4. 量子旋转门的转角方向

DCOGA 用于更新量子比特相位的量子旋转门为

$$\boldsymbol{U}(\Delta\theta)=\begin{bmatrix}\cos(\Delta\theta) & -\sin(\Delta\theta)\\ \sin(\Delta\theta) & \cos(\Delta\theta)\end{bmatrix}$$

更新过程即为

$$\begin{bmatrix}\cos(\Delta\theta) & -\sin(\Delta\theta)\\ \sin(\Delta\theta) & \cos(\Delta\theta)\end{bmatrix}\begin{pmatrix}\cos(t)\\ \sin(t)\end{pmatrix}=\begin{pmatrix}\cos(t+\Delta\theta)\\ \sin(t+\Delta\theta)\end{pmatrix}\tag{16-2}$$

由式（16-2）可知，该量子旋转门只改变量子位的相位，而不改变量子位的长度。

转角 $\Delta\theta$ 的大小和方向直接影响到算法的收敛速度和效率。确定转角 $\Delta\theta$ 的方向，通常做法都是构造一个查询表，非常烦琐。为简化转角方向的确定方法，我们给出如下定理。

定理 16.2 令 α_0 和 β_0 是当前搜索到的全局最优解中某量子位的概率幅，α_1 和 β_1 是当前解中相应量子位的概率幅，记

$$A=\begin{vmatrix}\alpha_0 & \alpha_1\\ \beta_0 & \beta_1\end{vmatrix}$$

则转角 θ 的方向按如下规则选取：当 $A\neq0$ 时，方向为 $-\text{sgn}(A)$；当 $A=0$ 时，方向取正负均可。

证明：记量子位 $\begin{bmatrix}\alpha_0\\ \beta_0\end{bmatrix}$ 和 $\begin{bmatrix}\alpha_1\\ \beta_1\end{bmatrix}$ 在单位圆中的幅角分别为 θ_0 和 θ_1，则

$$A=\begin{vmatrix}\alpha_0 & \alpha_1\\ \beta_0 & \beta_1\end{vmatrix}=\begin{vmatrix}\cos\theta_0 & \cos\theta_1\\ \sin\theta_0 & \sin\theta_1\end{vmatrix}=\sin(\theta_1-\theta_0)$$

当 $A\neq0$ 时，若 $0<|\theta_1-\theta_0|<\pi$，则

$$\text{sgn}(\Delta\theta)=-\text{sgn}(\theta_1-\theta_0)=-\text{sgn}(\sin(\theta_1-\theta_0))=-\text{sgn}(A)$$

若 $\pi<|\theta_1-\theta_0|<2\pi$，则

$$\mathrm{sgn}(\Delta\theta)=\mathrm{sgn}(\theta_1-\theta_0)=-\mathrm{sgn}(\sin(\theta_1-\theta_0))=-\mathrm{sgn}(A)$$

当 $A=0$ 时，由 $\sin(\theta_1-\theta_0)=0$，得

$$\theta_1=\theta_0 \text{ 或 } |\theta_1-\theta_0|=\pi$$

此时，正向旋转与反向旋转效果相同，故 $\mathrm{sgn}(\Delta\theta)$ 取正、负均可。(证毕)

5. 量子旋转门的转角大小

关于转角的大小，量子旋转门的转角查询表虽然给出了一个范围 $(0.005\pi, 0.1\pi)$，但没有给出具体选择的依据。现有文献没有考虑种群中各染色体的差异，也没有充分利用目标函数的变化趋势。我们给出的策略是：重点考虑目标函数在搜索点（单个染色体）处的变化趋势，并把该信息加入转角步长函数中。当搜索点处目标函数变化率较大时，适当减小转角步长，反之适当加大转角步长。这样，可使各染色体依据自身的特性在搜索过程的平坦之处迈大步，而不至于缓步漫游在一块“平坦的高原”，在搜索过程的陡峭之处迈小步，而不至于越过全局最优解。考虑可微目标函数的变化率，利用梯度定义转角步长函数为

$$\Delta\theta_{ij}=-\mathrm{sgn}(A)\times\Delta\theta_0\times\exp\left(-\frac{|\nabla f(\boldsymbol{x}_i^j)|-\nabla f_j\mathrm{min}}{\nabla f_j\mathrm{max}-\nabla f_j\mathrm{min}}\right)$$

式中，A 的定义同上；$\Delta\theta_0$ 为迭代初值；$\nabla f(\boldsymbol{x}_i^j)$ 为评价函数 $f(\boldsymbol{x})$ 在点 $\boldsymbol{x}_i^j$ 处的梯度；$\nabla f_j\mathrm{max}$ 和 $\nabla f_j\mathrm{min}$ 分别定义为

$$\nabla f_j\mathrm{max}=\max\left\{\left|\frac{\partial f(\boldsymbol{x}_1)}{\partial \boldsymbol{x}_1^j}\right|,\left|\frac{\partial f(\boldsymbol{x}_2)}{\partial \boldsymbol{x}_2^j}\right|,\cdots,\left|\frac{\partial f(\boldsymbol{x}_m)}{\partial \boldsymbol{x}_m^j}\right|\right\}$$

$$\nabla f_j\mathrm{min}=\min\left\{\left|\frac{\partial f(\boldsymbol{x}_1)}{\partial \boldsymbol{x}_1^j}\right|,\left|\frac{\partial f(\boldsymbol{x}_2)}{\partial \boldsymbol{x}_2^j}\right|,\cdots,\left|\frac{\partial f(\boldsymbol{x}_m)}{\partial \boldsymbol{x}_m^j}\right|\right\}$$

式中，$\boldsymbol{x}_i^j$ $(i=1, 2, \cdots, m; j=1, 2, \cdots, n)$ 表示向量 $\boldsymbol{x}_i$ 的第 j 个分量，可根据当前全局最优解的类型取为 $\boldsymbol{x}_{ic}^j$ 或 $\boldsymbol{x}_{is}^j$，$\boldsymbol{x}_{ic}^j$ 和 $\boldsymbol{x}_{is}^j$ 分别按式

$$\boldsymbol{x}_{ic}^j=\frac{1}{2}[b_i(1+\alpha_i^j)+a_i(1-\alpha_i^j)]$$

$$\boldsymbol{x}_{is}^j=\frac{1}{2}[b_i(1+\beta_i^j)+a_i(1-\beta_i^j)]$$

计算。m 表示种群规模；n 表示空间维数（单个染色体上的量子比特数）。

对于离散优化问题，由于 $f(\boldsymbol{x})$ 不存在梯度，故不能像连续情形那样，将梯度信息直接加入转角函数中，但可以利用相邻两代的一阶差分代替梯度，即将 $\nabla f(\boldsymbol{x}_i^j)$、$\nabla f_j\mathrm{max}$、$\nabla f_j\mathrm{min}$ 分别表示为

$$\nabla f(\boldsymbol{x}_i^j)=f(\boldsymbol{x}_{pi}^j)-f(\boldsymbol{x}_{ci}^j)$$

$$\nabla f_j\mathrm{max}=\max\{|f(\boldsymbol{x}_{p1}^j)-f(\boldsymbol{x}_{c1}^j)|,\cdots,|f(\boldsymbol{x}_{pm}^j)-f(\boldsymbol{x}_{cm}^j)|\}$$

$$\nabla f_j\mathrm{min}=\min\{|f(\boldsymbol{x}_{p1}^j)-f(\boldsymbol{x}_{c1}^j)|,\cdots,|f(\boldsymbol{x}_{pm}^j)-f(\boldsymbol{x}_{cm}^j)|\}$$

式中，$\boldsymbol{x}_{pi}^j$、$\boldsymbol{x}_{ci}^j$ 置分别表示父代和子代染色体。

6. 变异处理

采用量子非门实现染色体变异，首先依据变异概率随机选择一条染色体，然后随机选择若干个量子位施加量子非门变换，使该量子位的两个概率幅互换。这样可使两条基因链同时得到变异。这种变异实际上是对量子位幅角的一种旋转：如设某一量子位幅角为 t，则变异

后的幅角为$\frac{\pi}{2}-t$，即幅角正向旋转$\frac{\pi}{2}-2t$。这种旋转不与当前最佳染色体比较，一律正向旋转，有助于增加种群的多样性，降低早熟收敛的概率。

实现上述实数双链编码梯度量子遗传算法如下。

步骤 1：种群初始化。按式

$$\boldsymbol{p}_i=\begin{bmatrix}\cos(t_{i1}) & \cos(t_{i2}) & \cdots & \cos(t_{in})\\ \sin(t_{i1}) & \sin(t_{i2}) & \cdots & \sin(t_{in})\end{bmatrix}$$

产生 m 条染色体组成初始群体；设定转角步长初值为 θ_0、变异概率为 p_m。

步骤 2：解空间变换。将每条染色体代表的近似解，由单位空间 $\boldsymbol{I}^n=[-1,\ 1]^n$ 映射到连续优化问题

$$\begin{cases}\min f(\boldsymbol{x})=f(x_1,x_2,\cdots,x_n)\\ a_i\leqslant x_i\leqslant b_i,i=1,2,\cdots,n\end{cases}$$

的解空间 Ω，按式

$$\mathrm{fit}(\boldsymbol{x})=C_{\max}-f(\boldsymbol{x})$$

计算各染色体的适应度。记当代最优解为 $\widetilde{\boldsymbol{x}}_0$，对应染色体为 $\widetilde{\boldsymbol{p}}_0$，到目前为止的最优解为 $\boldsymbol{x}_0$，对应染色体为 $\boldsymbol{p}_0$。若 $\mathrm{fit}(\widetilde{\boldsymbol{x}}_0)>\mathrm{fit}(\boldsymbol{x}_0)$，则 $\boldsymbol{p}_0=\widetilde{\boldsymbol{p}}_0$。

步骤 3：对种群中每条染色体上的各量子位，以 $\boldsymbol{p}_0$ 中相应量子位为目标，按定理 16.2 确定转角方向，按式

$$\Delta\theta_{ij}=-\mathrm{sgn}(A)\times\Delta\theta_0\times\exp\left(-\frac{|\nabla f(\boldsymbol{x}_i^j)|-\nabla f_j\min}{\nabla f_j\max-\nabla f_j\min}\right)$$

确定转角大小，应用量子旋转门更新其量子位。

步骤 4：对种群中每条染色体，应用量子非门按变异概率实施变异。

步骤 5：返回步骤 2 循环计算，直到满足收敛条件或代数达到最大限制为止。

复习思考题

1. 量子态的特性是什么？

2. 量子遗传算法的基本原理是什么？

3. 量子遗传算法的实现步骤是什么？

4. 改进的量子遗传算法有哪些优势？其实现步骤是什么？

5. 讨论题：量子遗传算法主要有哪些优缺点？针对其缺点，需要采取哪些措施进行补充和完善？

Chapter 17

第17章 水波优化算法

水波优化算法是一种模拟水波的传播、折射和碎浪现象的启发式算法。它将问题的搜索空间类比为海床，将问题的每个解类比于一个“水波”对象。水波的适应度与其到海床的垂直距离成反比：距海平面越近的点对应的解越优，相应的水波能量越高，水波的波高就更大，波长就更小。这使得较优的解在较小的范围内进行搜索，而较差的解在较大的范围内进行搜索，从而促进整个种群不断向更优的目标进化，进而达到最优化的目的。

17.1 水波优化算法的提出

水波优化（Water Wave Optimization，WWO）算法是 2015 年由郑宇军等提出的一种基于浅水波理论的仿自然优化算法。该算法通过模拟水波的传播、折射和碎浪现象，在问题空间中将种群中的每个个体类比于一个“水波”对象进行高效搜索。WWO 算法的结构简单，控制参数较少，所用的种群规模也较小。

一组重要的基准函数的测试结果表明，WWO 算法的综合性能高于生物地理学优化、重力搜索算法、觅食搜索、蝙蝠算法等其他新兴进化算法。WWO 算法已被成功用于一个铁路调度问题，在实际工程优化问题上有较广阔的应用前景。

17.2 水波现象与水波理论

水波现象，引人入胜。典型的例子有涟漪荡漾的毛细波，有海滩上的滚滚碎波，有大海上的惊涛骇浪，更有潮汐、冲浪、海啸和海洋内层的内波，千变万化，形态各异。

在所有波动现象中，水波区别于其他波的独特之处在于自由平面的存在，且为其他波动所不及。首先，水波有非常显著的频散特性，使得不同长度的水波以不同的“相速”传播，更有不同的“群速”传输波能。此外，还有水波的非线性效应（即解的叠加原理不再成立）随波幅而增加。

由于水波分为浅水波和深水波、长波和短波、线性波和非线性波等，因此水波理论领域的研究内容极其广泛。水波优化算法主要涉及浅水波理论。

建立水波模型用于描述和预测不同种类的水波现象，总是先从选取适当的尺度和参数开始，在这些主要的物理参数中，两个主要参数是

$$\alpha=\frac{a}{h}$$

$$\varepsilon=\frac{h^2}{\lambda^2}$$

用来衡量一个（或一列）波幅为 a、波长为 λ、在水深为 h 上的行波（或驻波）。α 描述波的非线性效应，ε 描述波的频散效应。若再有水深变化分布，则与 α、ε 形成水波理论的 3 个主要参数。此外，还有代表其他物理特性的参数等，此处不再赘述。

17.3 水波优化算法的基本原理

水波优化算法源于对浅水波理论的模拟。模拟浅水中高幅、长波的一阶近似理论称为经典浅水理论。引入静水压假设，完全略去流体在垂直方向的加速度效应。由这一假设可以把每一浅水长波流动比喻为一个确定的可压缩气体流动，浅水中的任何一个长波，其波速随当地波高一起增减，即波峰前缘越走越陡，而波后缘越走越缓（直至原假设不复成立）。此比拟首先用于描述浅水中的涌潮，也有实际现象可以观察。

水波的传播速度和波高有关，波形中不同高度的各点传播速度与高度成正比。如图 17.1 所示，水波波长越长且波高越低的点，则具有更低的能量；反之，若水波波长越短且波高越高的点，则具有更高的能量。

波速等于波长除以行走一个波长距离的时间（周期），因为水波周期是不变的，所以波长会随水深而变化。

水波在传播中，如果水波入射方向不垂直于等深线，那么它的方向将被折射。可以看到，在深水区发散的水波纹线将收敛于浅水区，如图 17.2 所示。

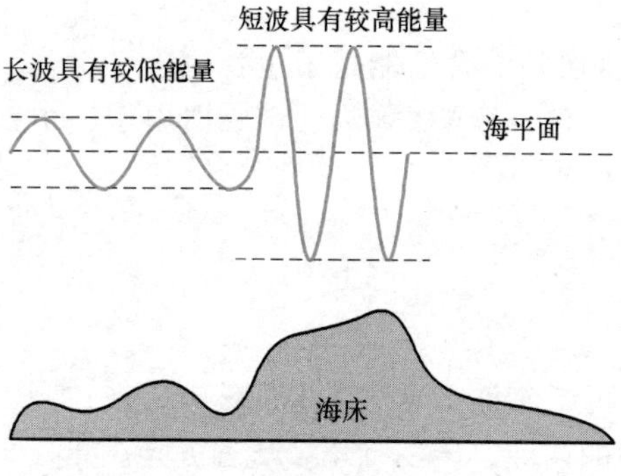

图 17.1　深水和浅水中水波的不同形状

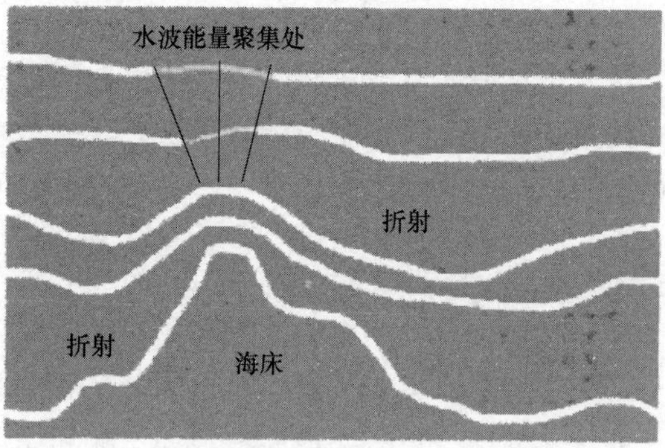

图 17.2　水波的折射

水波在传播过程中，当波移动到一个水深低于某一阈值的位置时，波峰速度超过了波速。因此，波峰会变得越来越陡峭，最终发生破碎，成为一系列的孤波，或者是当波面上的粒子垂直加速度大于重力加速度时，就会出现碎波，如图 17.3 所示。

WWO 算法将问题的搜索空间类比为海床，将问题的每个解类比于一个“水波”对象，水波的适应度与其到海床的垂直距离成反比。距离海平面越近的点，对应的解越优，相应的水波能量越高，那么水波的波高 h 更大，波长 λ 更小。这使得较优的解在较小的范围内进行搜索，而较差的解在较大的范围内进行搜索，从而促进整个种群不断向更优的目标进化，这就是水波优化算法的基本原理。

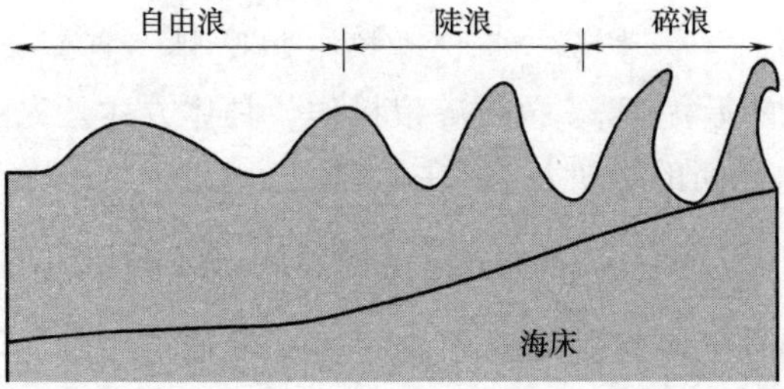

图 17.3 水波传播过程中最终破碎的过程

17.4 水波优化算法的数学描述

WWO 算法在初始化时将每个水波的 h 值设置为一个整数常量 h_{max}，λ 值设置为 0.5。WWO 算法在进化过程中，设计了水波的传播、折射和碎浪 3 种基本操作来进行全局搜索。

1. 传播

在 WWO 算法的每次迭代中，种群中的每个水波都会传播一次。设问题的维度为 D，当前水波 X 在每一维的位置记为 $x(d)$，其传播后在每一维的新位置变为

$$x'(d)=x(d)+\text{rand}(-1,1)\lambda L(d)$$

式中，rand(−1, 1) 为 [−1, 1] 范围里的一个均匀分布的随机数；$L(d)$ 为搜索空间在第 d 维的宽度（$1\leqslant d\leqslant D$）。如果某一维的新位置超出了有效范围，则将其随机设置为有效范围内的一个位置。

令 f 表示问题的适应度函数，传播后计算新波 x'的适应度值，如果 $f(x')>f(x)$，则 x'在种群中取代 x，其波高重置为 h_{max}；反之，x 会被保留，而其波高 h 由于能量的损耗而减 1。每次迭代后，算法对种群中的每个水波 X 的波长更新如下：

$$\lambda=\lambda\alpha^{-(f(X)-f_{min}+\varepsilon)/(f_{max}-f_{min}+\varepsilon)} \tag{17-1}$$

式中，f_{max} 和 f_{min} 分别为当前种群中的最大适应度值和最小适应度值；α 为波长的衰减系数；ε 为一个极小的正数（以避免分母发生为 0 的情况）。由式（17-1）可知，适应度值越大则波长越短，相应的传播范围也就越小。

2. 折射

当某个水波 x 的 h 值递减为 0 时，对其进行折射操作以避免搜索停滞，折射后每一维的位置计算公式如下：

$$x'(d)=N\left(\frac{x^*(d)+x(d)}{2},\frac{|x^*(d)-x(d)|}{2}\right)$$

式中，x^* 为目前位置所找到的最优解；$N(\mu,\sigma)$ 为均值 μ、方差 σ 的高斯随机数。折射后新波 x'的波高同样重置为 h_{max}，同样使得解的适应度与波长成反比，波长更新公式如下：

$$\lambda'=\lambda\frac{f(x)}{f(x')}$$

3. 碎浪

水波能量的不断增加会使得其波峰变得越来越陡峭，直至破碎成一连串的孤立波。WWO 算法对每个新找到的最优解 x^* 执行碎浪操作，具体方式是先随机选择 k 维（k 是介于 1 和一个预定义参数 k_{max} 之间的随机数），在每一维 d 上产生一个孤立波为

$$x'(d)=x(d)+\text{rand}(0,1)\beta L(d)$$

式中，β 为碎浪系数。如果生成的所有孤立波的适应度值均不优于 x^*，则保留 x^*；否则，将 x^* 替换为最优的一个孤立波。

17.5 水波优化算法的实现步骤及流程

输入：待求解的优化问题特征。设初始种群规模为 n，待优化问题的维数为 D，目标适应度函数 $f(x)$，搜索范围为 X，迭代总次数 T_{max}。

输出：算法找到的最优解 $\boldsymbol{x}_{best}$。

基本 WWO 算法步骤描述如下。

步骤 1：初始化相关参数，随机初始化一个种群规模为 N 的水波种群，在搜索范围内计算每个水波（解）x 的适应度值 $f(x)$，找出种群当前最优解 x_{best}；

步骤 2：对种群中的每个解 x 执行下列过程。

步骤 2.1：按式

$$x'(d)=x(d)+\text{rand}(-1,1)\lambda L(d)$$

执行传播操作，得到一个新波 x'。

步骤 2.2：若 $f(x')>f(x)$，则用 x'替换 x。

步骤 2.2.1：若 $f(x')>f(x_{best})$，则用 x'替换 x_{best}，按式

$$x'(d)=x(d)+\text{rand}(0,1)\beta L(d)$$

对 X 执行碎浪操作。

步骤 2.2.2：将种群中的 x 转换为 x'。

步骤 2.3：否则，将 x 的波高 h 减 1。

若 $h=0$，则按式

$$x'(d)=N\left(\frac{x_{best}(d)+x(d)}{2},\frac{|x_{best}(d)-x(d)|}{2}\right)$$

$$\lambda'=\lambda\frac{f(x)}{f(x')}$$

对 x 执行折射操作。

步骤 2.4：按式

$$\lambda=\lambda\alpha^{-(f(x)-f_{min}+\varepsilon)/(f_{max}-f_{min}+\varepsilon)}$$

更新每个水波的波长。

步骤 3：若不满足终止条件，则转步骤 2；若满足终止条件，则返回当前已找到的最优解 x_{best}，算法结束。

水波优化算法的实现流程如图 17.4 所示。

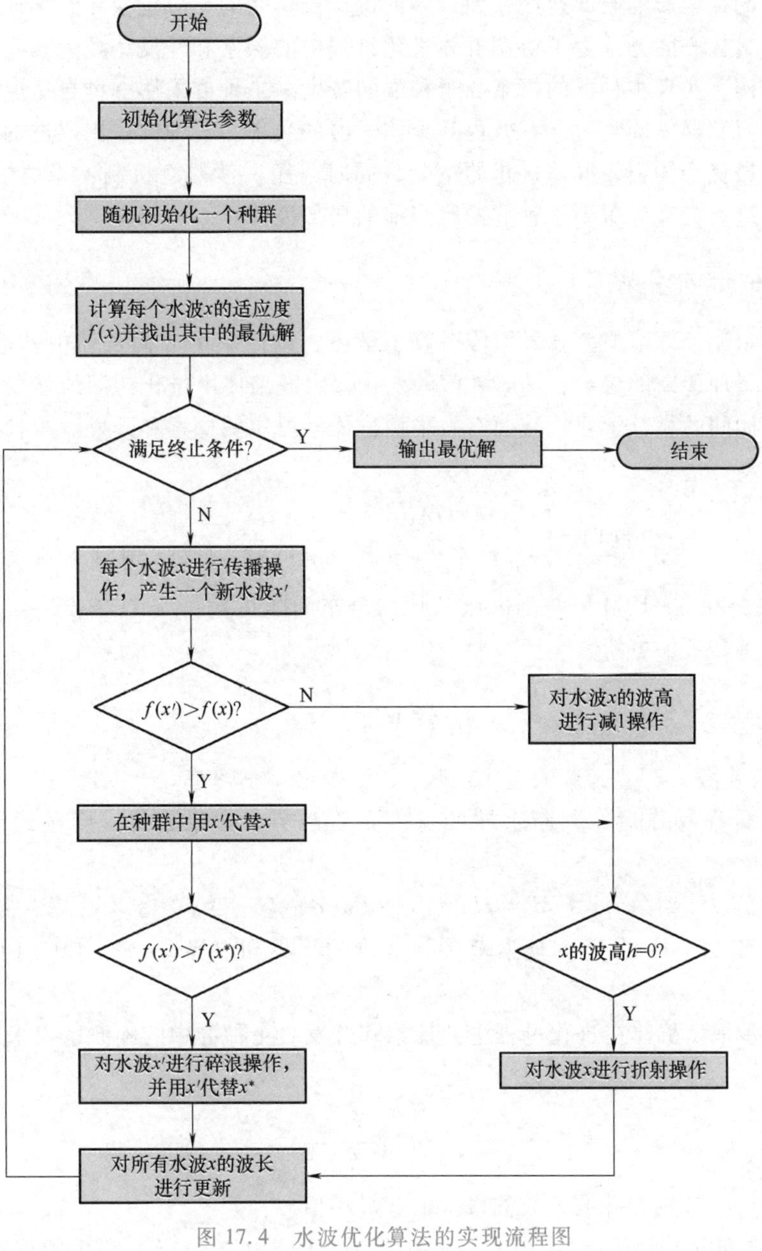

图 17.4　水波优化算法的实现流程图

17.6　自适应协同学习水波优化算法

WWO 搜索机制包括 3 个算子，即传播、碎浪和折射。碎浪和折射算子只有在满足一定的条件才执行，因此搜索过程主要依赖水波的传播算子。在水波的传播算子中，水波位置的更新依赖搜索宽度 $L(d)$。当问题的解空间大时，水波在前期进化的过程中需要花费大量的时间探索，致使水波更新的速度很慢，甚至更新停滞现象出现。传播算子虽然提供了强的探索能力，但是由于缺乏必要的群体个体间的学习，从而导致了群体进化的迟缓。在群体智能算法中，过多的探索影响收敛速度，而过多的进行群体间的学习也会导致早期收敛，如何平衡探索和开发是核心问题。为了协调群体进化过程中的探索和开发，顾启元、王俊翔采用双种群的进化结构，实现主种群的探索和子种群的开发。主种群采用一种自适应学习策略，可以兼顾探索学习和群体间学习，有效提高个体学习的效率。子种群采用改进的折射算子，充分利用子种群最优个体引领群体进化的策略，同时采用群体监测机制，当群体更新缓慢时，及时与主种群进行交互以帮助子种群摆脱当前的局部极值。

17.6.1 主种群学习策略

主种群中水波个体以概率 δ 采用传播算子学习，以概率 $1-\delta$ 向群体中其他个体学习。δ 为随迭代次数增加递减的参数，随着 δ 值的变化，水波个体由进化初期加强全局探索，逐渐转化为增强个体间的相互学习，从而有效平衡群体学习中的探索和开发。主种群的水波个体按下式进行更新：

$$x_{id}(t+1)=\begin{cases}x_{id}(t)+r_1\lambda_i L(d), & r_2>\delta\\ x_{id}(t)+r_3(x_{id}(t)-x_{jd}(t))(i\neq j), & \text{其他}\end{cases}$$

式中，r_2 和 r_3 是在［-1，1］范围内服从均匀分布的随机数；$j\in 1, 2, \cdots, N$；$i\neq j$。δ 为学习率，按式（17-2）更新。

$$\delta=1-\frac{\delta_{\min}t}{T_{\max}} \tag{17-2}$$

式中，t 为迭代步数，$T_{\max}$ 为总的迭代步数；$\delta_{\min}$ 为最小学习率。

完成一步传播操作后，判断水波的宽度是否越界，如果越界，则按式（17-3）进行修正。

$$L(d)=Lb(d)+r_4(Ub(d)-Lb(d)) \tag{17-3}$$

式中，$Lb(d)$ 和 $Ub(d)$ 分别为搜索范围第 d 维的下界和上界；r_4 为［0，1］区间内的随机数。

为了进一步平衡群体在进化过程中的探索和开发，主种群中的碎波系数采用了线性递减策略，

$$\beta=\beta_{\max}-\frac{\beta_{\min}t}{T_{\max}}$$

式中，$\beta_{\max}$ 和 $\beta_{\min}$ 分别为碎波系数的最大值和最小值。

计算新水波的适应度 $f(x_i(t+1))$。如果 $f(x_i(t+1))>f(x_i(t))$，则用新位置 $x_i(t+1)$ 取代种群中的 $x_i(t)$；否则，保留 $x_i(t)$。

17.6.2 子种群学习策略

子种群主要用于局部利用学习，采用的学习策略为改进的折射算子，更新方程如下：

$$x'_{i,d}(t+1)=N(0.5(x_{\text{best},d}(t)+x_{i,d}(t)), \alpha|x_{\text{best},d}(t)-x_{i,d}(t)|)$$

式中，α 为缩放因子，取值范围为 $0<\alpha\leqslant 1$；由于值 $|x_{\text{best},d}(t)-x_{i,d}(t)|$ 确定折射算子的搜索范围，当个体与最优个体的位置确定时，可以通过缩放因子 α 调整搜索范围。$\alpha=0.5$ 时为标准的折射算子。为了避免子种群过早陷入早期收敛，可设 α 值为 1。

改进的折射算子以个体和最优个体的中点为均值，以个体和最优个体的距离为方差进行高斯抽样学习。群体可以充分利用群体最优值，可以使子种群快速收敛到群体最优值，但同时也容易使群体陷入局部最优值。

为了避免子种群早期收敛的现象，需要监测子种群的进化状态，并通过与主种群的交互机制使子种群脱离局部最优。首先通过监测子种群最优水波的高度 h 来判断子种群的进化状态。当更新的水波适应度 $f(x_i(t+1))>f(x_{\text{best}}(t))$，令最优水波高度为 $h=h_{\max}$；否则，令 $h=h-1$；当 $h=0$ 时，将主种群的最优水波赋给子种群的最优水波，这将帮助子种群脱离当前搜索区域。该交互机制可以帮助子种群避免停滞现象，不影响主种群的全局探索。

自适应协同学习水波优化算法的流程结构如下所示。

输入：待求解的优化问题特征（问题维度 D、搜索范围、适应度函数 f、种群规模、迭代总次数）。

输出：算法找到的最优解 x_{best}。

步骤 1：初始化相关参数，设置主种群规模为 N_1，子种群规模为 N_2；在搜索范围内随机初始化两个种群，计算每个水波的适应度 $f(x)$，分别找出两个种群当前最优解 $x_{1,\text{best}}$ 和 $x_{2,\text{best}}$。

步骤 2：对主种群的每个水波实施传播操作。

步骤 2.1：依据公式

$$x'_{id}(t+1)=\begin{cases}x_{id}(t)+r_1\lambda_i L(d), & r_2>\delta\\ x_{id}(t)+r_3(x_{id}(t)-x_{jd}(t))(i\neq j), & \text{其他}\end{cases}$$

$$\delta=1-\frac{\delta_{\min}t}{T_{\max}}$$

$$L(d)=Lb(d)+r_4(Ub(d)-Lb(d))$$

更新水波 x_i，得到新水波 x'_i，并用 x'_i代替 x_i。

步骤 2.2：如果 $f(x'_i)>f(x_i)$，则执行步骤 2.2.1~步骤 2.2.2，否则转向步骤 3。

步骤 2.2.1：如果 $f(x'_i)>f(x_{\text{best}})$，进行碎浪操作，碎浪具体操作是在［1，D］范围内随机选择一个整数 K，被选择的每一维按下列公式进行搜索得到一个孤立的波。

$$x'_{i,d}(t+1)=x_{\text{best},d}(t)+N(0,1)\beta L(d)$$

式中，$d\in 1$，2，…，K（K 为随机选择的正整数）；K 通常选取为 min（12，$D/2$）；$x_{\text{best}}(t)$ 为当前种群最优个体；β 是碎浪系数，通常取值范围在［0.001，0.01］之间，并用 x'_i代替 x_{best}。

步骤 2.2.2：用 x'_i代替 x_i；

步骤 3：判断主种群是否更新完毕，若是，则转向步骤 4，否则转向步骤 2。

步骤 4：对子种群的每个水波实施折射操作。

步骤 4.1：依据式

$$x'_{i,d}(t+1)=N(0.5(x_{\text{best},d}(t)+x_{i,d}(t)),\alpha\,|x_{\text{best},d}(t)-x_{i,d}(t)|)$$

更新水波 x_i，得到新水波，并用 x'_i代替 x_i。

步骤 4.2：如果 $f(x'_i)>f(x_{2,\text{best}})$，则将 $x_{2,\text{best}}$ 的波高 h 设为最大值；否则，$x_{2,\text{best}}$ 的波高 h 执行减 1 操作。

步骤 4.3：判断 h 的值，如果 $h=0$，则执行 $x_{2,\mathrm{best}}=x_{1,\mathrm{best}}$；否则转向步骤 5。

步骤 5：判断子种群是否更新完毕，是则转向步骤 6，否则转向步骤 4。

步骤 6：当终止条件不满足时，转向步骤 2；满足终止条件则算法结束，返回算法找到的最优解 $x_{\mathrm{best}}=\underset{X}{\operatorname{argmin}}(f(x_{2,\mathrm{best}}),f(x_{1,\mathrm{best}}))$（求最小化问题，如求最大问题，则为 $x_{\mathrm{best}}=\underset{X}{\operatorname{argmax}}(f(x_{2,\mathrm{best}}),f(x_{1,\mathrm{best}}))$。

复习思考题

1. 水波优化算法的基本原理是什么？
2. 水波优化算法的实现步骤是什么？
3. 自适应协同学习水波优化算法有哪些优势？其具体实现步骤是什么？
4. 讨论题：水波优化算法主要有哪些优缺点？针对其缺点，需要采取哪些措施进行补充和完善？

Chapter 18

第18章 自然云与气象云搜索优化算法

优化问题广泛存在于工程计算、经济管理、模式识别和科学研究等领域，全局优化问题更是因其求解的复杂性受到研究人员的广泛关注。能够解决全局优化问题的智能优化方法成了研究热点，如进化算法的代表遗传算法、群智能优化算法的代表粒子群算法是目前应用最为广泛的智能优化方法。由于全局优化问题日趋复杂，已有的智能优化方法存在易陷入局优、早熟以及种群多样性易缺失等缺陷，对各种算法的改进及对性能更好的新算法的研究仍在继续。

自然云搜索模型是一种定性概念与定量数据之间的不确定性转换模型，其思想来源主要是云团中云滴分布的随机性，提出的相关算法主体还是遗传算法等进化算法，属于进化算法的改进。而云除了上述自然现象外，还有生成、动态运动、降雨和再生成等自然现象，可以用来构建新的群智能优化算法。

气象云模型优化算法模拟自然界中云的生成、移动和扩散行为。其中，云的移动行为和扩散行为组成了逆向搜索方法，以群种“云”的存在方式向整个搜索空间散布，用于提高种群的多样性，保证算法的全局搜索；而云的生成行为主要完成在当前全局最优位置附近进行搜索的任务，用于算法的局部搜索，保证算法的收敛性。

18.1 自然云搜索优化算法

雨后产生新的云团可以保持云团的多样性，使搜索避免陷入局部最优。应用结果表明，该算法具有精确的、稳定的全局求解能力。

18.1.1 自然云搜索优化算法的提出

自然云搜索优化（Clouds Search Optimization，CSO）算法是 2011 年由曹炬和殷哲提出的一种模拟自然云的搜索算法。该算法是基于云的生成、动态运动、降雨和再生成等自然现象建立的一种搜索优化算法。生成与移动的云可以弥漫于整个搜索空间，使得该算法具有较强的全局搜索能力；收缩与扩张的云团在形态上会有千奇百怪的变化，使得算法具有较强的局部搜索能力；降雨后产生新的云团可以保持云团的多样性，使搜索避免陷入局部最优。

通过对 13 种测试函数的仿真结果表明，该算法具有精确、稳定的全局求解能力，并证明了该算法能依概率 1 收敛于全局最优解。

18.1.2 自然云搜索优化算法的基本思想

地面上的水和江、河、湖泊中的水，受到太阳光的照射变热而蒸发，在高空冷凝形成小水滴或小冰晶，混合后可统一称为小水滴。随时间推移，小水滴会变多，当它的大小达到人眼可辨识的程度时就在天空形成朵朵云团。

各朵云团不断运动，一方面，在空中整体进行有一定规律的飘浮移动。高低气压差会产生由高气压处流向低气压处的气流，气流运动产生风，各朵云团大体会在风的作用下由气压高处飘到气压低处，似乎在寻找一个共同的目的地。另一方面，云团自身的形态也不断变化。新生云团中的水滴杂乱无章地飘散开，在周围气流、内部气压及不均匀温度分布的影响下，水滴慢慢聚集，之后有规律地收缩或扩张，形成千奇百怪的姿态。云团继续飘移时吸收小水滴、小冰晶及空气中的灰尘，待云团达到一定重量，若其温度过低，会形成降雨，云团即刻消失，在天空中的某个位置又会有新的云团产生。

移动的云团可以覆盖整个地球的上空，具有较强的弥漫性，云团的动态运动又与鸟群、鱼群有类似的群体运动特性，而降雨再产生新云团的过程又与生物进化论中的优胜劣汰机制相似。模拟云的生成、动态运动、降雨和再生成等自然现象，可以构建一种新的优化算法——自然云搜索优化算法。

18.1.3 自然云搜索优化算法的数学描述

1. 算法相关概念

云团：由水滴组成，带动水滴一起移动，其形状抽象为一个球。

云团半径：云团球形体的半径，大小 R 为 $\lambda(\boldsymbol{x}_{\max}-\boldsymbol{x}_{\min})$，其中 $\lambda\in(0,1)$ 为半径因子；$\boldsymbol{x}_{\max}$ 和 $\boldsymbol{x}_{\min}$ 分别为优化问题搜索空间的上限和下限。

水滴：优化问题的潜在最优解，云团的组成部分，第 i 朵云团中的第 j 滴水滴在空间中的位置记为 $\boldsymbol{x}_{ij}=(x_{ij1}, x_{ij2}, \cdots, x_{ijn})$。

云团中心水滴：每朵云团都有一个处于云团中心位置的水滴，即云团球体形状的球心，第 i 朵云团的中心水滴的位置记为 $\boldsymbol{x}_{i1}$。

水滴速度：水滴移动的速度，第 i 朵云团的第 j 滴水滴的移动速度记为 v_{ij}。

水滴适应度值：在求最大值的函数优化问题中水滴适应度值为水滴坐标对应的函数值，在求最小值的函数优化问题中水滴适应度值为水滴坐标对应的函数值的相反数，第 i 朵云团的第 j 滴水滴的适应度值记为 f_{ij}。

云团平均适应度值：云团中所有水滴的适应度值的均值，第 i 朵云团的平均适应度值记为 f_{avg_i}。

云团最优水滴：云团中适应度值最大的水滴，第 i 朵云团最优水滴的位置记为 $\boldsymbol{x}_{i\mathrm{best}}$。

全局最优水滴：所有云团的所有水滴中适应度值最大的一个水滴，其位置记为 $\boldsymbol{x}_{\mathrm{gbest}}$。

最优水滴云团：全局最优水滴所在的云团，该云团中第 j 个水滴的位置记为 $\boldsymbol{x}_{\mathrm{gbest}j}$。

云团气压：每个云团都有着自己的气压值，为处理问题方便，该值粗略地定为每个云团的平均适应度值的相反数。

云团温度：每个云团都有自己的温度值，为处理问题方便，该值粗略地定为每个云团的平均适应度值。

最优云团：气压值最小的云团，该云团的第 j 滴水滴的位置记为 $\boldsymbol{x}_{\text{pmin}j}$。

2. 自然云搜索优化算法

CSO 算法的整个搜索过程分为云团的生成飘移、降雨生云和内部水滴的抖动（即收缩和扩张）3 个步骤。云团的生成飘移形成对空间的全局搜索，有较强的弥漫性；降雨生云是避免陷入局部最优、保持群体多样性的有效手段；水滴抖动是对云团内部进行局部搜索，能有效判断云团所在之处是否为最优区域，并能有效提高求解精度。3 个步骤同时进行可以有效提高求解效率。

云团的飘移是由于气压差引发气流运动造成的，气压差存在于云团间、不同云团的水滴间，甚至相同云团的不同水滴之间。云团的飘移受到这 3 种气压差的影响，分别简化为最优云团对其他云团、全局最优水滴对其他云团及云团最优水滴对该水滴所处云团飘移的影响。

最优云团对第 i 朵云团飘移速度方向的影响因子定义为

$$\boldsymbol{\alpha}_i=\frac{(\boldsymbol{x}_{p\ \min\ \text{best}}-\boldsymbol{x}_{i1})}{\|\boldsymbol{x}_{p\ \min\ \text{best}}-\boldsymbol{x}_{i1}\|}$$

全局最优水滴对第 i 朵云团的飘移速度方向的影响因子记为

$$\boldsymbol{\beta}_i=\frac{(\boldsymbol{x}_{\text{gbest}}-\boldsymbol{x}_{i1})}{\|\boldsymbol{x}_{\text{gbest}}-\boldsymbol{x}_{i1}\|}$$

第 i 朵云团的云团最优水滴对该云团飘移速度方向的影响因子定义为

$$\boldsymbol{\gamma}_i=\frac{(\boldsymbol{x}_{i\text{best}}-\boldsymbol{x}_{i1})}{\|\boldsymbol{x}_{i\text{best}}-\boldsymbol{x}_{i1}\|}$$

3 种气压差产生的速度大小记为常数 M_1，根据影响的程度定义为

$$M_1=0.5\|\boldsymbol{x}_{p\ \min\ \text{best}}-\boldsymbol{x}_{i1}\|+0.3\|\boldsymbol{x}_{\text{gbest}}-\boldsymbol{x}_{i1}\|+0.2\|\boldsymbol{x}_{i\text{best}}-\boldsymbol{x}_{i1}\|$$

下面分 3 类给出云团在飘移后速度、位置的更新公式。

第一类：非最优水滴云团和最优云团的第 $t+1$ 次迭代速度、位置的更新公式为

$$\boldsymbol{v}_{ij}^{(t+1)}=aM_1(b_1\boldsymbol{\alpha}_i+b_2\boldsymbol{\beta}_i+b_3\boldsymbol{\gamma}_i)$$

$$\boldsymbol{x}_{ij}^{(t+1)}=\boldsymbol{x}_{ij}^{(t)}+\boldsymbol{v}_{ij}^{(t+1)}$$

式中，a 为［0，1］区间的随机数；b_1、b_2、b_3 为飘动因子。

第二类：最优云团只受全局最优水滴与内部云团最优水滴的影响，更新公式为

$$\boldsymbol{v}_{p\min j}^{(t+1)}=aM_2(0.5\boldsymbol{\beta}_{p\min}+0.5\boldsymbol{\gamma}_{p\min})$$

$$\boldsymbol{x}_{p\min j}^{(t+1)}=\boldsymbol{x}_{p\min j}^{(t)}+\boldsymbol{v}_{p\min j}^{(t+1)}$$

式中，a 为［0，1］区间的随机数；M_2 的确定与 M_1 类似，即为

$$M_2=0.5\|\boldsymbol{x}_{p\ \min\ \text{best}}-\boldsymbol{x}_{p\min 1}\|+0.5\|\boldsymbol{x}_{g\ \min\ \text{best}}-\boldsymbol{x}_{p\ \min 1}\|$$

第三类：最优水滴处云团的更新公式为

$$\boldsymbol{x}_{\text{gbest}j}=\boldsymbol{x}_{\text{gbest}j}+\boldsymbol{x}_{\text{gbest}}-\boldsymbol{x}_{\text{gbest1}}$$

云团必须飘动足够的时间，吸收足够多的小水滴、小冰晶与灰尘，并满足温度条件时才能下雨。设置参数 rt 与降水率 $rain\%$，将云团按温度值由高到低排序，若某云团的排序在后 $rain\%$，且飘动代数超过 rt，则会降雨，同时在搜索空间中随机产生新的云团。

收缩与扩张也需云团飘动一定的代数，待云团中的水滴稳定地聚集后才发生，以参数 s 表示需飘移的代数。收缩过程可简化为云团中的所有水滴向中心水滴的聚拢过程，当水滴与

中心水滴的距离小于 ε 时，中心水滴便沿坐标轴方向扩张出新的水滴，此为扩张过程。

收缩时水滴的位置更新公式为

$$\boldsymbol{x}_{ij}=\boldsymbol{x}_{ij}+a(\boldsymbol{x}_{i1}-\boldsymbol{x}_{ij}),\quad j\neq 1$$

式中，a 为［0，1］区间的随机数。

扩张时水滴的位置更新公式为

$$\boldsymbol{x}_{ij}=\boldsymbol{x}_{i1}+rn,\quad j\neq 1$$

式中，r 为［0，R］区间的随机数；R 为云团的半径；n 轮流为（1，0，…，0），（0，1，…，0），…，（0，0，…，1），（-1，0，…，0），（0，-1，…，0），…，（0，0，…，-1）中的一个。

18.1.4 自然云搜索优化算法的实现步骤

设目标函数和解空间均为 n 维，空间中每一维限定在［$\boldsymbol{x}_{\min}$，$\boldsymbol{x}_{\max}$］区间。云团的个数为 C_n，每个云团中的水滴数为 W_n。总的迭代次数为 N，当前迭代次数为 t。

1）在空间中随机产生 C_n 点，作为 C_n 朵云团的中心水滴位置，当前的代数为云团生成时间。第 i 朵云团的生成时间记为 CG_i，最后按公式 $\lambda(\boldsymbol{x}_{\max}-\boldsymbol{x}_{\min})$ 计算云团半径 R，其中 $\lambda\in(0,1)$。

2）每个云团随机产生 ϕ_1，ϕ_2，…，ϕ_{n-1}，r 等参数 W_n-1 次，用来产生除中心水滴外的 W_n-1 个水滴，其中 $0\leqslant\phi_{n-1}\leqslant 2\pi$，$0\leqslant\phi_1$，$\phi_2$，…，$\phi_{n-2}\leqslant\pi$，$0<r\leqslant R$，第 i 朵云团中第 j 滴水滴的位置计算如下：

$$\begin{cases}\boldsymbol{x}_{ij1}=r\cos\phi_1+\boldsymbol{x}_{i11}\\ \boldsymbol{x}_{ij2}=r\sin\phi_1\cos\phi_2+\boldsymbol{x}_{i12}\\ \boldsymbol{x}_{ij3}=r\sin\phi_1\sin\phi_2\cos\phi_3+\boldsymbol{x}_{i13}\\ \qquad\vdots\\ \boldsymbol{x}_{ij(n-1)}=r\sin\phi_1\sin\phi_2\cdots\sin\phi_{n-2}\cos\phi_{n-1}+\boldsymbol{x}_{i1(n-1)}\\ \boldsymbol{x}_{ijn}=r\sin\phi_1\sin\phi_2\cdots\sin\phi_{n-2}\sin\phi_{n-1}+\boldsymbol{x}_{i1n}\end{cases}$$

式中，$i=1,2,\cdots,C_n$；$j=1,2,\cdots,W_n$；$\boldsymbol{x}_{ij}=(\boldsymbol{x}_{ij1},\boldsymbol{x}_{ij2},\cdots,\boldsymbol{x}_{ijn})$ 为第 i 朵云团中第 j 滴水滴的位置；$\boldsymbol{x}_{i1}=(\boldsymbol{x}_{i11},\boldsymbol{x}_{i12},\cdots,\boldsymbol{x}_{i1n})$ 为第 i 朵云团的中心水滴位置。

3）计算所有云团内部水滴的适应度值及云团气压值，找出云团最优水滴、全局最优水滴，最优水滴云团、最优云团，将最优解更新为全局最优水滴的函数值。

4）飘动过程。首先用式

$$\boldsymbol{v}_{ij}^{(t+1)}=aM_1(b_1\boldsymbol{\alpha}_i+b_2\boldsymbol{\beta}_i+b_3\boldsymbol{\gamma}_i)$$
$$\boldsymbol{x}_{ij}^{(t+1)}=\boldsymbol{x}_{ij}^{(t)}+\boldsymbol{v}_{ij}^{(t+1)}$$

更新非最优水滴云团和最优云团的位置；其次，用式

$$\boldsymbol{v}_{p\min j}^{(t+1)}=aM_2(0.5\boldsymbol{\beta}_{p\min}+0.5\boldsymbol{\gamma}_{p\min})$$
$$\boldsymbol{x}_{p\min j}^{(t+1)}=\boldsymbol{x}_{p\min j}^{(t)}+\boldsymbol{v}_{p\min j}^{(t+1)}$$

更新最优云团的位置；最后用式

$$\boldsymbol{x}_{\mathrm{gbest}j}=\boldsymbol{x}_{\mathrm{gbest}j}+\boldsymbol{x}_{\mathrm{gbest}}-\boldsymbol{x}_{\mathrm{gbest}1}$$

更新最优水滴云团位置。

5）计算所有云团内部水滴的适应度值及云团温度值，将云团按温度值由高到低进行排序，找出温度最低的 $rain\%$ 的云团。

6）降雨过程。步骤 5）找出的云团中飘移代数大于等于 rt 的即刻消失，并按照步骤 1）和步骤 2）产生新的云团。

7）收缩扩张过程。云团飘动代数达到 s 后，用式

$$\boldsymbol{x}_{ij}=\boldsymbol{x}_{ij}+a(\boldsymbol{x}_{i1}-\boldsymbol{x}_{ij}),\quad j\neq 1$$

和式

$$\boldsymbol{x}_{ij}=\boldsymbol{x}_{i1}+rn,\quad j\neq 1$$

进行收缩或扩张。

8）迭代次数 $t=t+1$，若 $t\leqslant N$，返回步骤 3）；否则输出最优值。

18.1.5　自然云搜索算法的优缺点分析

1. 自然云算法的优点

1）无论计算单峰还是多峰函数的最优值，CSO 算法都表现出了优秀的性能。

2）与 PSO 算法的比较表明，新算法有更好的优化性能，最可观的是新算法在整个优化过程中可以不断计算出更接近理论最优值的结果，展现出了极大的优化功效。

3）CSO 算法展现出解决全局优化问题的巨大潜力。

2. 自然云搜索算法的局限性

1）算法涉及的参数较多，自适应性较差，因而改进算法，使其性能更好且自适应能力强是一项很有意义的工作。

2）算法中的一些操作也有必要改进，如水滴沿坐标轴的扩散方式会随问题维数的增加而变复杂，因而完善各项操作，创造出更合理、应用更广泛的全局优化算法也是一项非常有意义的工作。

18.2　气象云模型优化算法

18.2.1　气象云模型优化算法的提出

气象云模型优化（Atmosphere Clouds Model Optimization，ACMO）算法是 2013 年由郝占聚提出的一种随机优化算法。该算法通过云的移动行为和扩散行为保证算法的全局搜索，并通过云的生成行为在当前全局最优位置附近完成局部搜索，保证算法的收敛性。

18.2.2　气象云模型优化算法的基本思想

气象云模型优化算法与自然云搜索优化算法相似，但是两种算法的演化机制完全不同。CSO 算法的整个搜索过程包括云团的生成漂移、降雨生云及内部水滴的抖动 3 个步骤，而 ACMO 算法将整个搜索空间模拟成由不同区域组成的空间，每个区域有自己的湿度值和气压值，算法的优化过程是通过云的生成、云的移动和云的扩张 3 个部分完成的。它将搜索空间各地区的湿度值类比于所求问题空间各地区的适应度值；用各地区的气压值模拟历史上云滴飘过的数量，也就是记录该地区被搜索过的次数。运行过程中，在湿度值高的地区产生云，

而生成的云则根据当地的大气压值，由气压高的区域向气压低的区域移动，并在移动的过程中逐渐扩散、消亡或聚集。

在该算法中，整个群体并不是朝极值点靠近，而是以“云”的存在方式从极值点向整个搜索空间进行扩散，这种由云的移动行为和扩散行为形成的逆向搜索方法可以使种群多样性不会随着迭代的进行而快速下降，同时能够保证算法的空间覆盖度，提高算法的全局搜索能力。云的生成使一部分种群在全局最优点附近进行局部搜索，保证算法的收敛性。这种以逆向搜索为主、正向搜索为辅的搜索机制对于多模态函数的求解具有一定的优势，也是气象云模型与其他智能优化方法的最大区别。

18.2.3 气象云模型优化算法的数学描述

1. 正态云与云滴数

气象云模型优化算法中云的概念是通过正态云（正态分布云）模型描述的，设 U 是一个用精确数值量表示的定量论域空间，云 C 是 U 上的定性概念，定量值 $x\in U$ 是 C 的一次随机实现。每一个 x 称为一个云滴，众多云滴在 U 上的分布称为云。云的整体特性可以用 3 个数字特征［期望（Ex）、熵（En）、超熵（He）］和云滴数 n 来反映，其中，期望、熵和超熵分别反映云的中心位置、云的覆盖范围及云的厚度特性。

假设在第 t 次迭代中存在 m 朵云，表示为 $C^t=\{C_1^t,\ C_2^t,\ \cdots,\ C_j^t,\ \cdots,\ C_m^t\}$，对应的云滴数表示为 $n^t=\{n_1^t,\ n_2^t,\ \cdots,\ n_j^t,\ \cdots,\ n_m^t\}$。所有的云滴数必须满足以下两条特性：

$$\begin{cases} n_j > dN, \forall j = 1,2,\cdots,m \\ \sum\limits_{j=1}^{m} n_j \leqslant N \end{cases}$$

式中，dN 表示一朵云的最少云滴数；N 表示每次迭代的总云滴数的最大值。为了表示方便，一朵云的 3 个数字特征分别记为 $C.\mathrm{Ex}$、$C.\mathrm{En}$、$C.\mathrm{He}$，云滴的分布表示为

$$C(x) \sim N(C.\mathrm{Ex}, \mathrm{En}'^2)$$

式中，$\mathrm{En}'\sim N(C.\mathrm{En},\ (C.\mathrm{He})^2)$，$N(C.\mathrm{En},\ (C.\mathrm{He})^2)$表示期望为 $C.\mathrm{En}$、方差为 $(C.\mathrm{He})^2$ 的正态分布。

2. 区域及其湿度、气压值的定义

所谓区域是依据某种规则对搜索空间 U 进行划分后的子空间。假设将 U 的每一维分成 M 个小区间

$$L_i = \frac{(u_i - l_i)}{M}, j = 1, 2, \cdots, D$$

式中，L_i 表示第 i 维的长度；u_i 和 l_i 分别表示第 i 维的上下界；D 是维数。整个搜索空间被分割成了 M^D 个区域，每个区域满足以下特性：

$$\begin{cases} \bigcup\limits_{i=1}^{M^D} U_i = U \\ U_i \cap U_j = \Theta, \forall i,j \in \{1,2,\cdots,M^D\},\ i \neq j \end{cases}$$

区域的湿度值定义为到目前为止在该区域找到的最佳适应度值，表示为

$$\boldsymbol{x}_i^* = \underset{x \in U_i}{\operatorname{argmax}} f(\boldsymbol{x}), H_i = f(\boldsymbol{x}_i^*)$$

式中，f是目标函数；$\boldsymbol{x}$ 表示落入区域 U_i 的任意云滴；$\boldsymbol{x}_i^*$ 表示对应最大适应度值的位置；H_i 表示区域 U_i 的湿度值。

区域的气压值描述该区域被搜索过的次数，即曾经落入该区域的云滴总数，表示为

$$\boldsymbol{p}_i = \mathrm{CNT}(\boldsymbol{x} \in U_i), i=1,2,\cdots,M^D$$

式中，CNT 用于统计满足要求的数据个数。

3. 云的产生、扩散、聚集规则

将搜索空间分割成一个个互不重叠的小区域，每个区域都有自己的湿度值和气压值。云的产生、扩散、聚集行为遵循下面的规则：

1）湿度值超过一定阈值的区域才能产生云。

2）云由气压值高的区域以一定速度飘向气压值低的区域。

3）云在移动的过程中，根据前后两次经过区域的气压差值进行扩散或聚集；当云扩散到一定程度或其云滴数小于某一定值时，认为此云消失。

4）在每一次云的移动或扩散后都会及时更新各个区域的湿度值和气压值，为下一次云的各种动作做准备，同时确定最佳适应度值的位置。

18.2.4　气象云模型优化算法的实现步骤及流程

气象云模型优化算法的整个搜索过程除初始化外，主要还包括云的生成、云的移动和云的扩散 3 个部分。其中，云的生成保证算法的局部搜索能力，而云的移动和扩散行为构成算法的“逆向搜索”方法，用于算法的全局搜索。

1. 初始化阶段

初始化阶段主要用于完成区域分割、区域湿度值和气压值的初始化与参数的设置等。区域湿度值和气压值的初始化过程，通过在搜索空间随机散布整个种群并根据式

$$\boldsymbol{x}_i^* = \underset{\boldsymbol{x} \in U_i}{\operatorname{argmax}} f(\boldsymbol{x}), H_i = f(\boldsymbol{x}_i^*)$$

和式

$$\boldsymbol{p}_i = \mathrm{CNT}(\boldsymbol{x} \in U_i), i=1,2,\cdots,M^D$$

来完成。

2. 云的生成

云的生成包括云模型的 3 个数字特征（Ex，En，He）及云滴数的计算。在生成云之前确定 4 个参数：可以生成的云的区域，从而确定云的中心位置；熵，用于确定云覆盖的范围大小；超熵，用于确定生成云的厚度；云滴数。

1）确定可以生成云的区域。假设只有湿度值大于某一阈值的区域才能生成云。湿度阈值的计算公式定义为

$$H_t = H_{\min} + \lambda \times (H_{\max} - H_{\min})$$

式中，$H_{\min}$ 和 $H_{\max}$ 分别表示整个搜索空间中最小湿度值和最大湿度值；λ 是阈值因子。进而可以生成云的区域集为

$$R = \{ i \mid H_i > H_t, i=1,2,\cdots,M^D \}。$$

阈值因子 λ 决定了生成云的区域，间接影响到新生成云的云滴数。当 λ 设置得太大时，可以生成云的区域太少，容易使算法陷入局部最优；反之，当设置得太小时，可以生成云的

区域太多，以至于分配到每个新生成云的云滴数会很少，云的存活期太短，不利于算法的收敛。经实验测试分析后，取 $\lambda=0.7$ 较为适宜。

2）计算熵值和超熵值。为了保证算法的收敛精度，采取新生成云的熵值随迭代逐渐减小策略。初始阈值定义

$$\mathrm{En}M^0=\frac{L/M}{A}$$

式中，L 向量表示搜索空间的长度；参数 A 决定云的初始覆盖范围。根据云模型的 3En 规则，设定 $A=6$ 表示在第一次迭代时生成的云可以基本上覆盖一个区域。

在第 t 次迭代中新生成云的熵值定义为

$$\mathrm{En}M^t=\zeta\times\mathrm{En}M^D$$

式中，ζ 是收缩因子，$0<\zeta<1$。这里 ζ 采用 sigmoid 函数形式，即

$$\zeta=\frac{1}{\left(1+\mathrm{e}^{-(8-16\times(t/t_{\max}))}\right)}$$

式中，t 表示当前迭代次数；$t_{\max}$ 表示迭代总数。

在迭代初期，t 只是缓慢地减小。由新生成云的熵值定义可知，迭代初期生成的云的熵值较大，云可以覆盖到较大的地区，进而可以搜索到更大范围，保证了算法的空间覆盖度；而在迭代后期，ζ 保持较长时间的较小值，相当于云在湿度最大值的周围进行精确搜索，从而提高算法的收敛精度。

已有研究结果可知，当超熵值较大时云的凝聚程度较小，离散程度大，搜索半径较大，适合跳出小局部。因此，设计新生成云的超熵值随迭代以 sigmoid 函数形式增加。所以，设计新生成云的超熵值的计算公式为

$$\mathrm{He}M^t=\mathrm{He}M^0\times\left(\frac{1}{1+\mathrm{e}^{8-16\times(t/t_{\max})}}\right)$$

式中，$\mathrm{He}M^0$ 表示初始的超熵值，经实验测试后取 $\mathrm{He}M^0=0.5$；t 表示当前迭代次数；$t_{\max}$ 表示迭代总数。

3）计算新生成云的云滴数。假设新生成云的云滴数大小与生成新生成云区域的湿度值有关。湿度值越大，该区域生成的云的云滴越多；相反，新生成云的云滴数就越少。设在第 t 次迭代中可以生成的云滴总数记为 nNew，计算公式为

$$n\mathrm{New}=N-\sum_{j=1}^{m}n_j^t$$

式中，N 是搜索空间可以同时存在的最大云滴数；m 是第 t 次迭代中存在的云的个数；n_j^t 表示第 t 次迭代中云 C_j 的云滴数。前面已指出，一朵云的云滴数必须大于一定的值 dN，否则认为该云朵已消失。因此，如果由此式计算得到 nNew 的值小于 dN，则认为本次迭代没有云生成，否则再计算每朵云的云滴数。

假设生成云的区域集合 R 有 k 个元素，新生成的云记为 C_{m+1}^t，C_{m+2}^t，…，C_{m+j}^t，…，C_{m+k}^t，新生成云的云滴数与生成该云的区域的湿度值成正比，公式表示为

$$n_{m+j}^t=\frac{H_{R(j)}}{\sum_{j=1}^{k}H_{R(j)}}\times n\mathrm{New}$$

式中，$j=1,2,\cdots,k$；$H_{R(j)}$ 表示区域的湿度值。

检查所有经计算得到的云滴数，如果存在任意 $n_{m+j}<dN$，$0<j\leqslant k$，则剔除集合 R 中湿度值最低的区域，并重新计算每朵云的云滴数，直至所有的云滴数都大于 dN。

经过上述 3 步后新生成的云的数值特征可以表示为

$$C_{m+j}^{t}\mathrm{Ex}=\boldsymbol{x}_{S(j)}^{*}\text{，}C_{m+j}^{t}\mathrm{En}=\mathrm{En}M^{t}\text{，}C_{m+j}^{t}\mathrm{He}=\mathrm{He}\text{，}0<j<k$$

3. 云的移动

生成的云将飘向比当前区域气压低的地方，在移动过程中云逐步扩散或聚集，直至到达目的地或达到消亡的指标而消亡。

假设云 C_j^t（$j=1,2,\cdots,m$）当前位于区域 U_{S}，随机选择一个气压值低于当前区域的区域作为目标区域 U_{T}。区域 U_{S} 与区域 U_{T} 之间的气压差为 $\Delta P=P_{\mathrm{S}}-P_{\mathrm{T}}$，云的期望位置更新公式为

$$C_j^{t+1}\mathrm{Ex}=C_j^t\mathrm{Ex}+\overline{\boldsymbol{v}}_j^{t+1},0<j\leqslant m$$

云的移动速度公式表示为

$$\overline{\boldsymbol{v}}_j^{t+1}=\boldsymbol{e}\times 6\times C_j^t\mathrm{En}$$

式中，$\boldsymbol{e}$ 表示移动方向的单位向量；$6\times C_j^t\mathrm{En}$ 表示移动速度大小。为了保证 ACMO 算法搜索的全局性，设置速度大小与该云覆盖范围近似相等，根据云模型的 3En 规则，速度大小设置为 $6\times C_j^t\mathrm{En}$。

e 的计算公式为

$$\boldsymbol{e}=\frac{(1-\beta)\overline{\boldsymbol{v}}_j^t+\beta(\boldsymbol{x}_{\mathrm{T}}^{*}-C_j^t\mathrm{Ex})}{\|(1-\beta)\overline{\boldsymbol{v}}_j^t+\beta(\boldsymbol{x}_{\mathrm{T}}^{*}-C_j^t\mathrm{Ex})\|}$$

式中，位置 $\boldsymbol{x}_{\mathrm{T}}^{*}$ 的适应度值代表区域 U_{T} 的湿度值；β 是气压因子，其计算公式为

$$\beta=\frac{\Delta P}{P_{\max}-P_{\min}}$$

式中，$P_{\max}$ 和 $P_{\min}$ 分别表示到目前为止搜索空间的最大气压差和最小气压差。

因为蒸发或摩擦等原因，云在空中移动时其能量会减少，因此每次迭代后每朵云的云滴数通过削弱率 γ 减少 $\gamma\times 100\%$，这样云滴数的更新公式为

$$n_j^{t+1}=n_j^t\times(1-\gamma)$$

如果计算后的云滴数小于 dN，那么该云朵被认为已消亡。γ 主要用于控制云消失的速度，如果 γ 非常大，会使云在还没有离开生成区域或没有扩散开来就消失了，这将导致算法只能在湿度值最大区域及其周围区域进行搜索，全局搜索能力很低；而如果 γ 设置的非常小，则云的存活时间很长，导致新生成的云很小，而且也仅可能在有限的区域生成，对于多模态函数，有可能陷入局部最优点。经实验测试后取 $\gamma=0.2$。

4. 云的扩散

所有的云滴会在云移动的过程中扩散或聚集，假设云 $C_j^t(0<j\leqslant m)$ 当前位于区域 U_{S}，移动后云所处的区域为 U_{T}。云的扩散公式表示为

$$C_j^{t+1}.\mathrm{En}=(1+\alpha)\times C_j^t.\mathrm{En}$$

式中，α 是扩散因子，其公式为

$$\alpha=\begin{cases}\dfrac{\Delta P}{P_{\max}}, & U_{\mathrm{T}}\neq U_{\mathrm{S}}\\ 0.3, & 其他\end{cases}$$

式中，$\Delta P=P_{\mathrm{S}}-P_{\mathrm{T}}$ 是区域 U_{S} 和 U_{T} 之间的气压值；$P_{\max}$ 表示搜索空间的最大气压差。随着云的熵值的增大，设置相应云的超熵值 He 减小，这样可以使云的离散程度较小，保证云在新的位置进行全面搜索。He 的计算公式如下：

$$C_j^{t+1}.\mathrm{He}=(1-\alpha)\times C_j^t.\mathrm{He}$$

ACMO 算法在每次生成云或在云移动扩散之后更新所有区域的湿度值和气压值，以便算法确定下一步云的生成位置、移动方向等。

气象云模型优化算法的实现流程如图 18.1 所示。

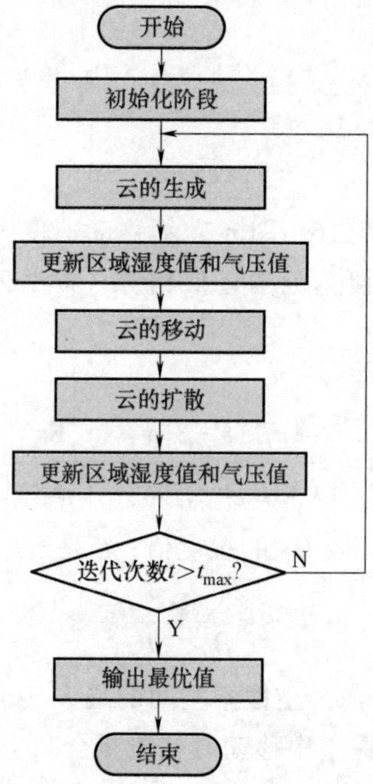

图 18.1　气象云模型优化算法的实现流程图

复习思考题

1. 自然云搜索优化算法的基本原理是什么？

2. 自然云搜索优化算法的实现步骤是什么？

3. 讨论题：自然云搜索优化算法主要有哪些优缺点？针对其缺点，需要采取哪些措施进行补充和完善？

4. 气象云模型优化算法的基本思想是什么？

5. 气象云模型优化算法的实现步骤是什么？

6. 讨论题：气象云模型优化算法主要有哪些优缺点？针对其缺点，需要采取哪些措施进行补充和完善？

第6篇

智能优化方法的统一框架与共性理论

无论什么样的智能优化方法，其本质都是一种解空间采样方法。因此，可以从采样过程的角度建立智能优化方法的统一框架，并在这个框架的基础上，从共性角度对一些根本性的理论问题进行分析和研究。另外，统一的框架也有利于系统地分析不同优化方法的相似性和差异性，从而为有效的算法设计提供指导思想。

本篇从智能优化方法的共性角度出发，从统一框架和共性理论层面对智能优化方法进行分析。首先，介绍智能优化方法的统一框架。然后，对黑箱优化问题的探索——开发权衡问题进行了分析，介绍了最优压缩定理，并对最优压缩定理所阐述内容的意义进行了讨论。

Chapter 19

第19章 智能优化方法的统一框架

关于智能优化方法的统一框架，目前多数研究都是针对进化算法提出的。例如，Eiben和 Aarts 等于 1995 年提出一种通用搜索程序（general search procedure），为描述遗传算法、模拟退火算法、爬山法、深度优先搜索和广度优先搜索等迭代搜索算法提供了一个统一框架，其中定义了 7 个要素，包括搜索空间、集合空间上的操作、初始解、选择、生成、缩减和解的评价（适应度函数）。Eiben 和 Smith 于 2003 年提出一种包含 6 个要素的通用框架，其中包括解的表示、解的评价、种群、父体选择机制、重组和变异算子、选择/替换机制。Taillard 等通过对禁忌搜索、遗传算法、蚁群算法等元启发方法的分析发现，这些算法的实现非常相似，并提出一种叫作“适应性记忆规划（Adaptive Memory Programming，AMP）”的统一算法框架。AMP 框架通过记忆机制来构造新解，通过改进机制来搜索更优解，并利用改进的解产生的知识来更新记忆。Talbi 从设计空间和实现空间两个角度出发，提出一种混合算法的通用分类方法。刘波等从社会协作、自适应和竞争 3 个层面为基于种群的元启发式算法建立一种统一框架，并采用 Markov 链对统一算法模型进行收敛性分析。辛斌等在对差分进化算法和粒子群优化算法的混合算法进行全面综述和分析的基础上，提出一种包含母体算法关系、混合层次、操作顺序、信息传递类型和传递信息类型 5 个层次的通用混合策略分类法。

如果把搜索优化算法产生的解视为采样点，那么搜索优化算法可以视为一种迭代生成新的采样点的过程，其中描述新采样点生成方法的迭代算子或迭代函数就是最能反映算法本质的要素。用 G 表示迭代算子或迭代函数，那么 G 的性质就决定了算法的性质。例如，如果 G 是确定性算子，那么迭代过程就是确定性的，相应的算法就是确定性算法；如果 G 是随机算子，那么迭代过程就是随机性的，相应的算法就是随机性算法。对于 G 的分析而言，更重要的因素是它的实现所需利用的信息。可利用的信息主要分为两类：一类是采样过程中产生的解的信息（Solution Information，SI）；另一类是问题特定信息（Problem-specific Information，PSI）。解信息包括解和解的评价信息，而问题特定信息与具体问题有关。在采样过程中，第 k 次迭代生成新解时，所有可以利用的解信息可以表示为一个信息集合 $SI_k=\{<X_0, F(X_0)>, <X_1, F(X_1)>, \cdots, <X_{k-1}, F(X_{k-1})>\}$，其中 X_i 是第 i 次迭代产生的解（$i=1, 2, \cdots, k-1$），$F(X_k)$ 是对 X_k 的评价值或评价值向量，二者构成一个信息对，$<X_0, F(X_0)>$ 是初始解的信息对，采用随机方式或利用问题特定信息构造生成。用 PSI 表示问题特定信息的集合，其中主要包含与问题有关的先验知识，不包含采样过程中获得的解信息。在上述表示方法的基础上，单步迭代生成过程可以表示为以下形式：

$$X_k = G(PSI, SI_k, P_k)$$

式中，P_k 为第 k 次迭代时的算法控制参数（或参数向量）。

迭代算子通常包含生成算子、调节算子和选择算子。生成算子作用于解空间，用于直接产生新的解；调节算子作用于算法的控制参数空间，调节算法的控制参数；选择算子不能独立产生新的解，通常作用于解空间，为生成算子选择作用对象。在更一般的意义下，选择算子也可以作用于参数空间，与调节算子共同作用，实现参数的动态变化或适应性调节。如果同时考虑参数空间和解空间的采样，那么算法的一般化迭代过程可以表示为如下形式：

$$\begin{cases} P_k = G_P(PSI, CP_k, SI_k) \\ X_k = G_X(PSI, SI_k, P_k) \end{cases} \tag{19-1}$$

式中，G_P 为参数空间的迭代算子，一般情况下由调节算子和选择算子复合而成；CP_k 为历次迭代采用的算法控制参数的集合，$CP_k = \{P_1, P_2, \cdots, P_{k-1}\}$；$G_X$ 为解空间的迭代算子，一般情况下由生成算子和选择算子复合而成。

所有搜索算法都可以表示为式（19-1）所示的迭代结构，不同算法的差异主要体现在 G_X 对 SI_k 和 PSI 中信息的利用方式上，而 G_P 对应于控制参数的动态调节机制。虽然随着迭代过程的进行，采样累积的信息会越来越多，但大多数算法不是利用所有信息，而是对累积的信息进行压缩，只利用有限的信息确定迭代方法。下面在上述统一迭代模型下对不同智能优化方法进行分析。

1）混沌优化算法的迭代结构。从混沌迭代的表达式可以看出，混沌搜索过程的采样（以 Logistic 映射为例）只利用相邻次序采样的解信息（不包含对应的评价值信息），因此其迭代过程如下：

$$x_k = G_{\mathrm{COA}}(x_{k-1}), k = 1, 2, \cdots \tag{19-2}$$

式中，x_0 为初始解；G_{COA} 为采用某种混沌映射的迭代算子，其中只包含生成算子，不涉及选择算子。混沌迭代过程并不利用目标函数的信息，而是按照由初始解和混沌迭代确定的轨道执行搜索。虽然其在搜索空间中的采样展现出类似于“随机”的特征，但其本质上是确定性搜索。尽管混沌搜索分为两个阶段，但第二阶段实质上是在第一阶段找到的当前最优解的邻域内执行小范围的混沌搜索，搜索方法与第一阶段无实质性差异，故第二阶段在缩小搜索范围后仍然采用式（19-2）所示的迭代形式。

2）遗传算法的迭代结构。经典遗传算法的迭代过程涉及交叉、变异和选择 3 种算子，对于任何一个新的解（个体），用于产生该解的信息来自于上一代种群（父代），其中父代个体参与选择（复制）操作，然后随机选择的两个个体执行交叉操作，交叉后的个体继续变异产生新解。由于父代个体是随机选择的，每个个体都可能被选中，因此迭代算子利用的信息为 $<X_{k-1}, F(X_{k-1})>$，其中 X_{k-1} 不是单个解，而是第 $k-1$ 代的所有解，而 $F(X_{k-1})$ 对应于这些解的评价信息。如果用 S、C、M 分别表示选择算子、交叉算子和变异算子，那么遗传算法的迭代过程可以表示为如下形式：

$$\begin{cases} P_k = G_P(CP_k, SI_k), k = 1, 2, \cdots \\ X_k = M \circ C \circ S(<X_{k-1}, F(X_{k-1})>, P_k), k = 1, 2, \cdots \end{cases} \tag{19-3}$$

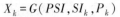

式中，$G_{\mathrm{GA}} = M \circ C \circ S$ 为遗传算法的复合式算子，表示选择、交叉和变异算子依次作用于上一代生成的解；X_0 为算法初始种群中的所有解；P_k 包含种群规模、交叉概率和变异概率 3 个

基本参数。在遗传算法的3个常见参数中，种群规模是一个特殊参数，是所有群搜索算法的共有参数。与一般参数不同，种群规模的变化会明显改变迭代过程，因为无论种群规模增大或减小，都需要增加算子（生成算子或选择算子）来实现这种变化。经典遗传算法采用固定参数，而参数自适应遗传算法采用参数动态或适应性调节策略。由式（19-3）容易发现，遗传算法的迭代中并未包含 PSI，因为遗传算法不依赖于问题的特定信息，大多数智能优化方法都具有这种特征，这是智能优化方法具有较好通用性的重要原因之一。

3）模拟退火算法的迭代结构。在经典模拟退火算法中，迭代过程包括产生新状态（候选解）和状态更新两个主要步骤。其中，产生新状态依赖于所谓的状态产生函数，通常在当前状态的邻域结构内以一定概率的方式生成，而状态更新依靠状态接受函数，通常也以概率的方式给出，并且与温度有关。分别以 $g_{\text{SA}}(\cdot)$ 和 $a_{\text{SA}}(\cdot)$ 表示状态产生函数（生成算子）和状态接受函数（选择算子），则模拟退火算法的迭代过程可以表示为如下形式：

$$\begin{cases} T_k = G_P(CP_k, SI_k), k=1,2,\cdots \\ x_k = g_{\text{SA}} \circ a_{\text{SA}}(<x_{k-1}, f(x_{k-1})>, <y_{k-1}, f(y_{k-1})>, T_k), k=1,2,\cdots \end{cases}$$

式中，T_k 为第 k 次迭代时的温度值，由于常见的温度调控策略将 T_k 设为 k 的单调递减函数（例如 $T_k=\alpha/\lg(k+k_0)$ ）或 $T_k=\beta/(1+k)$ ），所以参数空间的迭代简化为 $T_k=G_P(k)$；$G_{\text{SA}}=g_{\text{SA}} \circ a_{\text{SA}}$ 为模拟退火算法的迭代算子；y_k 表示第 k 次迭代时的当前状态（$k=1, 2, \cdots$）

$$y_k = a(<x_{k-1}, f(x_{k-1})>, <y_{k-1}, f(y_{k-1})>, T_k)$$

$y_0=x_0$，x_0 为初始解。

4）蚁群优化算法的迭代结构。

$$\begin{cases} P_k = G_P(CP_k, SI_k), k=1,2,\cdots \\ X_k = G_{\text{ACO}}(SI_k, P_k), k=1,2,\cdots \end{cases}$$

式中，P_k 为蚁群优化算法的4个主要参数构成的向量，$P_k=[\alpha, \beta, \rho, Q]$，通常这些参数采用固定设置；$G_{\text{ACO}}$ 为蚁群优化算法的迭代算子，实质上是一种基于概率模型进行随机采样的算子，其中只包含生成算子，不包含选择算子。

算法采用的概率模型蕴含了采样过程中产生的所有解的信息（即 SI_k），这是因为每只蚂蚁在产生新解的过程中都留下了“信息素”，而且信息量的更新公式中记忆了历史信息，历史采样点对应的适应值等信息都蕴含在概率模型中。但是，由于挥发机制的作用（由挥发因子 ρ 控制），历史信息对概率模型与新解产生过程的影响会逐渐衰退。

5）标准粒子群优化算法的迭代结构。

$$\begin{cases} x_{i,k} = G_{\text{PSO}}(SI^{\#}_{i,k}, P_k), i=1,2,\cdots,PS; k=1,2,\cdots \\ pb_{i,k} = S_{\text{PB}}(x_{i,k}, F(x_{i,k}), pb_{i,k}, F(pb_{i,k})), i=1,2,\cdots,PS; k=1,2,\cdots \\ lb_{i,k} = S_{\text{LB}}(x_{i,k}, F(x_{i,k}), lb_{i,k}, F(lb_{i,k})), i=1,2,\cdots,PS; k=1,2,\cdots \end{cases}$$

式中，G_{PSO} 为粒子群优化算法产生新解的迭代算子；S_{PB} 为更新粒子的个体最优解的选择算子；S_{LB} 为更新粒子的邻域最优解的选择算子；$x_{i,k}$ 为第 k 次迭代时种群中第 i 个粒子的位置；$SI^{\#}_{i,k}=\{<x_{i,1}, pb_{i,1}, lb_{i,1}>, <x_{i,2}, pb_{i,2}, lb_{i,2}>, \cdots, <x_{i,k-1}, pb_{i,k-1}, lb_{i,k-1}>\}$ 为第 i 个粒子执行第 k 次迭代时利用的解信息；$pb_{i,k}$ 为到第 k 次迭代完成为止种群中第 i 个粒子找到的最优解；$lb_{i,k}$ 为到第 k 次迭代完成为止种群中第 i 个粒子所在的种群邻域内所有粒子找到的最优解，如果种群邻域覆盖所有粒子，则 $lb_{i,k}=gb_k$，gb_k 表示到第 k 次迭代完成为止所有粒子找到的最优解。在经典 PSO 算法中，所有粒子的邻域都覆盖了整个群体，因此，$lb_{i,k}=gb_k$，$i\{1, 2, \cdots, PS\}$。

由于惯性项的存在，每个粒子的位置历史信息（$x_{i,k}$）、个体最优位置的历史信息（$pb_{i,k}$）、邻域最优位置的历史信息蕴含在粒子速度中（$lb_{i,k}$），因此 PSO 算法中的迭代算子隐含地运用了这 3 种信息的历史记录。但是，由于惯性因子的作用［通常 $w\in(0, 1)$］，随着迭代的进行，历史信息的影响逐渐衰退，这一点与 ACO 的利用信息范围特征非常相似。

对于经典 PSO 算法而言，其控制参数包括种群规模 PS、惯性权重 w、个体认知因子 c_1 和社会学习因子 c_2（c_1 和 c_2 统称加速度因子）。对于种群拓扑结构可变的 PSO 算法，可以用矩阵 $\boldsymbol{T}=[t_{ij}]_{PS\times PS}$ 表示所有粒子的信息互联关系，其中 $t_{ij}=1$ 表示粒子 i 是粒子 j 的邻居，在搜索过程中将自身的信息发送给粒子 j，$t_{ij}=0$ 表明无此关系。在无向拓扑中 $t_{ij}=t_{ji}$，但在有向拓扑中（例如有向环），t_{ij} 不一定等于 t_{ji}。种群拓扑也是 PSO 算法的一个重要控制参数。

6）梯度下降法的迭代结构。梯度下降法不属于智能优化方法，但上述统一模型对数学规划研究中的经典方法同样适用。在连续变量优化研究中，梯度下降法是针对可微函数的一种经典局部优化方法。对于最小化问题而言，梯度下降法总是沿着目标函数的负梯度方向搜索，因为目标函数沿负梯度方向下降最快，所以采用如下迭代方法：

$$\boldsymbol{x}_{k+1}=\boldsymbol{x}_k-\gamma_k\ \nabla f(\boldsymbol{x}_k)$$

式中，$\nabla f(\boldsymbol{x}_k)$ 为目标函数在点 $\boldsymbol{x}_k$ 处的梯度；γ_k 为正数，表示沿梯度方向的搜索步长，不同的梯度下降法往往采用不同的步长调节方法。例如，在 Barzilai-Borwein 方法中，步长的调节方式为

$$\gamma_k=\frac{(\boldsymbol{x}_k-\boldsymbol{x}_{k-1})^{\mathrm{T}}[\nabla f(\boldsymbol{x}_k)-\nabla f(\boldsymbol{x}_{k-1})]}{\|\nabla f(\boldsymbol{x}_k)-\nabla f(\boldsymbol{x}_{k-1})\|^2}$$

与梯度下降法相比，牛顿-拉弗森（Newton-Raphson）方法还利用目标函数的曲率信息［黑塞（Hessian）矩阵］使搜索方向更快地趋向局部最优解，其迭代方式为

$$\boldsymbol{x}_{k+1}=\boldsymbol{x}_k-\gamma_k[\boldsymbol{H}(\boldsymbol{x}_k)]^{-1}\ \nabla f(\boldsymbol{x}_k)$$

式中，$\boldsymbol{H}(\boldsymbol{x}_k)$ 为目标函数在点 $\boldsymbol{x}_k$ 处的 Hessian 矩阵。

由于 Newton-Raphson 方法对二阶导数信息存在较强的依赖性，因此很多学者提出了近似方法（例如各种拟牛顿方法），而无须直接计算 Hessian 矩阵，但在计算过程中仍然需要计算各点的梯度。

上述各种经典迭代方法通常采用确定性的步长调节方法，但大多数方法都需要利用目标函数的梯度信息或对其进行近似。因此，梯度下降法或拟牛顿法的迭代结构可以表示为

$$x_k=G_{\mathrm{gd}}(<x_{k-1}, F(x_{k-1}), \nabla F(x_{k-1})>), k=1,2,\cdots$$

需要强调的是，如果梯度的计算直接利用显式的梯度函数，则意味着算法利用了目标函数的全局信息，那么算法的迭代结构应表示为

$$x_k=G_{\mathrm{gd}}(PSI, <x_{k-1}, F(x_{k-1}), \nabla F(x_{k-1})>), k=1,2,\cdots$$

显然，无论梯度下降法还是拟牛顿法，都只适用于局部搜索，而在多模态函数的优化中，其收敛结果明显依赖于初始解的位置，故往往无法保证找到全局最优解。

复习思考题

1. 智能优化方法的统一框架是什么？

2. 混沌优化算法的迭代结构是什么？
3. 遗传算法的迭代结构是什么？
4. 模拟退火算法的迭代结构是什么？
5. 蚁群优化算法的迭代结构是什么？
6. 标准粒子群优化算法的迭代结构是什么？
7. 梯度下降法的迭代结构是什么？

Chapter 20

第20章 智能优化方法的收敛性分析

20.1 收敛性与全局收敛性的定义

收敛性是对优化算法的基本要求之一。不同类型算法的收敛性可能有不同的定义，如传统确定性算法的收敛性对应于确定性收敛过程，所以其收敛性直接定义为算法采样序列极限的有无。

定义 20.1（确定性算法的收敛性）设算法的采样点序列为 $\{X_n\}$，如果存在某个不动点 X^*，使得 $\lim\limits_{n\to+\infty} X_n=X^*$，则称算法收敛于 X^*。也有采用某种范数定义的收敛性，这时收敛性的定义式为：$\lim\limits_{n\to+\infty}\|X_n-X^*\|=0$，$\|\cdot\|$ 表示某种范数。收敛性还可以定义在与采样点对应的函数值序列的基础上，这时定义式变为

$$\lim_{n\to+\infty} f_n=f^*, f_n=f(X_n)$$

与确定性算法相比，随机性算法每次运行时产生的采样序列和经过有限次迭代所产生的采样点都是随机变化的。其收敛性往往建立在随机过程收敛性的基础上，而且存在多种定义方式。

定义 20.2（随机性算法的概率 1 收敛）设算法的随机采样点序列为 $\{X_n\}$，如果存在某个不动点 X^*，使得 $P(\lim\limits_{n\to+\infty} X_n=X^*)=1$，则称算法依概率 1（或几乎必然）收敛于 X^*。对应的基于函数值的定义式为

$$P(\lim_{n\to+\infty} f_n=f^*)=1$$

定义 20.3（随机性算法的概率收敛）设算法的随机采样点序列为 $\{X_n\}$，如果存在某个不动点 X^*，使得对于 $\forall\varepsilon>0$，有 $\lim\limits_{n\to+\infty} P(\|X_n-X^*\|\geqslant\varepsilon)=0$ 成立，则称算法依概率收敛于 X^*。或者采用基于函数值的定义方式：$\lim\limits_{n\to+\infty} P(|f_n-f^*|\geqslant\varepsilon)=0$。

定义 20.4（随机性算法的最优序列收敛）设算法前 n 次采样产生并保留的最优点为 f_n^*，若存在某个实数 f^{**}，使得 $P(\lim\limits_{n\to+\infty} f_n^*=f^{**})=1$，则称算法的最优序列依概率 1 收敛。

在以上各种收敛性定义中，如果收敛点为全局最优解，则相应的收敛性为全局收敛性。最优序列也可以有类似于定义 20.3 的概率收敛定义。因为实际中所存在的大量的高非线性、多模态、不可微，甚至非连续的优化问题是基于微积分的传统确定性方法所不能解决的，这

种情况下大多采用随机性算法，因此本书主要考虑定义 20.2、定义 20.3 和定义 20.4。其中，“依概率 1 收敛”比“依概率收敛”和“最优序列依概率 1 收敛”更强。由于优化的根本目的是找到最优解，所以只要算法的最优序列能够收敛到全局最优解，则可以认为算法实现了全局收敛，实际上这种基于最优序列的收敛性定义正是大多数学者所采纳的定义方式。

20.2 全局收敛性定理

为了便于分析且不失一般性，做以下假设。

假设 1：优化过程为最小化过程，优化目标为静态（非时变）函数。

假设 2：目标函数的搜索空间均匀离散化为充分多的点。

假设 3：离散化空间中存在可接受的全局最优解。

对于组合优化问题，假设 2 和假设 3 是不必要的。对于连续空间中的函数优化问题，假设 2 和假设 3 的合理性体现在可实现的任何搜索方法所产生的采样点序列在整个搜索空间中都是稀疏的，而且任何算法只能在有限的计算时间内停止，因此优化精度一般是有限的，对于具体的算法，优化精度还依赖于算法的某些参数设置，如二进制遗传算法中染色体长度的设置。

引理 20.1 单调不升且有下界的数列 $\{f_n\}$ 必有极限，且 $\lim\limits_{n\to+\infty} f_n=\inf\{f_n\}$。

引理 20.2 单调不升且有下界的数列 $\{f_n\}$ 的任何子序列 $\{f_{n_k}\}$ 的极限等于该序列的极限。

定理 20.1 如果某算法具有以下两个条件，则算法最优序列依概率 1 全局收敛。

1）与历史最优解进行比较时，采用精英保留策略，即

$$f_{k+1}^{*}=\begin{cases}f(X_{k+1}),f(X_{k+1})<f_k^{*}\\ f_k^{*}, \quad 其他\end{cases}$$

式中，f_k^* 为经过前 k 次比较所发现且保留到 k 时刻的最优点的函数值；X_{k+1} 为第 $k+1$ 次与历史最优点进行比较的采样点。

2）从任意非全局最优点（不妨设为 X'）转移到与之对应的水平集 $L(X')=\{X|f(X)<f(X'),X\in S\}$ 的概率不为 0。其中，S 表示整个搜索空间。

注 1 精英保留策略是多数算法所采用的选择策略，它也是保证算法依概率 1 全局收敛的必要条件，不采用精英保留策略的算法（如标准遗传算法）往往会因为最优信息的随机遗失而无法保证全局收敛。Rudolph 基于 Markov 链对这一问题进行了分析，得到算法全局收敛的一个充分条件（本质上不限于 GA）：在采用精英保留策略的基础上，变异所产生的任何两点间的转移概率严格为正。这一条件显然比定理 20.1 的条件更为严格，定理 20.1 的第二个条件 2）只要求任意点转移到自身的水平集（而不是全空间中的任意点）的概率为正。从本质上讲，条件 2）要求算法的不动点不能位于任何非全局最优点处，因此全局收敛算法必须具有摆脱任何局部的能力。定理 20.1 适用于包括混合算法在内的任何随机或确定优化算法，同时它是算法全局收敛的必要条件，其必要性可以通过反证法证明。因为不保留或不确定地保留最优个体，所以即使某时刻发现了最优点，随后的迭代中这个最优点被随机淘汰掉的概率也是大于 0 的；而如果条件 2）不满足，算法陷入非全局最优点的概率也大于 0，

因此不能保证最优序列依概率 1 全局收敛。

定理 20.2 在全空间范围内均匀随机采样且保留最优信息的纯随机搜索（Pure Random Search，PRS）方法，其最优序列依概率 1 全局收敛。

注 2 由于每次随机采样都是独立的，因此即使 PRS 方法已经发现最优解，随后的采样仍有可能继续采样到远离最优点的局部非最优点，因此 PRS 方法的采样值序列 $\{f_n\}$ 是不收敛的，PRS 方法既不依概率 1 收敛，也不依概率收敛。此外，尽管 PRS 方法具有全局收敛性，但由于其不利用搜索过程中累积的任何信息，因此一般情况下其搜索效率比大多数算法差。但这种不利用累积信息的搜索方式却有利于充分探索未知空间，而且可以直接带来充足的多样性，因此 PRS 方法被很多算法（包括非混合型方法）采用，例如所有群体搜索算法（GA、PSO 算法，ACO 算法、DE 算法等）都在初始化阶段采用了 PRS 方法，一些改进算法还采用重新初始化（又称重启动，相当于引入随机个体）的策略，这在本质上相当于混合了 PRS 方法。

下面的定理 20.3 给出了采用 PRS 方法的混合算法全局收敛的一个充分条件。

定理 20.3 如果混合 PRS 方法的算法具有以下条件，则算法最优序列依概率 1 全局收敛。

1）采用精英保留策略。

2）与算法的采样点对应的函数值序列 $\{f_n\}$ 中存在的子序列由 PRS 方法独立产生；对应的子序列 $\{X_n\}$ 参与式

$$f_{k+1}^* = \begin{cases} f(X_{k+1}), & f(X_{k+1}) < f_k^* \\ f_k^*, & \text{其他} \end{cases}$$

所示的比较操作。

注 3 基于重启动策略或引入随机个体的策略，只要满足以上两个条件就可以保证最优序列全局收敛。当算法达到某个水平值后．重启或引入随机个体有利于增加多样性，摆脱局部极值，使水平值进一步下降。

引理 20.3 采用精英保留策略的算法如果满足以下条件：对于 S 的测度非零的任意博雷尔（Borel）子集 A，如果有 $\prod_{k=0}^{+\infty}[1-\mu_k(A)]=0$ 成立，其中 $\mu_k(A)$ 表示概率测度，它与定义在 A 上的分布函数对应，相当于 k 时刻算法采样到子集 A 中的点的概率，则算法依概率 1 全局收敛。

对基于非均匀分布的采样方法（如模拟退火算法和遗传算法）进行全局收敛性分析时可以利用引理 20.3 或定理 20.1，与基于 Markov 链的分析方法相比，引理 20.3 和定理 20.1 更为简单直观。从本质上讲，引理 20.3 和 Markov 链方法得出的结论强调的是算法的遍历性，而定理 20.1 并不要求这一点，尽管对于一些复杂的问题，定理 20.1 也隐含着遍历性要求。值得一提的是，混沌优化算法正是由遍历性保证了它的全局收敛性，但与 PRS 方法相似，单纯的混沌搜索方法也不利用累积信息，因而优化效率不高，而实际上混沌搜索方法往往被混合到其他高效算法中。

采用类似于定理 20.3 的证明方式可以证明更具有普适性的定理 20.4。

定理 20.4 在采用全局收敛子算法的混合算法中，如果全局收敛的子算法独立运行，不受其他子算法影响，则混合算法最优序列依概率 1 全局收敛。

定理 20.4 给出了保证混合算法全局收敛的一种常用方法，即采用某种全局收敛方法并使之不受其他子算法影响独立地运行（但通常用该方法控制其他子算法）。在这种混合体系中，算法的全局收敛性由这种全局收敛的子算法保证，但这并不意味着混合算法最终发现全局最优点是由这种子算法完成的。事实上，最优点的发现往往是由局部搜索方法或利用信息能力较强的子算法在全局收敛子算法的引导下完成的。这是因为局部优化算法通常比全局收敛算法收敛快，但容易陷入局部，而全局收敛算法正好相反，这也是混合算法中互补性的主要来源。混合算法搜索效率的提高有赖于算法体系中局部寻优能力强的子算法。

由于 SA 是一种依概率 1 全局收敛的算法，所以根据定理 20.4，包含 SA 的混合算法在满足 SA 独立性的前提下可以从理论上保证全局收敛。同样，由于采用精英策略且均匀变异概率大于 0 的 GA 也是全局收敛的，因此与独立运行的这种 GA 混合形成的算法也是全局收敛的。

如前所述，混合未必能带来性能的改进，所以应先判断混合的算法之间是否有互补性，当算法缺乏互补性时，以定理 20.4 中的方式混合可以保证全局收敛性，但很难产生性能高于原始算法的混合算法。例如，PRS 方法、COA 和 SA 都是全局收敛性算法，收敛速度都较慢，它们之间的简单组合（例如以定理 20.4 中的方式混合）往往性能并不理想。此外，当互补性较好时，高效混合算法的产生还有赖于合理的混合策略。

保证混合算法的全局收敛性并不限于定理 20.4 中的方式。当局部子算法影响全局收敛算法的运行时，混合算法未必不全局收敛。此外，由两个或更多个非全局收敛子算法构成的混合算法未必不全局收敛。这两种情况较为复杂，对其进行全局收敛性分析时，通常依据一般性的收敛性定理，如定理 20.1 或引理 20.3。

依据定理 20.1，作为一种可行的收敛性分析方法，可以先分析算法是否存在除全局最优点以外的不动点，这是分析算法能否实现全局收敛的一个重要先决条件。而不动点分析可以以定理 20.1 的条件 2）为依据。在实际应用中，容易成为不动点的往往是目标函数的局部极值点。

20.3 关于收敛性的讨论

上述各种收敛性定理都蕴含一种逻辑——“如果要实现全局收敛，则算法必须能够摆脱局部收敛”，因此算法在任何点（全局最优解除外）都必须具备向更好的解转移，从而采样到更优的解，这种改进可以通过不同的转移路径来实现，但如果可能性变为零，就有可能陷入局部最优解甚至更差。对于黑箱优化问题，由于最优解可能出现在解空间的任何位置，故算法必须具备遍历性才能在严格意义上保证全局收敛。对于灰箱优化而言，可以利用关于问题的先验信息来排除不可能包含最优解的区域，从而压缩搜索范围，或者利用先验信息改变对不同区域的采样顺序和密度来加快向全局最优解的收敛。但是，先验信息（知识）往往是不精确的，无法直接引导算法定位全局最优解，因为先验信息的实质作用压缩了搜索范围，而在压缩空间上的搜索优化问题仍然是灰箱或黑箱的。

上述全局收敛性定理不仅给出了一般搜索优化算法实现全局收敛的充要条件，也为混合优化算法的设计提供了理论指导。根据定理 20.4，采用独立运行的全局收敛子算法的混合算法是全局收敛的，这表明混合算法的全局收敛性可以通过非常简单的设计得到保证。特别地，采用周期性重启动或引入随机个体的策略在参与比较和保留精英的条件下也可以保证改进型算法的全局收敛性（改进型算法相当于原始算法与纯随机搜索算法的混合）。全局收敛性的具体实现可以灵活地采用各种策略。需要指出的是，保证全局收敛性的算法的性能未必优异。衡量算法的另一个重要指标是全局收敛速度，在混合算法中，全局收敛速度通常由信息利用能力较强的算法体现，因此高效实用的混合算法一般采用某种搜索效率较高的算法作为主体，而以其他算法作为辅助策略。混合算法的设计和分析可以以此为依据。

以上的算法收敛性分析主要以单点采样序列为对象。对于遗传算法等随机性群搜索算法，Markov 链是一种基本分析工具，经常用来对这些算法的收敛性和收敛速度进行分析。

复习思考题

1. 收敛性的定义是什么？
2. 全局收敛性的定义是什么？
3. 全局收敛性定理的基本含义是什么？

Chapter 21

第21章 搜索空间的探索-开发权衡

探索与开发是搜索优化过程中的两种基本策略，二者的权衡是很多高级算法设计策略（例如参数调节策略、算子调节策略、算法混合策略等）的出发点。本章首先基于搜索的偏向性给出探索与开发的定义，并按照这个定义对大多数常见优化算法中的探索和开发行为进行分析。然后针对不同的优化算法，给出用于刻画问题优化难度的一般性指示因子。通过对典型的基于多阶段压缩的搜索优化过程的分析，提出最优压缩定理，揭示最佳的探索-开发权衡方式；通过对基于二者的权衡分析，进一步讨论优化难度的刻画问题。

21.1 探索与开发的定义与权衡方式

定义 21.1 探索：探索是指在搜索优化过程中从整个解空间范围内获取目标函数的信息，以便定位全局最优解所在的局部区域，其本质是广度优先的搜索策略。

定义 21.2 开发：开发是指在搜索优化过程中对解空间中有希望包含最优解的局部区域进行搜索，以期找到局部最优解甚至全局最优解的搜索策略，其本质是深度优先的搜索策略。

下面利用图 21.1 中的 3 个典型函数图景对探索与开发的概念做出一个直观的解释。对这 3 个函数进行优化的目标是找到每个函数的最小值点。图 21.1a 所示函数为简单的单模态函数，利用基于梯度的迭代搜索（如牛顿法或下山法）可以很容易找到全局最优解。但是，这种策略对于图 21.1b 所示的脉冲函数是无效的，因为脉冲函数的优化必须依赖于广度优先的搜索来定位脉冲的位置，而且如果只要求找到一个最优解，那么局部搜索将变得毫无用处。对于图 21.1c 所示的函数图景，探索与开发都是必要的，探索的作用是定位包含最优解的脉冲部分，而在脉冲内部的进一步优化则需要采用开发性的搜索，由此快速定位最优解。

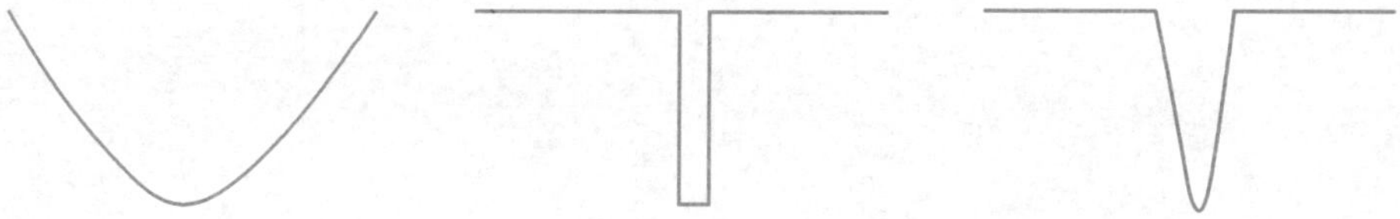

a) b) c)

图 21.1 典型的函数图景与探索、开发的概念

典型来说，对搜索空间中任何区域没有偏向性的随机采样完全是探索性的。相比之下，

牛顿法利用一个点处的梯度信息来产生下一个采样点，不断迭代直至找到一个局部最优解，所以这种方法完全是开发性的。探索与开发在大多数优化算法中是同时存在的，特别是在全局优化算法中。所以，这些算法不能直接分类为“探索”或“开发”。但是，不同算法中的“探索-开发”比例和组合模式往往不同。作为两个特殊的例子，纯随机采样方法可以直接划分为“探索”，而梯度搜索方法则可以直接划分为“开发”。

在确定性的 TRUST 算法中（以函数最小化问题为例），探索与开发交替执行，每当执行最速下降法（开发）来寻找一个局部最优点时，一个“凿隧道”过程（探索）紧随其后，摆脱当前最优点以期进一步改善当前的最优值。在禁忌搜索算法中，集中强化邻域搜索（intensified neighborhood search）是开发性的搜索，而多样化搜索（diversified search）是具有探索性质的搜索。但是多数智能优化方法的搜索方式并不能明确地界定为“探索”或“开发”。事实上，智能优化方法的“探索-开发”性质往往依赖于算法的操作机制，通常是动态变化的。例如，在模拟退火算法中，温度控制机制对算法的“探索-开发”性质有着决定性的影响，温度较高时算法偏向于大范围的探索，而温度较低时搜索将集中在当前最优解的邻域中，主要体现出开发性质。

基于群体演化的搜索算法通过同时维持多个分布在不同区域的解来实现解空间的探索，但算法的探索性往往随着迭代的进行而减弱，逐渐向开发性搜索转变，随着种群的收敛，多数解将集中到较小的局部区域。由于不同类型的群体搜索算法具有不同的进化机理，因此影响其“探索-开发”性质的因素也不完全相同。例如，粒子群优化算法的“探索-开发”性质在很大程度上依赖于粒子群的信息拓扑结构，而在蚁群优化算法中，信息素的传递和挥发机制是影响其“探索-开发”性能的主要因素。

大多数智能优化方法采用从探索逐渐向开发转变的“探索-开发”权衡方式，算法的探索能力随着迭代的进行会逐渐减弱，如果算法尚未接近真正的最优解时已经丧失了探索能力，那么算法将陷入局部最优甚至更糟，无法实现全局优化。很多学者为了更好地调节算法的“探索-开发”权衡，还在算法设计中引入了额外的机制来增强算法的探索能力，例如排斥与反收敛、重启动等，这些机制能够在算法陷入局部最优或停滞等情况下赋予算法新的空间探索能力，有助于探索搜索空间中尚未发现的、有希望存在更优解的区域。

对于算法设计者或使用者而言，可供选择的优化算法非常多，探索和开发的权衡方式也是多样化的。因此自然会产生这样一个问题：对于不同的函数图景而言，什么样的“探索-开发”权衡方式是最佳的？无免费午餐定理指出，没有优化算法能够在优化任意问题时都保持最优。但是，这个定理并未阐明针对具体问题的最佳算法应当具有何种性质，也未指出决定算法性能的本质因素。上述问题的答案取决于问题的图景。为简单起见且不失一般性，下面将以有界的有限维空间中无约束的函数最大化问题作为对象来对探索与开发的权衡进行分析，其形式可以表示为$\max_{\boldsymbol{x}\in B} f(\boldsymbol{x})$，$B$ 是 n 维 Borel 域，$\boldsymbol{x}$ 是对应于 B 中某个点的向量，而 $f(\boldsymbol{x})$ 表示对应于 $\boldsymbol{x}$ 的目标函数值。假设优化之前没有关于目标函数图景的任何先验知识，即考虑黑箱优化问题。

21.2 “探索-开发”权衡的多阶段随机压缩模型

作为对优化过程进行一般性分析的准备，我们提取了问题图景的一些有用特征来刻画目标函数的优化难度。

定义 21.3 最优域（Optimal Field，OF）一个子空间 D^* 称为最优域当且仅当下面的两个条件全部满足：

1）D^* 中的任意点 $\boldsymbol{x}$ 满足 $f(\boldsymbol{x})>f(\boldsymbol{x}')$，其中 $\boldsymbol{x}'$ 是所有局部最优点中仅次于全局最优点的一个局部最优点。

2）满足不等式 $f(\boldsymbol{x})>f(\boldsymbol{x}')$ 的 B 中任意点包含在 D^* 中。

OF 可以表示为水平集的形式，即 $\{\boldsymbol{x} \mid \forall \boldsymbol{x} \in B: f(\boldsymbol{x})>f(\boldsymbol{x}')\}$。OF 是不包含全局最优点的任何局部最优点。如果一个函数图景中仅有一个全局最优点，那么这个图景中对应于最优域的部分是最速上升法可优化的。

定义 21.4 严格最优比（Strict Optimality Ratio，SOR）：一个函数图景的严格最优比是它的最优域占整个搜索空间的比例。

定义 21.5 最优极大帽（Optimal Supreme Cap，OSC）：对于每个孤立的全局最优点 $\boldsymbol{x}^*$，它的最优极大帽 $C^*(\boldsymbol{x}^*)$ 是包含所有可以沿着一条最速上升路径到达 $\boldsymbol{x}^*$ 的点所构成的局部函数图景。特别地，如果很多全局最优点聚集成一个连续的域，那么它们将被认作一个整体，对应于这个整体的唯一 OSC 包含了可以沿着一条最速上升路径到达其中一个全局最优点的所有点。OSC 与最小化问题中局部最优点的吸引盆概念相似。

定义 21.6 最优比（Optimality Ratio，OR）：一个函数图景的最优比是它的 OSC 占整个搜索空间的比例。显然，OF⊆OSC，而且 SOR≤OR。易知，如果整个图景是单模态的，则有 OF=OSC，SOR=OR。

对偏向于开发的优化算法（如 TRUST ）而言，OR 是一个合理的优化难度指示因子，因为一旦搜索进入 OSC 中，嵌入其中的最速上升法便可以找到一个全局最优解。但是，对于那些只偏向于当前最优解（表示为 $\boldsymbol{x}^{\circ}$）的贪婪搜索算法而言，即使搜索进入了 OSC，OSC 之外的一个优于 $\boldsymbol{x}^{\circ}$ 的点也足以吸引算法使之脱离 OSC。仅当搜索进入 OF 中时，最速上升法才能确定性地找到一个全局最优点。因此，SOR 是适用于贪婪搜索的优化难度指示因子。OR 和 SOR 适用于描述那些没有明显的宏观特征的图景（如“大海捞针”图景）。

为了对优化难度做一个更具一般性的刻画，给出以下两个定义。

定义 21.7 概率导引域（Probability-inducive Field，PIF）：对于一个优化算法，当它的搜索在 t_0 时刻到达某个点（表示为 $\boldsymbol{x}_0$）时，如果它可以在一定步数之后以不小于 p 的概率从 $\boldsymbol{x}_0$ 转移到一个全局最优点，那么 $\boldsymbol{x}_0$ 称为 p 导引点。概率 p 不仅取决于问题，还依赖于算法。一个算法在能够到达一个全局最优点之前必须先从 $\boldsymbol{x}_0$ 转移到一个更好的点。因此，$\boldsymbol{x}_0$ 点的改进概率便成为一个先决因素，在均匀随机采样的意义下，这个改进概率可以表示为

$$p(\boldsymbol{x}_0,t_0)=\frac{\sigma(E(\boldsymbol{x}_0,t_0)\cap R(\boldsymbol{x}_0))}{\sigma(E(\boldsymbol{x}_0,t_0))}$$

式中，$E(\boldsymbol{x}_0,\ t_0)$ 为算法可以从 $\boldsymbol{x}_0$ 点转移到的点所构成的集合，水平集 $R(\boldsymbol{x}_0)$ 定义为 $\{\boldsymbol{x} \mid \forall \boldsymbol{x} \in B:\ f(\boldsymbol{x})>f(\boldsymbol{x}_0)\}$。特别地，如果 $p(\boldsymbol{x}_0,\ t_0)=0$，即 $E(\boldsymbol{x}_0,\ t_0)\cap R(\boldsymbol{x}_0)=\varnothing$，那么从 $\boldsymbol{x}_0$ 出发到达一个全局最优点是不可能的。所有的概率导引点构成概率导引域。

在图 21.2 中，$\boldsymbol{x}'$ 是仅次于全局最优点 $\boldsymbol{x}^*$ 的一个局部最优点，$\boldsymbol{x}_1$ 和 $\boldsymbol{x}_2$ 也是局部最优点。当搜索在 t_1 时刻到达 $\boldsymbol{x}_1$ 点时，它只能从 $\boldsymbol{x}_1$ 转移到集合 $E(\boldsymbol{x}_1,\ t_1)$ 中的点。容易验证 $E(\boldsymbol{x}_1,\ t_1)\cap R(\boldsymbol{x}_1)\neq\varnothing$，例如 $\boldsymbol{x}_3\in E(\boldsymbol{x}_1,\ t_1)\cap R(\boldsymbol{x}_1)$，其中 $R(\boldsymbol{x}_1)$ 是对应于 $\boldsymbol{x}_1$ 的水平集，定义为

$\{x \mid \forall x \in B: f(x) > f(x')\}$。也就是说，当前的搜索有可能找到一个比 x_1 更优的点。如果所发现的最优目标值可以持续地进一步改进，并且以不小于 p 的概率最终找到全局最优点 x^*，那么 x_1 可以称为 p 导引点。相比之下，当搜索在 t_2 时刻到达 x_2 时，所能发现的目标值不可能进一步改进，因为 $E(x_2, t_2) \cap R(x_2) = \emptyset$。因此，可以确定 x_2 不是一个 p 导引点。所有的 p 导引点形成了 p 导引域。

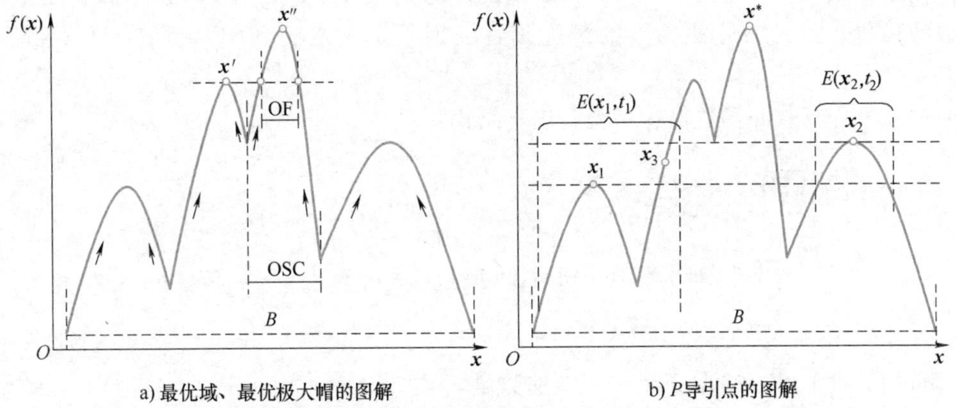

图 21.2　最优域、最优极大帽、p 导引点的图解

定义 21.8　概率导引最优比（Probability-inducive Optimality Ratio，PIOR）：对于一个优化算法和一个函数图景而言，与它们对应的 p 导引最优比是 p 导引域占整个搜索空间的比例。一般而言，OSC$\subset$PIF 且 OR<PIOR。

在上述 3 种优化难度指示因子中，SOR 和 OR 是静态的，PIOR 是动态的。对于复杂的图景或优化算法而言，分析 SOR 和 OR 比分析 PIOR 容易。优化难度指示因子对于分析"探索-开发"权衡而言是至关重要的，它在很大程度上支配着探索与开发的权衡。这个指示因子被称为最优化特征因子（OFF），用 OFF 作为 SOR、OR、PIOR 或其他合理测度的统一表示。本质上，OFF 提供了一种对整个搜索空间中"简单"局部区域分布的定量描述。所谓"简单"，意味着一旦搜索进入这个局部区域，那么优化算法将很容易找到全局最优点。因此，OFF 可以被视为一种刻画这种包含全局最优点在内的"简单"局部区域占整个搜索空间的比例的广义测度。最优域和最优极大帽都仅仅是这种"简单"局部区域的特例。从这个意义上讲，优化难度的刻画取决于它的对立面——对于特定优化算法而言容易优化的图景的刻画。

当搜索空间很大时，不可能执行穷举搜索，因为其计算代价是无法忍受的。因此，搜索空间的压缩是必要的，它可以排除那些不太可能包含全局最优点的区域。对于很多收敛的算法而言，搜索范围最后收缩为一个点或一个点集。因此，这里主要考虑一个连续压缩过程，其中每个被压缩的空间以某个概率包含着 OF、OSC 或其他"简单"的局部区域。这里考虑的目标函数是脉冲函数，公式为

$$f(x) = \prod_{i=1}^{n} \{A_i[\operatorname{sign}(x_i - a_i) - \operatorname{sign}(x_i - b_i)]\}$$

$$\boldsymbol{x} = [x_1, x_2, \cdots, x_n]^{\mathrm{T}} \in \prod_{i=1}^{n} (c_i, d_i), A_i > 0, c_i < a_i < b_i < d_i$$

式中，$\mathrm{sign}(x)=\begin{cases}1, & x>0,\\0, & x=0,\\-1, & x<0。\end{cases}$在遗传算法的相关研究中，OFF 非常小的脉冲函数优化问题又被称为“大海捞针”问题。我们采用脉冲函数作为优化的目标函数有 3 方面的原因。首先，任何函数可以精确地或者近似地表示为不同脉冲函数的组合形式；其次，从定位 OF、OSC、PIF 或其他“简单”局部搜索空间的角度来说，优化任意函数的主要代价等价于优化一个脉冲函数的代价；另外，脉冲函数的最优化特征因子是确定的（OFF = OR = SOR），与算法无关。

通过分段分析脉冲函数很容易得到以下结论：

$$f(x)=\begin{cases}2^n\prod\limits_{i=1}^{n}A_i,\ a_i<x_i<b_i\\ 2^{n-m}\prod\limits_{i=1}^{n}A_i,\text{如果存在 } i \text{ 使得 } \mathrm{num}(i:x_i=a_i\text{ 或 }b_i)=m\text{ 并且 }a_i<x_i<b_i\\ 0,\text{其他}\end{cases}$$

式中，$\mathrm{num}(i:C)$ 表示满足条件 C 的 i 的数量。

这个脉冲函数的最优域（OF）可以表示为 $\{x\mid a_i<x_i<b_i,\ i=1,2,\cdots,n\}$。它的 OFF（OR 或者 SOR）可以表示为 $\prod\limits_{i=1}^{n}(b_i-a_i)/(d_i-c_i)$。关于该函数优化的主要结论可以总结为下述定理。

定理 21.1 最优压缩定理

1）
$$(3-\sqrt{5})/2\leqslant \mathrm{OFF}<1:k^*=1$$

式中，k^* 为最优的压缩阶段数。在一种特殊情况下，如果 $(3-\sqrt{5})/2\leqslant \mathrm{OFF}<1$，则只需要一个压缩阶段来定位 OF。对于特定的优化算法而言，这对应于一个很简单的优化情况。

2）
$$\mathrm{OFF}(\downarrow)\Rightarrow k^*(\uparrow):k^*=\arg\min\{T(\lceil -\log_2(\eta)\rceil+1),T(\lceil -\log_2(\eta)\rceil)\}\tag{21-1}$$

式中，$\eta=\mathrm{OFF}$；$\lceil x\rceil$表示不超过 x 的最大整数；T 是为了定位 OF 所执行的采样计算次数，与压缩阶段数有关。式（21-1）表明；当优化难度增加时，实现 OF 定位的最优压缩阶段数增加。

3）
$$\mathrm{OFF}(\downarrow)\Rightarrow \min T(\uparrow):\min T=T(k^*)$$

定位 OF 或其他“简单”的局部区域的代价随 OFF 的减小而增加。这意味着 OFF 是优化难度的指示因子，OFF 越小，问题的优化难度越高。探索性采样在所有采样中的比例随目标函数优化难度的增加而增加。

4）
$$(\mathrm{OFF}<1\ \&P\to 1)\Rightarrow(\min T\to\infty)$$

式中，P 为成功定位 OF 的概率。对于随机压缩，如果 $\mathrm{OFF}\neq 1$，则严格的全局优化是不能保证的。在 $\mathrm{OFF}=0$ 这种极端情况下，任何优化算法都不可能实现全局优化。

5）
$$M_1^*=M_2^*=\cdots=M_{k^*}^*=(1/\eta)^{1/k^*}$$
$$T_1^*=T_2^*=\cdots=T_{k^*}^*=\ln(1-P^{1/k^*})/\ln(1-\eta^{1/k^*})\tag{21-2}$$

式中，$M_i^*(i=1,2,\cdots,k^*)$ 为第 i 个压缩阶段的压缩比；$T_i^*(i=1,2,\cdots,k^*)$ 为对应于第 i

个压缩阶段的采样计算次数。式（21-2）表明，最优压缩模式是等比等代价的均匀压缩，最优压缩比由最优化特征因子 OFF 决定。

6）　　$\mathrm{OFF}\to 0 \Rightarrow M_i^* \approx 2, T_i^* \approx -\log_2(1-P^{-1/\log_2(\eta)}), i=1,2,\cdots,k^*$

随着最优化特征因子不断趋于零（优化难度增大），每个阶段的最优压缩比大约为 2，与最优化特征因子几乎不相关，但每个阶段的探索代价由最优化特征因子决定。

对于随机压缩过程而言，用于实现最优局部区域定位的最小探索代价为 $T=k^*\ln(1-P^{1/k^*})/\ln(1-\eta^{1/k^*})$。这一代价在一定程度上反映了算法的极限性能，但是其中并未包括最后阶段的开发性搜索的代价，开发性搜索的代价与具体算法的局部优化性能有关。根据最优压缩定理，最佳的“探索-开发”权衡方式是由问题优化难度决定的，其基本特征是通过等比等代价的均匀压缩完成“探索”，然后在最优局部区域内执行“开发”。

在上述定位 OF 的过程中，压缩是通过利用压缩之前的探索性采样所获取的信息来实现的，但是压缩的方式并未具体给出。典型情况下，一种可行的方式是排除那些已被采样和评估的较差点甚至分别包含这些点的局部区域。这种基于排除的压缩方式显得不够谨慎，因为真正的最优解有可能被一起排除掉，但在可以提供关于目标函数的某些信息［例如利普希茨（Lipschitz）常数］的条件下，对不可能包含最优解的区域的排除将使搜索变得更有效率，例如可以采用分支定界法排除那些目标值上界小于当前找到的最大值的区域，这种方法不会产生错失最优解的风险。

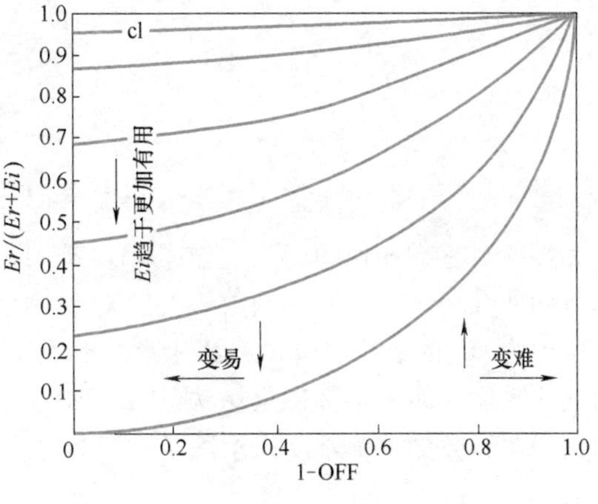

图 21.3　最佳“探索-开发”权衡方式与问题优化难度的关系

图 21.3 展示了最佳“探索-开发”权衡方式与问题优化难度的关系，其中，纵坐标 $Er/(Er+Ei)$ 表示探索性采样在所有采样中的比例，它反映了探索与开发的权衡。每条曲线的起点（对应于 OFF = 1）反映了在 OF、OSC、PIF 或其他有利于算法完成全局优化的局部区域内定位全局最优解时有效的探索所占的比例。当 OFF 减小、优化难度增加时，采样中探索的量和比例都会增加，最佳采样行为会逐渐趋向随机采样。对于脉冲函数，一旦搜索进入 OF，至少有一个全局最优点会被发现，如果不要求找出所有最优点，则没有必要进一步执行开发性搜索。因此，不同脉冲函数的对应关系曲线接近于图 21.3 顶部的曲线（cl）。在这个“探索-开发”权衡谱中，每个点对应于函数优化的一个“探索-开发”权衡点。特别地，拟凸函数（或宽脉冲函数）与“大海捞针”函数（或窄脉冲函数）的权衡点分别位于函数的左边和右边，如图 21.4 所示。例如，Sphere 函数 $f(\boldsymbol{x})=\sum_{i=1}^{D} x_i^2$ 的最小化对应于权衡谱左下角的某个点，因为它的图景中存在大量的有用信息，这些信息可以由基于梯度的开发性搜索充分利用以加快全局收敛。

对于最优压缩定理而言，合理的 OFF 定义是至关重要的。OR 和 SOR 仅仅适用于脉冲函

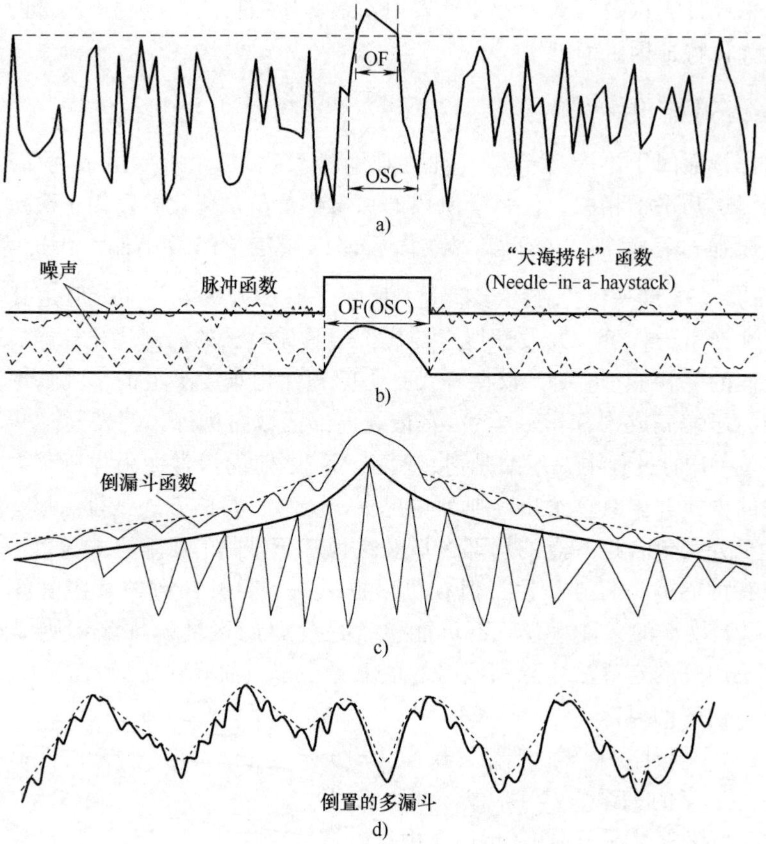

图 21.4　优化难度的刻画

数和那些与它们相似的函数，如图 21.4 所示。一个简单的变化形式如图 21.4b 中脉冲函数下方的曲线所示。与脉冲函数不同，对于这个变化形式，搜索进入 OF 后，开发是必要的，这是因为 OF 的成功定位并不意味着发现了任何全局最优点。但是，这些函数图景具有相似的优化难度。对于很多优化算法（如 PSO 算法）而言，OR 和 SOR 都不是图 21.4c 中所示的倒漏斗函数的准确难度指示因子，因为这些算法可以相对容易地优化这种具有漏斗形态的函数。

图 21.4c 中间由较粗的实线画出的曲线代表了一种典型的拟凸函数图景，这种图景对于大多数优化算法而言是容易优化的。这种函数可以采用最速上升法加以优化，而且可以保证优化的全局收敛性。这条曲线下方是一个相对复杂的图景。它的涨落非常剧烈，从表面上看似乎使得这个“崎岖”的图景难以优化，但是它的局部最优点的分布是有规律的，所有局部最优点都位于上方的拟凸曲线上，而这条拟凸曲线可以视为起伏曲线的包络。此外，与整个搜索空间相比，相邻的局部最优点之间的距离并不是很远。所有这些特征都与图 21.4c 中的倒漏斗函数相同。与图 21.4a 中的曲线相比，这些特征减小了图景中上涨下落曲线的优化难度。如果全局最优点与相邻的局部最优点的距离增大到一定程度，对应的图景将会变得相对难以优化，这是因为这些局部最优点处的改进概率会减小，很多优化算法容易陷入这些局部最优点。上文的 p 导引点概念可以解释这一现象。另外，在连续函数优化中，多漏斗图景通常被认为是难以优化的。一个倒置的多漏斗图景如图 21.4d 所示，它的优化难度可以大致

表示为 $1-\sigma(F)/\sigma(B)$，其中 $\sigma(B)$ 是整个搜索空间的测度，$\sigma(F)$ 是包含全局最优点的漏斗的测度。从某种意义上讲，可以把 $\sigma(F)/\sigma(B)$ 视为一种静态的 OFF。这个图景的上包络由一条虚线表示，它的优化难度与倒置多漏斗图景的难度相当。

需要指出的是，对于不同的优化算法，同一问题的优化难度分析可能会在不同的空间中进行。一般来说，不同的算子对应于不同的图景。这主要影响搜索空间中解之间的邻近关系，进而可能对优化难度产生影响。此外，不同算法在同一图景的同一点处的改进概率通常是不同的。如果只要求找到一个全局最优点或只需要得到最优目标值，那么上述优化难度分析对于任何图景来说都是静态的。如果需要得到更多或全部最优点，则还应当考虑最优点的分布。

根据最优压缩定理，一旦搜索进入可以容易地引导算法到达全局最优点的区域，应该立即执行“开发”。但是，如果没有关于待优化图景的任何先验知识，就很难估计搜索是否进入了 OF、OSC 或其他“简单”的局部区域。这导致关于如何终止搜索优化过程的两难状况。在实践中，一种常见的终止策略是：如果无法以预定的最大代价改进某一时刻发现的最佳函数值，就终止搜索过程。但是预定最大代价的设置依赖于设计者的经验或直觉，而这种经验或直觉可能是不正确的。这是因为设计者通常对复杂的目标函数并不了解，但却不得不做出决定。当然，如果目标函数的优化难度很低，那么算法终止的两难状况并不成为问题。不幸的是，任何未知的“困难”图景将使得这种两难状况变得非常突出，任何关于预定最大代价的暗含假设都会变得难以使用。在这种情况下，一种折中的方法是执行穷举搜索或近似的穷举搜索，但是这对于优化“简单”的函数而言并不合适，因为这种情况下会产生较高的额外计算代价。总的来说，在优化之前对优化难度的充分理解对于选择或构造高效的优化算法而言是非常必要的。

最优压缩定理进一步表明，把领域知识整合到优化策略的设计过程中是十分重要的，这有利于降低问题的优化难度。在不丢失最优解的前提下压缩搜索空间可以显著提高搜索效率，因为这相当于增大了最优区域的比例，降低了问题的优化难度。

关于优化算法在广泛问题范围内的性能分析，美国圣塔菲研究所的学者 Wolpert 和 Macready 提出了著名的无免费午餐定理，指出所有优化算法在数学意义上所有可能的问题范围内的平均性能是相同的。这一定理作为一种总体理论具有一定的普适性，但是没有阐明问题与算法性能之间的具体关系，也没有对“探索-开发”的权衡提供任何分析，其结论无法用来指导算法设计和实际问题求解。与无免费午餐定理相比，最优压缩定理更具体地阐明了优化算法的极限性能与优化问题之间的内在联系，揭示了“探索-开发”权衡与问题优化难度之间的定性定量关系，对于优化算法的设计具有重要的指导意义。最优压缩定理表明，问题的优化难度支配着“探索-开发”权衡以及算法的极限性能。如果一个问题对于某个算法而言非常困难，那么这个算法的“探索-开发”权衡会倾向于探索；否则，开发会支配探索与开发的权衡。

对用于解决同一问题的不同算法而言，问题的优化难度和“探索-开发”权衡可能会因不同的邻域关系和图景而有所不同，对某种算法而言，十分困难的问题对于另外一种算法却有可能是很容易的。为了更明确地阐述同一问题对于不同算法的优化难度差异，我们可以把优化问题与优化算法作为一个整体，并用四元符号 $<X(t), F(t), C(t), D(t)>$ 对其进行统一性描述，其中 $X(t)$ 表示解空间，$F(t)$ 表示目标空间，$C(t)$ 表示约束空间，$D(t)$ 是度量任何解之间邻近关系和程度的距离空间（取决于算法），$<X(t),F(t),C(t),D(t)>$实质上决定了问题的图景。

如果 $X(t)$、$F(t)$ 和 $C(t)$ 都不随时间 t 变化，则相应的问题是静态优化问题。对于多数优化问题而言，解空间到目标空间和约束空间的映射关系 f: $X\to(F, C)$ 是不变的或稳定的（映射关系变化剧烈的动态优化情况除外），这意味着解之间的序关系（优劣关系）是不变的或稳定的，因此搜索过程的效率取决于 $D(t)$。$D(t)$ 决定了所有解以何种空间结构构成问题的图景，它对算法在解空间中的搜索轨迹（解的访问顺序）有决定性影响。如果按照 $D(t)$ 构建的问题图景对于算法而言是简单的（例如单模态图景或者与之相似的图景），那么应用相应算法优化这一问题则具有较低的代价。$D(t)$ 决定了算法与问题是否匹配，但是如何设计 $D(t)$ 使算法与问题匹配是一个难度非常高的问题，使所有解按照有序结构形成简单问题图景的匹配过程，该过程是建立在对完整的映射关系有全面了解的基础上，而且精确的匹配分析需要已知最优解的位置，因此精确的匹配分析是很难实现的。另外，对于一些特殊问题（例如脉冲函数的优化），根本无法通过调整 $D(t)$ 来构造出类似于单模态图景的简单图景，其优化难度是不可降低的。

从最优压缩定理不难看出，尽管最优压缩定理是在连续变量优化的基础上提出的，但是只要适当地刻画离散优化问题的难度，该定理同样适用于离散变量优化。在离散变量优化中，优化难度的刻画方式与连续变量优化情况存在很大的不同，OF 和 OSC 等包含最优解的“简单”局部区域的定义方式对搜索方法和算子有较强的依赖，一个解是否是局部最优解，在很大程度上依赖于具体的搜索方法和算子，因为解之间的邻近关系可能因搜索方法和算子的不同而存在显著的差异。另外，在离散变量优化中，任何空间的测度将以空间中包含解的数量来度量。

对于没有任何先验知识的黑箱优化问题而言，由于问题的形式、模态等信息完全未知，降低问题难度是不可实现的，而且很难在执行优化之前确定最佳的方案来决定采用何种策略实现解空间的全局探索和局部开发的平衡，故搜索的盲目性是不可避免的。如果过于偏向全局探索，那么算法有可能更好地趋于全局最优解所在的区域，但算法的收敛速度往往会变差；反之，过多偏向于局部开发有可能导致算法陷入局部最优解。当要求算法在广泛的问题求解范围内（包括优化难度很高的问题）保持较好的性能时，确定最佳平衡方案的困难会体现得更加突出，因为不同的问题可能需要采用不同的“探索-开发”权衡方式才能够实现高效的求解。

当问题的结构复杂而且搜索空间规模非常大时，如何在探索和开发之间做出权衡就显得更为重要，因为多数实际问题的求解是有时间限制的，不可能使算法对整个解空间进行遍历搜索，如何对有限的计算时间进行合理的分配对算法的求解质量有决定性的影响。从搜索空间压缩的角度来看，由于问题的性质完全未知，所以黑箱优化的搜索空间压缩过程只能在搜索过程中单纯依靠算法的运行机制来实现，无法在优化之前通过搜索空间压缩来降低优化难度。但是，现实中的大多数优化问题都是灰箱问题，这些问题具有较为明确的结构和一些非常重要的领域知识，如果不利用这些已有信息，从黑箱优化的角度直接采用一些通用性的方法对问题进行求解，那么在问题的搜索空间规模非常大的时候，问题的优化难度往往会非常高，且求解效率很低。根据最优压缩定理，利用问题的特殊性来构造一个具有针对性的算法是具有重要意义的，这有可能显著降低问题的优化难度。在执行优化之前，通过某种方式利用问题的结构特点或（和）领域知识来压缩搜索空间可以显著降低问题的优化难度，甚至把一个困难的问题转化为一个相对简单的问题，这对于实现问题的高效求解而言是非常有利的。

此外，优化难度的合理刻画对于针对某个问题选择或设计一个满足要求的优化算法而言是十分重要的。尽管最优压缩定理指明了“探索-开发”权衡与问题优化难度之间的内在关系，但根据最优压缩定理的定量分析结果，利用精确的 OFF 来调节“探索-开发”权衡是很困难的。这主要是因为直接获取一个精确或者至少可靠的 OFF 会产生很高的计算代价，这一代价甚至远高于搜索最优解本身的代价。对具体的算法而言，如何在搜索过程中根据算法的在线性能和搜索反馈实现探索与开发的动态调节是算法设计中的一个重要问题。另外，对基于不同“探索-开发”权衡策略的优化算法进行比较分析也是一项具有重要意义的研究。

复习思考题

1. 探索与开发的定义是什么？
2. 最优压缩定量的基本含义是什么？
3. 讨论题：为了以较小代价找到最优解，智能优化方法应如何有效地权衡“探索”和“开发”策略？

参考文献

[1] 李士勇，李研，林永茂．智能优化算法与涌现计算［M］．北京：清华大学出版社，2019.

[2] 辛斌，陈杰．面向复杂优化问题求解的智能优化方法［M］．北京：北京理工大学出版社，2017.

[3] 孙增圻，邓志东，张再兴．智能控制理论与技术［M］．2版．北京：清华大学出版社，2011.

[4] 陈云霁，李玲，李威，等．智能计算系统［M］．北京：机械工业出版社，2020.

[5] 杨淑莹，张桦．群体智能与仿生计算：Matlab技术实现［M］．北京：电子工业出版社，2012.

[6] 师黎，陈铁军，李晓媛，等．智能控制理论及应用［M］．北京：清华大学出版社，2009.

[7] 刘勇，马良，张惠珍，等．智能优化算法［M］．上海：上海人民出版社，2019.

[8] 李士勇，陈永强，李研．蚁群算法及其应用［M］．哈尔滨：哈尔滨工业大学出版社，2004.

[9] 李士勇，李盼池．量子计算与量子优化算法［M］．哈尔滨：哈尔滨工业大学出版社，2009.

[10] 李士勇，李研．智能优化算法原理与应用［M］．哈尔滨：哈尔滨工业大学出版社，2012.

[11] 王立新．模糊系统与模糊控制教程［M］．王迎春，译．北京：清华大学出版社，2003.

[12] 李士勇．模糊控制［M］．哈尔滨：哈尔滨工业大学出版社，2011.

[13] 汪培庄．模糊集合论及其应用［M］．上海：上海科学技术出版社，1983.

[14] 张立明．人工神经网络的模型及其应用［M］．上海：复旦大学出版社，1993.

[15] 阿斯顿·张，李沐，立顿，等．动手学深度学习［M］．何孝霆，瑞潮儿·胡，译．北京：人民邮电出版社，2019.

[16] 李士勇，田新华．非线性科学与复杂性科学［M］．哈尔滨：哈尔滨工业大学出版社，2006.

[17] 任诚，席建中，唐普英，等．一种加速全局收敛的自由搜索算法［J］．计算机仿真，2012，29（12）：279-282.

[18] 任诚，席建中，唐海英．一种改进的自由搜索算法［J］．微计算机信息，2012，28（10）：454-455；460.

[19] 郭鑫，孙丽杰，李光明，等．离散自由搜索算法［J］．计算机应用，2013，33（6）：1563-1565；1570.

[20] 李团结，曹玉岩，孙国鼎．动态改变邻域空间和搜索步的自由搜索算法［J］．西安电子科技大学学报，2010，37（4）：737-742.

[21] 孙承意，谢克明，程明琦．基于思维进化机器学习的框架及新进展［J］．太原理工大学学报，1999，30（5）：453-457.

[22] 周秀玲，孙承意．有界连续空间中MEC算法的收敛性分析［J］．计算机工程与应用，2005（1）：87-91.

[23] 刘宏怀，张晓林，孙承意．思维进给计算在图像识别中的应用［J］．电子测量技术，2006，29（5）：61-62.

[24] 李秀广．基于思维进化算法优化神经网络的变压器故障诊断［D］．太原：太原理工大学，2010.

[25] 高帅，胡红萍，李洋，等．基于改进的思维进化算法与BP神经网络的AQI预测［J］．数学的实践与认识，2018，48（19）：151-157.

[26] 刘建霞，王芳，谢克明．基于混沌搜索的思维进化算法［J］．计算机工程与应用，2008，44（30）：37-39.

[27] 潘晓英，刘芳，焦李成．基于智能体的多目标社会进化算法［J］．软件学报，2009，20（7）：1703-1713.

[28] 李士勇，李盼池，袁丽英．量子遗传算法及在模糊控制器参数优化中的应用［J］．系统工程与电子

技术，2007，29（7）：1134-1138.
[29] 云庆夏. 进化算法［M］. 北京：冶金工业出版社，2000.
[30] KOZA J R. genetic programming：on the programming of computers by means of natural selection［M］. Cambridge，MA：MIT Press，1992.
[31] ENGELBRECHT A P. 计算智能导论：第2版［M］. 谭营，等译. 北京：清华大学出版社，2010.
[32] 周晖，徐晨，邵世煌，等. 自适应搜索优化算法［J］. 计算机科学，2008（10）：188-191.
[33] 张军，詹志辉，陈伟能，等. 计算智能［M］. 北京：清华大学出版社，2009.
[34] 汪慎文，丁立新，张文生，等. 差分进化算法研究进展［D］. 武汉大学学报（理学版），2014，60（4）：283-292.
[35] 殷志祥. 图与组合优化中的DNA计算［M］. 北京：科学出版社，2004.
[36] PAUN G，ROZENBERG G，SALOMAA A. DNA计算：一种新的计算模式［M］. 许进，王淑栋，潘林强，译. 北京：清华大学出版社，2004.
[37] LGNATOVA Z，MARTINEZ PEREZ I，ZIMMERMANN K H. DNA计算模型［M］. 郗方，王淑栋，强小利，译. 北京：清华大学出版社，2010.
[38] 丁永生，邵世煌，任立红. DNA计算与软计算［M］. 北京：科学出版社，2002.
[39] 郭玉，李士勇. 基于改进蚁群算法的机器人路径规划［J］. 计算机测量与控制，2009，17（1）：187-189；206.
[40] 李士勇，王青. 求解连续空间优化问题的扩展粒子蚁群算法［J］. 测试技术学报，2009，23（4）：319-325.
[41] 李士勇，柏继云. 连续函数寻优的改进量子扩展蚁群算法［J］. 哈尔滨工程大学学报，2012，33（1）：80-84.
[42] 张佳佳. 基于猴群算法的入侵检测技术研究［D］. 天津：天津大学，2012.
[43] 陈信. 猴群优化算法及其应用研究［D］. 南宁：广西民族大学，2015.
[44] 张亚洁. 猴群算法及其应用研究［D］. 西安：西安电子科技大学，2014.
[45] 陈信，周永权. 基于猴群算法和单纯法的混合优化算法［J］. 计算机科学，2013，40（11）：248-254.
[46] 齐艳玉，兰燕飞. 一类基于动态优化问题的混沌猴群算法［J］. 武汉理工大学学报（信息与管理工程版），2013，35（2）：164-167.
[47] 戴月明，张明明，王艳. 协同进化混合蛙跳算法［J］. 计算机工程与科学，2018，40（1）：139-147.
[48] 王娜，高学军. 一种新颖的差分混合蛙跳算法［J］. 计算机系统应用，2017，26（1）：196-200.
[49] 刘丽杰，张强. 自应用混合文化蛙跳算法求解连续空间优化问题［J］. 信息与控制，2016，45（3）：306-312.
[50] 李晶晶，戴月明. 自适应混合变异的蛙跳算法［J］. 计算机工程与应用，2013，49（10）：58-61；71.
[51] 张强，李盼池. 自适应分组混沌云模型蛙跳算法求解连续空间优化问题［J］. 控制与决策，2015，30（5）：923-928.
[52] 林伟豪，何杰光，肖佳嘉. 基于自适应参数调节和动态分组学习的水波优化算法［J］. 广东石油化工学院学报，2020，30（3）：50-55.
[53] 刘翱，邓旭东，李维刚. 基于自应用控制参数的改进水波优化算法［J］. 计算机科学，2017，44（7）：203-209；250.
[54] 张蓓，郑宇军. 水波优化算法收敛性分析［J］. 计算机科学，2016，43（4）：41-44.
[55] 吴秀丽，周永权. 一种基于混沌和单纯形法的水波优化算法［J］. 计算机科学，2017，44（5）：

218-225.
[56] 顾启元，王俊祥. 自适应协同学习水波优化算法 [J]. 小型微型计算机系统，2019，40（9）：1858-1863.
[57] 曹炬，殷哲. 云搜索优化算法 [J]. 计算机工程与科学，2011，33（10）：120-125.
[58] 季艳芳，曹炬. 云搜索算法的收敛性分析 [J]. 计算机工程与科学，2011，33（12）：84-86.
[59] 殷哲，曹炬. 带差商信息的云搜索优化算法及其收敛性分析 [J]. 计算机科学，2012，39（1）：252-255；267.
[60] 郝占聚. 一种新的气象云模型优化算法及其应用研究 [D]. 太原：太原理工大学，2013.